H3C系列丛书

H3C交换机学习指南（上册）

H3C Switch Learning Guide

■ 王 达◎主编

人 民 邮 电 出 版 社
北 京

图书在版编目（CIP）数据

H3C 交换机学习指南. 上册 / 王达主编. -- 北京 ：人民邮电出版社，2025. -- (H3C 系列丛书). -- ISBN 978-7-115-65823-4

Ⅰ. TN915.05-62

中国国家版本馆 CIP 数据核字第 2025DL1122 号

内 容 提 要

本书采用 Comware V7 6W103 版本，全面、系统、深入地介绍了 H3C（新华三）以太网交换机的主要基础功能、技术原理和应用配置方法，并且以大量的实验案例验证了相应的技术原理和配置方法。

本书主要包括 Comware V7 系统的使用与维护、设备登录、文件系统和设备管理、虚拟化技术 IRF、以太网接口和链路聚合、LLDP 和 ARP、VLAN 和 QinQ 等内容。本书既可作为 H3C 网络工程师参加 H3CNE、H3CSE 和 H3CIE 认证考试的自学教材，也可作为 H3C 认证培训机构的参考教材，还可供广大对 H3C 以太网交换机感兴趣的读者阅读。

◆ 主　　编　王　达

　责任编辑　刘亚珍

　责任印制　马振武

◆ 人民邮电出版社出版发行　　北京市丰台区成寿寺路 11 号

　邮编　100164　　电子邮件　315@ptpress.com.cn

　网址　https://www.ptpress.com.cn

　固安县铭成印刷有限公司印刷

◆ 开本：787×1092　1/16

　印张：21　　　　　　　　2025 年 3 月第 1 版

　字数：498 千字　　　　　2025 年 3 月河北第 1 次印刷

定价：169.80 元

读者服务热线：(010)53913866　印装质量热线：(010)81055316

反盗版热线：(010)81055315

前　言

作为一名技术图书作者，为了能及时带给读者朋友最新的技术和应用知识，需要不断地学习并剖析这些新技术的工作原理，理清这些功能的完整配置思路，并通过实验进行验证。在这一过程中可能会遇到各种未知难题，例如验证实验中出现的一个又一个故障。有时为了真正解决一个难题，可能得花费很多时间，但只有这样才能带给读者正确、通俗的技术原理解读，清晰的功能配置思路和实战经验。

随着网络应用的发展，出现了许多新的技术，但其实只要把技术的底层原理搞清楚，后续演进的新技术也不难，毕竟这些新技术都是在底层原理基础之上扩展开发的，这就是通常所说的"一通百通"。反过来，如果底层原理都没理解透，学再多新技术也只能停留在表面，不能真正理解其本质，更不可能做到灵活应用。在各种网络设备技术中，只要把计算机网络通信中的基础平台、网络体系结构、2～4 层各主要通信协议报文的原理搞清楚，其他复杂的技术原理也是可以捋清楚的。

1．本书创作背景

笔者首次编写与 H3C 设备相关的技术图书是在 2007 年，那是国内较早地关于 H3C 设备的图书，之后在 2009—2013 年先后出版了多本关于 H3C 设备的图书，得到了读者的喜爱和支持。其中，有些图书至今还在销售。不知不觉，一晃 10 多年过去了，原来创作的 Cisco/H3C"四件套"的画面历历在目。这些年，无论是出版社，还是读者，一直在追问何时更新 H3C 图书，我也一直在关注和研究 H3C 设备的最新技术，重新做了许多实验，还制作了最新版的视频教学课程。但图书与视频教学课程的创作风格完全不一样，不能直接把视频教学课程中的内容搬进图书。

10 多年前，H3C 设备与华为设备在技术和功能配置等方面总体上非常相似，因此，大家认为学好了华为设备相关的技术，基本上就学会了 H3C 设备相关的技术。但经历了这么多年两家公司各自的发展，H3C 设备无论在技术，还是在功能配置方法上，与华为设备产生巨大不同，因此，现在如果要维护好 H3C 设备，必须得专门、系统、深入地学习，否则，许多配置命令可能输进去都失效了。

为了给殷殷期待的读者朋友们一个交代，也为了使自己的写作生涯不留遗憾，因此，在刚完成编写《华为 HCIP-Datacom 路由交换学习指南》这本书后，便开始了“H3C 设备全新创作之旅”。因为 H3C 设备不仅功能多、性能强大，而且涌现了许多新功能，配置方法也发生了巨大变化，所以为了使这本图书更完善，本次采用全新的创作方式，花了笔者史上最长的创作时间，希望能得到读者朋友们的喜爱与支持。

2．本书主要特色

本书共 7 章，系统地介绍了 H3C 以太网交换机中各主要基础功能的技术原理、功能配置与管理方法，主要包括 Comware V7 系统使用与维护、设备登录、文件系统和设备管理、虚拟化技术智能弹性架构（Intelligent Resilient Framework，IRF）、以太网接口和链路聚合、链路层发现协议（Link Layer Discovery Protocol，LLDP）和地址解析协议（Address Resolution Protocol，ARP）、虚拟局域网（Virtual Local Area Network，VLAN）等内容。本书具有以下几个方面的特色。

- **内容新颖**

本书基于 H3C 的 Comware V7 6W103 版本系统编写，各项技术和功能配置、方法均是最新的，非常适合大家学习。与早期的 Comware V7 版本相比，Comware V7 6W103 版本不仅增加了许多新功能，而且在一些功能的配置与管理方法上也发生了较大变化。

- **系统清晰**

本书在编写过程中，对各项技术和功能都做了系统的技术原理剖析、功能配置思路分析，以及相关实验验证，因此，本书既适合初学者从零开始学习 H3C 交换机技术，又适合参加 H3C 认证的学员们当作参考教材，专业的 H3C 网络工程师也可以从本书中学习到许多实用的方案设计和网络维护经验。

- **语言流畅**

本书在创作过程中，融合了笔者 20 余年工作、图书创作和教学过程中积累的第一手宝贵经验。对于复杂的技术原理，不再是格式化的照本宣科，而是以饱含经验的通俗化语言，采用示例抓包截图的方式深入剖析，对重点和需要注意的地方特意以黑体字标注，方便读者阅读和理解。

3. 服务与支持

本书由长沙达哥网络科技有限公司（原名“王达大讲堂”）组织编写，并由笔者（公司创始人王达）负责统稿。本书在创作过程中，在配置命令及一些技术原理说明上引用了新华三集团提供的原始官方资源，在此表示衷心感谢。感谢人民邮电出版社有限公司、北京信通传媒有限责任公司的各位领导、编辑老师的信任，以及为本书顺利出版所做各项工作的老师们的辛勤付出，也感谢广大读者朋友们一贯的信任与支持，你们是我坚持 20 余年创作的原动力。

由于笔者水平有限，尽管我们花了大量时间和精力校验，但书中仍可能存在一些不足，敬请各位批评指正，万分感谢。

目　录

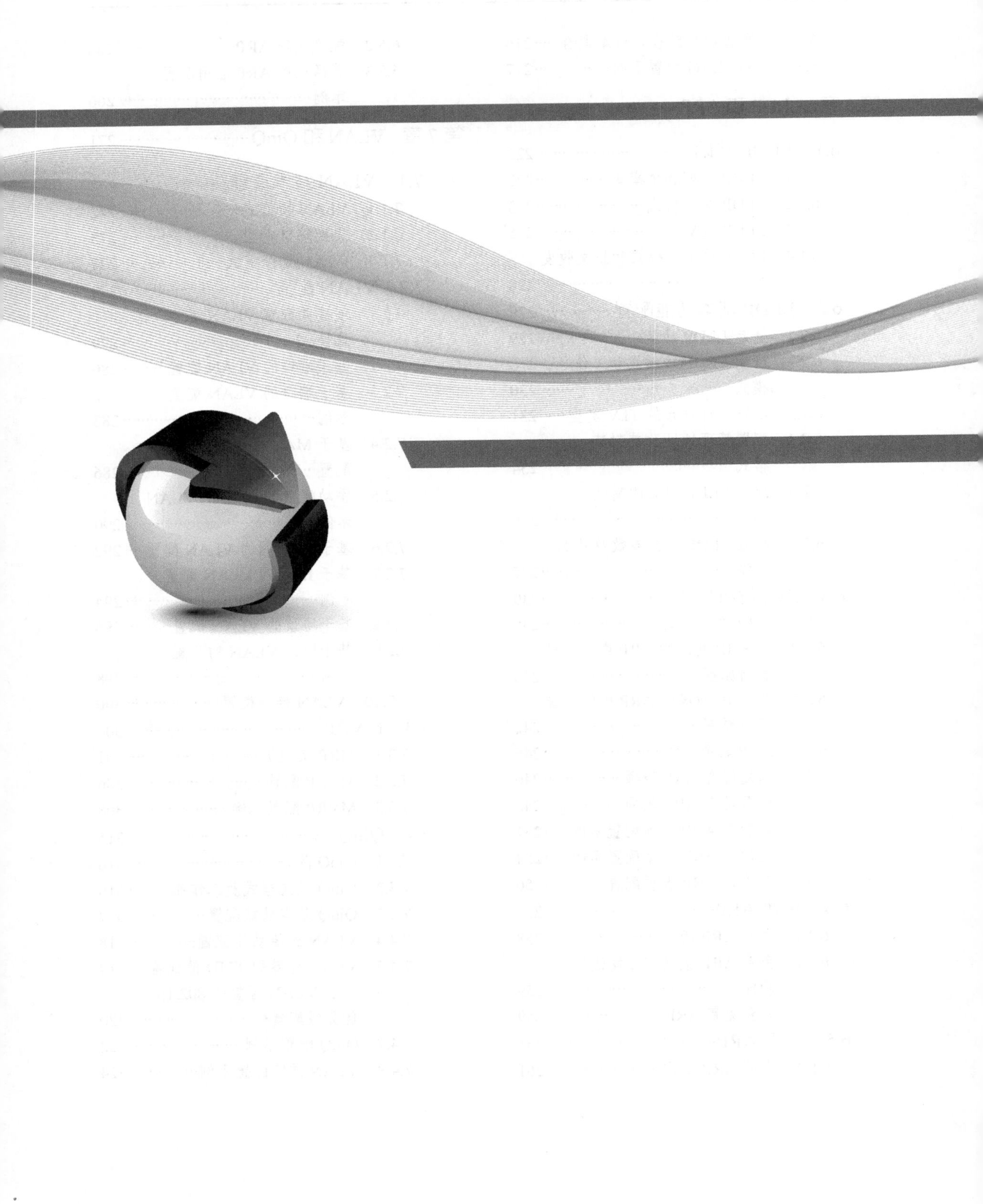

第 1 章 Comware V7 系统使用与维护

本章主要内容

想进行网络设备的使用与管理，首先要掌握其网络操作系统的具体使用与管理方法。Comware（是 H3C 公司的软件平台）V7 是 H3C 设备（包括交换机、路由器、防火墙、接入控制器、接入点等）的最新版本网络操作系统。相较于之前的版本，Comware V7 版本在功能上有许多扩展，在配置上有很多不同。本章先从最基础的系统使用与维护角度对 Comware V7 系统进行介绍。

1.1 Comware V7 简介

Comware V7 使用了主流的 Linux 操作系统内核，兼容早期的 Comware V5 版本，支持集中式、分布式、多框分布式等多种硬件结构，适用于 H3C 路由器、交换机，以及数据中心交换机等多种网络设备。

Comware V7 支持包括二/三层、存储、多协议标记交换（Multi-Protocol Label Switching，MPLS）、虚拟化在内的全面的网络功能，新增包括多链路透明互联（Transparent Interconnection of Lots of Links，TRILL）、边缘虚拟桥接（Edge Virtual Bridging，EVB）、以太网虚拟化互联（Ethernet Virtualization Interconnection，EVI）在内的许多云计算、虚拟化新技术。

1.1.1 Comware V7 系统的组成及主要优势

Comware V7 系统的组成如图 1-1 所示，除了网络设备中常见的管理平面（Management Plane，MP）、控制平面（Control Plane，CP）和数据平面（Data Plane，DP），还有一个最底层的基础设施平面（Infrastructure Plane，IP）。

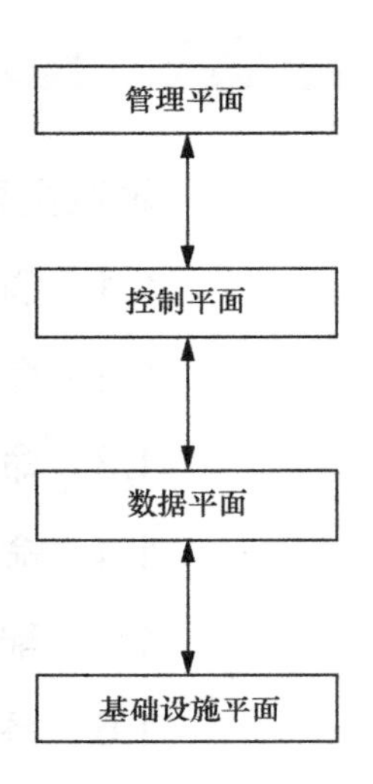

图 1-1 Comware V7 系统的组成

1. 管理平面

管理平面中的“管理”表示该平面主要负责对设备自身进行管理，为 Telnet（远程终端协议）、安全外壳（Secure SHell，SSH）、简单网络管理协议（Simple Network Management Protocol，SNMP）、超文本传送协议（HyperText Transfer Protocol，HTTP）和万维网（World Wide Web，WWW）等登录用户提供设备管理接口，实现人机交互，对设备进行配置、监控和管理。

2. 控制平面

控制平面中“控制”表示该平面是用来控制数据的转发路径，用于决定使用哪条路径来发送数据，为实现数据平面功能提供依据。控制平面运行的是生成各种转发表项的 IP 路由协议、MPLS、链路层协议等网络通信协议信令和控制协议。

3. 数据平面

数据平面也称为转发平面，其中这里的“转发”表示该平面是负责数据的具体转发行为。它是根据控制平面生成的各种转发表项将数据从本地设备转发出去，包括第 4 版互联网协议（Internet Protocol Version 4，IPv4）/第 6 版互联网协议（Internet Protocol Version 6，IPv6）、套接字（Socket），以及基于各层转发表的数据转发功能等。

4. 基础设施平面

基础设施平面位于整个 Comware 系统最底层，是操作系统提供业务运行的软件基础，包括操作系统基础服务和业务支撑服务两大部分。其中，操作系统基础服务是与业务无关的各种软件功能，包括 Linux 操作系统内核的各种基本功能，例如 C 语言库函数、数据结构操作、标准算法等。业务支撑服务是整个系统业务运行的基础，为 Comware 系统各进程提供软件和业务基础设施，包括各种系统架构中的基础功能。

1.1.2 Comware V7 系统的主要优势

与其他版本相比，Comware V7 系统的主要优势体现在以下几个方面。

① 完善了虚拟化功能：Comware V7 不仅支持将多台物理设备虚拟为一台逻辑设备（称为 *N*:1 的虚拟化，即 IRF 技术），还支持将一台物理设备虚拟为多台逻辑设备[称为 1:*N* 的虚拟化，即多租户设备环境（Multitenant Device Context，MDC）技术]，并且支持两种虚拟化的混合使用。

② 完善了不中断业务升级（In-Service Software Upgrade，ISSU）机制，使接口板软件升级也可以做到业务不中断。

③ 完善了中央处理器（Central Processing Unit，CPU）、开放式应用架构（Open Application Architecture，OAA）等功能，使设备更容易扩展。

④ 支持 TRILL（多链路透明互联）、EVB（边缘虚拟桥接）、EVI（以太网虚拟化互联）等多种新技术，使用 Comware V7 的设备更便于数据中心等网络的部署。

⑤ 增强了开放性：Comware V7 使用通用的 Linux 操作系统内核，提供开放的标准编程接口，方便用户根据自身需求进行二次开发。

⑥ 增强了可操作性和维护性：Comware V7 在用户界面上完全保留了 Comware V5 的特性，确保使用过 Comware V5 的用户容易操作。此外，Comware V7 丰富了设备维护功能，为用户提供更加清晰、翔实的设备运行信息。

1.1.3 Comware V7 的分布式架构

Comware V7 虽然支持各种硬件形态、虚拟化等不同分布式结构的设备，但只有单一的分布式软件系统架构。

Comware V7 的分布式软件系统架构将整个系统抽象为逻辑上全连接的多节点协同工作的体系结构。Comware V7 的分布式架构如图 1-2 所示。节点分为具有全部功能的主控系统节点和只有节点本地处理功能的单板系统节点。这种软件系统架构与拓扑无关的特性，保证了各设备上的软件系统处理方式的一致性，增强了软件系统适应多种网络设备的扩展性及稳定性。另外，Comware V7 的分布式架构中的主控系统节点不再是以前版本的“一主多备”的形式，而是由多个主控系统节点负载分担。

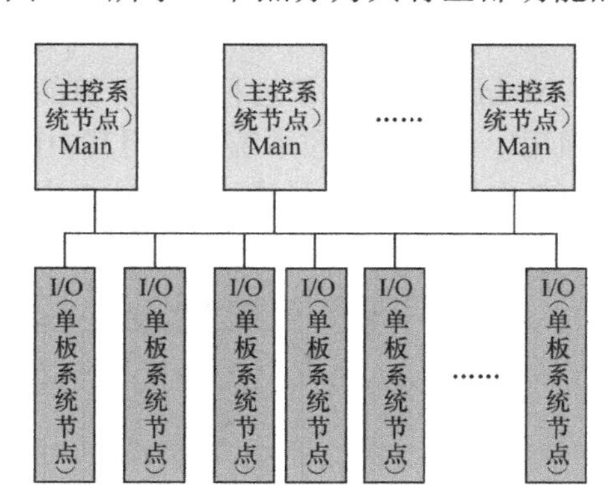

图 1-2 Comware V7 的分布式架构

Comware V7 系统由于实现了功能模块化，所以各功能模块可分别运行在不同的节点上，实现控制平面功能的分布式实施，具体说明如下。

1. 按相关硬件进行分布

有些单板（属于 I/O 节点）的功能相同，但各个单板的同一功能独立运行，可实现同一功能的分布式计算。例如链路层协议与接口相关，可以分布到各个接口所在单板自主运行。

2. 按特性进行分布

有些特性是针对整个系统提供全局服务的，一般运行在主控系统（属于 Main 节点），例如路由协议、VLAN 功能。很多设备将这样的全局特性运行在同一主控板上，其他主控板仅作为备份，但这样一来，主用主控板的负荷压力很大。

Comware V7 系统可以将这些全局特性运行于不同的主控系统，每个主控系统既是主用主控板，也是备用主控板，在作为一些服务的主进程的同时，还可以作为另外一些服务的备用进程。Main 节点按特性进行分布计算的示例如图 1-3 所示，Main1 和 Main2 两个主控系统中都有 2、4、7 进程，这 3 个进程运行在两个主控系统中，处于彼此备份状态。

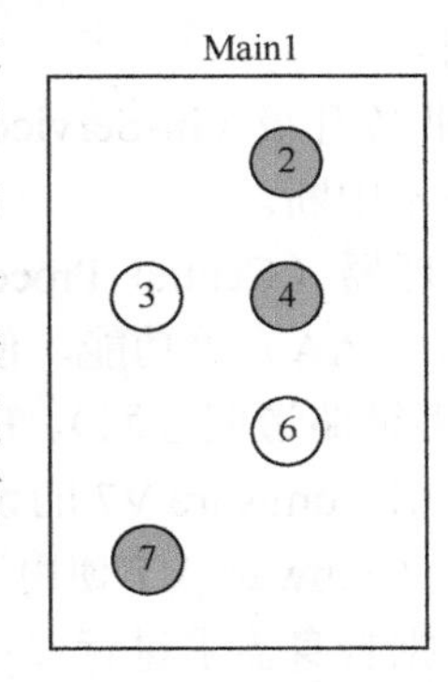

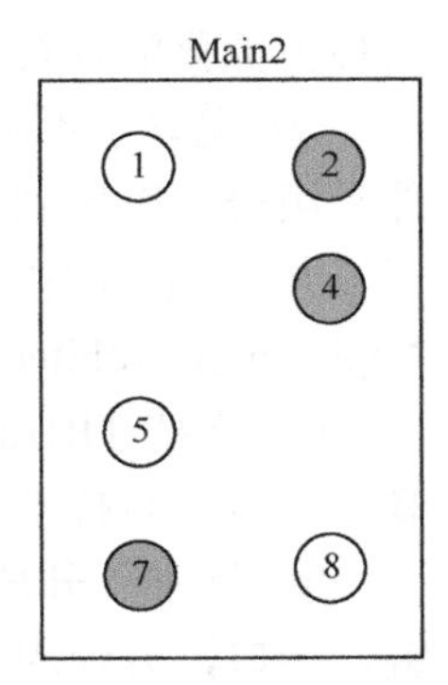

图 1-3　Main 节点按特性进行分布计算的示例

3. 基于特性的分布计算

前面介绍的以特性为粒度的分布式计算，在一些场合仍然不能发挥系统整体性能，例如只有一两个服务在大量使用，而其他服务占用 CPU 的比例很小，这样无论将这一两个服务运行在哪个 CPU 上，都会造成分布处理的不均衡，降低并行处理的效率。

为了解决这一问题，Comware V7 系统中一些计算量大的全局服务可以实现基于单一特性的分布式计算，具体有以下两种方法。

① 将特性进一步拆分为子功能，然后将各子功能分布到不同主控系统运行，实现单一全局特性服务的分布式计算。但多数情况下，特性内部的各子功能之间数据交互比较多，不利于并行处理。

② 将不同控制对象分布到不同处理节点进行分布式处理。

Main 节点按对象进行分布计算的示例如图 1-4 所示，6 个对象分布在 3 个主控系统中启用，但每个主控系统只启用其中两个对象进程，例如 Main1 中启用 1、3 号进程，Main2 中启用 2、4 号进程，Main3 中启用 5、6 号进程。由于不同对象之间的相关性比较小，所以具有很好的并行效果，可有效提高系统性能。

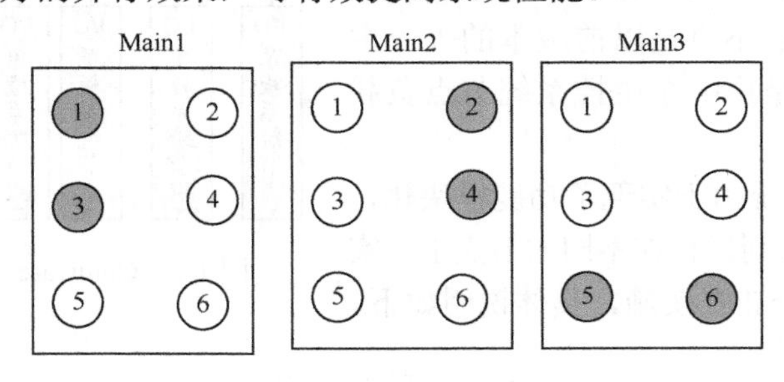

图 1-4　Main 节点按对象进行分布计算的示例

1.2 命令行接口基础

命令行接口（Command Line Interface，CLI）是用户与设备之间的文本类指令的交互界面，与常见的通过鼠标执行命令的图形用户界面（Graphical User Interface，GUI）不同。用户在终端输入文本类命令，然后由设备执行，从而对设备进行配置和管理，并可通过执行一些命令，查看相应的一些配置或命令执行结果信息。

要进入设备的 CLI，必须先登录到设备的 CLI。登录到设备的 CLI 有多种方式，包括通过 Console（控制台）接口的本地登录方式，以及通过 Telnet、SSH 协议的远程网络登录方式。需要注意的是，Web 登录方式进入的不是 CLI，而是 GUI。本节先来说明 Comware V7 系统 CLI 的基础知识和基本使用方法。

1.2.1 CLI 视图

与其他网络操作系统一样，Comware V7 系统采用的也是分层的命令行结构，称为命令行接口视图，即 CLI 视图。这种分层结构一方面便于命令的分类和管理，同时便于对用户执行命令的权限控制，就像一个公司中不同层级的员工有不同的工作职责和权限一样。

总体来说，Comware V7 系统的 CLI 视图分为 3 个层次，Comware V7 的 CLI 视图示例如图 1-5 所示。

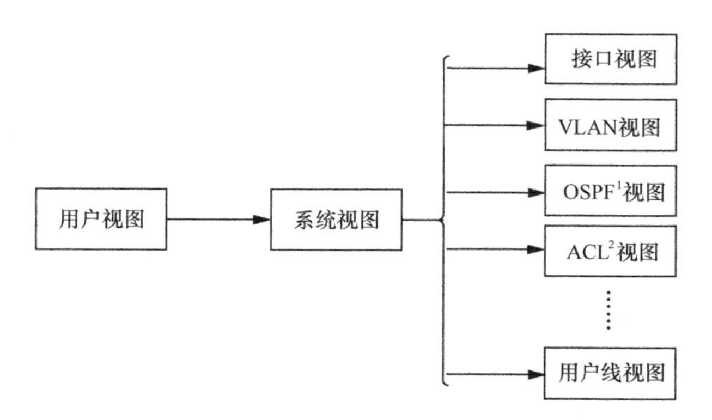

1. OSPF（Open Shortest Path First，开放最短通路优先）。
2. ACL（Access Control List，访问控制列表）。

图 1-5 Comware V7 的 CLI 视图示例

最低级别的 CLI 视图是用户视图，用户登录到 CLI 后首先进入的就是该视图。在用户视图下可执行的操作主要包括查看操作、调试操作、文件管理操作、设置系统时间、重启设备、Telnet 操作等，不能执行配置类操作。

要对设备进行功能配置，必须进入（可以设置进入的密码保护）更高级别的系统视图。在该视图下可以进行一些全局功能和参数的配置，将作用于同一类的所有对象。如果要对具体对象进行功能配置，则还需要进入具体的对象视图，例如具体的接口视图、

OSPF 进程视图、VLAN 视图等。

从低级别 CLI 视图进入高级别 CLI 视图，必须一级级地进入，但从高级别命令返回到低级别命令可以一级级地返回，也可以一次性返回到最低级别的用户视图，且具有一定规律，具体操作步骤如下。

① 一般情况下，如果要从当前视图返回上一级视图，则统一执行 **quit** 命令，但在“公共密钥编辑视图”下，需要使用 **public-key-code end** 命令返回上一级视图（公共密钥视图），在“公共密钥视图”下又要使用 **peer-public-key end** 命令返回系统视图。

② 如果要从任意的非用户视图直接（执行一次命令）返回到用户视图，则只须执行一次 **return** 命令，或按下组合键<Ctrl+Z>。

Comware V7 的命令行格式见表 1-1。为了便于对命令中不同部分的理解，在描述 Comware V7 中的命令时对格式做了约定，不同部分具有不同的含义，**命令关键字输入不区分大小写。**

表 1-1　Comware V7 的命令行格式

格式	意义
粗体	命令行关键字（命令中保持不变、必须全部照样输入的部分），采用加粗字体表示，但输入时仍按正常格式输入
斜体	命令行参数（命令中必须由实际值替代的部分），采用斜体表示，但输入时仍按正常格式输入
[ ]	表示用“[ ]”括起来的选项或参数部分在命令配置时是可选的
{ x | y | ... }	表示从两个或多个选项或参数中选取一个
[x | y | ...]	表示从两个或多个选项或参数中选取一个或者全部不选
{ x | y | ... } *	表示从两个或多个选项或参数中选取一个或多个，最多可选取其中的所有选项或参数
[x | y | ...] *	表示从两个或多个选项或参数中选取多个，或者一个也不选
&<1-n>	表示符号&前面的参数可以重复输入 1 到 *n* 次，每次以逗号或空格分隔，具体格式要由对应命令决定

1.2.2　Comware V7 命令行在线帮助

在 Comware 系统的命令行输入的过程中，可以在命令行的任意位置输入“?”以获得详细的在线帮助，具体有如下几种应用场景。

1. 使用“? ”命令行进行完全命令格式查询

“? ”是 Comware V7 CLI 中一个特殊的命令，应用于命令关键字或参数的在线查询。该命令可以单独作为命令关键字或参数执行，也可以与其他命令关键字或参数一起执行，即“? ”既可以代表命令关键字，也可以代表参数。因此，在一些命令的字符型参数（例如一些名称之类的参数）中，往往不能包含“? ”字符，以免被误认为是执行包含“? ”字符的查询命令。

在“? ”单独作为命令关键字或参数时，执行的是完整命令格式查询，用于当用户完全不知道在对应视图，或者对应命令下可使用哪些命令或参数时查询。具体说明如下。

① 如果在任一视图下单独执行“?”命令，则用户终端屏幕上会显示该视图下所有

可执行的命令及其简单描述，当一屏显示不完时，会分屏显示。单独执行“？”命令时的查询示例如图1-6所示，其中列出了在系统视图下所有可执行的命令及描述。

```
[DeviceA]?
System view commands:
  aaa                        AAA configuration
  access-list                Alias for 'acl'
  access-user                Manage network access users
  acl                        Specify ACL configuration information
  advpn                      Auto Discovery Virtual Private Network module
  aft                        Address Family Translation module
  alias                      Configure an alias for a command
  apn-profile                Specify access point parameter profile
  app-group                  Specify an application group
  apply                      Apply a PoE profile
  archive                    Archiving parameters
  arp                        Address Resolution Protocol (ARP) module
  aspf                       Advanced Stateful Packet Filter(ASPF) module
  attack-defense             Configure the attack defense function
  autodeploy                 Automatic configuration
  bandwidth-based-sharing    Specify the bandwidth-based load-sharing mode
  bfd                        Bidirectional Forwarding Detection (BFD) module
  bgp                        Border Gateway Protocol (BGP) module
  blacklist                  Configure the blacklist function
  card-mode                  Set the card mode
  chassis                    Configure a chassis
  client-verify              Configure the client verification function
  clock                      Specify the system clock
  cloud-management           Cloud connection module
---- More ----
```

图1-6　单独执行“？”命令时的查询示例

② 输入某命令的第一个关键字，然后空格，再输入“?”。

- 如果“？”字符位置为第一个命令关键字后面带的某个命令关键字的位置，则用户终端屏幕上会列出所键入的第一个命令关键字后面可接的所有关键字及其描述。“？”代表单独关键字时的查询示例如图1-7所示，该图列出了“**acl**”命令关键字后面可以接的所有关键字及描述。

```
[DeviceA]acl ?
  advanced   Configure an advanced ACL
  basic      Configure a basic ACL
  copy       Specify a source ACL
  ipv6       Configure an IPv6 ACL
  logging    Enable ACL match event logging
  mac        Configure a Layer 2 ACL
  name       Specify a named ACL
  number     Specify a numbered ACL
  trap       Enable sending traps for ACL match events

[DeviceA]acl
```

图1-7　“？”代表单独关键字时的查询示例

- 如果“？”字符的位置是第一个命令关键字后面带的某个参数的位置，则在用户终端显示的是第一个命令关键字后面可以接的所有参数。“？”代表单独参数时的查询示例如图1-8所示，执行“**acl number ?**”命令的输出示例，从中可获知“**acl number**”关键字后面可接的所有参数及描述。

```
[DeviceA]acl number ?
  INTEGER<2000-2999>  Basic ACL number
  INTEGER<3000-3999>  Advanced ACL number
  INTEGER<4000-4999>  Layer 2 ACL number

[DeviceA]acl number
```

图1-8　“？”代表单独参数时的查询示例

2. 使用“？”命令进行部分命令格式查询

使用“？”命令进行部分命令格式查询时，“？”可代表命令关键字或参数的部分字符，用于当用户不熟悉完整的命令关键字或参数的字符时查询。

① 输入第一个命令关键字的部分字符，然后紧接着（中间不留空格）输入“?”字符，则会在用户终端屏幕上列出已输入的关键字符开头的所有命令。“？”代表命令关键字部分字符时的查询示例如图 1-9 所示，该图列出了系统视图下所有以“**port**”字符开头的命令及描述。

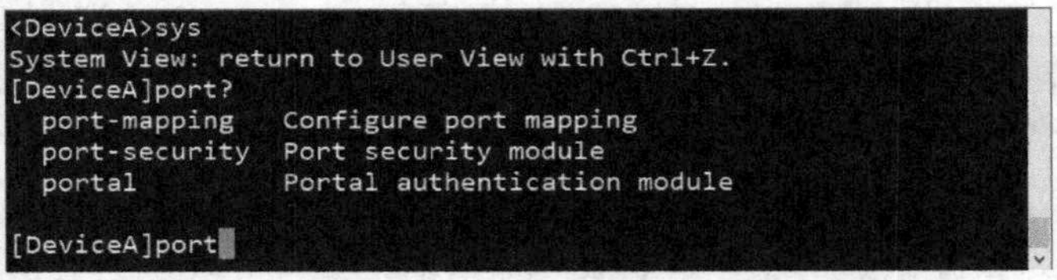

```
<DeviceA>sys
System View: return to User View with Ctrl+Z.
[DeviceA]port?
  port-mapping    Configure port mapping
  port-security   Port security module
  portal          Portal authentication module

[DeviceA]port
```

图 1-9 “？”代表命令关键字部分字符时的查询示例

② 首先完整输入第一个命令关键字，然后输入空格，再输入已知的关键字或参数的字符，最后（中间不留空格）输入“?”字符，则会在用户终端屏幕上列出已输入的关键字或参数字符开头的所有完整的关键字或参数。“？”代表关键字或参数部分字符时的查询示例如图 1-10 所示，该图列出了在 GE0/1 接口视图下所有 **port** 命令关键字后面连接的以“lin”开头的关键字及描述。

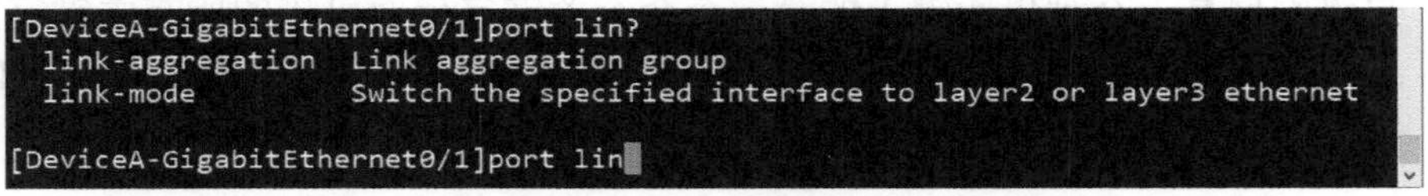

```
[DeviceA-GigabitEthernet0/1]port lin?
  link-aggregation  Link aggregation group
  link-mode         Switch the specified interface to layer2 or layer3 ethernet

[DeviceA-GigabitEthernet0/1]port lin
```

图 1-10 “？”代表关键字或参数部分字符时的查询示例

③ 输入命令的某个关键字的前几个字符，按下<Tab>键。

- 如果已输入的关键字开头字符在当前视图下唯一，则在用户终端屏幕上会显示出完整的关键字，直接按下回车键，即可自动输入该关键字的完整格式。
- 如果已输入的关键字开头字符在当前视图下不唯一，可反复按<Tab>键，则终端屏幕依次显示与所输入字符匹配的完整关键字，直到是用户所需要执行的命令关键字，然后按下回车键，即可自动输入该关键字的完整格式。

1.2.3 undo 命令行格式

Comware 系统的 **undo** 格式命令用来恢复默认配置，禁用某个功能或者删除某项配置。在命令前加 **undo** 关键字，即为命令的 **undo** 格式。几乎每条配置和功能开启命令都有对应的 **undo** 格式。但并不是所有命令都可以直接在最前面加 **undo** 来取消或删除配置。**undo** 格式命令要求能唯一识别所要取消或删除的配置。如果有些配置在对应视图下只能配置一个参数值，则此时只需在命令关键字前面加上 **undo** 即可，不用带参数，或者不用带上全部的参数，否则，系统会出现错误提示“Too many parameters found at xxx”（在指定位置参数太多）。

如果你要恢复某接口为默认的链路类型，则只须执行 **undo port link-type** 命令即可。这是因为在一个具体接口视图下只能配置一种链路类型，要么为 Access，要么为 Trunk 或 Hybrid 类型，要执行 **undo** 命令恢复接口为默认类型时，不用管接口当前为哪种链路类型，直接执行 **undo port link-type** 命令即可，否则，如果执行的是 **undo port link-type trunk** 命令，反而会出现错误提示。带参数时执行 **undo** 格式命令的错误提示示例如图 1-11 所示。

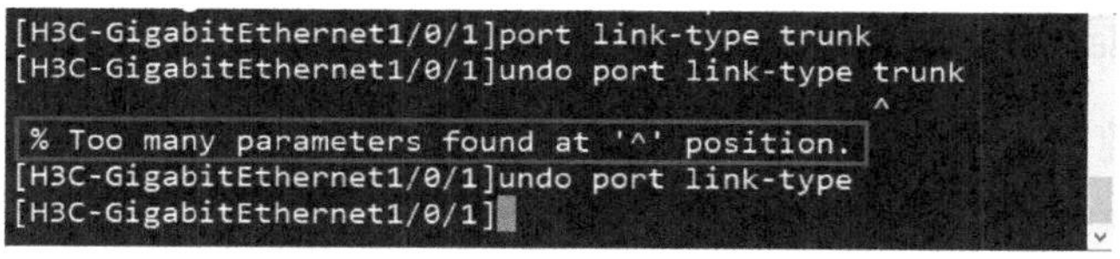

```
[H3C-GigabitEthernet1/0/1]port link-type trunk
[H3C-GigabitEthernet1/0/1]undo port link-type trunk
                                              ^
 % Too many parameters found at '^' position.
[H3C-GigabitEthernet1/0/1]undo port link-type
[H3C-GigabitEthernet1/0/1]
```

图 1-11　带参数时执行 **undo** 格式命令的错误提示示例

【说明】设备在执行命令时，首先会对所输入的命令行进行合法性检查。如果通过合法性检查，则设备会正确执行该命令，否则，设备会输出错误提示信息。命令行常见错误提示信息及含义见表 1-2。

表 1-2　命令行常见错误提示信息及含义

错误提示信息	含义说明
% Unrecognized command found at '^' position.	命令无法解析，符号“^”指示命令出错位置
% Incomplete command found at '^' position.	不完整的命令输入，符号“^”指示不完整输入的位置
% Ambiguous command found at '^' position.	有异义的命令，符号“^”指示关键字不明确，存在不确定性的位置
% Too many parameters found at '^' position.	输入参数太多，符号“^”指示参数输入太多的位置
% Wrong parameter found at '^' position.	错误参数，符号“^”指示参数错误的位置

大多数情况下，**undo** 格式命令是必须带上相应参数的。如果在系统视图下要删除一个 VLAN，则在执行 **undo** 命令时必须指定要删除 VLAN 的 ID，否则，会提示“Incomplete command found at xxx”（在指定位置命令不完整）。

如果在系统视图下要删除 VLAN20（VLAN20 已在系统视图下创建），则需要执行 **undo vlan** 20 命令，即带上“20”这个 VLAN ID 参数，而不能直接执行 **undo vlan** 命令，否则，会出现上述错误提示，输入不完整命令时，执行 **undo** 格式命令的错误提示示例如图 1-12 所示。这是因为在系统视图下可以创建许多 VLAN，如果不指定要删除 VLAN 的 ID，系统就无法获知具体要删除哪个 VLAN。

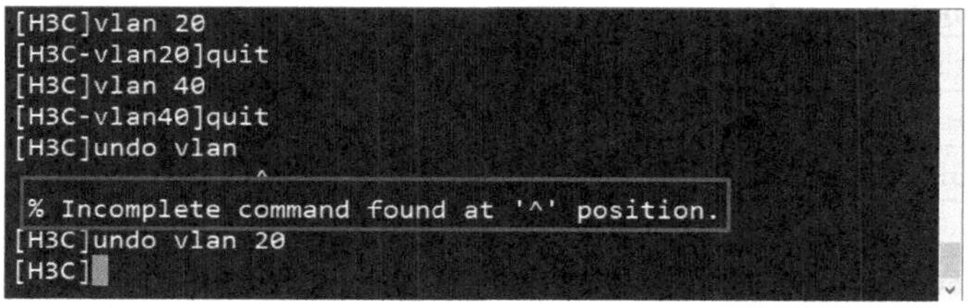

```
[H3C]vlan 20
[H3C-vlan20]quit
[H3C]vlan 40
[H3C-vlan40]quit
[H3C]undo vlan
              ^
 % Incomplete command found at '^' position.
[H3C]undo vlan 20
[H3C]
```

图 1-12　输入不完整命令时，执行 **undo** 格式命令的错误提示示例

1.3 命令行的输入与编辑

因为 CLI 命令行中的命令都是通过键盘输入的，所以为了方便输入、编辑，提高输入或编辑效率，Comware 系统内置了一系列的命令快速输入和编辑的功能。

1.3.1 命令行缩写和接口简称输入

有些命令关键字太长，完全输入不仅耗费时间，而且很容易出错，因此，Comware 系统提供了一种命令行缩写功能，只要在当前视图下输入的字符足够匹配唯一的命令关键字，就可以不用输入完整的关键字。

例如，在用户视图下以 s 开头的命令有 **startup saved-configuration**、**system-view** 等，如果要输入 **system-view**，则可以直接输入 **sy**（不能仅输入字符 **s**，因为以字符 **s** 开头的命令不唯一）；如果要输入 **startup saved-configuration** 命令，则可以直接输入"**st s**"字符串，大大提高了字符的输入效率和正确率。

另外，一些接口类型比较长，例如千兆以太网接口 GigabitEthernet，万兆以太网接口 Ten-GigabitEthernet，完整输入时因为字符太多，完全输入比较费时，也容易出错，因此，Comware 系统对这些类型的接口也提供了简称格式。接口类型简称见表 1-3。对于一些接口关键字，同样支持缩写格式，例如，GigabitEthernet 可以仅输入 g 或 ge，因为在 **interface** 关键字后面，仅 GigabitEthernet 参数是以 g 或 ge 开头，所以可以唯一匹配。这样一来，输入具体接口时就简便多了。例如，输入 **interface** gigabitethernet 1/0/1 时，可以使用缩写格式 **interface** g1/0/1，或 **int** g1/0/1，或 **int** ge1/0/1，也可以使用接口类型的简称 **interface** ge1/0/1。需要说明的是，**接口类型和接口编号之间无论是否输入空格，都可以。**

表 1-3　接口类型简称

接口类型全称	接口类型简称
Bridge-Aggregation	BAGG
FortyGigE	FGE
GigabitEthernet	GE
InLoopBack	InLoop
LoopBack	Loop
M-GigabitEthernet	MGE
Register-Tunnel	REG
Route-Aggregation	RAGG
Ten-GigabitEthernet	XGE
Tunnel	Tun
Vlan-interface	Vlan-int

采用命令行缩写格式时，还可以按<Tab>键由系统自动补全关键字的全部字符，由

用户确认当前的关键字是否为所需输入的关键字。

1.3.2　命令行回显功能启用与关闭

当用户在未完成输入操作却被大量的系统日志信息打断时，开启命令行回显功能可以回显用户已经输入而未提交执行的信息，方便用户继续输入未完成的内容。但需要注意的是，这里并不是关闭系统日志显示功能。

启用命令行回显功能的方法只需在系统视图下执行 **info-center synchronous** 命令即可。默认情况下，同步信息输出功能处于关闭状态，可采用 **undo info-center synchronous** 命令恢复默认状态。

1.3.3　命令行编辑功能键和快捷键

用户有时可能需要重复执行一些原来已执行过的命令，为了提高命令行的输入效率，可以直接调用原来执行过的命令。在进行命令行输入时，也有可能出现输入错误，如果需要对已输入的命令进行修改，则需要把光标移到对应位置。因此，Comware 系统内置了一些默认的命令行编辑功能键和快捷键。命令行编辑功能键见表 1-4，命令行编辑快捷键见表 1-5。

表 1-4　命令行编辑功能键

按键	功能
普通按键	如果编辑缓冲区未满，则插入当前光标位置，并向右移动光标；如果编辑缓冲区已满，则后续输入的字符无效。这里缓冲区的大小为 511 个字符
退格键<Backspace>	删除光标位置的前一个字符，光标前移
左光标键<←>	光标向左移动一个字符位置
右光标键<→>	光标向右移动一个字符位置
上光标键<↑>	访问上一条历史命令
下光标键<↓>	访问下一条历史命令
<Tab>键	输入不完整的关键字后按下<Tab>键，系统会自动补全关键字。 • 如果与之匹配的关键字唯一，则系统用此完整的关键字替代原输入并换行显示； • 如果与之匹配的关键字不唯一，则多次按<Tab>键，系统会按字母顺序循环显示所有以输入字符串开头的关键字； • 如果没有与之匹配的关键字，则不做任何修改，重新换行显示原输入

表 1-5　命令行编辑快捷键

快捷键	功能
<Ctrl+A>	将光标移动到当前行的行首
<Ctrl+B>	将光标向左移动一个字符
<Ctrl+C>	停止当前正在执行的功能
<Ctrl+D>	删除当前光标所在位置的字符
<Ctrl+E>	将光标移动到当前行的行尾
<Ctrl+F>	将光标向右移动一个字符
<Ctrl+H>	删除光标左侧的一个字符

续表

快捷键	功能
<Ctrl+R>	重新显示当前行信息
<Ctrl+V>	粘贴剪贴板的内容
<Ctrl+W>	删除光标左侧连续字符串内的所有字符
<Ctrl+X>	删除光标左侧所有的字符
<Ctrl+Y>	删除光标右侧所有的字符
<Ctrl+Z>	退回到用户视图
<Esc+B>	将光标移动到左侧连续字符串的首字符处
<Esc+D>	删除光标所在位置及其右侧连续字符串内的所有字符
<Esc+F>	将光标向右移到下一个连续字符串之前
<Esc+N>	将光标向下移动一行（输入回车前有效）
<Esc+P>	将光标向上移动一行（输入回车前有效）
<Esc+< >	将光标所在位置指定为剪贴板内容的开始位置
<Esc+>>	将光标所在位置指定为剪贴板内容的结束位置

1.3.4 字符串和文本类参数的输入注意事项

如果命令行中的参数为 STRING（字符串）类型，则建议输入除了“?”“"”“\”空格的可见字符（可见字符对应的 ASCII 码区间为 32～126），以免设备将该参数传递给其他网络设备时，对端设备无法解析。

- 如果 STRING 类型的参数中需要包含字符“"”“\”，则必须使用转义字符“\”辅助输入，即实际应输入“\"”“\\”。
- 如果输入的 STRING 类型参数包括空格和引号，则需要将整个字符串包含在双引号中，例如配置字符串参数“my device”，实际应输入“"my device"”。
- 如果命令行中的参数为 TEXT（文本）类型，则除了“?”的其他可见字符均可输入。

各业务模块可能对参数有更多的输入限制，详情请参见命令的提示信息及命令参考中的参数描述。

1.4 命令行的显示与过滤

在执行一些查看类的 **display** 命令时，当输出信息一面屏幕（简称一屏）显示不完时，会直接显示最后一屏内容，无法看到前面的内容，此时可能需要启用分屏显示功能，用户可以逐屏查看。有时还可能需要仅查看指定行的输出信息，此时需要对输出信息进行过滤，使输出信息中仅显示指定行的内容。

1.4.1 启用分屏显示功能

默认情况下，用户登录后将遵循用户视图下的 **screen-length** *screen-length* 命令的设置启用分屏显示时一屏显示的行数。参数 *screen-length* 的取值为 0～512。其中，0 表示一次性显示全部信息，即不进行分屏显示，默认为 24，即一屏显示 24 行。但该命令的执行仅对当前用户本次登录有效，用户重新登录后将恢复到默认情况。

如果想要一次查看全部显示信息，则可以关闭当前登录用户的分屏显示功能。关闭当前用户的分屏显示功能的方法是，在用户视图下执行 **screen-length disable** 命令。

当启用了分屏显示功能时，如果输出信息一屏显示不完，则可执行分屏显示操作按键。分屏显示操作按键见表 1-6。

表 1-6　分屏显示操作按键

按键	功能
空格键	继续显示下一屏信息
回车键	继续显示下一行信息
<Ctrl+C>	停止显示，退回到命令行编辑状态
<PageUp>	显示上一页信息
<PageDown>	显示下一页信息

1.4.2　命令行显示的过滤

有时因输出信息太多，很难找到用户实际需要的内容，此时可以在执行 **display** 命令时通过带上[| [**by-linenum**] { **begin** | **exclude** | **include** } *regular-expression*]&<1-128>参数的方式来过滤显示，具体说明如下。

① **by-linenum**：可选项，表示带行号显示。如果不指定该选项，则表示不带行号显示。

② **begin**：多选一选项，指定显示由正则表达式参数 *regular-expression* 指定的行和其以后的所有行的内容。

③ **exclude**：多选一选项，指定显示不包含由正则表达式参数 *regular-expression* 指定的行的所有行。

④ **include**：多选一选项，指定只显示包含由正则表达式参数 *regular-expression* 指定的所有行。

⑤ *regular-expression*：用于指定显示行的正则表达式，为 1～256 个字符的字符串，**区分大小写**。它既支持普通字符，又支持一些特殊字符。正则表达式常用的特殊字符见表 1-7。

⑥ &<1-128>：表示前面的参数最多可以输入 128 次。

表 1-7　正则表达式常用的特殊字符

特殊字符	含义	举例
^	匹配以指定字符开始的行	^a 只能匹配以 a 开始的行
$	匹配以指定字符结束的行	a$只能匹配以 a 结尾的行
.	通配符，可代表任何一个字符	.s 可以匹配 as 和 bs 等
*	匹配*前面的字符或字符串零次或多次	bo*可以匹配 b、boo 等；a(bo)*可以匹配 a、abo、abobo、abobobo 等。字符串是以小括号来表示的

续表

特殊字符	含义	举例
+	匹配+前面的**字符或字符串**一次或多次	bo+可以匹配 bo、boo 等，但不能匹配 b，因为不包括零次匹配。a(bo)+可以匹配 abo、abobo、abobobo 等，但不能匹配 a
|	匹配|左边或右边的整个字符串	def|int 只能匹配包含 def 或者 int 的字符串所在的行
()	表示字符串，一般与"+"或"*"等符号一起使用	(123A)表示字符串 123A；408(12)+可以匹配 40812 或 408121212 等字符串，但不能匹配 408
[ ]	表示字符选择范围，以选择范围内的**单个字符**为条件进行匹配，只要字符串里包含该范围的**某个字符**就能匹配到	• [16A]表示可以匹配到的字符串只须包含 1、6 或 A 中任意一个。 • [1-36A]表示可以匹配到的字符串只须包含 1、2、3、6 或 A 中任意一个（-为连接符）。 如果需要将"]"作为普通字符出现在[ ]内，则必须把"]"写在[ ]中字符的最前面，形如[ ]string]，才能匹配到"]"。"["没有这样的限制
[^]	表示选择范围外的字符，也以**单个字符**为条件进行匹配，只要字符串里包含该范围外的**某个字符**就能匹配到	[^16A]表示可匹配的字符串只须包含 1、6 和 A 之外的任意字符，该字符串也可以包含字符 1、6 或 A，但不能只包含这 3 个字符。例如[^16A]可以匹配 abc、m16，不能匹配 1、16、16A
\<	匹配包含指定字符串的字符串，字符串前面如果有字符，则不能是数字、字母和下划线	\<do 匹配单词 domain，还可以匹配字符串 doa
\>	匹配包含指定字符串的字符串，字符串后面如果有字符，则不能是数字、字母和下划线	do\>匹配单词 undo，还可以匹配字符串 cdo
\b	匹配一个单词边界，也就是指单词和空格间的位置	• er\b 可以匹配 never，但不能匹配 verb，因为 er\b 就是指定一个单词的最后字符为 er，而不是其他字符 • \ber 可以匹配 erase，但不能匹配 verb
\B	匹配非单词边界	er\B 能匹配 verb，但不能匹配 never，因为 er\B 指定一个单词的最后字符一定不能是 er，而是其他字符
\	转义操作符，如果\后紧跟本表中罗列的单个特殊字符，则将去除特殊字符的特定含义	• \\可以匹配包含\的字符串 • \^可以匹配包含^的字符串 • \\b 可以匹配包含\b 的字符串

如果要查看当前生效的配置中，从包含"line"字符串的行开始到最后一行的配置信息，则可执行 **display current-configuration | begin line** 命令，执行后输出所有以 line 字符串开始到最后一行的内容，执行 **display current-configuration | begin line** 命令的输出示例如图 1-13 所示。从图 1-13 可以看出，当前生效的配置中，不仅包括"line"字符串的行，还包括后面不含该字符串的行，例如 domain system 行及之后的所有行。

如果要查看设备当前处于 UP 状态的接口概要信息，则可以采用 exclude（排除）法过滤显示，执行 **display interface brief | exclude DOWN** 命令，排除显示状态为 DOWN 的接口，仅显示设备上当前所有处于 UP 状态的接口摘要，执行 **display interface brief | exclude DOWN** 命令的输出示例如图 1-14 所示。

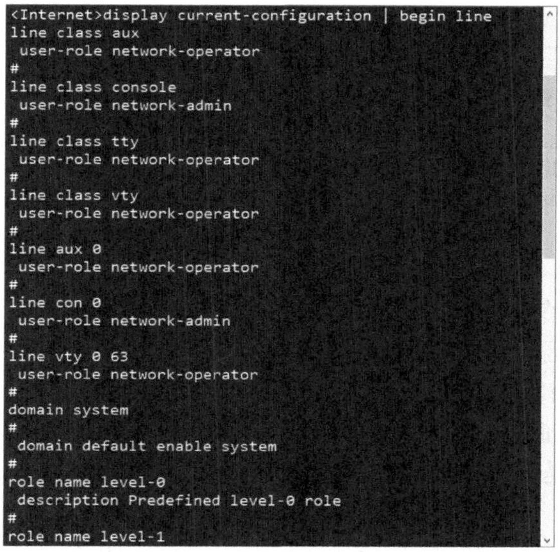

```
<Internet>display current-configuration | begin line
line class aux
 user-role network-operator
#
line class console
 user-role network-admin
#
line class tty
 user-role network-operator
#
line class vty
 user-role network-operator
#
line aux 0
 user-role network-operator
#
line con 0
 user-role network-admin
#
line vty 0 63
 user-role network-operator
#
domain system
#
 domain default enable system
#
role name level-0
 description Predefined level-0 role
#
role name level-1
```

图 1-13　执行 **display current-configuration | begin line** 命令的输出示例

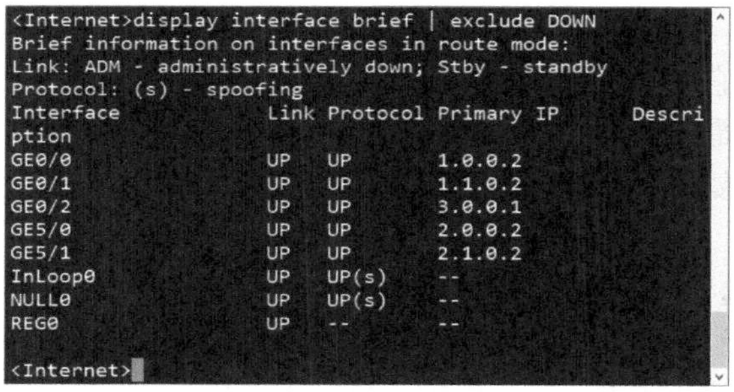

```
<Internet>display interface brief | exclude DOWN
Brief information on interfaces in route mode:
Link: ADM - administratively down; Stby - standby
Protocol: (s) - spoofing
Interface            Link Protocol Primary IP      Descri
ption
GE0/0                UP   UP       1.0.0.2
GE0/1                UP   UP       1.1.0.2
GE0/2                UP   UP       3.0.0.1
GE5/0                UP   UP       2.0.0.2
GE5/1                UP   UP       2.1.0.2
InLoop0              UP   UP(s)    --
NULL0                UP   UP(s)    --
REG0                 UP   --       --

<Internet>
```

图 1-14　执行 **display interface brief | exclude DOWN** 命令的输出示例

1.4.3　历史命令的调用和查询

用户在设备上成功执行的命令，会同时保存到**当前用户独享**的历史命令缓冲区和**所有用户共享**的历史命令缓冲区中，用于后续调用。但在这两种历史命令缓冲区中的历史命令特性有所不同。两种历史命令缓冲区中的历史命令特性见表 1-8。

表 1-8　两种历史命令缓冲区中的历史命令特性

历史命令缓冲区类型	是否可查看	是否可调用	退出登录后，历史命令是否继续保存	缓冲区大小是否可调
独享历史命令缓冲区	可通过 **display history-command** 命令查看	使用上光标键↑并按下回车键可调用上一条历史命令；使用下光标键↓并按下回车键可调用下一条历史命令	不保存	在具体用户视图下可通过 **history-command max-size** *size-value* 命令来配置缓冲区大小。如果设为 0，则不会缓存历史命令。默认情况下，可存放 10 条历史命令

续表

历史命令缓冲区类型	是否可查看	是否可调用	退出登录后，历史命令是否继续保存	缓冲区大小是否可调
共享历史命令缓冲区	可通过 **display history-command all** 命令查看	不能调用（仅可用于查看）	保存（可根据此功能查看设备上最近执行的配置）	缓冲区大小固定为 1024 条。如果当前历史命令缓冲区已满且有新的命令需要缓存，则自动删除最早的记录，保存新命令

设备保存历史命令时，遵循以下原则。

① 设备在缓冲区中保存的历史命令与用户输入的命令格式完全相同，即如果用户执行的是命令的缩写形式，则将以缩写形式保存该历史命令；如果用户是以关键字的别名形式执行某命令，则保存的该历史命令也是别名形式。如果输入了 **int** ge10/1 命令，则保存时也是这种缩写格式的命令形式，下次调用时，也采用一样的命令格式。

② 如果用户连续多次执行同一条命令，则设备的历史命令中只保留一次。但如果执行时输入的形式不同，则将作为不同的命令对待。例如连续多次执行 **display current-configuration** 命令，设备只保存一条历史命令；但如果分别执行 **display current-configuration** 命令和它的缩写形式 **dis cu**，设备将保存两条历史命令。

当需要重复执行最近的历史命令时，使用 **repeat** [*number*] [**count** *times*] [**delay** *seconds*]命令可以重复多次执行多条历史命令，并且可以设置每次重复执行历史命令的时间间隔。

① *number*：可选参数，表示要重复执行历史命令的条数，取值为 1～10，默认值为 1。本参数指定了最近几条执行的命令将被重复执行。

② **count** *times*：可选参数，表示要重复执行历史命令的次数，取值为 0～4294967295，默认值为 0，不重复执行。但如果不指定该参数，则指定的历史命令将一直重复执行，直到执行用户视图下设置的终止当前运行任务的快捷键才能停止执行该命令，默认的终止快捷键为<Ctrl+C>。

③ **delay** *seconds*：可选参数，表示重复执行历史命令的时间间隔，取值为 0～4294967295，单位为秒，默认值为 1。

重复执行历史记录命令的规则如下。

① 系统将按照历史命令的下发顺序执行。例如用户在某视图下依次执行命令 a、b 和 c 后，再执行 **repeat** 3 命令，则系统将按照 a、b 和 c 的顺序重复执行。

② 重复执行某条历史命令时，需要先进入该命令所在的视图。重复执行多条历史命令时，需要先进入第一条命令所在的视图。

③ 如果用户重复执行的历史命令中存在交互式命令，则需要用户手工输入交互信息来完成该命令的执行或者等待系统超时退出执行该命令，交互命令处理结束后，系统会继续执行其他历史命令。

④ 如果用户重复执行的历史命令中存在密码配置命令，则系统会跳过密码配置命令。

1.5 配置文件管理

用户对设备所做的各项功能配置必须保存下来，以便设备能按照配置运行。如果能以文件形式保存下来，则设备重启后也能保持配置不变地运行，这就是本节要介绍的配置文件的作用。

配置文件是用来保存设备各种功能配置的文件，主要用于以下几个方面。

① 将当前配置保存到配置文件，以便设备重启后这些配置能够继续生效。

② 使用配置文件，用户可以非常方便地查阅配置信息。

③ 当网络中多台设备需要批量配置时，可以将相同的配置保存到配置文件，再上传/下载到所有设备，在所有设备上执行该配置文件实现设备的批量配置。

1.5.1 配置分类

设备的功能配置并不一定要以文件的形式保存下来，也就是不一定要以配置文件的形式存在，有的是软件系统自带的，有的是仅当前运行的，具体包括如下几类。

1. 空配置

设备的 Comware 系统中所有的软件功能都被赋予一个初始值（软件功能默认值），这些初始值的集合被称为空配置。

① 软件功能的默认值可以是具体数值、功能开启/关闭状态，也可以为空值。当该值为空值时，其代表用户使用该功能需要根据实际情况进行赋值。

② 软件功能的默认值无法通过命令行直接进行查看，用户可通过查看产品当前软件版本的命令手册，了解各软件功能的默认值。

2. 出厂配置

预装对应版本的 Comware 系统的设备在出厂时，某些功能已被赋一个与初始值可能不一样的取值（软件功能出厂值）。这些软件出厂值的集合被称为出厂配置。出厂配置被集成到软件包“*.ipe”文件中，用来保证设备在没有配置文件，或者配置文件损坏的情况下也能够正常启动、运行，用户可以使用 **display default-configuration** 命令查看设备的出厂配置。

3. 启动配置

启动配置就是设备启动时运行的配置。如果没有指定启动配置文件或者启动配置文件损坏，则系统会使用出厂配置作为启动配置。

可以通过以下方式查看启动配置。

① 设备启动后，并且还没有进行配置前，使用 **display current-configuration** 命令查看当前启动配置。

② 使用 **display startup** 命令查看本次启动使用的配置文件和下次启动使用的主用、备用配置文件，再使用 **more** 命令查看相应配置文件的内容。

③ 使用 **display saved-configuration** 命令查看下次启动配置文件的内容。

4. 当前配置

当前配置是设备系统正在运行的配置，包括启动配置和设备运行过程中用户进行的配置，可以使用 **display current-configuration** 命令查看。当前配置存放在设备的临时缓存中，如果不保存，则设备运行过程中用户进行的配置在设备重启后会丢失。

1.5.2 配置文件类型

用户执行 **save** 命令时，系统会自动生成一个文本类型的配置文件和一个二进制类型的配置文件，两个文件的内容完全相同。

文本类型的配置文件的后缀为“.cfg”，可以通过 **more** 命令查看该文件的内容，或使用文本编辑器修改该文件的内容。文本类型配置文件可以单独保存到存储介质中，不需要对应的二进制类型的配置文件。

二进制类型的配置文件是文本类型的配置文件的二进制格式，文件名后缀为“.mdb”。在设备启动和运行时，系统软件能够解析该类配置文件，而用户却不能读取和编辑文件内容。二进制类型的配置文件不能单独保存到存储介质中，必须有对应的文本类型的配置文件。该类型配置文件的加载速度快，设备启动时优先使用该类型配置文件。

以上两个文件保存的配置相同，但格式不同。设备启动的时候，会优先使用二进制类型的配置文件，以便提高加载配置的速度。如果没有找到合适的二进制类型的配置文件，则使用文本类型的配置文件。

设备启动的时候，首先根据配置查找指定名称的文本类型的配置文件。

① 如果存在指定名称的文本类型的配置文件，则查找对应的二进制类型的配置文件，否则，采用设备出厂配置启动。

② 如果不存在与文本类型配置文件对应的二进制类型配置文件，则直接采用文本类型配置文件。

③ 如果二者都存在，则判断两个文件的内容是否一致。如果内容一致，则使用二进制类型的配置文件启动设备；如果不一致，则使用文本类型的配置文件。

1.5.3 配置文件格式要求

配置文件对内容和格式有严格定义，如果配置文件内容或格式不符合要求，则设备在进行配置恢复或配置回滚时，不能完全恢复至配置文件中的配置状态。如果要手工修改配置文件，则请遵循配置文件的内容与格式规则。

① 配置文件的内容为命令的完整形式。

② 配置文件中的命令行参数里不能包含无效字符。例如有些命令中，“?”和“\t”（Tab 键）被定义为命令行参数的无效字符。

③ 配置文件以命令行视图为基本框架，同一命令行视图下的命令组织在一起，形成一节，节与节之间用注释行隔开（以“#”开始的为注释行）。

④ 以 **return** 命令结束。

【说明】配置回滚是在不重启设备的情况下，将当前的配置回退到指定配置文件中的配置状态，其主要应用于以下两种情形（具体参见 1.5.5 节）。

① 当前配置错误，且错误配置太多，不方便定位或逐条回退，需要将当前配置回滚到某个正确的配置状态。

② 设备的应用环境变化，需要使用某个配置文件中的配置信息运行，在不重启设备的情况下，将当前配置回滚到指定配置文件中的配置状态。

1.5.4 配置文件的保存

保存配置文件前，配置文件仅保存在内存中，设备重启后，设备将恢复为出厂配置。如果要使当前配置在设备重启后仍然生效，则需要将当前配置保存到下次启动配置文件中。可以在任意视图下执行以下命令保存配置文件。

① **save** *file-url* [**all** | **slot** *slot-number*]：将当前配置保存到指定路径下的配置文件中，但不会将该文件设置为下次启动配置文件。

② **save** [**safely**] [**backup** | **main**] [**force**] [**changed**]：将当前配置保存到存储介质的根目录下（以交互方式指定保存的配置文件名），**并将该文件设置为下次启动配置文件。**

- *file-url*：可选参数，配置文件保存的路径，必须以“.cfg”为后缀，总长度不能超过 255 个字符。当同时指定本参数和关键字 **all** 或者参数 **slot** *slot-number* 时，本参数中不能包含 IRF 成员编号或槽位号；如果路径中包含了文件夹，则必须先在相应的 IRF 成员设备或主控板上创建该文件夹，否则，保存操作失败。

如果执行 **save** 命令时指定 *file-url* 参数，则设备仅将当前配置保存到指定文件。如果指定的文件名不存在，则系统会先创建该文件，再执行保存操作。如果指定的文件名存在，则会提示用户是否覆盖该文件；如果用户选择不覆盖，则会终止执行 **save** 命令。

如果执行 **save** 命令时不指定 *file-url* 参数，则系统会以交互方式提示用户输入保存的配置文件名，将当前配置保存到该文件中，**并将该文件设置为下次启动配置文件**。如果用户输入的文件名和存储介质根目录下的某个文件同名，则系统将要保存的配置和同名文件的内容进行比较，如果二者不同，则覆盖原文件。如果二者相同，则不执行保存操作。

① **all**：二选一选项，将当前配置以指定的名称保存到所有 IRF 成员设备或所有主控板。如果不指定 **all** 和 **slot** 参数，则保存到 Master 或主用主控板上。

② **slot** *slot-number*：二选一参数，将当前配置以指定的名称保存到指定的从设备或备用主控板上，参数 *slot-number* 表示设备在 IRF 中的成员编号或备用主控板槽位号。如果不指定 **all** 和 **slot** 参数，则保存到 Master 或主用主控板上。

③ **safely**：可选项，以安全模式保存配置文件，**系统会先将当前配置保存到一个临时文件，保存成功后再用这个临时文件替换原同名文件**。这样即使在保存过程中出现设备重启、断电等问题导致配置保存失败，仍然能够以原同名的配置文件启动设备。但这种方式保存的速度较慢。如果不指定该参数，则表示以快速保存方式保存配置文件。

④ **backup**：二选一可选项，将该配置文件设置为备用下次启动配置文件。

⑤ **main**：二选一可选项，将该配置文件设置为主用下次启动配置文件。当不指定 **backup** 和 **main** 选项时，系统默认使用 **main**。

⑥ **force**：可选项，表示**直接将当前配置保存到主用下次启动配置文件，系统不再显示提示信息**。默认情况下，执行 **save** 命令后，系统要求用户输入<Y>或<N>等参数来确认本次操作，如果在 30 秒内没有确认，则系统会自动退出本次操作。

⑦ **changed**：可选项，如果当前运行配置与目标配置文件相比较有修改，则保存当前配置到设备目标配置文件中，否则，不执行保存配置操作。当不指定该选项时，无论配置是否修改，都执行保存配置操作。

默认情况下，执行 **save** [**safely**] [**backup** | **main**] [**force**] [**changed**]命令，会将配

置文件同时保存到所有 IRF 成员设备，或所有全局主用主控板和全局备用主控板上。如果只须将配置文件保存到主设备或全局主用主控板上，请关闭配置文件同步功能，具体将在下节介绍。

如果需要对执行 **save** 命令而生成的配置文件进行加密，则需要先在系统视图下执行 **configuration encrypt** { **private-key** | **public-key** }命令，启用配置文件加密功能。开启该功能后，每次执行 **save** 操作，都会先将当前生效的配置进行加密再保存，但不能再使用 **more** 命令查看加密配置文件的内容。

① **private-key**：二选一选项，使用私钥进行加密。所有运行 Comware V7 平台软件的设备拥有相同的私钥。

② **public-key**：二选一选项，使用公钥进行加密。所有运行 Comware V7 平台软件的设备拥有相同的公钥。

1.5.5　配置文件同步功能

默认情况下，当用户执行 **save** [**safely**] [**backup** | **main**] [**force**] [**changed**]命令时，各成员设备（在 IRF 模式时），或主用主控板和备用主控板（分布式设备—独立运行模式）会同时把当前运行配置保存到指定的配置文件中，并将该配置文件设置为设备的下次启动配置文件，以保证各成员设备，或主用主控板和备用主控板上的配置文件内容一致。执行 **reset saved-configuration** 命令时，可使各成员设备，或主用主控板和备用主控板会同时把下次启动配置文件删除。这涉及跨设备文件操作，当设备上存在大量配置时，耗时较长，此时可在系统视图下执行 **undo standby auto-update config** 命令，关闭默认开启的配置文件同步功能。

关闭配置文件同步功能后，当用户执行 **save** [**safely**] [**backup** | **main**] [**force**] [**changed**]或 **reset saved-configuration** 命令时，只有主设备（在 IRF 模式时）或全局主用主控板（分布式设备—独立运行模式）把当前运行配置保存到指定的配置文件中，并将该配置文件设置为主设备或全局主用主控板的下次启动配置文件，从设备或全局备用主控板不会保存当前运行配置，也不会重新设置下次启动配置文件；或者只有主设备或全局主用主控板把下次启动配置文件删除。但这会导致主设备和从设备上，或全局主用主控板和全局备用主控板上的下次启动配置文件不一致。

1.5.6　管理下次启动配置文件

一个设备上可以同时存在多个配置文件，本次启动使用的配置文件称为当前启动配置文件；下次启动使用的配置文件称为下次启动配置文件。H3C 设备还支持配置两个下次启动配置文件：一个为主用配置文件；一个为备用配置文件。在设备启动时，配置文件的选择规则如下。

① 优先使用主用下次启动配置文件。

② 如果主用下次启动配置文件不存在或已损坏，则使用备用下次启动配置文件。

③ 如果主用和备用下次启动配置文件都不存在或已损坏，则使用出厂配置启动。

1. 设置下次启动配置文件

下次启动配置文件有以下两种设置方式（默认没有设置下次启动配置文件）。

① 在用户视图下执行 **startup saved-configuration** *cfgfile* [**backup** | **main**]命令，配置下次启动时的配置文件。

- *cfgfile*：指定配置文件的路径（只能包括存储介质名称）和文件名，**该文件必须存储在介质根目录下**，且后缀为.cfg，其长度不能超过 255 个字符。该参数只能为配置文件名称（当配置文件保存在默认存储介质中时），或存储介质名称（当配置文件保存在非默认存储介质中时）+配置文件名称。
- **backup**：二选一选项，指定将配置文件设置为备用下次启动配置文件。
- **main**：二选一选项，指定将配置文件设置为主用下次启动配置文件，默认选择 **main** 选项。

主用下次启动配置文件和备用下次启动配置文件可以设置为同一文件，但为了更可靠，建议设置为不同的文件，或者将一份配置保存在两个不同名的文件中，一个设置为主用，一个设置为备用。**在 IRF 中，所有成员设备的下次启动配置文件必须相同**。在执行 **undo startup saved-configuration** 命令之后，系统将主用或备用下次启动配置文件均设置为 NULL，但不会删除该文件。

【注意】在 IRF 模式下，执行 **undo startup saved-configuration** 命令后重启 IRF 或 IRF 中的成员设备时，会导致 IRF 分裂。

② 在任意视图下执行 **save** [**safely**] [**backup** | **main**] [**force**]命令，保存当前配置到配置文件，并设置该配置文件为下次启动配置文件。命令中各选项的说明参见 1.5.4 节。

配置好下次启动的配置文件后，可在任意视图下执行 **display startup** 命令，查看本次及下次启动的配置文件的名称；执行 **display saved-configuration** 命令，查看下次启动配置文件中的内容。

2. 删除下次启动配置文件

当出现以下情况时，用户可能需要删除设备中的下次启动配置文件。

① 设备软件升级之后，系统软件和配置文件不匹配。

② 设备中的配置文件被破坏。

可在用户视图下执行 **reset saved-configuration** [**backup** | **main**]命令，删除下次主用（选择 **main** 选项时）或备用（选择 **backup** 选项时）启动配置文件。不指定 **main** 和 **backup** 可选项时，只删除主用下次启动配置文件。主用或备用下次启动配置文件都删除后，**设备重启，将采用出厂配置启动**。

【注意】如果设备的主用下次启动配置文件和备用下次启动配置文件相同，仅执行一次删除操作（例如指定了 **backup** 可选项），系统只将相应的下次启动配置文件设置为 NULL，不删除该文件，需要再次执行删除操作（指定 **main** 可选项），才能将该配置文件彻底删除。另外，在 IRF 模式时，默认情况下，执行会将下次启动配置文件从所有的成员设备上彻底删除，须谨慎使用。如果只须从主设备上删除下次启动配置文件，则须关闭配置文件同步功能。

1.5.7 备份或恢复主用下次启动配置文件

备份主用下次启动配置文件是指将设备的主用下次启动配置文件备份到指定的简易文件传送协议（Trivial File Transfer Protocol，TFTP）服务器；恢复主用下次启动配置文件是指将 TFTP 服务器上保存的配置文件下载到设备，并设置为主用下次启动配置文件。**但当设备运行于 FIPS 模式时，不支持备份或者恢复主用下次启动配置文件。**

在执行配置文件的备份操作前，先对以下事项做好准备。

① 保证设备与 TFTP 服务器之间的路由可达，且执行备份操作的客户端设备已获得了相应的读写权限。

② 在任意视图下使用 **display startup** 命令查看设备是否设置了下次启动配置文件。如果没有指定下次启动配置文件，或者配置文件不存在，则备份操作将失败。

可在用户视图下执行 **backup startup-configuration to** *tftp-server* [*dest-filename*]命令，将设备的主用下次启动配置文件备份到指定的 TFTP 服务器。可在用户视图下执行 **restore startup-configuration from** *tftp-server src-filename* 命令，将 TFTP 服务器上保存的配置文件下载到设备，并设置为主用下次启动配置文件。

① *tftp-server*：TFTP 服务器的 IPv4 地址或主机名。

② *dest-filename*：可选参数，备份的配置文件的文件名为不超过 255 个字符的字符串，**不区分大小写，但后缀必须为**“.cfg”。不指定该参数时，使用原文件名备份。

③ *src-filename*：TFTP 服务器上将要被下载的配置文件的名称，其长度不能超过 255 个字符。

1.5.8 配置文件回滚

配置文件回滚是在不重启设备的情况下，将当前的配置文件回退到指定配置文件中的配置状态。配置回滚主要应用于以下情形。

① 当前配置错误，且错误配置太多，不方便定位或逐条回退，需要将当前配置文件回滚到某个正确的配置状态。

② 设备的应用环境变化，需要使用某个配置文件中的配置信息运行，在不重启设备的情况下将当前配置文件回滚到指定配置文件中的配置状态。

配置文件回滚的基本思路是在设备上，在不同时间内进行自动或手动保存当前配置，使其在需要时，可以回滚到指定时间段的配置状态，就像 Word 软件中手动或开启自动备份功能保存不同版本的 Word 文件一样。

配置文件回滚的配置步骤见表 1-9。

表 1-9 配置文件回滚的配置步骤

步骤	命令	说明
1	**system-view**	进入系统视图
以下第 2～3 步为本地备份参数的配置		
2	**archive configuration location** *directory* **filename-prefix** *filename-prefix* 例如，[Sysname] **archive configuration location** flash:/archive **filename-prefix** my_archive	备份配置文件的保存路径和文件名前缀配置。 • **directory** *directory*：表示保存备份配置文件的文件夹的路径，为 1～63 个字符的字符串，**不区分大小写**。格式为存储介质名:/[文件夹名]/子文件夹名，必须是主设备或全局主用主控板（IRF 模式时），或主用主控板（独立运行模式时）上已存在的路径，且参数中不能包含成员编号和（或）槽位号

续表

步骤	命令	说明
2	**archive configuration location** *directory* **filename-prefix** *filename-prefix* 例如，[Sysname] **archive configuration location** flash:/archive **filename-prefix** my_archive	• *filename-prefix*：表示备份配置文件的文件名前缀，为 1～30 个字符的字符串，**不区分大小写**，只能包含字母、数字、“_”和“-”。 默认情况下，系统没有配置备份配置文件的保存路径和文件名前缀
3	**archive configuration max** *file-number* 例如，[Sysname] **archive configuration max** 10	（可选）配置系统允许保存的备份配置文件的最大数，取值为 1～10。该参数的具体数值应根据设备存储介质的空间大小来决定。 当备份配置文件数目达到上限后，下次备份配置文件（包括自动和手动两种触发方式）时，将删除保存时间最早的备份文件，以保存新的备份配置文件。但修改备份配置文件数上限时，并不删除多余文件，如果当前已有的备份配置文件数大于或等于新设置的上限值，则在备份新的配置时，系统将自动删除生成时间最早的 *n*（*n*=当前已有备份配置文件数–新设置的上限值+1）个备份配置文件。例如当前已有备份配置文件数为 5，新设置的上限值为 4，当有配置需要备份时，系统会先删除“5–4+1=2”个生成时间最早的备份配置文件。 默认情况下，本地保存的备份配置文件数为 5 个
以下第 4～6 步为远程备份参数的配置步骤		
4	**archive configuration server scp** { *ipv4-address* | **ipv6** *ipv6-address* } [**port** *port-number*] [**vpn-instance** *vpn-instance-name*] [**directory** *directory*] **filename-prefix** *filename-prefix* 例如，[Sysname] **archive configuration server scp** 192.168.1.1 port 22 **directory** /archive/ **filename-prefix** my_archive	配置备份配置文件在远程安全复制协议（Secure Copy Protocol，SCP）服务器的保存路径、文件名前缀。在 FIPS 模式下，不支持将配置文件备份到远程 SCP 服务器的功能。 • *ipv4-address*：二选一参数，指定 SCP 服务器的 IPv4 地址。 • **ipv6** *ipv6-address*：二选一参数，指定 SCP 服务器的 IPv6 地址。 • **port** *port-number*：可选参数，指定 SCP 服务器提供 SCP 服务的 TCP 端口号，取值为 1～65535，默认值为 22。 • **vpn-instance** *vpn-instance-name*：可选参数，指定远程 SCP 服务器所属的 VPN 实例。如果未指定本参数，则表示远程 SCP 服务器位于公网中。 • **directory** *directory*：可选参数，指定配置文件在远程 SCP 服务器上的备份目录，默认为 SCP 服务器的根目录，**不区分大小写**。 • **filename-prefix** *filename-prefix*：指定配置文件的文件名前缀，为 1～30 个字符的字符串，**只能包含字母、数字、“_”和“-”，不区分大小写**。配置文件备份成功后，会在远程服务器指定的路径下生成以“前缀_YYYYMMDD_HHMMSS.cfg”命名的配置文件（例如 archive_20241126_203020.cfg）。 【说明】本命令和 **archive configuration location** 命令具有互斥性，不能同时配置。配置本命令后，如果要使用 **archive configuration location** 命令指定配置文件备份到本地时使用的参数，则需先使用 **undo archive configuration server**

续表

步骤	命令	说明
4	**archive configuration server scp** { *ipv4-address* | **ipv6** *ipv6-address* } [**port** *port-number*] [**vpn-instance** *vpn-instance-name*] [**directory** *directory*] **filename-prefix** *filename-prefix* 例如，[Sysname] **archive configuration server scp** 192.168.1.1 port 22 **directory** /archive/ **filename-prefix** my_archive	恢复默认情况。同理，如果使用 **archive configuration location** 命令指定了配置文件备份到本地时使用的参数后，则要指定配置文件备份到远程 SCP 服务器时使用的参数，需先使用 **undo archive configuration location** 命令恢复默认情况。 默认情况下，未配置备份配置文件在远程 SCP 服务器的保存路径和文件名前缀
5	**archive configuration server user** *user-name* 例如，[Sysname] **archive configuration server user** admin	配置登录远程 SCP 服务器的用户名，为 1～63 个字符的字符串，**区分大小写**，必须与 SCP 服务器上配置的用户名一致。 默认情况下，未配置登录远程 SCP 服务器的用户名
6	**archive configuration server password** { **cipher** | **simple** } *string* 例如，[Sysname] **archive configuration server password simple** admin	配置登录远程 SCP 服务器的密码。 • **cipher**：二选一选项，表示以密文方式设置密码。 • **simple**：二选一选项，表示以明文方式设置密码，该密码将以密文形式存储。 • *string*：密码字符串，**区分大小写**。明文密码为 1～63 个字符的字符串，密文密码为 33～117 个字符的字符串。需要注意的是，这两种密码必须与 SCP 服务器上配置的对应用户的密码一致。 默认情况下，未配置登录远程 SCP 服务器的密码
7	**archive configuration interval** *interval* 例如，[Sysname] **archive configuration interval** 60	（二选一）开启自动备份当前配置功能，并设置自动备份的时间间隔，取值为 10～525600，单位为分钟。 采用本地备份时，执行该命令后，只有当前设备或主用主控板（独立运行模式时）会备份当前配置，备用主控板不进行备份操作。采用远程备份时，执行该命令后，只有主设备或全局主用主控板（IRF 运行模式时）会备份当前配置，全局备用主控板不进行备份操作。 默认情况下，自动备份当前配置功能处于关闭状态
	archive configuration 例如，<Sysname> **archive configuration**	（二选一）手工备份当前配置。 **该命令在用户视图下执行**
8	**configuration replace file** *filename* 例如，[Sysname] **configuration replace file** my_archive_1.cfg	执行配置回滚。参数 *filename* 用来指定回滚配置的配置文件路径及文件名，其长度不能超过 255 个字符，可以是明文配置文件或者被加密的配置文件，但必须是本地保存的配置文件。如果回滚配置文件保存在远程 SCP 服务器上，则必须先下载到本地设备上。回滚配置文件必须是有效的.cfg 文件

1．配置备份参数

无论是手动，还是自动备份当前配置，必须先设置好备份配置文件的保存路径和文件名前缀。可以设置将备份文件保存在本地，或者保存在远程 SCP 服务器上。

如果设置备份文件保存在本地，设备在备份当前运行配置时，将当前的配置以前缀_序号.cfg 格式（例如 archive_1.cfg）保存到指定路径下。序号编号自动从 1 开始，依次加 1，累加至 1000 后重新从 1 开始编号。

如果设置备份文件保存在本地，修改备份文件的保存路径或文件名前缀后，备份序号从 1 开始重新自动编号，原来生成的备份文件不再作为备份文件，而作为普通配置文件存在，此后执行 **display archive configuration** 命令不会显示原来的备份配置文件信息。

如果设置备份文件保存在远程 SCP 服务器，设备备份当前运行配置时，将在远程服务器指定的路径下生成以“前缀_YYYYMMDD_HHMMSS.cfg”命名的配置文件（其中，YYYYMMDD 和 HHMMSS 为设备当前系统时间，例如 archive_20241126_093020.cfg）。

2. 备份当前配置

设备支持自动备份和手动备份两种备份配置的方式。

① 自动备份当前配置：系统按照已配置的时间间隔自动备份当前配置。

② 手动备份当前配置：用户随时可以执行手动备份命令行备份当前配置。例如，需要对设备进行复杂配置过程中，不定期手动备份当前配置，以便配置错误时，使用配置回滚功能将当前配置回滚至正确情况。

如果设置备份文件保存在本地，则**只会将当前配置备份到主设备的备份路径下，不会保存到从设备**，建议在所有成员设备的文件路径下创建备份路径，并进行配置备份，防止主备倒换后该功能失效。

备份当前配置过程中，建议不要修改配置文件的备份参数，如果修改了备份参数，则该参数不会立即生效，设备仍然会按照原参数设置将当前配置保存在旧的备份路径下，且执行 **display archive configuration** 命令不会显示该备份配置文件。

3. 执行配置回滚

在依据配置好的备份参数进行了当前配置备份后，在需要时可以利用这些备份配置文件进行配置回滚。在使用指定备份配置文件进行配置回滚时，系统将对比当前配置和回滚配置文件中具体配置的差异，并作如下处理。

① 不处理当前配置与回滚配置文件中相同的命令。

② 对于存在于当前配置但不存在于回滚配置文件的命令，回滚操作将取消当前配置中的命令。

③ 对于存在于回滚配置文件但不存在于当前配置的命令，回滚操作将执行这些命令。

④ 对于当前配置和回滚配置文件中不同的命令，配置回滚将先取消这些不同的当前配置，再执行回滚配置文件中的相应命令。

【注意】执行配置回滚操作时不能进行主从设备倒换操作，否则，可能会造成配置回滚终止。配置能否回滚成功由命令的具体处理决定。存在以下情况时，某条命令会回滚失败，系统会跳过回滚失败的命令，直接处理下一条命令。

① 命令不支持完整的 **undo** 格式命令，即直接在配置命令前添加 **undo** 关键字构成的命令不存在，设备不识别。

② 配置不能取消（例如硬件相关的命令）。

③ 如果不同视图下的各配置命令存在依赖关系，则这些命令可能回滚失败。

④ 回滚配置文件不是由 **save** 命令、自动备份或手工备份生成的完整文件，此时配置回滚可能不能完全恢复至配置文件中的配置状态。

完成上述各小节配置文件的具体配置后，在任意视图下执行以下 **display** 命令，查看配置文件的使用情况，验证配置效果。

① **display archive configuration**：查看备份配置文件的相关信息。

② **display current-configuration** [**configuration** [*module-name*] | **exclude-provision** | **interface** [*interface-type* [*interface-number*]]] [**all**] [**by-section** { **begin** | **exclude** | **include** } *regular-expression*]：查看独立运行模式设备的当前配置。

③ **display current-configuration** [[**configuration** [*module-name*] | **exclude-provision** | **interface** [*interface-type* [*interface-number*]]] [**all**] | **chassis** *chassis-number* | | **slot** *slot-number*] [**by-section** { **begin** | **exclude** | **include** } *regular-expression*]：查看 IRF 模式设备的当前配置。

④ **display default-configuration**：查看出厂配置。

⑤ **display saved-configuration** [**by-section** { **begin** | **exclude** | **include** } *regular-expression*]：查看下次启动配置文件的内容。

⑥ **display startup**：查看本次及下次启动的配置文件的名称。

⑦ **display this** [**all**] [by-**section** { **begin** | **exclude** | **include** } *regular-expression*]：查看当前视图下生效的配置。

1.6 系统软件升级

随着设备的使用，设备的系统软件可能需要不断进行更新、升级，以对软件包进行版本升级，增加特定软件特性或是对软件缺陷进行修复。

1.6.1 软件包分类

软件升级涉及的软件包有 BootWare 程序和 Comware 软件包（又称为启动软件包）。这些是设备启动、运行的必备软件。

1. BootWare 程序

设备开机最先运行的程序是 BootWare 程序，它能够引导硬件启动，引导启动软件包运行，提供 BootWare 菜单功能。

BootWare 程序存储在设备的 BootWare（芯片）中。完整的 BootWare 程序包含 BootWare 基本段和 BootWare 扩展段。其中，基本段提供 BootWare 菜单的基本操作项，扩展段提供更多的 BootWare 菜单操作项。整个 BootWare 程序通过 Boot 包（*.bin）发布，产品会将需要升级的单板的 BootWare 程序集成到 Boot 包中统一发布，以降低版本维护成本。

2. Comware 软件包（即启动软件包）

启动软件包是用于引导设备启动的程序文件，按其功能可以分为以下几类。

① Boot（启动）包：包含 Linux 内核程序，提供进程管理、内存管理、文件系统管理、应急 Shell 等功能的.bin 文件。

② System（系统）包：包含 Comware 内核和基本功能模块的.bin 文件，例如设备管理、接口管理、配置管理和路由模块等。

③ Feature（特性）包：用于业务定制的程序。一个Feature包可能包含一种或多种业务。

④ Patch（补丁）包：用来修复设备软件缺陷的.bin 程序文件。补丁包只能修复启动软件包的缺陷，不涉及功能的添加和删除。补丁包分为叠加补丁包和非叠加补丁包，具体定义如下。

- 叠加补丁包：两个版本的叠加补丁包之间所解决的问题可以是包含、不包含或不完全包含的关系。**只有当两个版本的叠加补丁包之间解决的问题为不包含的关系时，设备才可以同时安装这两个补丁包。**
- 非叠加补丁包：新版本的补丁包具体包含旧版本的补丁包解决的所有问题，**每个Boot包、System包和Feature包只能安装一个非叠加补丁包**。为同一个Boot包、System包或Feature包安装新版本补丁包的同时，设备会卸载旧版本的补丁包。为Boot包、System包或Feature包安装的非叠加补丁包可以同时安装在设备上。

设备必须同时具有Boot包和System包才能正常运行。叠加补丁包和非叠加补丁包可以同时安装到设备上。Feature包可以根据用户需要选择安装，补丁包只在需要修复设备软件缺陷时安装。

设备上可以安装的软件包（包括 Boot 包、System 包、Feature 包和补丁包）共 32 个。其中，Boot包和System包各自只能安装1个，Feature包和补丁包总共可安装30个。

1.6.2 软件升级方式

设备支持的软件升级方式见表 1-10，本章仅介绍采用命令行的 Boot-Loader 方式进行软件升级方式。

表 1-10 设备支持的软件升级方式

升级方式	升级对象	说明
通过命令行的 Boot-Loader 方式升级	• BootWare 程序 • Comware 软件包（不支持安装叠加补丁）	该方式需要重启设备，会导致当前业务中断
通过命令行的 ISSU 方式升级	Comware 软件包	ISSU 是一种高可靠性升级方式，推荐使用该方式升级
通过 BootWare 菜单进行升级	• BootWare 程序 • Comware 软件包	该方式用于无法启动 Comware 系统时进行软件升级和修复。 该升级方式需要连接到 Console 接口，断电重启。启动过程中根据提示按<Ctrl+B>进入 BootWare 菜单，通过 BootWare 来重新加载软件包

在通过命令行的 Boot-Loader 方式进行软件升级时，用户可为设备指定主用启动软件包和备用启动软件包，加载软件包时，系统会优先选择主用软件包。只有当主用软件包不可用时，才会选择备用软件包。如果任何指定的备用软件包不可用，则查看主用Boot包或者备用Boot包是否可用。如果主用Boot包或者备用Boot包均不可用，则设备加载失败，无法正常启动。

如果将可插拔存储介质内的软件包指定为设备下次启动时使用的软件包，则重启设备时不要将可插拔存储介质从设备上拔出，否则，可能导致设备无法正常启动。如果设备加载失败，则重启设备并按提示进入BootWare菜单重新下载软件包来启动系统。

1.6.3 通过 Boot-Loader 方式升级设备软件

在通过 Boot-Loader 方式升级设备软件前，需进行如下准备。

① 使用 **display version** 命令查看设备当前运行的 BootWare 程序及启动软件的版本。

② 获取新软件的版本发布说明书，了解新软件的版本号、软件大小，以及与当前运行的 BootWare 程序及 Comware 软件的兼容性。

③ 通过版本发布说明书了解到即将安装的软件包是否需要 License（许可证）。如果需要 License，则查看设备上是否有对应有效的 License。如果没有 License，则须先安装 License。否则，会导致软件包安装失败。

④ 使用 **dir** 命令查看所有成员设备上的存储介质是否有足够的空间存储新的软件。如果任何成员设备上的存储空间不足，则可使用 **delete** 命令删除一些暂时不用的文件。

⑤ 使用文件传输协议（File Transfer Protocol，FTP）、TFTP 方式将新软件包下载到任一文件系统的根目录下。有关 FTP、TFTP 的配置方法将在第 3 章介绍。

下面仅以集中式（也称为盒式）交换机为例，说明通过 Boot-Loader 方式升级设备软件的具体操作步骤。

1. 加载新的 BootWare 程序

在用户视图下执行 **bootrom update file** *file-url* **slot** *slot-number-list* 命令，系统将目标文件中的 BootWare 程序加载到 BootWare 的 Normal（正常）区，**然后重启设备后，使新的 BootWare 程序生效**。

① **file** *file-url*：指定用于更新的 BootWare 程序文件名称（包括路径）为 1～63 个字符的字符串。更新的 BootWare 程序文件必须已下载到本地。

② **slot** *slot-number-list*：指定 IRF 成员编号列表，表示同时升级多个成员设备的 BootWare 程序，表示方式为 *slot-number-list* = { *slot-number* [**to** *slot-number*] }<1-7>。其中，*slot-number* 表示需要升级的设备在 IRF 中的成员编号。独立设备时的 IRF 编号为 1。

以下示例是使用 Flash 根目录下的 a.bin 文件升级设备的 BootWare 程序。在升级过程中需要按提示 Y 键进行升级。

```
<Sysname> bootrom update file flash:/a.bin slot 1
 This command will update the Boot ROM file on the specified board(s), Continue? [Y/N]:y
 Now updating the Boot ROM, please wait...............Done.
```

2. 指定下次启动软件包并完成升级

指定下次启动软件包的操作方法见表 1-11，这些操作方法**均在用户视图下进行**。

① 当单台设备组成 IRF 时，该设备的角色为主设备，用户只须为主设备指定下次启动软件包。

② 当多台设备组成 IRF 时，用户需要分别为主设备和从设备指定下次启动软件包。

表 1-11 指定下次启动软件包的操作方法

步骤	命令	说明
1	**boot-loader file** *ipe-filename* [**patch** *filename*<1-16>] { **all** | **slot** *slot-number* } { **backup** | **main** }	配置设备下次启动时使用的软件包。 • *ipe-filename*：指定复合软件包套件（Image Package Envelope，IPE）文件的名称，格式为 *filesystemname/filename*.ipe。该文件必须保存在设备任一文件系统的根

续表

步骤	命令	说明
1	例如，<Sysname> **boot-loader file** slot1#flash:/all.ipe **all main** 或 **boot-loader file boot** *filename* **system** *filename* [**feature** *filename*&<1-30>] [**patch** *filename*&<1-16>] { **all** | **slot** *slot-number* } { **backup** | **main** } 例如，<Sysname> **boot-loader file boot** flash:/boot.bin **system** flash:/system.bin **slot** 1 **main**	目录下，从存储介质名称开始最多可输入 63 个字符。 • **patch** *filename*&<1-16>：可选参数，指定下次启动的补丁包文件（用来修复设备软件缺陷的.bin 程序文件）的名称，格式为 *filesystemname*/*filename*.bin。每个 Boot 包、System 包和 Feature 包只能安装一个非叠加补丁。&<1-16>表示前面的参数最多可以输入 16 次。 • **boot** *filename*：指定下次启动的 Boot 包文件的名称。 • **system** *filename*：指定下次启动的 System 包文件的名称。 • **feature** *filename*&<1-30>：可选参数，指定下次启动的 Feature 包文件的名称，格式为 *filesystemname*/ *filename*.bin。该文件必须保存在设备任一文件系统的根目录下，必须包含文件系统的名称，从存储介质名称开始最多可输入 63 个字符。&<1-30>表示前面的参数最多可以输入 30 次。 • **all**：二选一选项，指定系统中软件包适用的所有的 IRF 成员设备，仅 IRF 模式中选用。 • **slot** *slot-number*：二选一参数，表示待升级的 IRF 成员设备的编号。独立设备中，编号为 1。 • **backup**：二选一选项，指定该软件包为备用启动软件包。当主用启动软件包不可用或出现异常情况时，备用启动软件包启动，引导设备启动。 • **main**：二选一选项，指定该软件包为主用启动软件包。主用启动软件包用于引导设备启动
2	**save** 例如，<Sysname>**save**	保存当前配置
3	**reboot** 例如，<Sysname> **reboot**	重启设备
4	**display version** 例如，<Sysname> **display version**	（可选）检查升级后的软件版本，确认当前的软件版本为升级后的版本

3. 将 IRF 主设备的当前软件包同步到从设备

当从设备和主设备的下次启动软件版本不一致时，需要刷新从设备的软件版本，使其软件版本和主设备当前运行的软件版本保持一致。

在进行软件同步时，系统会做如下处理。

① 如果主设备是使用主用启动软件包启动的，则将其主用下次启动软件包列表中的软件包复制到从设备的对应目录下，并设置为从设备的主用启动软件包。如果这些软件包中有任一软件包不存在或者不可用，则命令执行失败。

② 如果主设备是使用备用启动软件包列表启动的，则将其备用下次启动软件包列表中的软件包复制到从设备的对应目录下，并设置为从设备的主用下次启动软件包。如果这些软件包中有任一软件包不存在或者不可用，则命令执行失败。

如果主设备刚安装了补丁或者进行了不中断业务升级（In-Service Software Upgrade,

ISSU），在执行本命令前，请执行 **install commit** 命令刷新主设备的主用启动软件包列表。否则，可能导致备设备升级后与主设备的版本不一致。

在用户视图下通过 **boot-loader update** { **all** | **slot** *slot-number* }命令指定需要同步主设备的从设备，将 IRF 主设备的当前软件包同步到从设备上，然后执行 **reboot slot** *slot-number* [**force**]命令重启涉及同步指定的从设备。

在完成前面各软件升级操作步骤后，可在任意视图下执行 **display boot-loader** [**slot** *slot-number*]命令，查看本次启动和下次启动所采用的启动软件包的名称，验证软件包同步配置效果。

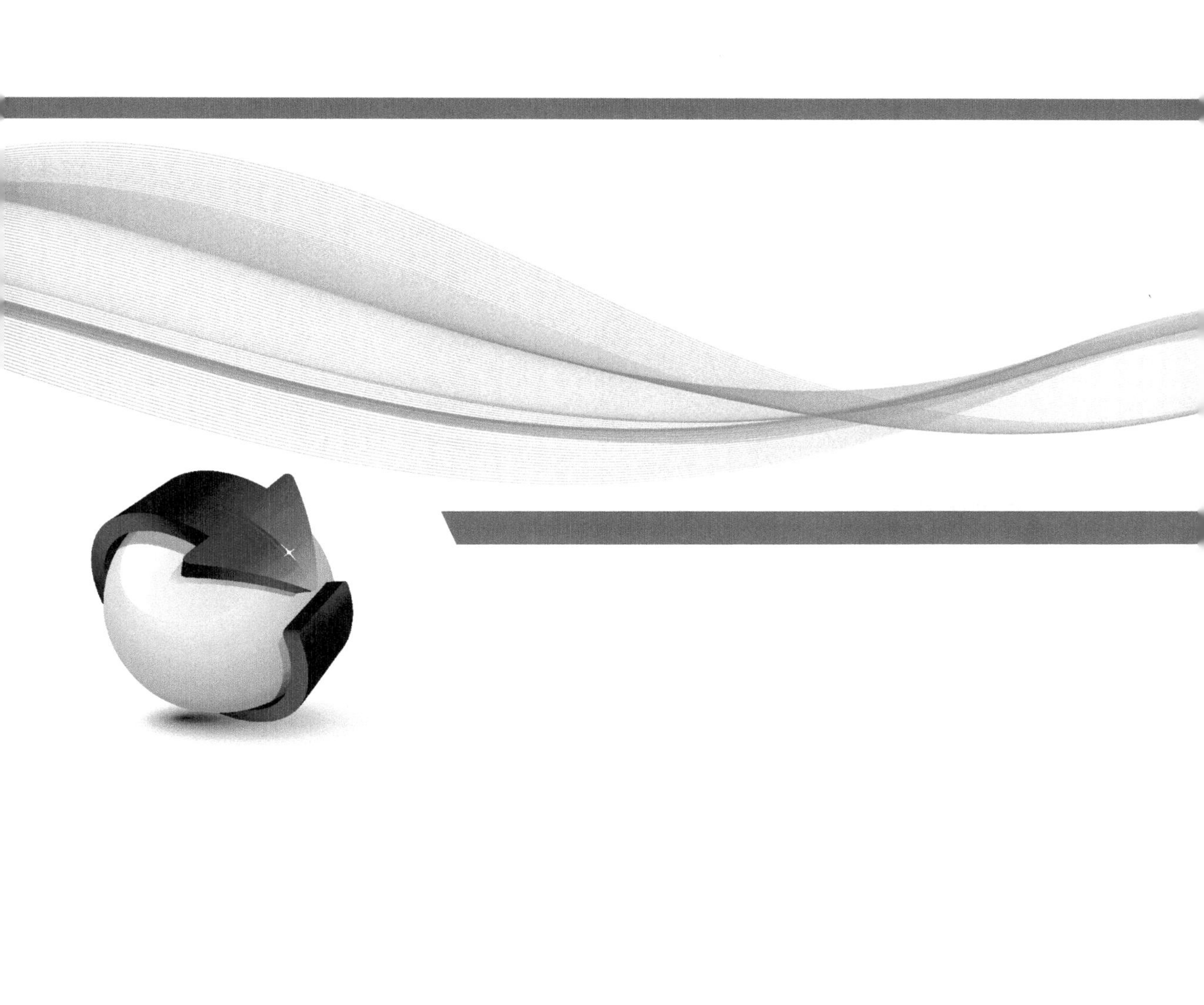

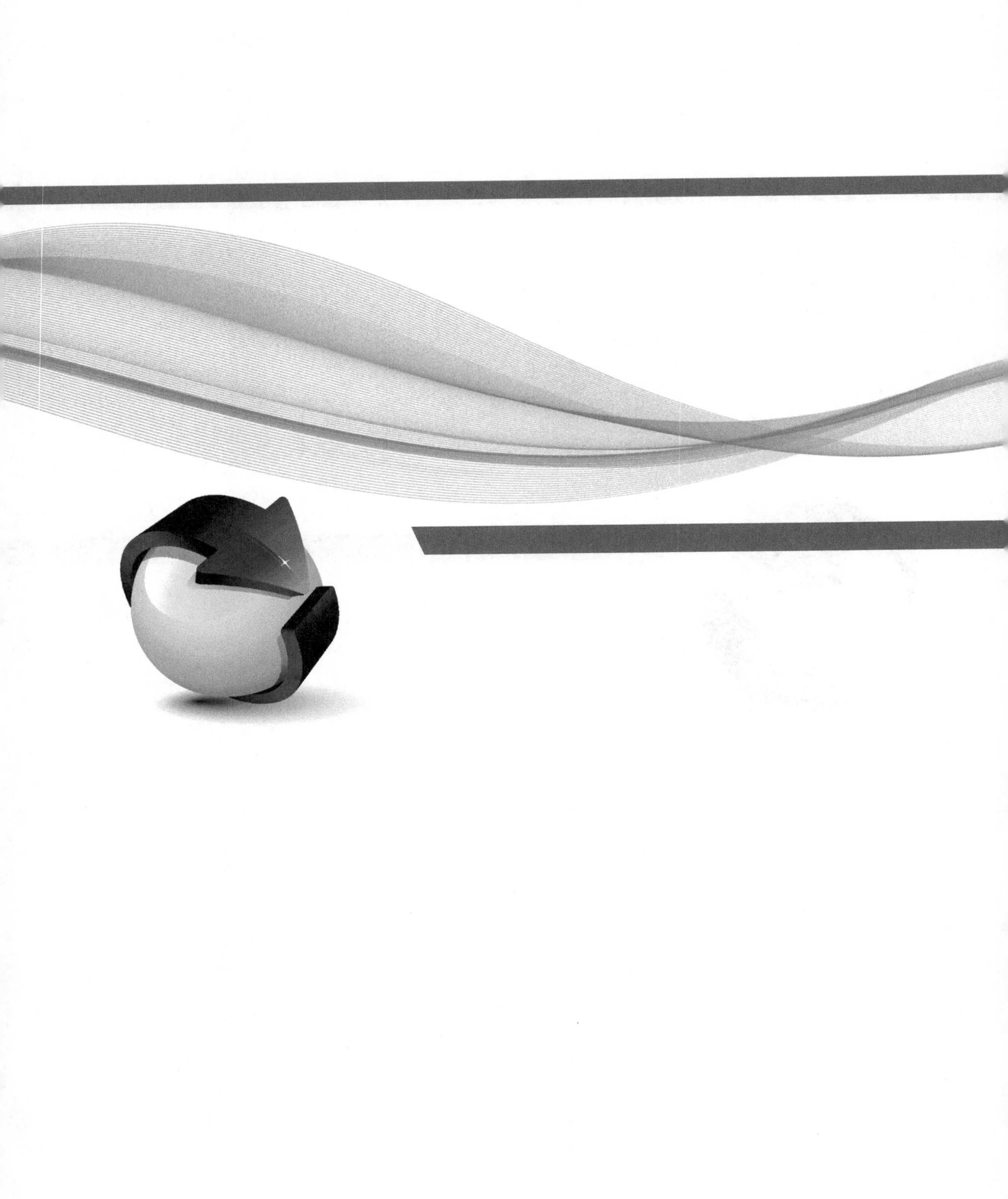

第 2 章 设备登录

本章主要内容

如果要管理设备，则管理员需要先登录到设备的网络操作系统。本章专门介绍与设备登录相关的功能配置方法，具体包括用户登录时所用的用户线、用户账户、用户角色、用户角色规则，以及通过 Console 接口本地登录、通过 Telnet 网络登录、通过 SSH 安全网络登录方式的具体配置与管理方法。

2.1 用户线和用户

H3C 设备支持以下几类登录方式。

① 通过命令行接口（Command Line Interface，CLI）登录设备：用户采用此类登录方式成功登录设备后，可以直接通过命令来配置和管理设备。CLI 登录方式下又根据使用的登录接口及登录协议不同，分为通过 Console、Telnet、SSH 共 3 种登录方式。

② 通过 SNMP 登录设备：用户采用此种登录方式成功登录设备后，可通过网络管理系统（Network Management System，NMS）的 Set 和 Get 等操作来配置和管理设备。

③ 通过表述性状态转移（Representational State Transfer，RESTful）登录设备：用户采用此种登录方式成功登录设备后，可以使用表述性状态转移应用程序接口（Representational State Transfer Application Programming Interface，RESTful API）来配置和管理设备。RESTful API 使用 Python、ruby 或 Java 等语言进行编程，发送 HTTP 或 HTTPS 报文到设备进行认证。认证成功后，用户可以通过在 HTTP 或 HTTPS 报文中指定 RESTful API 操作（包括 Get、Put、Post、Delete 等）来配置和管理设备。

用户首次登录设备时，只能通过 Console 登录。只有通过 Console 登录到设备进行相应的配置后，才能通过其他方式登录。

2.1.1 用户线

采用 CLI 登录方式进行登录需要用到用户线，即用户登录时所使用的专用通信通道，可以为每个用户线设置一系列参数，以限制用户访问设备的行为。例如用户登录时是否需要认证、用户登录后具有的访问权限等。

1. *用户线分类*

不同的 CLI 登录方式采用不同类型的用户线，主要包括以下 3 类，不同机型支持的用户线类型和用户线数参见对应产品说明手册。

① Console 用户线：用来管理和监控通过 Console 登录的用户。

② AUX 用户线：用来管理和监控通过 USB Console 登录的用户。

③ 虚拟类型终端（Virtual Type Terminal，VTY）用户线：用来管理和监控通过 Telnet 或 SSH 登录的用户。

2. *用户线编号*

多数情况下，一台设备或一块主控板上最多支持 2 个（中低端的只有 1 个）AUX 或 Console 用户线、63 个 VTY 用户线。这些不同类型的用户线可以统一编号，即绝对编号方式，也可以独立编号，即相对编号方式。

① 绝对编号方式

绝对编号方式是对所有类型用户线进行统一编号，从 0 开始，每次增加 1，先给所有 Console 用户线编号，其次是所有 AUX 用户线编号，最后给 VTY 用户线编号。使用 **display line**（不带参数）命令可查看设备当前支持的所有用户线及它们的绝对编号。

② 相对编号方式

相对编号方式是由每类用户线单独编号，编号形式是：“用户线类型<空格>编号”。Console 用户线、AUX 用户线、VTY 用户线的编号均是从 0 开始，以 1 为单位递增。

3. 用户线分配

用户登录设备时，系统会根据用户的登录方式自动给用户分配一个当前空闲，且编号最小的对应类型的用户线。用户的整个登录过程将受所分配的用户线视图下的配置约束。但用户与用户线并没有固定的一一对应关系。

① 同一用户采用的登录的方式不同，所分配的用户线不同，拥有权限可能不同。例如用户 A 使用 Console 登录设备时，将受到所分配的 Console 用户线视图下配置的约束；当用户 A 使用 Telnet 登录设备时，将受到所分配的 VTY 用户线视图下配置的约束。

② 同一用户登录的时间不同，所分配的用户线和拥有权限也可能不同。例如用户 A 当前使用 Telnet 登录时，系统为其分配的用户线是 VTY 1。当用户 A 下次再进行 Telnet 登录时，系统可能已经把 VTY 1 分配给其他 Telnet 用户了，只能为该用户分配其他的 VTY 用户线。

③ 如果当前没有空闲的相应类型用户线可分配，则用户不能采用对应方式登录设备。

2.1.2 用户认证方式

出于安全考虑，用户登录设备往往需要通过认证才能成功登录到设备。每个用户线下可以配置用户登录时所使用相同或不同的认证方式，以提高设备的安全性。设备支持以下几种认证方式。

① None：表示使用该用户线登录设备时不需要进行认证，可以直接登录到设备。此种认证方式不提供安全保障，联邦信息处理标准（Federal Information Processing Standards，FIPS）模式下不支持该认证方式。

② Password：表示使用该用户线登录设备时仅需要输入认证密码，只要输入的密码正确，用户就可以登录到设备。此种认证方式的安全性较差，FIPS 模式下也不支持该认证方式。

③ Scheme：即通常所说的鉴权、授权和结算（Authentication Authorization and Accounting，AAA）认证方式，表示使用该用户线登录设备时需要同时进行用户名认证和密码认证，仅当输入的用户名和密码都正确时，用户才可以成功登录到设备，输入的用户名或密码中出现任意一个错误，用户均不能成功登录。此种认证方式的安全性最高。

Scheme 认证方式又分为本地认证和远程认证两种。其中，本地认证是采用设备本地配置的用户账户进行认证，并为之授权用户角色和资源控制策略。此时需要在本地设备上先创建并配置好相应的本地用户账户，用户密码的配置根据实际情况选择配置（例如当采用公钥认证方式时，不需要验证用户密码）；远程认证是采用远程 AAA 服务器上配置的用户账户进行认证，并为之授权用户角色和资源控制策略。

有关 AAA 的相关知识和配置方法参见即将出版的配套图书《H3C 交换机学习指南（下册）》的相关内容，本书不再赘述。

2.2 RBAC 基础

Comware V7 是基于“用户角色”进行用户权限控制的，而不是以前版本采用的用户级别设计，这就是基于角色的访问控制（Role Based Access Control，RBAC）。

RBAC 采用权限与具体用户分离的思想，提高用户权限分配的灵活性，减小用户授权管理的复杂度，降低管理开销。RBAC 通过建立“权限—用户角色”的关联来为用户角色赋权，然后通过建立“用户角色—用户”的关联为用户指定用户角色，使用户获得对应角色的对应权限。RBAC 的这种“用户—用户角色—权限”的关系类似于 Windows 操作系统中“用户—用户组—权限”的关系。

2.2.1 角色权限分配

为一个用户角色赋予权限的具体实现包括以下两个方面。

① 定义用户角色规则：实现对系统功能（可以是具体命令或特性等）操作权限的控制。例如定义用户角色规则，允许用户执行 **vlan** 命令，或禁止用户操作 ospf 特性。

② 定义资源控制策略：实现对系统资源（例如接口、VLAN、VPN 实例）的操作权限的控制。例如定义资源控制策略允许用户操作 VLAN10。

因为以上两种实现方式所配置的权限可能有交叉或冲突，所以**用户角色最终所具有的完整权限是由这两个方面共同决定的**（但不一定要同时配置）。在用户执行命令的过程中，系统对该命令所涉及的系统资源使用权限进行动态检测，只有用户同时拥有执行该命令的权限和使用对应资源的权限时，才能执行该命令。

例如管理员为某用户角色定义了一条允许执行创建 VLAN 的 **vlan** 命令的规则，且同时定义了一条 VLAN 资源控制策略，但仅允许用户操作 VLAN10。这样当该用户角色下的用户执行 **vlan** 10 命令来创建 VLAN10 时，操作会被允许，但试图创建其他 VLAN 时，却会被禁止，因为该用户角色下的 VLAN 资源控制策略中没有允许操作其他 VLAN。同样，如果管理员没有为该用户角色定义允许用户执行 **vlan** 命令的规则，则即使在该用户角色下的 VLAN 资源控制策略中允许操作 VLAN10，该用户角色下的用户也无法执行 **vlan** 10 命令。

1. 用户角色规则

用户角色规则与 ACL 规则类似，规定的是允许或禁止操作的行为。一个用户角色下，至少要包含以下 5 种用户角色规则之一。

① **基于命令的规则**：用来控制一条命令，或者与指定命令关键字相匹配的**一类**（通过通配符*指定）命令是否允许被执行，属于“微观”规则匹配参数的指定。例如允许或禁止执行 **interface** gigabitethernet1/0/1、**vlan** 10、**acl** *、**ospf** *命令等。

② **基于特性的规则**：用来控制特性（**可以理解为“功能”**）包含的命令是否允许被执行，属于“宏观”规则匹配参数的指定。如果要禁止操作所有 VLAN 功能、ACL 功能等，则这些功能视图下的所有命令均被禁止。

③ **基于特性组的规则**：如果有许多特性要同时在某用户角色规则中指定，则可以

创建一个特性组来包括这些具体的特性。这样通过对特性组的规则配置就可以同时对多个特性中包含的命令进行控制。

④ **基于可扩展标记语言（Extensible Markup Language，XML）元素的规则**：用来控制指定的 XML 元素是否允许被执行，这个规则很少使用。

⑤ **基于对象标识符（Object ID，OID）的规则**：用来控制指定的 OID 是否允许被 SNMP 访问，仅用于 SNMP 登录方式的用户权限控制。

上述 5 类 RBAC 用户角色规则又包括以下 3 种操作类型。

① 读（R）类型：用于显示系统配置信息和维护信息。例如显示命令 **display**、显示文件信息的命令 **dir** 为读类型的命令。

② 写（W）类型：用于对系统进行配置。例如创建 VLAN 的 **vlan** 命令、配置调试信息开关的 **debugging** 命令为写类型的命令。

③ 执行（X）类型：用于执行特定的功能。例如 **ping** 命令，与 FTP 服务器建立连接的 **ftp** 命令为执行类型的命令。

一个用户角色中可以定义多条规则，各规则以创建时指定的编号为唯一标识，被授权该角色的用户可以执行的命令为这些规则中定义的**可执行命令（即允许的命令）的合集。但当同一用户角色的不同规则中定义的权限内容有冲突时，则规则编号大的生效。**例如规则 1 允许执行命令 A，规则 2 允许执行命令 B，规则 3 禁止执行命令 A，则最终规则 2 和规则 3 生效，即禁止执行命令 A，允许执行命令 B。

【说明】这里所说的“特性”其实就是设备所具有的功能分类。每个特性包含了一系列的相关命令，例如用于设备自身管理和参数配置命令相关的 device 特性，软件安装相关命令所属的 Install 特性，还有 vlan、acl、ppp、ospf、is-is 等特性。

执行 **display role feature** 命令可以查看设备所具有的所有特性（Feature）及每个特性所关联的命令类型的简要说明。执行 **display role feature** 命令的输出示例如图 2-1 所示。

```
<Internet>display role feature
Feature: device            (Device configuration related co
mmands)
Feature: interface         (Interface related commands)
Feature: syslog            (Syslog related commands)
Feature: process           (Process related commands)
Feature: install           (Software install related comman
ds)
Feature: vlan              (Virtual LAN related commands)
Feature: filesystem        (File system related commands)
Feature: terminal          (Terminal setting related comman
ds)
Feature: shell             (Shell setting related commands)
Feature: snmp              (SNMP related commands)
Feature: irf               (IRF related commands)
Feature: scheduler         (Scheduler related commands)
Feature: event-mib         (Event Management Information Ba
se)
Feature: netconf           (NETCONF related commands)
```

图 2-1　执行 **display role feature** 命令的输出示例

如果想要查看每个特性下关联的所有命令，则可在 **display role feature** 命令中带上 **verbose** 可选项。执行 **display role feature verbose** 命令的输出示例如图 2-2 所示，包含 device 特性部分相关的命令及相对应的操作类型（R 为读操作，W 为写操作，X 为执行

操作）。如果想要查看某个具体特性包括的相关命令，则可执行 **display role feature** [**name** *feature-name* | **verbose**]命令。执行 **display role feature name acl** 命令的输出示例如图 2-3 所示。

```
<Internet>display role feature verbose
Feature: device            (Device configuration related commands)
  display clock     (R)
  debugging dev     (W)
  display debugging dev     (R)
  display device *     (R)
  display diagnostic-information *     (R)
  display environment *     (R)
  display fan *     (R)
  display alarm *     (R)
  display power-supply *     (R)
  display rps *     (R)
  display system-working-mode     (R)
  display current-configuration *     (R)
  display saved-configuration *     (R)
  display default-configuration *     (R)
  display startup     (R)
  display this *     (R)
  display archive configuration     (R)
  display configuration replace server     (R)
  display bootrom-access     (R)
  display system stable state *     (R)
  clock datetime *     (W)
  reboot *     (W)
---- More ----
```

图 2-2 执行 **display role feature verbose** 命令的输出示例

```
<Internet>display role feature name acl
Feature: acl              (ACL related commands)
  display acl *     (R)
  display debugging acl     (R)
  display packet-filter *     (R)
  display debugging packet-filter *     (R)
  system-view ; acl *     (W)
  system-view ; packet-filter *     (W)
  system-view ; interface * ; packet-filter *     (W)
  system-view ; zone-pair security * ; packet-filter *     (W)
  system-view ; probe ; display system internal acl *     (R)
  reset acl *     (W)
  reset packet-filter *     (W)
  debugging acl *     (W)
  debugging packet-filter *     (W)
<Internet>
```

图 2-3 执行 **display role feature name acl** 命令的输出示例

2. 资源控制策略

资源控制策略规定了用户对系统资源的操作权限。在用户角色规则中仅可配置以下 3 类资源控制策略。

① 接口策略：定义用户允许操作的接口，包括创建并进入接口视图、删除和配置接口。

② VLAN 策略：定义用户允许操作的 VLAN，包括创建并进入 VLAN 视图、删除和配置 VLAN。

③ VPN 策略：定义用户允许操作的 VPN 实例，包括创建并进入 VPN 视图、删除、配置和应用 VPN 实例。

【说明】在 **display** 命令中指定接口、VLAN、VPN 实例参数不受接口、VLAN、VPN 策略的限制。

3. 默认用户角色

系统预定义了多种用户角色，系统预定义的用户角色名和对应的权限见表 2-1。**这些用户角色默认均具有操作所有系统资源的权限，即没有配置资源控制策略，但具有不同的系统特性操作权限，即配置了不同的用户角色规则。**如果这些系统预定义的用户角色无法满足权限管理需求，管理员还可以自定义用户角色来对用户权限进行控制。

表 2-1 系统预定义的用户角色名和对应的权限

预定义的用户角色	权限
network-admin	可操作的系统所有功能及除了 **display security-logfile summary**（显示安全日志文件的摘要信息）、**info-center security-logfile directory** *dir-name*（修改存储安全日志文件的路径）、**security-logfile save**（手动将安全日志文件缓冲区中的内容全部保存到指定的安全日志文件中）之类的安全日志文件管理相关命令的所有资源
network-operator	• 可执行系统所有功能和资源相关的 **display** 命令，除了 **display history-command all**（显示所有登录用户历史命令缓冲区中的命令），以及 network-admin 用户角色不能操作的安全日志文件管理相关命令。 • 如果用户采用本地认证方式登录系统并被授予该角色，**则仅可以修改自己的密码，不能修改其他用户的密码。** • 可执行进入 XML 视图的命令，**仅可操作所有读类型的 XML 元素和所有读类型的 OID**，不具备写类型和执行类型 XML 元素、OID 操作权限
level-*n* (*n* = 0～15)	• level-0：可执行 **ping**、**tracert**、**ssh2**、**telnet** 和 **super** 命令，以及管理员为其配置的其他权限。 • level-1：具有 level-0 用户角色的权限，并且可执行系统所有功能和资源的相关 **display** 命令（除了 **display history-command all**），以及管理员为其配置的其他权限。 • level-2～level-8 和 level-10～level-14：无默认权限，需要管理员为其配置权限。 • level-9：可操作系统中绝大多数的功能和所有的资源，以及管理员为其配置的其他权限，但不能操作 **display history-command all** 命令、RBAC 的命令（**Debug** 命令除外）、文件管理、设备管理和本地用户特性。对于本地用户，如果用户登录系统并被授予该角色，**则仅可以修改自己的密码。** • level-15：具有与 network-admin 角色相同的权限
security-audit	安全日志管理员，**仅具有安全日志文件的读、写、执行权限**，具体说明如下。 • 可执行安全日志文件管理相关的命令，例如 **display security-logfile summary**、**info-center security-logfile directory** *dir-name*、**security-logfile save** 命令。 • 可执行安全日志文件操作相关的命令，例如通过 **more** 命令显示安全日志文件内容，通过 **dir**、**mkdir** 命令查看安全日志文件目录。 **以上权限，仅安全日志管理员角色独有，其他任何角色均不具备。该角色不能被授权给当前用户线登录的用户，但可以授权给其他用户线下的用户**

在表 2-1 所有预定义的用户角色中，需要注意以下事项。

① **仅具有最高权限 network-admin 或者 level-15 角色的用户具有执行创建、修改、删除本地用户和本地用户组的权限。**其他角色的用户即使被授权对本地用户和本地用户组的操作权限，也只可以修改自己的密码，没有其他的权限。

② 仅 level-0～level-14 可以通过自定义规则和资源控制策略调整自身的权限，network-admin、network-operator、level-15、security-audit **这些用户角色内定义的所有权限均不能被修改。**

③ 任意用户角色均具有执行 **system-view**、**quit** 和 **exit** 命令的权限。

2.2.2 用户授权角色的配置方式

通过为用户授权角色可实现角色与用户的关联，使相应用户具有所关联角色的对应权限，用户登录设备后才能以对应角色所具有的权限配置、管理，或监控设备。

用户授权角色是在用户登录设备的认证过程中进行的。根据用户登录设备时采用的不同认证方式，可以将用户授权角色分为 AAA 方式和非 AAA 方式。

① AAA 方式：如果在用户登录设备时采用 Scheme 认证方式，则用户登录设备后所拥有的用户角色由相关的 AAA 配置决定。

Scheme 认证方式也即 AAA 认证方式，又包括本地和远程两种认证方式。采用 AAA 本地认证时，由设备自身为登录用户授权角色，授权的用户角色是在对应的本地用户账户视图下的 **authorization-attribute user-role** *role-name* 命令设置。采用 AAA 远程认证时，由远程 AAA 服务器（RADIUS 或 HWTACACS 服务器）为登录用户授权角色，授权的用户角色是在远程 AAA 服务器上设置的。

② 非 AAA 方式：采用 none 或者 password 认证方式时，因为此时不针对具体的用户账户，所以此时用户登录设备后拥有的用户角色，是由用户登录时，所使用的用户线视图下的 **user-role** *role-name* 命令进行统一授权。SSH 用户通过 publickey 或 password-publickey 认证登录服务器，用户登录设备后将被授予同名的设备管理类本地用户视图下 **authorization-attribute user-role** *role-name* 命令配置的用户角色。有关 SSH 用户的认证方式和用户角色授权配置将在本章 2.6 节介绍。

以上两种方式均支持对一个用户同时授权多个用户角色。拥有多个角色的用户可获得这些角色中**被允许执行的功能及被允许操作的资源**的合集。例如某用户拥有角色 A，禁止用户执行 **qos apply policy** 命令，且仅允许操作接口 2。同时，该用户拥有角色 B，但允许用户执行 **qos apply policy** 命令，且允许用户操作所有接口，则该用户最终将能够在所有接口下执行 **qos apply policy** 命令，可以操作所有的接口资源。

【注意】因为拥有多个角色的用户所具有的最终权限是各角色中**被允许执行的功能和被允许操作的资源**的合集，所以像通过 Console 登录的用户默认分配了具有最高权限的 network-admin 或 level-15 预定义用户角色（与 network-operator 预定义角色类似，只是权限稍低）后，即使分配了包括禁止某些功能或资源操作规则的自定义角色，最终这些自定义用户角色中的禁止规则也不会生效。但如果删除分配的预定义用户角色，全部由自定义用户角色进行权限控制，则可能需要配置许多规则，也可能有遗漏。这是因为默认情况下，新建的自定义用户角色中是不包括任何规则的。

在为用户授权角色时需要注意的是，如果同一用户角色下的不同规则有冲突，则以编号大的规则生效。如果为同一用户授权多个用户角色时，取多个角色中允许操作的权限的合集。

2.3 RBAC 配置

通过 2.2 节介绍可知，RBAC 主要涉及用户角色、用户角色的授权，以及为用户角色设置权限的规则和资源控制策略等方面的配置，具体配置任务如下。

（1）创建用户角色。

（2）配置用户角色规则。

（3）配置特性组。

（4）配置资源控制策略。

（5）为用户授权角色，具体包括以下几种情形。

① 配置默认用户角色授权功能。

② 为远程 AAA 认证用户授权角色。

③ 为本地 AAA 认证用户授权角色。

④ 为非 AAA 认证用户授权角色。

（6）（可选）配置切换用户角色，具体包括以下几个方面。

① 配置用户角色切换的认证方式。

② 配置用户角色切换的默认目标用户角色。

③ 配置用户角色切换的密码。

④ 配置用户角色切换认证时用户登录的用户名认证。

⑤ 切换用户角色。

2.3.1 创建用户角色

如果系统预定义角色无法满足用户的权限管理需求，则可以自定义用户角色来对用户权限做更精细和灵活的控制（主要是添加与预定义用户角色中禁止操作规则相反的允许规则）。最多可以创建 64 个自定义用户角色，创建用户角色的创建步骤见表 2-2。

表 2-2 创建用户角色的创建步骤

步骤	命令	说明
1	**system-view**	进入系统视图
2	**role name** *role-name* 例如，[Sysname] **role name** role1	创建自定义用户角色，并进入用户角色视图。参数 *role-name* 为 1～63 个字符的字符串，**区分大小写**。 默认情况下，系统预定义的用户角色名见表 2-1。默认的用户角色不能被删除，而且其中的 network-admin、network-operator、level-15、security-audit **这些用户角色内定义的所有权限均不能被修改**；用户角色 level-0～level-14 可以通过自定义规则和资源控制策略调整自身的权限，但这种修改对于 **display history-command all** 命令不生效，即不能通过添加对应的规则来更改该命令在表 2-1 中所述的默认执行权限
3	**description** *text* 例如，[Sysname-role-role1] **description** administrator	（可选）为以上创建的用户角色配置描述信息。 默认情况下，未定义用户角色描述信息，可用 **undo description** *text* 对指定用户角色的描述

用户角色配置好后，可执行 **display role [name** *role-name* **]**命令查看当前所有或指定用户角色信息。

2.3.2 配置用户角色规则

一个用户角色中可以配置多条用户角色规则，每条规则定义了允许或禁止用户对某命令、特性（或特性组）、XML 元素或者 OID 进行操作，**各规则以创建时指定的编号为唯一标识**。如果指定编号的规则已存在，则表示是对已有的规则进行修改。**修改后的规则对于当前已经在线的用户不生效，对于之后使用该角色登录设备的用户生效**。

根据规则中匹配的对象类型，可把用户角色规则分为 OID 和非 OID 两大类。

1. 基于非 OID 的规则匹配

这类规则包括对命令、特性（或特性组）和 XML 元素的匹配，被授权该角色的用户可以执行这些规则所定义的权限并集。**同一用户角色下，如果不同规则中定义的权限内容有冲突，则规则编号大的生效**。

如果用户分配的某角色中存在“**rule** 1 **permit command** vlan”“**rule** 2 **permit command** ping”和“**rule** 3 **deny command** vlan”三条规则。其中，**rule 1** 和 **rule 3** 针对的是同一特性，但规则行为相反，此时规则编号大的 **rule 3** 生效，匹配的结果为用户禁止执行 **vlan** 命令，允许执行 **ping** 命令。

2. 基于 OID 的规则匹配

这类规则仅应用于 SNMP 登录方式，遵循以下匹配规则。

① 与用户访问的 OID 形成**最长匹配**的规则生效。

如果用户访问的 OID 为 1.3.6.1.4.2.2506.140.3.0.1，而该用户分配的用户角色中存在“**rule** 1 **permit read write oid** 1.3.6”“**rule** 2 **deny read write oid** 1.3.6.1.4.2”和“**rule** 3 **permit read write oid** 1.3.6.1.4”三条规则，很显然，**rule 2** 与用户访问的 OID 形成最长匹配，则 **rule 2** 与 OID 匹配，匹配的结果为用户的此访问请求被拒绝。

② 对于定义的 OID 长度相同的规则，**规则编号大的生效**。

如果用户访问的 OID 为 1.3.6.1.4.2.2506.140.3.0.1，而该用户分配的角色中存在“**rule** 1 **permit read write oid** 1.3.6”“**rule** 2 **deny read write oid** 1.3.6.1.4.2”和“**rule** 3 **permit read write oid** 1.3.6.1.4.2”三条规则。其中，**rule** 2 和 **rule** 3 与用户访问的 OID 匹配的长度一样，且为所有规则中最长的，但规则行为相反，此时 **rule** 3 生效，匹配的结果为用户的访问请求被允许。

【注意】只有具有 network-admin 或者 level-15 用户角色的用户登录设备后才具有如下命令的操作权限，**其他系统预定义角色和用户自定义角色均不能执行这些命令**。

① **display history-command all** 命令。

② 以 **display role**、**display license**、**reboot**、**startup saved-configuration** 开头的所有命令。

③ 系统视图下以 **role**、**undo role**、**super**、**undo super**、**license**、**password-recovery**、**undo password-recovery** 开头的所有命令。

④ 系统视图下创建 SNMP 团体、用户或组的命令：**snmp-agent community**、**snmp-agent usm-user** 和 **snmp-agent group**。

⑤ 用户线视图下以 **user-role**、**undo user-role**、**authentication-mode**、**undo authentication-mode**、**set authentication password**、**undo set authentication password** 开头的所有命令。

⑥ Schedule 视图下以 **user-role**、**undo user-role** 开头的所有命令。

⑦ CLI 监控策略视图下以 **user-role**、**undo user-role** 开头的所有命令。

⑧ Event MIB 特性中所有类型的命令。

用户角色规则的配置步骤见表 2-3，每个用户角色中最多可以配置 256 条规则，**但系统中的用户角色规则总数不能超过 1024。默认情况下，新创建的用户角色中未定义规则，即当前用户角色无任何权限。**

表 2-3　用户角色规则的配置步骤

步骤	命令	说明
1	**system-view**	进入系统视图
2	**role name** *role-name* 例如，[Sysname] **role name** role1	进入用户角色视图
3	**rule** *number* { **deny** | **permit** } **command** *command-string* 例如，[Sysname-role-role1] **rule** 1 **permit command display** acl	（可选）创建基于命令的规则。 • *number*：权限规则编号，取值为 1～256。 • **deny**：二选一选项，表示为禁止行为。 • **permit**：二选一选项，表示为允许行为。 • **command** *command-string*：配置基于命令的规则，参数 *command-string* 表示 1～128 个字符的命令特征字符串，**区分大小写**，可以是特定的一条命令，也可以是用星号（*）通配符表示的一批命令，可包含空格、Tab（它们用于分隔关键字、参数及输入的字符），以及所有可打印字符。当命令特征字符串中含有“[”或“]”字符时，需要在该字符前加上转义符“\”
	rule *number* { **deny** | **permit** } { **execute** | **read** | **write** }* **feature** [*feature-name*] 例如，[Sysname-role-role1] **rule** 5 **deny read feature** aaa	（可选）创建基于特性的规则。 • **execute**：可多选选项，表示为执行类型的特性操作，例如 **ping**、**tracert** 命令。 • **read**：可多选选项，表示为读类型的特性操作，用于查看系统配置和维护信息，例如 **display**、**dir** 和 **more** 命令。 • **write**：可多选选项，表示为写类型的特性操作，用于特性配置，例如 **vlan**、**acl number** 命令。 • *feature-name*：可选参数，配置基于特性的规则，参数 *feature-name* **必须是系统预定义的特性名称（不能自定义），区分大小写**，如果不指定本参数，则表示所有特性。可通过 **display role feature** 命令查询可用特性名称
	rule *number* { **deny** | **permit** } { **execute** | **read** | **write** } * **feature-group** *feature-group-name* 例如，[Sysname-role-role1] **rule** 5 **permit read feature-group** qos-feature	（可选）创建基于特性组的规则，参数 **feature-group** *feature-group-name* 用来配置基于特性组的规则，该持性组必须已创建（创建方法将在 2.3.4 节介绍），否则基于某特性组的规则不会生效
	rule *number* { **deny** | **permit** } { **execute** | **read** | **write** } * **xml-element** [*xml-string*] 例如，[Sysname-role-role1] **rule** 5 **permit read** arp/ip-address	（可选）创建基于 XML 元素的规则，可选参数 **xml-element** [*xml-string*]用来配置基于 XML 元素的规则，指定允许操作的 XML 元素的 XPath，为 1～255 个字符的字符串，**不区分大小写，以“/”为分隔符来分隔不同级别的菜单**，例如 Interface/Index/Name，如果不指定本参数，则表示对所有 XML 元素生效

续表

步骤	命令	说明
3	**rule** *number* { **deny** | **permit** } { **execute** | **read** | **write** } * **oid** [*oid-string*] 例如，[Sysname-role-role1] **rule** 5 **permit read write oid** 1.1.2	（可选）创建基于 OID 的规则，可选参数 *oid-string* 用来配置基于 MIB 节点 OID 的规则，指定允许操作的 OID 为 1～255 个字符的字符串，**不区分大小写**。如果不指定本参数，则表示对所有 OID 生效

2.3.3 输入命令特征字符串时的注意事项

在用户角色规则配置中，输入命令特征字符串时，需要遵循以下规则。

1. 段（segment）的划分

① **如果要描述多级视图下的某个命令，则需要使用分号（;）将规则中的命令特征字符串分成多个段**，每段代表一个或一系列命令，后一个段中的命令是前一个段中命令所进入的视图下的命令。一段中可以包含零个、一个或多个*（星号），每个*（星号）代表了 0 个或多个任意字符。例如一个规则中的命令特征字符串为“system；interface * ；ip * ；”代表从系统视图进入任意接口视图后，以 ip 开头的所有命令。

② 除了最后一段，其余段中的命令应为描述如何进入下一级视图的命令特征字符串。

③ 一段中必须至少出现一个可打印字符（包括*），不能全部为空格或 Tab。

2. 分号的使用

① 在输入命令特征字符串时必须指定该命令所在的视图，进入各级视图的命令特征字符串由分号分隔。但是**对于能在任意视图下执行的命令**（例如 **display** 命令）**及用户视图下的命令**（例如 **dir** 命令），**在配置包含此类命令的规则时，不需要在规则的命令匹配字符串中指定其所在的视图。**

② **当最后一段中的最后一个可见字符为分号时，表示所指的命令范围不再扩展，否则将向子视图中的命令扩展。**例如命令特征字符串“system ; radius scheme * ;”代表系统视图下以 radius scheme 开头的所有命令；命令特征字符串“system ; radius scheme * ”（与前面的命令特征字符串相比仅少了最后的“;”）代表系统视图下以 radius scheme 开头的所有命令，以及进入子视图（RADIUS 方案视图）下的所有命令。

3. 星号的使用

① **当星号（*）出现在一段的首部时，其后面不能再出现其他可打印字符，且该段必须是命令特征字符串的最后一段。**例如命令特征字符串“system ; *”代表了系统视图下的所有命令及所有子视图下的命令。

② **当星号（*）出现在一段的中间时，该段必须是命令特征字符串的最后一段，不能在命令特征字符串的开头。**例如命令特征字符串“debugging * event”代表了用户视图下所有模块的事件调试信息开关命令。

4. 前缀匹配

命令关键字与命令特征字符串是采用前缀匹配算法进行匹配的，即**只要命令行中关键字的首部如果连续字符或全部字符与规则中定义的关键字相匹配，就认为该命令行与此规则匹配。**因此，命令特征字符串中可以包括完整的或部分的命令关键字。例如规则

“**rule** 1 **deny command** display arp source”生效，则 **display arp source-mac interface** 和 **display arp source-suppression** 命令都会被禁止执行。这是因为这两条命令均包含“**display arp source**”命令特征字符串。

另外，对于基于命令的规则，要注意以下事项。

① 基于命令的规则只对指定视图下的命令生效。**如果用户输入的命令在当前视图下不存在，而在其父视图下被查找到时，则用于控制当前视图下的命令的规则不会对其父视图下的命令执行权限进行控制**。例如定义一条规则“**rule** 1 **deny command** system ; interface * ; *”禁止用户执行接口视图下的任何命令。当用户在接口视图下输入 **acl advanced** 3000 命令时，该命令仍然可以成功执行。这是因为系统在接口视图下搜索不到指定的 **acl** 命令时，会回溯到系统视图（父视图）下执行，此时该规则对此命令不生效。

② **display** 命令中的重定向符（“|”、“>”、“>>”）及其后面的关键字不被作为命令行关键字参与规则的匹配。例如规则“**rule** 1 **permit command** display debugging”生效，则 **display debugging** > log 命令是被允许执行的，其中的关键字> log 将被忽略，RBAC 只对重定向符前面的命令行 **display debugging** 进行匹配。需要说明的是，如果在规则中配置了重定向符，则 RBAC 会将其作为普通字符处理；如果规则“**rule** 1 **permit command** display debugging > log”生效，则 **display debugging** > log 命令匹配失败。这是因为其中的关键字> log 被 RBAC 忽略了，最终是 **display debugging** 命令与规则进行匹配。因此，配置规则时不要使用重定向符。

2.3.4　配置特性组

特性组是一个或者多个特性的集合，可方便管理员为有相同权限需求的多个特性定义统一的用户角色规则。除了系统预定义的 L2、L3 这两个特性组，还可以根据需要选择最多同时创建 64 个特性组，**且各特性组之间包含的特性允许重叠**。

特性组的配置步骤见表 2-4。

表 2-4　特性组的配置步骤

步骤	命令	说明
1	**system-view**	进入系统视图
2	**role feature-group name** *feature-group-name* 例如，[Sysname] **role feature-group name** QoS-features	（可选）创建特性组，并进入特性组视图。参数 *feature-group-name* 为 1～31 个字符的字符串，**区分大小写**。 默认情况下，系统已存在 L2 和 L3 两个系统预定义特性组，**且不能被修改和删除**。 • L2：包含所有二层协议相关功能的命令。 • L3：包含所有三层协议相关功能的命令。 除了系统预定义的特性组 L2 和 L3，系统中最多允许创建 64 个特性组
3	**feature** *feature-name* 例如，[Sysname-featuregrp-qos-features] **feature** acl	（可选）向特性组中添加一个特性，**必须是系统预定义的特性名称，所有特性名称中的字母均为小写**，可执行 **display role feature** 命令查看系统支持的特性名称。 默认情况下，自定义特性组中不包含任何特性

特性组配置好后，可执行 **display role feature-group** [**name** *feature-group-name*] [**verbose**]命令查看所有或指定特性组的详细信息或摘要信息。

2.3.5 配置资源控制策略

默认情况下，所有用户均具有操作任何系统资源的权限。如果要限制或区分用户对这些资源的使用权限，则需要为该用户所分配的用户角色配置资源控制策略，限制允许操作的资源列表。

资源控制策略分为接口策略、VLAN 策略、VPN 策略。接口资源控制策略的配置步骤见表 2-5，VLAN 资源控制策略的配置步骤见表 2-6，VPN 资源控制策略的配置步骤见表 2-7。**修改后的资源控制策略对于当前已经在线的用户不生效，仅对于之后使用该角色登录设备的用户生效。**

表 2-5 接口资源控制策略的配置步骤

步骤	命令	说明
1	**system-view**	进入系统视图
2	**role name** *role-name* 例如，[Sysname] **role name** role1	进入用户角色视图
3	**interface policy deny** 例如，[Sysname-role-role1] **interface policy deny**	进入接口策略视图，**同时启用禁止操作所有接口的资源控制策略。** 默认情况下，用户具有操作任何接口的权限。对接口的操作是指创建接口并进入接口视图、删除和应用接口。其中，创建和删除接口，仅针对逻辑接口
4	**permit interface** *interface-list* 例如，[Sysname-role-role1-ifpolicy] **permit interface** gigabitethernet 1/0/1 gigabitethernet 1/0/4 **to** gigabitethernet 1/0/5	（可选）配置允许操作的接口列表。**通过 interface policy deny 命令进入接口策略视图后，必须通过本命令配置允许操作的接口列表，用户才能具有操作相应接口的权限。**参数 *interface-list* = { *interface-type interface-number* [to *interface-type interface-number*] }<1-10>，用来指定允许操作的接口列表，<1-10>表示前面的参数最多可以输入 10 次，各段之间以空格分隔。**起始接口类型必须与终止接口类型一致**，可多次执行此命令向接口列表中添加允许操作的接口。 默认情况下，接口策略视图下未定义允许操作的接口列表，用户没有操作任何接口的权限

表 2-6 VLAN 资源控制策略的配置步骤

步骤	命令	说明
1	**system-view**	进入系统视图
2	**role name** *role-name* 例如，[Sysname] **role name** role1	进入用户角色视图
3	**vlan policy deny** 例如，[Sysname-role-role1] **vlan policy deny**	进入 VLAN 策略视图，**同时启用禁止操作所有 VLAN 的资源控制策略。** 默认情况下，用户具有操作任何 VLAN 的权限。对 VLAN 的"操作"是指创建并进入 VLAN 视图，删除和应用 VLAN

续表

步骤	命令	说明
4	**permit vlan** *vlan-id-list* 例如，[Sysname-role-role1-vlanpolicy] **permit vlan** 100 110 150 **to** 200	（可选）配置允许操作的 VLAN 列表。**通过 vlan policy deny 命令进入 VLAN 策略视图后，必须要通过本命令配置允许操作的 VLAN 列表，用户才能具有操作相应 VLAN 的权限**。*vlan-id-list* = { *vlan-id1* [**to** *vlan-id2*] } <1-10>。其中，*vlan-id* 的取值为 1～4094，<1-10> 表示前面的参数最多可以重复输入 10 次，每段之间以空格分隔。终止 VLAN ID 必须大于起始 VLAN ID。可多次执行此命令向 VLAN 列表中添加允许操作的 VLAN。 默认情况下，VLAN 接口视图下未定义允许操作的 VLAN 列表，用户没有操作任何 VLAN 的权限

表 2-7　VPN 资源控制策略的配置步骤

步骤	命令	说明
1	**system-view**	进入系统视图
2	**role name** *role-name* 例如，[Sysname] **role name** role1	进入用户角色视图
3	**vpn-instance policy deny** 例如，[Sysname-role-role1] **vpn-instance policy deny**	进入 VPN 策略视图，**同时启用禁止操作所有 VPN 实例的资源控制策略**。 默认情况下，用户具有操作任何 VPN 实例的权限。对 VPN 实例的"操作"是指创建并进入 MPLS L3VPN 视图，删除和应用 VPN 实例
4	**permit vpn-instance** *vpn-instance-name*<1-10> 例如，[Sysname-role-role1-vpnpolicy] **permit vpn-instance** vpn1 vpn3	（可选）配置允许操作的 VPN 列表。**通过 vpn-instance policy deny 命令进入 VPN 策略视图后，必须通过本命令配置允许操作的 VPN 实例列表，用户才能具有操作相应 VPN 实例的权限**。参数 *vpn-instance-name* 表示允许用户操作的 MPLS L3VPN 的 VPN 实例名称，为 1～31 个字符的字符串，**区分大小写**，<1-10>表示前面的参数最多可以输入 10 次，每个 VPN 实例之间以空格分隔。可多次执行此命令向 VPN 列表中添加允许操作的 VPN 实例。 默认情况下，VPN 策略视图下未定义允许操作的 VPN 实例列表，用户没有操作任何 VPN 实例的权限

2.3.6 为用户授权角色

用户角色只有授权给所需的用户才能起到对用户访问权限控制的作用，这是因为登录设备的是具体用户。为保证对用户授权角色成功，设备上必须存在对应的被授权的用户角色。如果设备上不存在任何一个被授权给某用户的用户角色，则该用户的用户角色授权将会失败。

1．配置默认用户角色授权功能

对于通过 AAA 认证登录设备的用户，通常是由 AAA 服务器（远程认证服务器或本地认证服务器）为该用户授权用户角色。如果用户没有被授权任何用户角色，则该用户无法成功登录设备。

为了方便为用户授权用户角色，设备提供了一个默认用户角色授权功能。使能该功能后，用户在没有被服务器授权任何角色的情况下，将具有一个默认的用户角色，该默认用户角色可以是系统中已经存在的任意用户角色。但如果用户通过 AAA 认证且被授予了其他用户角色，则该用户不会被授权默认用户角色。

在系统视图下通过 **role default-role enable** [*role-name*]命令进行配置默认用户角色授权功能，可选参数 *role-name* 为授权的默认用户角色名称，可以是已存在的任意用户角色。如果不指定该参数，则授权的默认用户角色为 network-operator。

2. 为远程 AAA 认证用户授权角色

对于通过远程 AAA 认证登录设备的用户，由 AAA 服务器的配置决定为其授权的用户角色。

【注意】如果 AAA 服务器同时为用户授权了包括安全日志管理员在内的多个用户角色，则仅安全日志管理员角色（security-audit 角色）生效。这是因为安全日志管理员与其他用户角色互斥。

3. 为本地 AAA 认证用户授权角色

对于通过 AAA 本地认证登录设备的用户，由本地用户配置决定为其授权的用户角色。为本地 AAA 认证用户授权用户角色的配置步骤见表 2-8。但在为 AAA 本地认证用户授权用户角色时需要注意以下事项。

① 由于本地用户在创建后就授权了一个默认的用户角色，所以如果要赋予本地用户新的用户角色，则请确认是否需要保留这个默认的用户角色，如果不需要，则请删除。

② 安全日志管理员与其他用户角色互斥，**为一个本地用户授权安全日志管理员角色后，系统会自动删除当前用户的所有其他用户角色**。

③ 如果已经为当前本地用户授权了安全日志管理员角色，那么再授权其他的用户角色时，系统会自动删除当前用户的安全日志管理员角色。

④ 可通过多次执行该配置，为本地用户授权多个用户角色，最多可授权 64 个。

表 2-8 为本地 AAA 认证用户授权用户角色的配置步骤

步骤	命令	说明
1	**system-view**	进入系统视图
2	**local-user** *user-name* **class** { **manage** | **network** } 例如，[Sysname] **local-user** user1 **class manage**	创建本地用户，并进入本地用户视图 • *user-name*：指定要创建的本地用户的名称，为 1～55 个字符的字符串，**区分大小写。用户名不能携带域名，**不能包括符号“\”“|”“/”“:”“*”“?”“<”“>”和“@”，且不能为“a”“al”或“all”。 • **manage**：二选一选项，指定所创建的用户为设备管理类用户，用于登录设备，对设备进行配置和监控。此类用户可以提供 ftp、http、https、telnet、ssh、terminal 服务。 • **network**：二选一选项，指定所创建的用户为网络接入类用户，用于通过设备接入网络，访问网络资源。此类用户可以提供 lan-access 和 portal 服务

续表

步骤	命令	说明
3	**authorization-attribute user-role** *role-name* 例如，[Sysname-luser-manage-user1] **authorization-attribute user-role** security-audit	为以上本地用户授权用户角色，该角色必须已存在，可以是系统预定义的用户角色，也可以是管理员自定义的用户角色。**该授权属性只能在本地用户视图下配置，不能在本地用户组视图下配置**。 默认情况下，由用户角色为 network-admin 或 level-15 的用户创建的本地用户将被授权用户角色 network-operator

4. 为非 AAA 认证用户授权角色

对于非 AAA 认证用户，其授权的用户角色由其登录设备时使用的用户线的配置决定。非 AAA 认证用户授权用户角色的配置步骤见表 2-9。

表 2-9 非 AAA 认证用户授权用户角色的配置步骤

步骤	命令	说明
1	**system-view**	进入系统视图
2	**line** { *first-num1* [*last-num1*] | { **aux** | **console** | **vty** }*first-num2* [*last-num2*] } 例如，[Sysname] **line vty** 0 63	（二选一）进入用户线视图。 • *first-number1*：第一个用户线的编号（绝对编号方式），不同型号设备的取值范围有所不同。 • *last-number1*：可选参数，最后一个用户线的编号（绝对编号方式），不同型号设备的取值范围有所不同，但取值必须大于参数 *first-number1* 取值。 • **aux**：多选一选项，AUX 用户线。 • **console**：多选一选项，Console 用户线。 • **vty**：多选一选项，VTY 用户线。 • *first-number2*：第一个用户线的编号（相对编号方式），不同型号设备的取值范围有所不同。 • *last-number2*：可选参数，最后一个用户线的编号（相对编号方式），不同型号设备的取值范围有所不同，但取值必须大于参数 *first-number2* 取值
	line class { **aux** | **console** | **vty** } 例如，[Sysname] **line class aux**	（二选一）进入用户线类视图。 • **aux**：多选一选项，AUX 用户线类。 • **console**：多选一选项，Console 用户线类。 • **vty**：多选一选项，VTY 用户线类
3	**user-role** *role-name* 例如，[Sysname-line-aux0] **user-role** network-admin	为从当前用户线登录系统的用户配置授权的用户角色，可以是系统预定义的角色名称，也可以是自定义的用户角色名称。 可通过多次执行本命令，配置多个用户角色，最多可配置 64 个，用户登录后具有的权限是这些角色所具有（允许）的权限的合集。当用户线视图下的用户角色配置为默认值时，将采用该用户线类视图下配置的用户角色。如果用户线类视图下配置的用户角色也为默认值时，则直接采用该用户线下的默认值。 默认情况下，使用 Console、AUX 用户线登录系统的用户将被授权 network-admin 用户角色；通过 VTY 用户线登录系统的用户将被授权 network-operator 用户角色

创建并配置好用户角色后，可在任意视图下执行 **display role** [**name** *role-name*]命令，查看该用户角色下所配置的角色规则，验证配置是否正确。如果不带 **name** *role-name* 可选参数，则会显示当前系统中所有已有的用户角色及各角色下配置的角色规则。

2.3.7 切换用户角色

切换用户角色是指在不退出当前登录、不断开当前连接的前提下修改当前用户的用户角色，改变当前用户所拥有的权限。采用角色切换方式时，切换后的用户角色只对当前登录生效，用户重新登录后又会恢复到原有角色，这种配置更加安全。

有时管理员需要暂时离开设备，或者管理员要短时间请假，此时可能需要将设备暂时交给其他人代为管理，为了安全起见，此时管理员可以把自己当前最高权限的账户临时切换到较低权限的账户，限制其他人员的操作。

为了保证用户角色切换操作的安全性，通常在切换时需要输入目标用户角色配置的切换密码。在进行用户角色切换前，先要配置角色切换的认证方式、切换的密码、切换后使用的认证用户名，还可选配置切换的默认目标用户角色。用户角色切换的配置步骤见表 2-10。

表 2-10 用户角色切换的配置步骤

步骤	命令	说明
1	**system-view**	进入系统视图
2	**super authentication-mode** { **local** | **scheme** } * 例如，[Sysname] **super authentication-mode scheme local**	配置用户角色切换时采用的认证方式。 • **local**：可多选选项，指定采用本地配置的用户角色切换密码进行认证。 • **scheme**：可多选选项，指定采用 AAA 配置的用户账户进行角色切换认证。 同时选择 **local** 和 **scheme** 方式时，根据配置顺序依次认证。默认情况下，采用 **local** 认证方式
3	非 FIPS 模式下： **super password** [**role** *rolename*] [{ **hash** | **simple** } *password*] FIPS 模式下： **super password** [**role** *rolename*]	（可选）配置用户角色切换密码。**如果在上一步配置中采用的用户角色切换认证方式包含 local 认证方式，则该步骤可选；如果单独采用 scheme 认证方式，则不需要本项配置。** • **role** *role-name*：可选参数，切换的目标用户角色的名称，可以为系统中已存在的除了 security-audit 的任意用户角色。如果不指定角色名称，则表示设置的是切换到当前默认目标用户角色的密码。默认的目标用户角色由本表第 5 步的 **super default role** 命令指定。 • **hash**：二选一可选项，指定以哈希方式设置用户角色切换密码。 • **simple**：二选一可选项，指定以明文方式设置用户角色切换密码，并以密文形式存储。 • *password*：可选参数，设置用户角色切换密码，**区分大小写**。非 FIPS 模式下，明文密码为 1～63 个字符的字符串；哈希密码为 1～110 个字符的字符串。FIPS 模式下，密码为 15～63 个字符的字符串，密码元素的最少组合类型为 4（必须包括数字、大写字母、小写字母，以及特殊字符）。 默认情况下，没有设置切换用户角色的密码

续表

步骤	命令	说明
3	非 FIPS 模式下： **super password** [**role** *rolename*] [{ **hash** | **simple** } *password*] FIPS 模式下： **super password** [**role** *rolename*]	【注意】如果不指定任何参数，则表示以交互式方式设置用户角色切换密码。FIPS 模式下，只支持交互式方式设置用户角色切换密码（为直接通过键盘输入的字符）。 以明文方式设置新的用户角色切换密码时，需要保证新密码与所有历史密码和当前密码不同。以哈希方式设置新的用户角色切换密码时，新密码不会与历史密码和当前密码进行比较，密码可以相同也可以不同
4	**super use-login-username** 例如，[Sysname] **super use-login-username**	（可选）配置用户角色切换认证时使用当前用户登录的用户名进行认证。**仅当采用了包含 scheme 认证方式时需要配置**。 开启本功能后，如果设备采用远程 AAA 认证方案进行用户角色切换认证，但用户未采用用户名和密码方式登录设备，则用户角色切换失败。 【说明】在设备采用远程 AAA 认证方案进行用户角色切换认证，且用户采用用户名和密码方式登录设备的情况下，用户切换用户角色时，设备会自动获取用户登录使用的用户名作为角色切换认证的用户名，不再需要用户输入用户名
5	**super default role** *rolename* 例如，[Sysname] **super default role** network-operator	（可选）配置用户角色切换的默认目标用户角色，可以是系统中已存在的**除了** security-audit 的任意用户角色。默认为 network-admin
6	**quit**	退出系统视图，返回用户视图
7	**super** [*rolename*] 例如，<Sysname> **super** network-operator	切换到指定用户角色。如果不指定参数 *rolename*，则切换到当前默认目标用户角色。默认的目标用户角色由上一步的 **super default role** *rolename* 命令指定，且必须保证当前用户具有执行 **super** [*rolename*]命令的权限，默认只有 network-admin 或者 level-15 角色可以执行该命令

【注意】用户最多可以连续进行 3 次切换认证，如果 3 次认证都失败，则本轮切换失败。在切换用户角色时，如果设备上没有配置切换密码，则存在以下两种情况。

① 如果切换认证方式配置为 **local**，则对于 Console、AUX 用户，不管是否输入切换密码，也不管输入和切换密码是否正确，用户切换操作都会成功。

② 如果级别切换认证方式为 **local scheme**，则对于 VTY 用户，转为 AAA 远程认证；对于 Console、AUX 用户，不管是否输入切换密码，也不管输入和切换密码是否正确，用户切换操作都会成功。

以上各小节有关 RBAC 的配置完成后，可在任意视图下执行以下 **display** 命令，查看 RBAC 的配置信息，验证配置效果。

① **display role** [**name** *role-name*]：查看所有或指定的用户角色的规则配置信息。

② **display role feature** [**name** *feature-name* | **verbose**]：查看所有或指定的特性的配置信息。

③ **display role feature-group** [**name** *feature-group-name*] [**verbose**]：查看所有或指定的特性组的配置信息。

2.4 配置通过 Console 登录设备

通过 Console 登录设备时，用户终端与被登录设备**必须通过电缆直接连接**，因此，这是一种本地登录方式，也是配置通过其他方式登录设备的前提和基础。**用户首次登录设备时，只能通过 Console 登录**。只有通过 Console 登录到设备，进行相应的配置后，才能通过其他方式登录。

2.4.1 通过 Console 首次登录设备

在通过 Console 进行本地登录时，在用户终端上需要安装超级终端或 PuTTY、SecureCRT 等终端仿真程序，通过专用电缆与设备直接建立连接。

通过 Console 首次登录设备时，采用的是默认无认证方式，因此，只须配置好终端仿真程序，正确连接终端与设备即可成功登录，具体的操作步骤如下。

① 将个人计算机（Personal Computer，PC）终端断电。

通过 Console 登录时，专用电缆连接的是终端 PC 的 COM 口（即串口），而 COM 口不支持热插拔，因此，不要在 PC 带电的情况下将串口线插入或者拔出 PC 机。

② 使用设备随机附带的专用电缆连接 PC 机和设备，其中电缆的 DB-9（孔）插头插入 PC 机的 9 芯（针）串口上，RJ-45 插头端插入设备的 Console 上。

③ 给 PC 上电。

④ 在 PC 上打开终端仿真程序，按如下要求设置 COM 口属性参数。PuTTY“串口”设置界面如图 2-4 所示，PuTTY“连接”设置界面如图 2-5 所示。

- 波特率：9600。
- 数据位：8。
- 停止位：1。
- 奇偶校验：无。
- 流量控制：无。

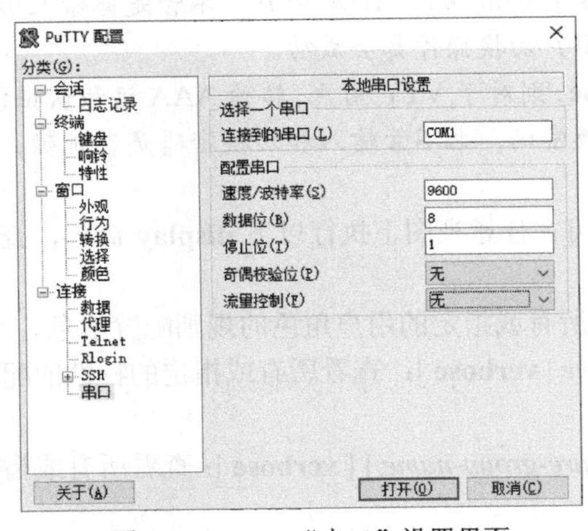

图 2-4 PuTTY“串口”设置界面

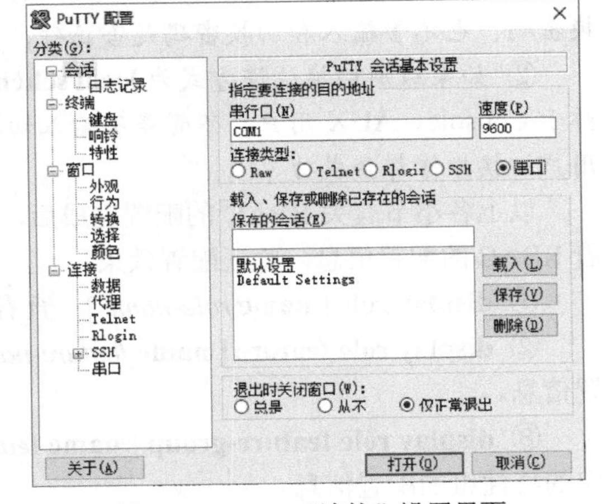

图 2-5 PuTTY“连接”设置界面

⑤ 给设备上电。

打开设备电源开关，设备自检完成后，即可通过终端仿真程序实现 PC 与设备的连接。如果采用 PuTTy 程序，则先按照图 2-4 配置好串口属性，然后在如图 2-5 所示界面左边栏中选择“串口”选项，在右边框“指定要连接的目标地址”栏中先选择“串口”单选项，然后在“串行口”下拉列表中选择连接 PC 的对应口中串口，其他采用默认设置，最后单击“打开”按钮即可进入设备 CLI，对设备进行配置与管理。

默认情况下，通过 Console 登录后，用户将分配到具有最高权限的 network-admin 用户角色。

2.4.2 Console 登录配置

用户通过 Console 首次登录设备后，可为下次通过 Console 登录设备进行以下两个方面的配置。

① 配置通过 Console 登录设备的认证方式。

② （可选）配置 Console 登录方式的公共属性。

1．配置通过 Console 登录设备的认证方式

默认情况下，通过 Console 登录设备时不需要认证，但还支持 Password 认证和 Scheme 两种认证方式，而 Scheme 认证方式又分为本地认证和远程认证两种，具体参见 2.1.2 节。通过 Console 登录设备的认证方式的配置步骤见表 2-11。

表 2-11　通过 Console 登录设备的认证方式的配置步骤

步骤	命令	说明
1	**system-view**	进入系统视图
2	**line** { **aux** | **console** } *first-number* [*last-number*] 例如，[Sysname] **line aux** 0	（二选一）进入用户线视图 • **aux**：二选一选项，AUX 用户线。 • **console**：二选一选项，Console 用户线。 • *first-number*：第一个用户线的编号（相对编号方式），不同机型的取值范围有所不同。 • *last-number*：可选参数，最后一个用户线的编号（相对编号方式），不同机型的取值范围有所不同，但必须大于 *first-number* 参数的取值。 具体选择 AUX 用户线还是 Console 用户线，要看当前 Console 登录方式所使用的接口而定，不同机型有所不同。 用户线视图下的配置优先于用户线类视图下的配置；用户线视图下的属性配置为默认值时，将采用用户线类视图下配置的值。如果用户线类视图下的属性配置也为默认值，则直接采用该属性的默认值
	line class { **aux** | **console** } 例如，[Sysname] **line class aux**	（二选一）进入用户线类视图。 • **aux**：二选一选项，AUX 用户线类。 • **console**：二选一选项，Console 用户线类
3	**authentication-mode** { **none** | **password** | **scheme** } 例如，[Sysname-line-aux0] **authentication-mode password**	（可选）配置登录用户的认证方式。 • **none**：多选一选项，指定采用无认证方式，即不进行认证，直接登录

续表

步骤	命令	说明
3	**authentication-mode { none | password | scheme }** 例如，[Sysname-line-aux0] **authentication-mode password**	• **password**：多选一选项，指定采用密码认证方式，即只要输入的密码正确即可成功登录。 • **scheme**：多选一选项，指定采用 AAA 认证方式，即要同时输入正确的用户名和密码才能成功登录。 默认情况下，非 FIPS 模式下，通过 Console 登录时认证方式为 **none**，不需要进行认证，用户可以直接登录；FIPS 模式下，用户登录设备的认证方式为 scheme
4	**set authentication password [hash] { simple | cipher }** *password* 例如，[Sysname-line-aux0] **set authentication password simple** hello123	（可选）设置 Console 用户线登录的认证密码，**仅当在非 FIPS 模式下可配置，仅当采用 password 认证方式时需要配置**。 • **hash**：可选项，以哈希方式设置密码。 • **simple**：二选一选项，以明文方式设置密码，**但仍将以密文方式存储**。 • **cipher**：二选一选项，以密文方式设置密码。 • *password*：指定密文字符串，**区分大小写**。明文密码为 4～16 个字符的字符串，且至少包括两种类型的字符；密文密码为 1～110 个字符的字符串。**以明文或密文方式设置的密码，均以哈希计算后的密文形式保存在配置文件中**。 【注意】仅具有 network-admin 或者 level-15 用户角色的用户可以执行该命令。其他角色的用户，即使授权了该命令的操作权限，也不能执行该命令。 默认情况下，未配置认证密码
5	**user-role** *role-name* 例如，[Sysname-line-aux0] **user-role network-admin**	（可选）配置从当前用户线登录设备的用户角色，**仅当在非 FIPS 模式下采用无认证，或密码认证方式时需要配置**。参数 *role-name* 用来指定用户角色名称，可以是 network-admin、network-operator、level-0～level-15，也可以是自定义的用户角色名称。 可通过多次执行本命令，配置多个用户角色，最多可配置 64 个。用户登录后具有的权限是这些角色所有权限的并集。 【注意】仅具有 network-admin 或者 level-15 用户角色的用户可以执行该命令。其他角色的用户，即使授权了该命令的操作权限，也不能执行该命令。 默认情况下，Console 登录的用户角色为 network-admin。如果要使用通过 Console 登录设备的用户不具有最高的用户权限，则要删除默认拥有的 network-admin 用户角色。否则，再怎么授权其他用户角色，均不会起作用，**但建议保持默认的该用户角色，否则，可能导致不能为其他方式登录设备的用户进行角色配置**

注：在 ISP 域视图下为登录用户配置认证方法。**仅当采用 AAA 认证（scheme）时需要配置**。采用 AAA 认证方式时，在 ISP 域视图下为登录用户配置认证方法。如果选择本地认证，则需要配置本地用户及相关属性；如果选择远程认证，则请配置 RADIUS、HWTACACS 或 LDAP 方案

2.（可选）配置 Console 登录方式的公共属性

Console 登录方式的公共属性主要包括设备与终端之间的通信参数、用户线的终端

属性和快捷操作键 3 个方面的配置。Console 登录方式公共属性的配置见表 2-12。但这些公共属性全是可选配置，因为它们均有默认配置，所以建议直接采用默认配置。

【注意】因为改变 Console 属性后会立即生效，所以通过 Console 登录来配置 Console 属性可能在配置过程中发生连接中断，建议通过其他登录方式来配置 Console 属性。

如果用户需要通过 Console 再次登录设备，需要改变终端上运行的终端仿真程序的相应配置，使之与设备上配置的 Console 属性保持一致。否则，连接失败。

表 2-12　Console 登录方式公共属性的配置

步骤	命令	说明
1	**system-view**	进入系统视图
2	**line** { **aux** | **console** } *first-number* [*last-number*] 例如，[Sysname] line aux 0	（二选一）进入用户线视图。其他说明参见表 2-11 中的第 2 步
	line class { **aux** | **console** } 例如，[Sysname] **line class aux**	（二选一）进入用户线类视图。其他说明参见表 2-11 中的第 2 步。需要说明的是，该配置既可以在用户线视图下配置，也可以在用户线类视图下配置，因此，这两种配置方式是二选一的关系
配置设备与访问终端之间的通信参数		
3	**speed** *speed-value* 例如，[Sysname-line-aux0] **speed** 9600	配置波特率来配置用户线的传输速率，单位为 bit/s，其取值只能是 300、600、1200、2400、4800、9600、19200、38400、57600、115200。 默认情况下，Console 使用的波特率为 9600bit/s
	parity { **even** | **none** | **odd** } 例如，[Sysname-line-aux0] **parity odd**	配置 Console 线路报文校验方式。 • **even**：进行偶校验，即接收的报文中的“1”的个数必须为偶数个（包括 0 个），否则，表示传输过程中出现了差错。 • **none**：无校验，不对接收的报文进行奇偶性校验。 • **odd**：进行奇校验，即接收的报文中的“1”的个数必须为奇数个，否则，表示传输过程中出现了差错。 默认情况下，Console 的线路报文校验方式为 none
	stopbits { **1** | **1.5** | **2** } 例如，[Sysname-line-aux0] **stopbits** 1	配置停止位，即每个字符传输之间的时隙间隔大小。 • **1**：停止位为 1 个比特。 • **1.5**：停止位为 1.5 个比特。目前，设备不支持该参数，配置后实际生效的是命令行 stopbits 2。 • **2**：停止位为 2 个比特。 默认情况下，Console 的停止位为 1
	databits { **7** | **8** } 例如，[Sysname-line-aux0] **databits** 8	配置数据位，也就是设置用多少比特位表示一个字符。 • **7**：数据位为 7 位，即使用 7 个比特来表示一个字符，为标准 ASCII 码。 • **8**：数据位为 8 位，即使用 8 个比特来表示一个字符，为扩展 ASCII 码。 默认情况下，Console 的数据位为 8 位
配置用户线的终端属性		
4	**screen-length** *screen-length* 例如，[Sysname-line-aux0] **screen-length** 30	配置终端下一屏显示的行数，取值为 0～512，其取值为 0 时，表示关闭分屏功能

续表

步骤	命令	说明
4	**screen-length** *screen-length* 例如，[Sysname-line-aux0] **screen-length** 30	**【注意】**该命令设置的是每屏所显示的行数，但显示终端实际显示的行数由终端的规格决定。例如设置 screen-length 的值为 40，但显示终端的规格为 24 行，当暂停显示按空格键时，设备发送给显示终端的信息为 40 行，但当前屏幕显示的是第 18～40 行的信息，前面的 17 行信息需要通过<Page Up>/<Page Down>键来翻看。 默认情况下，分屏显示功能处于开启状态，终端屏幕一屏显示的行数为 24 行
	history-command max-size *value* 例如，[Sysname-line-aux0] **history-command max-size** 10	配置历史命令缓冲区大小，取值为 0～256。 默认情况下，历史缓冲区为 10，即可存放 10 条历史命令。当用户退出当前会话时，系统会自动清除相应历史命令缓冲区内保存的历史命令
	idle-timeout *minutes* [*seconds*] 例如，[Sysname-line-aux0] **idle-timeout** 10	配置用户连接的空闲超时时间，如果空闲超过这个时间，则中断连接。 • *minutes*：指定超时时间，取值为 0～35791，单位为分钟。 • *seconds*：指定超时时间，取值为 0～59，单位为秒，默认值为 0 秒，表示设备不会因为超时自动断开用户连接。 默认情况下，所有的用户连接的超时时间为 10 分钟
		配置快捷操作键
5	**activation-key** *character* 例如，[Sysname-line-aux0] **activation-key** A	配置启动终端会话的快捷键，可以是**区分大小写**的单个字符，也可以是单个字符或组合键对应的 ACSII 码（0～127）。CTRL+X 组合键对应的 ASCII 码见表 2-13
	escape-key { **default** | TRL *character* } 例如，[Sysname-line-aux0] **escape-key default**	配置中止当前运行任务的快捷键。 • *key-string*：定义终止运行任务的快捷键，可以是**区分大小写**的单个字符（字符"d"和"D"除外），也可以是单个字符或组合键对应的 ACSII 码（0～127）。例如设置 **escape-key** 1，此时生效快捷键为 Ctrl+A；如果设置 **escape-key** a，则生效的快捷键为 a。配置字符"d"和"D"作为终止运行任务的快捷键时系统不会生效，此时<Ctrl+C>为实际的生效快捷键。如果确实需要使用字符"d"和"D"作为终止运行任务的快捷键，则可以配置 *key-string* 为字符"d"和"D"对应的 ACSII 码。单个字符的快捷键对应的 ASCII 码与标准的 ASCII 码表一致。 • **default**：恢复为默认的快捷键<Ctrl+C>。 默认情况下，键入 Ctrl+C 中止当前运行的任务
	lock-key *key-string* 例如，[Sysname-line-aux0] **lock-key** 1	配置对当前用户线进行锁定并重新认证的快捷键，可以是**区分大小写**的单个字符，也可以是单个字符或组合键对应的 ACSII 码（0～127）。 默认情况下，不存在对当前用户线进行锁定并重新认证的快捷键

表 2-13　CTRL+X 组合键对应的 ASCII 码

CTRL+X 组合键	对应的 ASCII 码	CTRL+X 组合键	对应的 ASCII 码
CTRL+A	1	CTRL+Q	17
CTRL+B	2	CTRL+R	18
CTRL+C	3	CTRL+S	19
CTRL+D	4	CTRL+T	20
CTRL+E	5	CTRL+U	21
CTRL+F	6	CTRL+V	22
CTRL+G	7	CTRL+W	23
CTRL+H	8	CTRL+X	24
CTRL+I	9	CTRL+Y	25
CTRL+J	10	CTRL+Z	26
CTRL+K	11	CTRL+ [	27
CTRL+L	12	CTRL+\	28
CTRL+M	13	CTRL+]	29
CTRL+N	14	CTRL+^	30
CTRL+O	15	CTRL+_	31
CTRL+P	16		

2.4.3　通过 CLI 登录的配置管理

本节集中介绍通过 CLI 登录（包括通过 Console 本地登录、通过 Telnet 和 SSH 远程登录）的配置管理命令。通过 CLI 登录的配置管理命令见表 2-14，其中，**display** 和 **lock reauthentication** 命令可在任意视图下执行，其他命令均在用户视图下执行。

表 2-14　通过 CLI 登录的配置管理命令

命令	说明
display line [*num1* | { **aux** | **console** | **vty** } *num2*] [**summary**]	查看用户线的相关信息
display telnet client	查看设备作为 Telnet 客户端的相关配置信息
display users	查看当前正在使用的用户线及用户的相关信息
display users all	查看设备支持的所有用户线及用户的相关信息
free line { *num1* | { **aux** | **console** | **vty** } *num2* }	释放指定的用户线，即强制断开指定用户线的用户连接。系统支持多个用户同时对设备进行配置，当管理员在维护设备时，其他在线用户的配置影响到管理员的操作，或者管理员正在进行一些重要配置，而不想被其他用户干扰时，可以使用以下命令强制断开该用户的连接。**但不能使用该命令释放用户当前自己使用的连接**
lock	锁定当前用户线并设置解锁密码，防止未授权的用户操作该线。执行该命令后，系统提示输入密码（密码最大长度为 16 个字符），并提示再次输入密码，只有两次输入的密码相同，锁定操作才能成功。如果用户线被锁定，则用户需要输入解锁密码结束锁定，才能重新进入系统。 默认情况下，系统不会自动锁定当前用户线。FIPS 模式下，不支持此命令

续表

命令	说明
lock reauthentication	锁定当前用户线并对其进行重新认证。锁定成功后，需使用设备登录密码解除锁定并重新登录设备。 默认情况下，系统不会自动锁定当前用户线，并对其进行重新认证
send { **all** | *num1* | { **aux** | **console** | **vty** } *num2* }	向指定的用户线用户发送消息

2.4.4 密码认证方式 Console 登录的配置示例

密码认证方式 Console 登录配置示例拓扑结构如图 2-6 所示，用户终端（PC）通过 Console 电缆与交换机（SW）的 Console 连接。现要在 SW 上配置用户通过 Console 登录时采用 Password 认证方式。

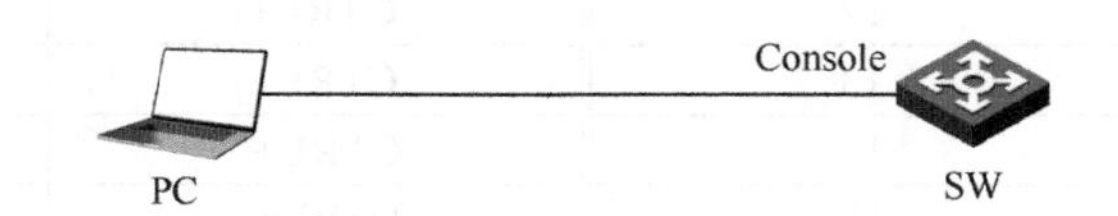

图 2-6 密码认证方式 Console 登录配置示例拓扑结构

1. 基本配置思路分析

通过 Console 登录的用户通常都是管理员，因此，通常需要拥有最高的管理权限。默认情况下，通过 Console 登录的用户授权分配了预定义的 network-admin 用户角色，且建议不要删除为 Console 登录的用户默认分配的 network-admin 用户角色，否则，可能再也无法全面管理设备。这是因为非 network-admin 用户角色的用户是不能为用户授权 network-admin 用户角色的。

通常情况下，也不需要再为 Console 登录的用户授权其他自定义的用户角色，在保留默认分配的 network-admin 用户角色的情况下，即使分配了其他自定义用户角色，也不会起作用，因为在用户分配了多个用户角色时，最终的权限是这些角色中所有"允许"权限的合集，而 network-admin 用户角色拥有了几乎所有（部分安全日志操作类命令除外）"允许"的权限。

本示例仅介绍采用密码认证时，通过 Console 登录的配置方法。默认情况下，在非 FIPS 情况下，Console 登录是无认证方式。

2. 具体配置步骤

① 按照 2.4.1 节介绍的方法以无认证方式通过 Console 首次登录到 SW 上，具体操作步骤不再展开介绍。

② 在 SW 上配置通过 Console 登录的认证方式为密码认证方式和认证密码，然后执行 **save** 命令，保存配置。

在 SW 上配置 Console 0 用户线 Console 登录的认证方式为 password，并配置密码（假设为明文密码 123456），具体配置如下。

```
<H3C>system-view
[H3C]line con 0
[H3C-line-console0]authentication-mode password     #---配置采用密码认证方式
```

```
[H3C-line-console0]set authentication password simple 123456   #---配置认证密码为明文的 123456
[H3C-line-console0]save
```

3. 配置结果验证

以上配置好后，在 SW 上用户视图下执行 **reboot** 命令，或先关闭设备电源，然后再开启设备电源，重启设备，以密码认证方式通过 Console 登录设备。

设备自检完成后，可以在终端 PC 上看到要求输入登录密码的提示，PC 终端上显示的输入密码的提示界面如图 2-7 所示。正确输入密码 123456 后，即可成功登录到交换机上，成功登录交换机后的 PC 终端界面如图 2-8 所示。

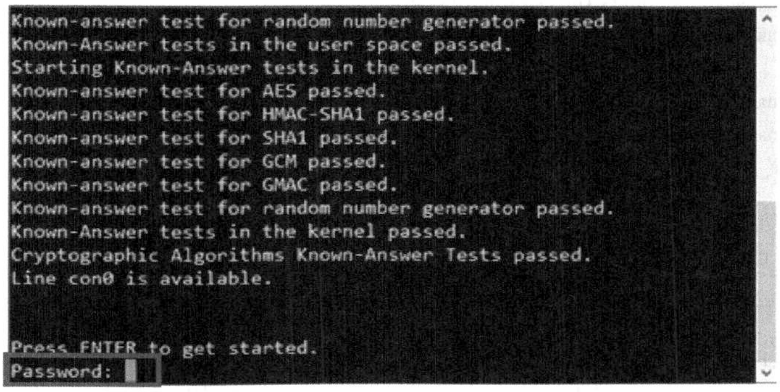

```
Known-answer test for random number generator passed.
Known-Answer tests in the user space passed.
Starting Known-Answer tests in the kernel.
Known-answer test for AES passed.
Known-answer test for HMAC-SHA1 passed.
Known-answer test for SHA1 passed.
Known-answer test for GCM passed.
Known-answer test for GMAC passed.
Known-answer test for random number generator passed.
Known-Answer tests in the kernel passed.
Cryptographic Algorithms Known-Answer Tests passed.
Line con0 is available.


Press ENTER to get started.
Password:
```

图 2-7　PC 终端上显示的输入密码的提示界面

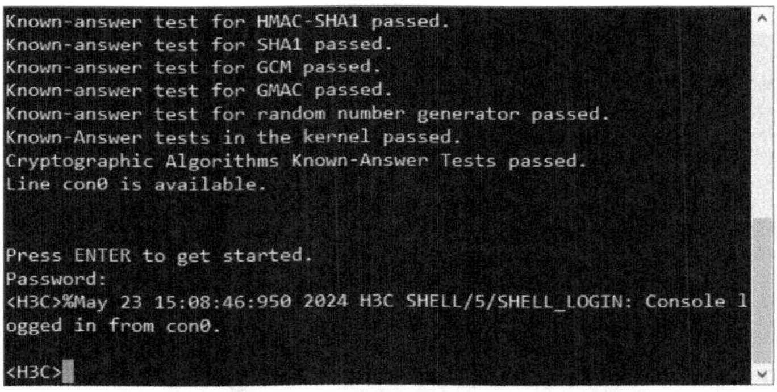

```
Known-answer test for HMAC-SHA1 passed.
Known-answer test for SHA1 passed.
Known-answer test for GCM passed.
Known-answer test for GMAC passed.
Known-answer test for random number generator passed.
Known-Answer tests in the kernel passed.
Cryptographic Algorithms Known-Answer Tests passed.
Line con0 is available.


Press ENTER to get started.
Password:
<H3C>%May 23 15:08:46:950 2024 H3C SHELL/5/SHELL_LOGIN: Console l
ogged in from con0.

<H3C>
```

图 2-8　成功登录交换机后的 PC 终端界面

2.4.5　Scheme 本地认证方式 Console 登录的配置示例

本示例拓扑结构与 2.4.4 节的图 2-6 一样，但本示例要配置的是，Console 登录的 Scheme 本地认证方式。

1. 基本配置思路分析

本示例与上节介绍的密码认证方式的配置相比，相对复杂一些：首先要在对应 Console 用户线下配置采用 Scheme 认证方式；然后创建用户认证的本地用户账户。本示例采用名为 system 的默认 ISP 域，采用的是默认的本地认证方式，因此，不需要创建和配置 ISP 域。

2. 具体配置步骤

① 按照 2.4.1 节介绍的方法以无认证方式通过 Console 首次登录到 SW 上，具体操

作步骤不再展开介绍。

② 在 SW 上配置 Console 用户线采用 Scheme 认证方式，具体配置如下。

```
<H3C>system-view
[H3C]line console 0
[H3C-line-console0]authentication-mode scheme   #---配置采用 Scheme 认证方式
[H3C-line-console0]quit
```

③ 在 SW 上创建用于本地认证的管理类用户账户（假设用户名为 winda，密码为明文的 123456），指定支持终端服务，然后执行 **save** 命令，保存配置，具体配置如下。

```
[H3C]local-user winda class manage
[Sysname-luser-manage-winda]password simple 123456
[Sysname-luser-manage-winda]service-type terminal   #---指定用户 winda 支持终端服务，用于通过 Console 进行设备登录
[Sysname-luser-manage-winda]save
[Sysname-luser-manage-winda] quit
```

3. 配置结果验证

以上配置好后，在 SW 上用户视图下执行 **reboot** 命令，或先关闭设备电源，然后开启设备电源，重启设备，以 Scheme 本地认证方式通过 Console 登录设备。

重启设备，自检完成后，即可在终端 PC 上看到要求输入登录用户名和密码的提示，PC 终端上显示的输入用户名和密码的提示界面如图 2-9 所示。正确输入前面配置的用户名和密码后，即可成功登录到交换机上。成功登录交换机后的 PC 终端界面如图 2-10 所示。

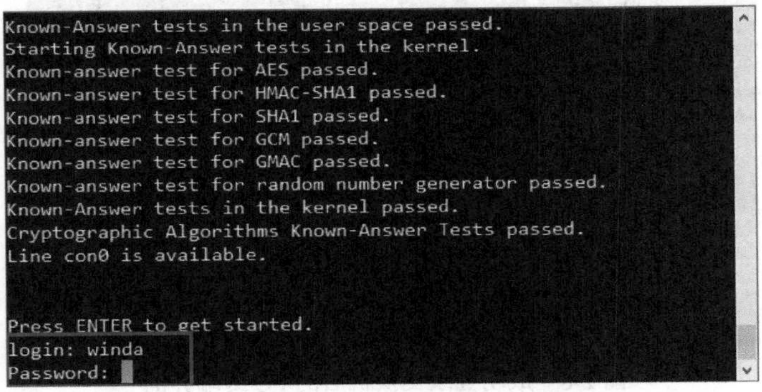

```
Known-Answer tests in the user space passed.
Starting Known-Answer tests in the kernel.
Known-answer test for AES passed.
Known-answer test for HMAC-SHA1 passed.
Known-answer test for SHA1 passed.
Known-answer test for GCM passed.
Known-answer test for GMAC passed.
Known-answer test for random number generator passed.
Known-Answer tests in the kernel passed.
Cryptographic Algorithms Known-Answer Tests passed.
Line con0 is available.


Press ENTER to get started.
login: winda
Password:
```

图 2-9 PC 终端上显示的输入用户名和密码的提示界面

```
Known-answer test for SHA1 passed.
Known-answer test for GCM passed.
Known-answer test for GMAC passed.
Known-answer test for random number generator passed.
Known-Answer tests in the kernel passed.
Cryptographic Algorithms Known-Answer Tests passed.
Line con0 is available.


Press ENTER to get started.
login: winda
Password:
<H3C>%May 23 16:00:36:027 2024 H3C SHELL/5/SHELL_LOGIN: winda lo
gged in from con0.

<H3C>
```

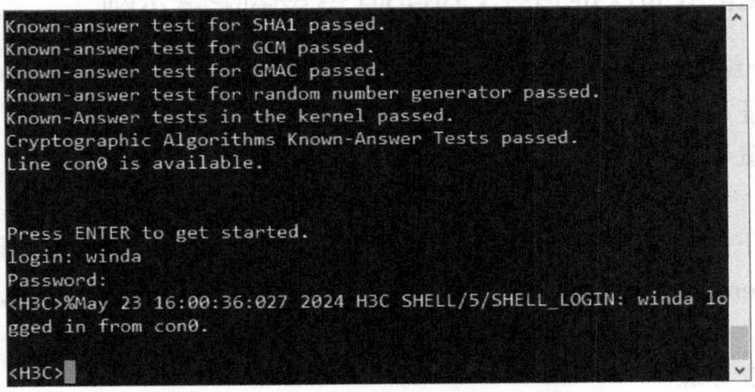

图 2-10 成功登录交换机后的 PC 终端界面

2.5　配置通过 Telnet 登录设备

Telent 登录是一种通过网络进行的远程登录方式，使用 VTY 虚拟用户线。Telent 是一种客户端-服务器（Client/Server，C/S）模式的应用层协议，H3C 设备可以作为 Telnet 服务器，以便用户能够 Telnet 登录到设备，并对设备进行远程管理和监控，也可以作为 Telnet 客户端，使用户在本地设备 Telnet 到其他设备，对别的设备进行管理和监控。

2.5.1　配置设备作为 Telnet 服务器

如果要使用户能够通过 Telent 登录到本地系统，就必须把本设备配置为 Telnet 服务器。配置设备作为 Telnet 服务器所包括的配置任务如下。

① 开启 Telnet 服务，即把本地设备配置作为 Telnet 服务器角色。

② 在对应的 VTY 用户线下配置认证方式，包括无认证（none）、密码认证（password）和 AAA 认证（scheme）。

配置设备作为 Telnet 服务器的必选配置步骤见表 2-15，这是配置设备作为 Telnet 服务器的两项必选配置。

③（可选）配置 Telnet 服务器发送报文的公共属性，Telnet 服务器发送报文的公共属性的配置步骤见表 2-16。因为这些属性均有默认取值，且一般情况下可直接采用默认取值，所以本项配置任务是可选的，且表中各属性配置步骤没有严格的先后次序。

④（可选）配置 VTY 用户线的公共属性。VTY 用户线公共属性的配置步骤见表 2-17。同样因为这些属性均有默认取值，且一般情况下可直接采用默认取值，所以本项配置任务是可选的，且表 2-17 中各属性配置步骤无严格先后次序。

表 2-15　配置设备作为 Telnet 服务器的必选配置步骤

步骤	命令	说明
1	**system-view**	进入系统视图
2	**telnet server enable** 例如，[Sysname] **telnet server enable**	开启设备的 Telnet 服务。只有使能 Telnet 服务后，才允许网络管理员通过 Telnet 协议登录设备，**但 FIPS 模式下，不支持本命令。** 默认情况下，Telnet 服务处于关闭状态
3	**line vty** *first-number* [*last-number*] 例如，[Sysname] **line vty** 0 4	（二选一）进入 VTY 用户线视图。 • *first-number*：第一个 VTY 用户线的编号（相对编号方式），取值为 0～63。 • *last-number*：可选参数，最后一个用户线的编号（相对编号方式），取值为 1～63，取值必须大于 *first-number* 参数值

续表

步骤	命令	说明
3	**line class vty** 例如，[Sysname] **line class vty**	（二选一）进入VTY用户线类视图。 用户线类视图下的配置修改不会立即生效，当用户下次登录后所修改的配置值才会生效。 用户线视图下的配置优先于用户线类视图下的配置。如果用户线视图下的属性配置为默认值，则采用的是用户线类视图下配置的值；如果用户线类视图下的属性配置也为默认值，则直接采用该属性的默认值
4	**authentication-mode** { **none** | **password** | **scheme** } 例如，[Sysname-line-vty0-4] **authentication-mode password**	设置以上VTY用户线的认证方式，各选项说明参见2.4.2节表2-11的第3步。 默认情况下，VTY用户线的认证方式为password。 【注意】在用户线视图下的 **authentication-mode** 和 **protocol inbound** 两条命令存在关联绑定关系，当这两条命令中的任意一条配置了非默认值时，另外一条将取用户线下的配置值
5	**set authentication password** { **hash** | **simple** } *password* 例如，[Sysname-line-vty0-4] **set authentication password simple** dage	设置密码认证方式的认证密码，**仅当在非FIPS模式下可配置，采用password认证方式时需要配置**。各选项说明参见2.4.2节表2-11的第4步。 默认情况下，未设置密码认证方式的认证密码
6	**user-role** *role-name* 例如，[Sysname-line-vty0-63] **user-role network-admin**	配置从当前用户线登录设备的用户角色，**仅当在非FIPS模式下采用无认证，或密码认证方式时需要配置**。参数说明参见2.4.2节表2-11中的第5步。 默认情况下，通过VTY用户线登录设备的用户角色均为network-operator

注：在ISP域视图下为登录用户配置认证方法。仅当采用AAA认证（scheme）时需要配置。
采用**AAA**认证方式时，在ISP域视图下为登录用户配置认证方法。如果选择本地认证，需要配置本地用户及相关属性；如果选择远程认证，则请配置RADIUS、HWTACACS或LDAP方案

表2-16 Telnet服务器发送报文的公共属性的配置步骤

步骤	命令	说明
1	**system-view**	进入系统视图
2	**telnet server dscp** *dscp-value* 或 **telnet server ipv6 dscp** *dscp-value* 例如，[Sysname] **telnet server dscp** 30	配置IPv4或IPv6 Telnet服务器发送报文的DSCP优先级，取值为0～63。 DSCP优先级值携带在IPv4报文中的ToS字段，IPv6报文中的Traffic class字段。 默认情况下，Telnet服务器发送Telnet报文的DSCP优先级为48
3	**telnet server port** *port-number* 或 **telnet server ipv6 port** *port-number* 例如，[Sysname] **telnet server port** 1025	配置IPv4或IPv6网络中Telnet协议的端口号，取值为23或1025～65535。 配置新的Telnet协议的端口号后，当前所有与Telnet服务器的IPv4网络Telnet连接将被断开，此时需要重新建立Telnet连接。 默认情况下，Telnet协议的端口号为23

续表

步骤	命令	说明
4	**aaa session-limit telnet** *max-sessions* 例如，[Sysname] **aaa session-limit telnet** 4	配置 Telnet 登录同时在线的最大用户连接数，取值为 1～32。 配置本命令后，已经在线的用户连接不会受到影响。如果当前在线的用户连接数已经达到最大值，则新的连接请求会被拒绝，登录会失败。 默认情况下，Telnet 方式登录同时在线的最大用户连接数为 32

表 2-17　VTY 用户线公共属性的配置步骤

步骤	命令	说明
1	**system-view**	进入系统视图
2	**line vty** *first-number* [*last-number*] 例如，[Sysname] **line vty** 0 4	（二选一）进入 VTY 用户线视图，其他说明参见表 2-15 中的第 3 步
	line class vty 例如，[Sysname] **line class vty**	（二选一）进入 VTY 用户线类视图，其他说明参见表 2-15 中的第 3 步
3	**shell** 例如，[Sysname-line-vty0-4] **shell**	设置在终端线路上启动终端服务。可用 **undo shell** 命令在当前用户线上关闭终端服务。当设备作为 Telnet/SSH 服务器的时候，不能配置 **undo shell** 命令。 如果在用户线类视图下使用 **undo shell** 命令关闭了终端服务，那么用户线视图下无法使用 **shell** 命令启动终端服务。 默认情况下，所有用户线的终端服务功能处于开启状态
4	**terminal type** { **ansi** | **vt100** } 例如，[Sysname-line-vty0-4] **terminal type vt100**	配置终端的显示类型。 • **ansi**：终端显示类型为 ANSI 类型。 • **vt100**：终端显示类型为 VT100 类型。 用户线视图或用户线类视图下配置的终端显示类型都在下次登录时生效。 默认情况下，终端显示类型为 ANSI
5	**screen-length** *screen-length* 例如，[Sysname-line-vty0-4] **screen-length** 30	设置终端屏幕一屏显示的行数，取值为 0～512。其中，0 表示一次性显示全部信息，即不进行分屏显示，此时与执行 **screen-length disable** 命令效果相同。 默认情况下，终端屏幕一屏显示的行数为 24
6	**history-command max-size** *value* 例如，[Sysname-line-vty0-4] **history-command max-size** 20	设置设备历史命令缓冲区大小，取值为 0～256。 **每个用户线对应一个历史命令缓冲区**，缓冲区里保存了当前用户最近执行成功的命令，缓冲区的容量决定了可以保存的历史命令的数目。用户退出当前会话时，系统会自动清除相应历史命令缓冲区内保存的历史命令

续表

步骤	命令	说明
6	**history-command max-size** *value* 例如，[Sysname-line-vty0-4] **history-command max-size** 20	【说明】在用户线视图下使用本命令配置的当前用户线下可存储的历史命令条数立即生效；用户线类视图下配置的可存储的历史命令条数将在下次登录时生效。 默认情况下，每个用户的历史缓冲区大小为 10，即可存放 10 条历史命令
7	**idle-timeout** *minutes* [*seconds*] 例如，[Sysname-line-vty0-4] **idle-timeout** 1 30	设置 VTY 用户线的空闲超时时间。用户登录后，如果在超时时间内设备和用户间没有消息交互，则超时时间到达时，设备会自动断开用户连接。 • *minutes*：指定以分钟为单位的超时时间，取值为 0～35791。 • *seconds*：可选参数，指定以秒为单位的超时时间，取值为 0～59，默认值为 0。 当超时时间设置为 0 时，表示设备不会因为超时自动断开用户连接。 默认情况下，所有的用户线的超时时间为 10 分钟。如果 10 分钟内某用户线没有用户进行操作，则该用户线将自动断开
8	**protocol inbound telnet** 例如，[Sysname-line-vty0-4] **protocol inbound telnet**	配置 VTY 用户线支持 Telnet 协议。 默认情况下，设备同时支持 Telnet 和 SSH 协议
9	**auto-execute command** *command* 例如，[Sysname-line-vty0-4] **auto-execute command telnet** 192.168.0.1	设置从用户线登录后自动执行的命令。参数 *command* 用来指定需要自动执行的某条命令（是指具体要执行的命令），将在下次登录设备时生效。 配置自动执行命令后，用户在登录时，系统会自动执行已经配置好的命令，执行完命令后，自动断开用户连接。如果这条命令引发了一个需要执行一系列命令的任务，则系统会等这个任务执行完毕后再断开连接。 默认情况下，未配置自动执行命令
10	**escape-key** { *character* | **default** } 例如，[Sysname-line-vty0-4] **escape-key** a	配置中止当前运行任务的快捷键。 • *character*：二选一参数，定义终止运行任务的快捷键，可以是区分大小写的单个字符（字符“d”和“D”除外），也可以是单个字符或组合键对应的 ACSII 码（0～127）。例如设置 escape-key 1，此时生效快捷键为 CTRL+A；如果设置 escape-key a，生效的快捷键为 a。**但配置字符“d”和“D”作为终止运行任务的快捷键时，系统不会生效，此时<CTRL+C>为实际的生效快捷键。如果确实需要使用字符“d”和“D”作为终止运行任务的快捷键**，则可以配置 key-string 为字符“d”和“D”对应的 ACSII 码。单个字符的快捷键对应的 ASCII 码与标准的 ASCII 码表一致。CTRL+X 组合键对应的 ASCII 码参见表 2-13。 如果设置的快捷键为单个字符，且有任务可终止，则输入快捷键会终止命令的执行；如果没有任务可终止，则输入的快捷键会作为普通的编辑字符。 • **default**：二选一选项，恢复为默认的快捷键<CTRL+C>。 默认情况下，键入<CTRL+C>中止当前运行的任务

续表

步骤	命令	说明
11	**lock-key** *key-string* 例如，[Sysname-line-vty0-4] lock-key 1	配置对当前用户线进行锁定并重新认证的快捷键，可以是**区分大小写**的单个字符，也可以是单个字符或组合键对应的 ACSII 码（0～127）。如果设置 lock-key 1，则快捷键为 CTRL+A；如果设置 lock-key a，则生效的快捷键为 a。使用 ASCII 码设置快捷键时，单个字符对应的 ASCII 码与标准 ASCII 码表一致。 默认情况下，不存在对当前用户线进行锁定并重新认证的快捷键

2.5.2 配置设备作为 Telnet 客户端

H3C 设备可作为 Telnet 客户端，使用户可以从本地设备 Telnet 登录到配置了 Telnet 服务器功能的其他设备上，对其他设备进行配置与管理。

因为 Telnet 是应用层协议，所以在进行 Telnet 登录时，Telnet 客户端和 Telnet 服务器均须配置 IP 地址。Telnet 客户端 IP 地址作为 Telnet 通信报文的源 IP 地址，Telnet 服务器 IP 地址作为 Telnet 通信报文的目标 IP 地址，默认采用 TCP 23 端口作为目标端口，源端口是大于 1024 的随机 TCP 端口。如果 Telnet 客户端和服务器不在同一 IP 网段，则还须配置双向通信路由。

配置设备作为 Telnet 客户端的配置步骤见表 2-18。因为源 IP 地址和服务器端口均有默认配置，所以通常可不进行任何配置，直接执行表 2-18 中第 3 步操作，对 Telnet 服务器进行登录即可。

表 2-18 配置设备作为 Telnet 客户端的配置步骤

步骤	命令	说明
1	**system-view**	进入系统视图
2	**telnet client source** { **interface** *interface-type interface-number* | **ip** *ip-address* } 例如，[Sysname] **telnet client source ip** 172.16.1.1	（可选）指定设备作为 Telnet 客户端时，发送 Telnet 报文的源 IPv4 地址或源接口。 • **interface** *interface-type interface-number*：二选一参数，指定源接口，发送的 Telnet 报文的源 IPv4 地址为该接口的地址。 • **ip** *ip-address*：二选一参数，指定发送 Telnet 报文的源 IPv4 地址。 默认情况下，未指定发送 Telnet 报文的源 IPv4 地址和源接口，使用报文路由出接口的主 IPv4 地址作为 Telnet 报文的源地址
2	**quit**	返回用户视图
3	IPv4 网络： **telnet** *remote-host* [*service-port*] [**vpn-instance** *vpn-instance-name*] [**source** { **interface** *interface-type interface-number* | **ip** *ip-address* } | **dscp** *dscp-value*] *	以设备作为 Telnet 客户端登录到 Telnet 服务器。 • *remote-host*：远端 Telnet 服务器设备的 IPv4 或 IPv6 地址或主机名。其中，主机名为 1～253 个字符的字符串，不**区分大小写**，字符串仅可包含字母、数字、“-” “_” 或“.”。 • *service-port*、*port-number*：可选参数，指定远端设备提供 Telnet 服务的 TCP 端口号，取值为 0～65535，默认值为 23

续表

步骤	命令	说明
3	IPv6 网络： **telnet ipv6** *remote-host* [**-i** *interface-type interface-number*] [*port-number*] [**vpn-instance** *vpn-instance*-name] [**source** { **interface** *interface-type interface-number* | **ipv6** *ipv6-address* } | **dscp** *dscp-value*] * 例如，<Sysname> **telnet** 172.16.1.2 **source ip** 192.168.1.1	• **vpn-instance** *vpn-instance-name*：可选参数，指定远端设备所属的 VPN 实例的名称。如果未指定本参数，则表示远端设备位于公网中。 • **interface** *interface-type interface-number*：二选一参数，指定源接口，发送的 Telnet 报文的源 IPv4 或 IPv6 地址为该接口的地址。 • **ip** *ip-address*、**ipv6** *ipv6-address*：二选一参数，指定 Telnet 报文的源 IPv4 或 IPv6 地址。 【说明】在 IPv4 网络中，如果在本表第 2 步中配置了发送 Telnet 报文的源接口或源 IPv4 地址，则在本步骤可不指定源接口或源 IPv4 地址。 • *dscp-value*：可多选参数，指定 Telnet 客户端向服务器端发送 Telnet 报文的 DSCP 优先级，取值为 0～63，默认值为 48

2.5.3 密码认证方式 Telnet 登录配置示例

密码认证方式 Telnet 登录配置示例的拓扑结构如图 2-11 所示，PC 用户（Telnet 客户端）通过以太网接口与交换机 SW 上的 Vlan-Interface1 直接连接。如果要在 SW 上配置 Telnet 服务器，则让 PC 用户采用密码认证方式 Telnet 登录到设备上。

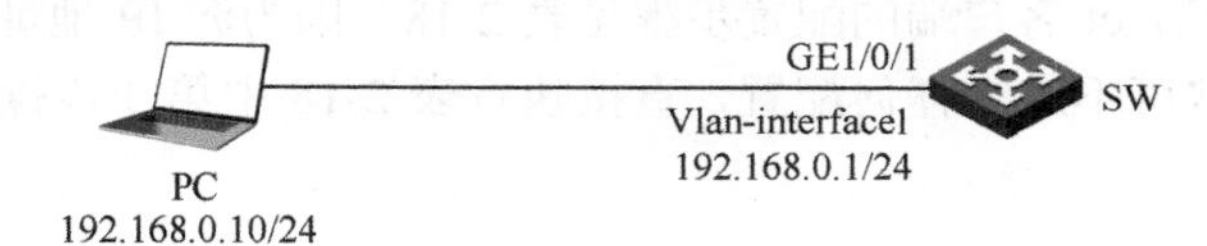

图 2-11 密码认证方式 Telnet 登录配置示例的拓扑结构

1. 基本配置思路分析

本示例要求 Telnet 用户采用密码认证方式，而这也是非 FIPS 模式下 Telnet 登录的默认认证方式，因此，可以不配置，但需要配置用于认证的密码。

2. 具体配置步骤

此时先要通过 Console 登录方式登录到交换机上，然后进行以下配置。

① 配置 PC 机 IP 地址及 SW 连接 PC 的 Vlan-Interface1 的 IP 地址。

本示例 PC 用户与 SW 直接相连，因此，不用配置 IP 路由。在此假设 PC 机的 IP 地址配置为 192.168.0.10/24，具体配置方法略。SW 用于进行 Telnet 登录的 IP 地址采用默认的 VLAN1（默认情况下，所有接口均加入 VLAN1 中）的 VLAN 接口 IP 地址，假设为 192.168.0.1/24，具体配置如下。

```
<H3C>system-view
[H3C]interface vlan-interface 1
[H3C-vlan-interface1]ip address 192.168.0.1 24
[H3C-vlan-interface1]quit
```

② 管理员通过 Console 成功登录到 SW，具体方法参见 2.4 节。

③ 在 SW 上启用 Telnet 服务器功能，在所使用的 VTY 用户线视图下配置密码认证方式和认证密码。

因为本示例采用的是密码认证方式，所以认证方式和认证密码只能在所使用的 VTY 用户线（或 VTY 用户线类）下配置（在此假设为 VTY 0~4 共 5 条用户线进行配置）。又因为 Telnet 登录默认的认证方式即为密码认证，所以认证方式可以不配置，直接配置认证密码即可，假设密码为明文的 123456，具体配置如下。

```
[H3C]telnet server enable    #---启用 Telnet 服务器功能
[H3C]line vty 0 4
[H3C-line-vty0-4] set authentication password simple 123456    #---配置认证的密码为 123456
[H3C-line-vty0-4]quit
```

3. 配置结果验证

以上配置好后，在 SW 上用户视图下执行 **save** 命令保存配置。

在用户终端 PC 机的命令行接口下执行 **telnet** 192.168.0.1 命令，此时可看到要求输入登录认证密码的提示，PC 终端上显示的输入认证密码的提示界面如图 2-12 所示。正确输入密码 123456 后，即可成功登录到交换机 SW 上，用户成功 Telnet 登录 SW 后的 PC 终端界面如图 2-13 所示。

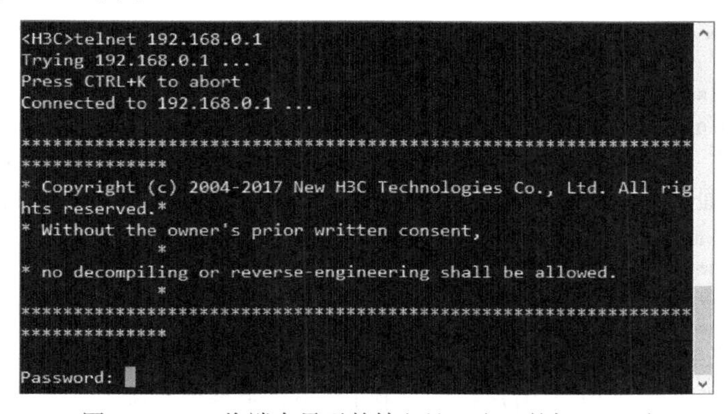

图 2-12　PC 终端上显示的输入认证密码的提示界面

```
<H3C>telnet 192.168.0.1
Trying 192.168.0.1 ...
Press CTRL+K to abort
Connected to 192.168.0.1 ...

******************************************************************************
* Copyright (c) 2004-2017 New H3C Technologies Co., Ltd. All rights reserved.*
* Without the owner's prior written consent,
                 *
* no decompiling or reverse-engineering shall be allowed.
                 *
******************************************************************************

Password:
<H3C>
```

图 2-13　用户成功 Telnet 登录 SW 后的 PC 终端界面

2.5.4　Scheme 本地认证方式 Telnet 登录配置示例

本示例的拓扑结构参见 2.5.3 节的图 2-11，PC 用户（Telnet 客户端）通过以太网接口与交换机 SW 上的 Vlan-Interface1 连接。如果在 SW 上配置 Telnet 服务器，则使 PC

用户采用 Scheme 本地认证方式 Telnet 登录到设备上。

1. 基本配置思路分析

本示例的基本配置方法与 2.5.3 节采用密码认证方式的 Telnet 登录的配置方法差不多，二者主要不同的是，用户 Telent 登录所用的 VTY 用户线下配置采用 Scheme 认证方式，还需要创建用于认证的本地用户账户，并在对应的本地用户账户下进行配置用户密码。

本节采用默认的 ISP 域 system，采用默认的本地认证方式，因此，只需在对应 VTY 用户线视图下配置采用 Scheme 认证方式即可。

2. 具体配置步骤

① 配置 PC 机 IP 地址及 SW 连接 PC 的 Vlan-Interface1 的 IP 地址。

本项配置任务的具体配置方法与 2.5.3 节该项配置任务的配置方法一样。

② 管理员通过 Console 成功登录到 SW，具体方法参见 2.4 节。

③ 在 SW 上启用 Telnet 服务器功能，在所使用的 VTY 用户线视图下配置 Scheme 认证方式。在此，假设要为 VTY 0～4 共 5 条用户线进行配置，具体配置如下。

```
[H3C]telnet server enable   #---启用 Telnet 服务器功能
[H3C]line vty 0 4
[H3C-line-vty0-4] authentication-mode scheme   #---指定采用 Scheme 认证方式
[H3C-line-vty0-4] quit
```

④ 创建用于 Telnet 登录的本地管理类用户账户和密码，指定支持 Telnet 服务。

在此假设认证用户账户名为 winda，认证密码为明文的 123456，具体配置如下。

```
[H3C]local-user winda class manage
[H3C-luser-manage-winda]password simple 123456
[H3C-luser-manage-winda]service-type telnet   #--配置用户 winda 支持 telnet 服务
[H3C-luser-manage-winda]quit
```

3. 配置结果验证

以上配置好后，在 SW 上用户视图下执行 **save** 命令保存配置。

在用户终端 PC 机的命令行接口下执行 **telnet** 192.168.0.1 命令，此时已可看到要求输入登录用户账户名和密码的提示。PC 终端上显示的输入用户名和密码的提示界面如图 2-14 所示。正确输入用户名 winda 和密码 123456 后，即可成功登录到交换机 SW 上，用户 Telnet 成功登录 SW 后的界面如图 2-15 所示。

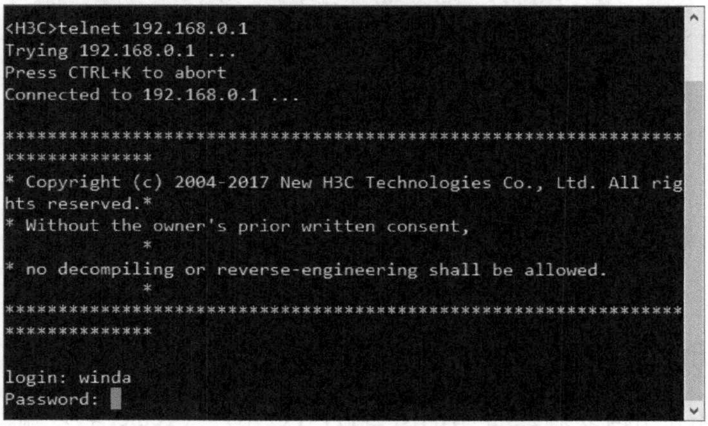

```
<H3C>telnet 192.168.0.1
Trying 192.168.0.1 ...
Press CTRL+K to abort
Connected to 192.168.0.1 ...

****************************************************************
**************
* Copyright (c) 2004-2017 New H3C Technologies Co., Ltd. All rig
hts reserved.*
* Without the owner's prior written consent,
        *
* no decompiling or reverse-engineering shall be allowed.
        *
****************************************************************
**************

login: winda
Password:
```

图 2-14　PC 终端上显示的输入用户名和密码的提示界面

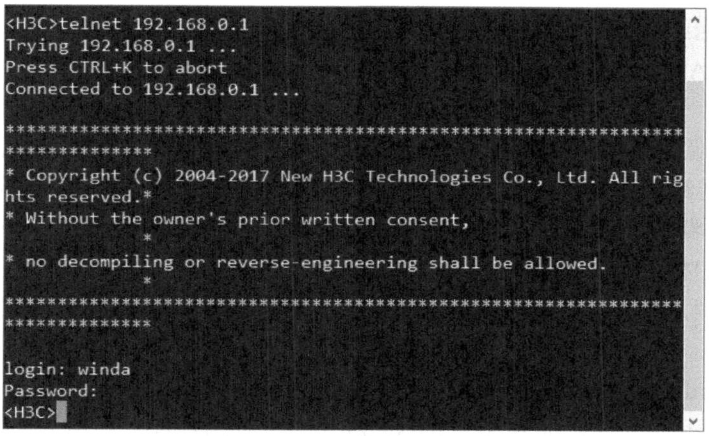

```
<H3C>telnet 192.168.0.1
Trying 192.168.0.1 ...
Press CTRL+K to abort
Connected to 192.168.0.1 ...

******************************************************************
**************
* Copyright (c) 2004-2017 New H3C Technologies Co., Ltd. All rig
hts reserved.*
* Without the owner's prior written consent,
              *
* no decompiling or reverse-engineering shall be allowed.
              *
******************************************************************
**************

login: winda
Password:
<H3C>
```

图 2-15　用户 Telnet 成功登录 SW 后的界面

2.6　配置通过 SSH 登录设备

在前面介绍的 Telnet 登录方式中，Telnet 客户端和 Telnet 服务器之间传输的数据是明文的，未加密的，这在非安全环境下是存在一定安全风险的。因此，在大多数情况下，建议采用基于 SSH 协议的安全 Telnet 登录方式。

SSH 可以利用加密和强大的认证功能提供安全通信保障，保护设备不受诸如 IP 地址欺诈、明文密码截取等攻击。H3C 设备可以作为 SSH 服务器，以便用户能够使用 SSH 协议登录到设备，并对设备进行远程管理和监控；H3C 设备也可以作为 SSH 客户端，使用户在本地设备上通过 SSH 协议登录到其他设备，对其他设备进行管理和监控。

2.6.1　SSH 协议简介

SSH 并不是一个直接用于网络登录的协议，而是一个安全保护协议，它可以为多种应用层通信提供安全保护功能。具体包括 Telnet、为 Telnet 通信提供安全外壳，以及对应的应用。另外，SSH 还可为文件传输协议（File Transfer Protocol，FTP）和 Copy（复制）协议提供安全外壳，分别对应 SFTP 和 SCP 应用。

SSH 目前有两个版本，SSH1.x（简称为 SSH1）和 SSH2.0（简称为 SSH2），二者互不兼容。在非 FIPS 模式下，同时支持 SSH1 和 SSH2 两个版本；在 FIPS 模式下，作为 SSH 客户端时，只支持 SSH2 版本。

SSH 采用 C/S 模式，即有 SSH 客户端和 SSH 服务器。当设备作为 SSH 服务器时，可以提供以下 5 种对客户端的认证方式。

1. password 认证

这里所说的 password（密码）认证方式与前面提到的 Console 登录和 Telnet 登录方式中的 password 认证方式是不一样的，SSH 的 password 认证方式其实是 AAA 认证方式，需要利用 AAA 认证服务器对客户端的用户名和密码同时认证。

此时，SSH 客户端向 SSH 服务器发出 password 认证请求，SSH 服务器将用户名和密码加密后发送给 AAA 认证服务器；认证服务器将认证请求解密后得到用户名和密码的明文，通过 AAA 本地认证或远程认证验证用户名和密码的合法性，并返回认证成功或失败的消息。

SSH 客户端进行 password 认证时，如果远程认证服务器要求用户进行二次密码认证，则会在发送给 SSH 服务器的认证回应消息中携带一个提示信息，这样该提示信息会被 SSH 服务器端透传给客户端，在客户端终端上显示并要求用户再次输入一个指定类型的密码。当用户提交正确的密码并成功通过认证服务器的验证后，认证服务器端才会返回认证成功的消息，但 SSH1 版本的 SSH 客户端不支持 AAA 认证服务器发起的二次密码认证。

2. keyboard-interactive（键盘交互）认证

keyboard-interactive 认证方式与 password 认证方式类似，也是由 AAA 认证服务器负责 SSH 客户端认证工作，只是该认证方式不仅可以要求 SSH 用户提供用户名和密码信息，还可以提供其他用于认证的交互信息。

SSH 客户端在进行 keyboard-interactive 认证时，如果远程 AAA 认证服务器要求用户进行交互认证，则会在发送给 SSH 服务器的认证回应消息中携带一个提示信息，并由 SSH 服务器透传给 SSH 客户端，要求用户输入指定的信息。当用户提交正确的信息后，如果远程 AAA 认证服务器继续要求用户输入其他信息，则重复以上过程，直到用户输入了所有远程 AAA 认证服务器要求的信息后，才会返回认证成功的消息。

3. publickey（公钥）认证

publickey 认证方式是采用数字证书的数字签名方式来认证 SSH 客户端。目前，设备上可以利用数字签名算法（Digital Signature Algorithm，DSA）、椭圆曲线数字签名算法（Elliptic Curve Digital Signature Algorithm，ECDSA）、李维斯特、萨莫尔、阿德曼（Rivest、Shamir、Adleman，RSA）密码机制这 3 种公钥算法实现数字签名。SSH 客户端发送包含用户名、公钥和公钥算法（此时采用公钥认证）或者携带公钥信息的数字证书的 publickey 认证请求给 SSH 服务器。SSH 服务器根据所配置的 SSH 客户端公钥对收到的客户端公钥进行合法性检查，如果合法，则向客户端发送数字签名请求消息，否则，直接发送失败消息。SSH 客户端使用自己的私钥对来自 SSH 服务器的数字签名请求信息进行签名后，发送给 SSH 服务器。SSH 服务器收到 SSH 客户端的数字签名消息后，再使用所配置客户端公钥对其进行解密，并根据计算结果返回认证成功或失败的消息。

4. password-publickey 认证

对于 SSH2 版本的客户端，可以采用 password-publickey 认证方式，即要求同时进行 password 和 publickey 两种方式的认证，且只有两种认证均通过的情况下，才视为客户端身份认证通过；对于 SSH1 版本的客户端，只要通过其中任意一种认证即可。

5. any 认证

any 认证方式是不指定客户端的认证方式，客户端可采用 keyboard-interactive 认证、password 认证或 publickey 认证，且只要通过其中任何一种认证即可。

2.6.2 配置设备作为 Stelnet 服务器

设备作为 Stelnet 服务器的配置步骤见表 2-19。

表 2-19　设备作为 Stelnet 服务器的配置步骤

步骤	命令	说明
1	**system-view**	进入系统视图
2	**public-key local create** { **dsa** | **ecdsa** { **secp256r1** | **secp384r1** } | **rsa** } 例如，[Sysname] **public-key local create rsa**	生成本地密钥对。 • **dsa**：多选一选项，指定生成 DSA 本地密钥对。 • **ecdsa**：多选一选项，指定生成 ECDSA 本地密钥对。 ➢ **secp256r1**：二选一选项，指定采用名称为 **secp256r1** 的椭圆曲线生成本地 ECDSA 密钥对，密钥长度为 256 比特。 ➢ **secp384r1**：二选一选项，指定采用名称为 **secp384r1** 的椭圆曲线生成本地 ECDSA 密钥对，密钥长度为 384 比特。 • **rsa**：多选一选项，指定生成 RSA 本地密钥对。 执行此命令后，生成的密钥对将保存在设备中，设备重启后密钥不会丢失。创建 RSA 和 DSA 密钥对时，设备会提示用户输入密钥模数的长度。密钥模数越长，安全性越好，但是生成密钥的时间越长。创建 ECDSA 密钥对时，可使用不同密钥长度的椭圆曲线，密钥越长，安全性越好，但是生成密钥的时间越长。生成的 RSA 主机密钥对的默认名称为 hostkey，RSA 服务器密钥对的默认名称为 serverkey，DSA 密钥对的默认名称为 dsakey，ECDSA 密钥对的默认名称为 ecdsakey。 默认情况下，不存在本地非对称密钥对
3	**ssh server port** *port-number* 例如，[Sysname] **ssh server port** 1025	（可选）配置 SSH 服务端口号，**取值为** 1～65535，通常只能修改为大于 1024 的 TCP 端口。 默认情况下，SSH 服务的端口号为 22
4	**ssh server enable** 例如，[Sysname] **ssh server enable**	开启 Stelnet 服务器功能。 默认情况下，Stelnet 服务器功能处于关闭状态
5	**line vty** *number* [*ending-number*] 例如，[Sysname] **line vty** 0 4	进入 VTY 用户线视图
6	**authentication-mode scheme** 例如，[Sysname-line-vty0-4] **authentication-mode scheme**	配置以上 VTY 用户线的认证方式为 scheme 方式。 默认情况下，VTY 用户线认证为 password 方式
7	**quit**	退出 VTY 用户线视图，返回系统视图
8	**public-key peer** *keyname* 例如，[Sysname] **public-key peer** key1	（二选一）手工配置客户端的公钥。配置客户端的公钥，逐个字符输入或复制粘贴公钥内容。在输入公钥内容时，字符之间可以有空格，也可以按回车键继续输入数据。保存公钥数据时，将删除空格和回车符。 进入公钥视图，然后可以输入公钥数据。参数 *keyname* 用来指定远端主机公钥的名称，为 1～64 个字符的字符串，**区分大小写**。 通过手工配置方式创建远端主机公钥时，用户需要事先获取并记录远端主机十六进制形式的公钥
	peer-public-key end 例如，[Sysname-pkey-public-key-key1] **peer-public-key end**	退出公钥视图并保存配置的主机公钥，并保存用户输入的公钥

续表

步骤	命令	说明
8	**public-key peer** *keyname* **import sshkey** *filename* 例如，[Sysname] **public-key peer** key2 **import sshkey** key.pub	（二选一）从公钥文件中导入远端客户端的公钥。 • *keyname*：指定导入后，在本地设备保存的远端主机公钥的名称，为 1～64 个字符的字符串，**区分大小写**。 • *filename*：指定要导入公钥数据的公钥文件名，不区分大小写，取值不能为“hostkey”“serverkey”“dsakey”和“ecdsakey”，不能全部为“.”，并且第一个字符不能为“/”，不能包含字符“./”和“../”。文件名为取值 1～128 个字符的字符串。 执行本命令后，系统会对指定公钥文件中的公钥进行格式转换，将其转换为公共密钥加密标准（Public Key Cryptography Standards，PKCS）编码格式，并将该远端主机的公钥保存到本地设备。 从公钥文件中导入远端主机的公钥前，需要远端主机将其公钥保存到公钥文件中，并将该公钥文件上传到本地设备。例如在远端主机上执行 **public-key local export** 命令将其公钥导入公钥文件中，并通过 FTP 或 TFTP，以二进制方式将该公钥文件保存到本地设备
9	非 FIPS 模式下： **ssh user** *username* **service-type stelnet authentication-type** { **keyboard-interactive** | **password** | { **any** | **password-publickey** | **publickey** } [**assign** { **pki-domain** *domain-name* | **publickey** *keyname*&<1-6> }] } FIPS 模式下： **ssh user** *username* **service-type stelnet authentication-type** { **keyboard-interactive** | **password** | **password-publickey** [**assign** { **pki-domain** *domain-name* | **publickey** *keyname*&<1-6> }] } 例如，[Sysname] **ssh user** user1 **service-type stelnet authentication-type password-publickey assign publickey** key1	创建 SSH 用户，并指定 SSH 用户的服务类型和认证方式。SSH 服务器上最多可以创建 1024 个 SSH 用户。 • *username*：指定创建的 SSH 用户名，为 1～80 个字符的字符串，**区分大小写**。用户名不能包括符号“\”“|”“/”“:”“*”“?”“<”“>”和“@”，且不能为“a”“al”“all”。 • **authentication-type**：指定 SSH 用户的认证方式，包括 keyboard-interactive、password、any、password-publickey 和 publickey 共 5 种认证方式。FIPS 模式下，不支持 any 和 publickey 认证方式。 • **assign**：可选项，指定用于验证客户端的参数。 ➢ **pki-domain** *domain-name*：二选一可选参数，指定验证客户端证书的 PKI 域。 ➢ **publickey** *keyname*&<1-6>：二选一可选参数，指定 SSH 客户端的公钥，可以指定多个 SSH 客户端的公钥。SSH 服务器使用提前保存在本地的用户公钥对用户进行合法性检查，如果客户端密钥文件改变，则服务器端需要及时更新本地配置。如果指定了多个用户公钥，则在验证 SSH 用户身份时，按照配置顺序使用指定的公钥依次对其进行验证，只要用户通过任意一个公钥验证即可。 默认情况下，不存在 SSH 用户
以下为 SSH 管理功能配置任务，均为可选		
10	**ssh server compatible-ssh1x enable** 例如，[Sysname] **ssh server compatible-ssh1x enable**	设置 SSH 服务器兼容 SSH1 版本的客户端。FIPS 模式下，不支持本命令。 默认情况下，SSH 服务器不兼容 SSH1 版本的客户端

续表

步骤	命令	说明
11	**ssh server key-re-exchange enable** [**interval** *interval*] 例如，[Sysname] **ssh server key-re-exchange enable**	开启 SSH 算法重协商和密钥重交换功能。可选参数 **interval** *interval* 用来配置 SSH 算法重协商和密钥重交换间隔时间，取值为 1～24，单位为小时，默认值为 1。FIPS 模式下，不支持本命令。 默认情况下，SSH 算法重协商和密钥重交换功能处于关闭状态
12	**ssh server rekey-interval** *interval* 例如，[Sysname] **ssh server rekey-interval** 3	设置 RSA 服务器密钥对的最小更新间隔时间，取值为 1～24，单位为小时。FIPS 模式下，不支持本命令。仅对 SSH 客户端版本为 SSH1 的用户有效。FIPS 模式下，不支持本命令。 通过定时更新服务器密钥对，可以防止对密钥对的恶意猜测和破解，从而提高了 SSH 连接的安全性。配置该命令后，从首个 SSH1 用户登录开始，SSH 服务器需要等待后续有新的 SSH1 用户登录，才会更新当前的 RSA 服务器密钥对，然后使用新的 RSA 服务器密钥对，与新登录的这个 SSH1 用户进行密钥对的协商。其中，等待的最短时长就为此处配置的最小更新间隔时间。之后，重复此过程，直到下一个新的 SSH1 用户登录，才会再次触发 RSA 服务器密钥的更新。 默认情况下，系统不更新 RSA 服务器密钥对
13	**ssh server authentication-timeout** *time-out-value* 例如，[Sysname] **ssh server authentication-timeout** 10	设置 SSH 用户的认证超时时间。为了防止不法用户建立起 TCP 连接后，不进行接下来的认证而空占进程，妨碍其他合法用户的正常登录，可以设置验证超时时间，如果在规定的时间内没有完成认证，就拒绝该连接。 默认情况下，SSH 用户的认证超时所需时间为 60 秒
14	**ssh server authentication-retries** *retries* 例如，[Sysname] **ssh server authentication-retries** 4	设置 SSH 认证尝试的最大次数取值为 1～5。 本命令可以防止非法用户对用户名和密码进行恶意的猜测和破解。在 any 认证方式下，SSH 客户端通过 publickey 和 password 方式进行认证尝试的次数总和，不能超过配置最大次数。 默认情况下，SSH 连接认证尝试的最大次数为 3 次
15	IPv4 网络： **ssh server acl** { *advanced-acl-number* | *basic-acl-number* | **mac** *mac-acl-number* } IPv6 网络： **ssh server ipv6 acl** { ipv6 { *advanced-acl-number* | *basic-acl-number* } | **mac** *mac-acl-number* }	设置通过 ACL 对 SSH 用户的访问控制。通过配置本功能，使用 ACL（包括基本 IPv4/IPv6 ACL、高级 IPv4/IPv6 ACL 和二层 ACL）过滤向 SSH 服务器发起连接的 SSH 客户端。 该配置生效后，只会过滤新建立的 SSH 连接，不会影响已建立的 SSH 连接。多次执行本命令，最后一次执行的命令生效。 默认情况下，允许所有 SSH 用户向设备发起 SSH 访问
16	**ssh server acl-deny-log enable** 例如，[Sysname] **ssh server acl-deny-log enable**	开启匹配 ACL deny 规则后打印日志信息功能。通过开启本功能，设备可以记录匹配 ACL 中 deny 规则的 IP 用户的登录日志，用户可以查看非法登录的地址信息。 默认情况下，匹配 ACL deny 规则后打印日志信息功能处于关闭状态

续表

步骤	命令	说明
17	IPv4 网络： **ssh server dscp** *dscp-value* IPv6 网络： **ssh server ipv6 dscp** *dscp-value* 例如，[Sysname] **ssh server dscp** 30	设置 SSH 服务器向 SSH 客户端发送报文的 DSCP 优先级，取值为 0～63。其取值越大，优先级越高。 默认情况下，SSH 报文的 DSCP 优先级为 48
18	**aaa session-limit ssh** *max-sessions* 例如，[Sysname] **aaa session-limit ssh** 4	设置同时在线的最大 SSH 用户连接数，取值为 1～32。配置本命令后，当指定类型接入用户的用户数超过当前配置的最大连接数后，新的接入请求将被拒绝。 默认情况下，同时在线的最大 SSH 用户连接数为 32

1. 生成本地密钥对

SSH 服务器的 DSA、ECDSA 或 RSA 密钥对有两个用途：一是用于在密钥交换阶段生成会话密钥和会话 ID；二是 SSH 客户端用它来对连接的服务器进行认证。SSH 客户端验证服务器身份时，首先判断服务器发送的公钥与本地保存的服务器公钥是否一致，确认服务器公钥正确后，再使用该公钥对服务器发送的数字签名进行验证。但在安全环境下，SSH 客户端是可以不保存 SSH 服务器的公钥的。

虽然一个客户端只会采用 DSA、ECDSA 或 RSA 公钥算法中的一种来认证服务器，但是由于不同客户端支持的公钥算法不同，为了确保客户端能够成功登录服务器，建议在服务器上同时生成 DSA、ECDSA 和 RSA 这 3 种密钥对。

生成 RSA 密钥对时，将同时生成服务器密钥对和主机密钥对两个密钥对。SSH1 利用 SSH 服务器的服务器公钥加密会话密钥，以保证会话密钥传输的安全；SSH2 通过 Diffie-Hellman（简称为 DH）算法在 SSH 服务器和 SSH 客户端上生成会话密钥，不需要传输会话密钥，因此，SSH2 中没有利用服务器密钥对。生成 DSA 密钥对时，只生成一个主机密钥对，要求输入的密钥模数的长度必须小于 2048 比特，但 SSH1 不支持 DSA 算法。生成 ECDSA 密钥对时，只生成一个主机密钥对，支持 secp256r1 和 secp384r1 类型的 ECDSA 密钥对。

【注意】SSH 仅支持默认名称的本地 DSA、ECDSA 或 RSA 密钥对，不支持指定名称的本地 DSA、ECDSA 或 RSA 密钥对。如果服务器端不存在默认名称的本地 RSA 密钥对，则在服务器端执行 SSH 服务器相关命令行时（包括开启 Stelnet 服务器、配置 SSH 用户，以及配置 SSH 服务器端的管理功能），系统会自动生成一个默认名称的本地 RSA 密钥对。

2. （可选）配置 SSH 服务端口号

默认情况下，SSH 服务的端口号为 22，可修改为 1024 以后的 TCP 端口号。

3. 开启 Stelnet 服务器功能

4. 配置 SSH 客户端登录时使用的用户线

Stelnet 客户端通过 VTY 用户线访问设备。因此，需要配置客户端登录时采用的 VTY 用户线，使其支持 SSH 远程登录协议。**但需要注意的是，SSH 所支持的 SFTP 客户端和 SCP 客户端不通过用户线访问设备，不需要配置登录时采用的 VTY 用户线。**

5. 配置客户端的公钥

SSH 服务器在采用 publickey 方式验证客户端身份时，首先比较客户端发送的 SSH 用户名、主机公钥是否与本地配置的 SSH 用户名，以及相应的客户端主机公钥一致，一致后才会向 SSH 客户端发送数字签名请求。

在采用 publickey、password-publickey 或 any 认证方式时，需要在 SSH 服务器上配置客户端的 DSA、ECDSA 或 RSA 主机公钥；在 SSH 客户端为该 SSH 用户指定与主机公钥对应的 DSA、ECDSA 或 RSA 主机私钥。

SSH 服务器端可以通过手工配置，或从公钥文件导入两种方式来配置 SSH 客户端的公钥。

（1）手工配置

手工配置方式需要事先在 SSH 客户端上通过显示命令或其他方式查看其公钥信息，并记录客户端主机公钥的内容，然后采用手工输入的方式将客户端的公钥配置到 SSH 服务器上。手工输入远端主机公钥时，可以逐个字符输入，也可以一次复制粘贴多个字符。这种方式要求手工输入或复制粘贴的主机公钥必须是未经转换的特异编码规则（Distinguished Encoding Rules，DER）公钥编码格式。手工配置客户端的公钥时，输入的主机公钥必须满足一定的格式要求，否则，在输入后会显示为无效公钥。当配置 H3C 设备作为客户端时，通过 **display public-key local public** 命令显示的公钥可以作为输入的公钥内容；通过其他方式（例如 **public-key local export** 命令）显示的公钥可能不满足格式要求，导致主机公钥保存失败。

（2）从公钥文件导入

首先，从公钥文件导入的方式需要将 SSHS 客户端的公钥文件保存到 SSH 服务器上（例如通过 FTP 或 TFTP，**以二进制方式**将客户端的公钥文件保存到服务器）；然后，SSH 服务器再从本地保存的该公钥文件中导入 SSH 客户端的公钥。导入公钥时，系统会自动将客户端公钥文件转换为公共密钥加密标准（Public Key Cryptography Standards，PKCS）编码形式。

6. 配置 SSH 用户

SSH 用户的配置与 SSH 服务器端采用的认证方式有关，具体说明如下。

① 如果 SSH 服务器采用了 publickey 认证，则必须在设备上创建相应的 SSH 用户，**以及同名的本地用户**。

② 如果 SSH 服务器采用了 password 认证，则必须在设备上创建相应的本地用户（适用于本地认证），或在远程服务器（例如 RADIUS 服务器，适用于远程认证）上创建相应的 SSH 用户。**password 认证方式下，可不创建相应的 SSH 用户，但如果创建了 SSH 用户，则必须保证指定了正确的服务类型及认证方式**。

③ 如果 SSH 服务器采用了 keyboard-interactive、password-publickey 或 any 认证，则必须在设备上创建相应的 SSH 用户，以及在设备上创建同名的本地用户（适用于本地认证）或者在远程认证服务器上创建同名的 SSH 用户（例如 RADIUS 服务器，适用于远程认证）。

对于采用 keyboard-interactive、publickey、password-publickey **或** any **认证方式时，本项配置任务是必选项；对于采用** password **认证方式时，本项配置任务是可选项**。FIPS

模式下，设备作为 SSH 服务器不支持 any 认证和 publickey 认证方式。

【说明】SSH 用户登录时拥有的用户角色与用户使用的认证方式有关。

① 通过 publickey 或 password-publickey 认证登录服务器的 SSH 用户将被授予对应的本地用户视图下指定的用户角色。

② 通过 keyboard-interactive 或 password 认证登录服务器的 SSH 用户将被授予远程 AAA 服务器或设备本地授权的用户角色。

除了 keyboard-interactive 和 password 认证方式，其他认证方式下均需要指定客户端的公钥或证书（采用 Suite B 算法[1]时，在此不作介绍）。

③ 对于使用公钥认证的 SSH 用户，SSH 服务器端必须指定客户端的公钥，而且指定的公钥必须已经存在。如果指定了多个用户公钥，则在验证 SSH 用户身份时，按照配置顺序使用指定的公钥依次对其进行验证，只要用户通过任意一个公钥验证即可。

④ 对于使用证书认证的 **SSH** 用户，服务器端必须指定用于验证客户端证书的公钥基础设施（Public Key Infrastructure，PKI）域。为保证 **SSH** 用户可以成功通过认证，通过 **ssh user** 命令或 **ssh server pki-domain** 命令指定的 **PKI** 域中必须存在用于验证客户端证书的 CA 证书。

7.（可选）配置 SSH 管理功能

用户可通过配置认证参数、连接数控制等，提高 **SSH** 连接的安全性。

8.（可选）配置 SSH 服务器所属的 PKI 域

SSH 服务器利用所属的 **PKI** 域在密钥交换阶段发送证书给客户端，在 **ssh user** 命令中没有指定验证客户端的 **PKI** 域的情况下，使用服务器所属的 **PKI** 域来认证客户端，并用它来认证连接的客户端。仅当 **SSH** 使用 Suite B 算法采用证书对 SSH 用户进行认证时，需要配置，在此不作介绍。

以上配置好后，可在任意视图下执行以下 **display** 命令，查看相关配置，验证配置效果。

① **display public-key local** { **dsa** | **ecdsa** | **rsa** } **public** [**name** *publickey-name*]：查看本地密钥对中的公钥部分。

② **display public-key peer** [**brief** | **name** *publickey-name*]：查看保存在本地的远端主机的公钥信息。

③ **display ssh client server-public-key** [**server-ip** *ip-address*]：查看 SSH 客户端公钥文件中的服务器公钥信息。

④ **display ssh client source**：查看 Stelnet 客户端的源 IP 地址配置。

⑤ **display ssh server** { **session** | **status** }：查看 SSH 服务器的状态信息或会话信息。

⑥ **display ssh user-information** [*username*]：查看 SSH 用户信息。

2.6.3 password 认证方式 Stelnet 登录配置示例

本示例拓扑结构参见 2.5.3 节图 2-11，交换机 SW 为 Stelnet 服务器，PC 用户（Telnet 客户端）通过以太网接口与 SW 上的 Vlan-Interface1 连接，通过 Stelnet 客户端软件，采

1．Suite B 算法是一种通用的加密和认证算法，可满足高级别的安全标准要求。

用 password 认证方式进行 Stelnet 登录。

1．基本配置思路分析

因为本示例采用 SSH password 认证方式中的 AAA 本地认证方式，根据 2.6.2 节的介绍，password 认证方式中只需在 Stelnet 服务器本地创建管理类用户账户，可不配置 SSH 用户。另外，在 Stelnet 服务器上还要创建本地密钥对，实现 Stelnet 服务器功能，配置 SSH 用户登录时使用的 VTY 用户线及其采用的 Scheme 认证方式。

2．具体配置步骤

① 配置 PC 机 IP 地址及 SW 连接 PC 的 Vlan-Interface1 的 IP 地址，参见 2.5.3 节该配置步骤的配置方法即可。

② 在 SW 上创建本地密钥对。

此处以生成默认名称 serverkey 的 RSA 密钥对为例进行介绍。在 SW 系统视图下执行 **public-key local create rsa** 命令，生成默认名为 serverkey 的 **RSA** 本地密钥对（可指定密钥长度，默认为 1024 位）。在 SW 上执行 **public-key local create rsa** 命令生成 RSA 本地密钥对如图 2-16 所示。

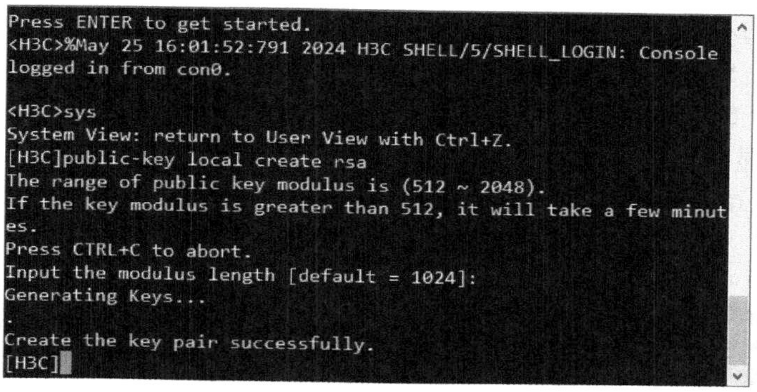

```
Press ENTER to get started.
<H3C>%May 25 16:01:52:791 2024 H3C SHELL/5/SHELL_LOGIN: Console
logged in from con0.

<H3C>sys
System View: return to User View with Ctrl+Z.
[H3C]public-key local create rsa
The range of public key modulus is (512 ~ 2048).
If the key modulus is greater than 512, it will take a few minut
es.
Press CTRL+C to abort.
Input the modulus length [default = 1024]:
Generating Keys...
.
Create the key pair successfully.
[H3C]
```

图 2-16　在 SW 上执行 **public-key local create rsa** 命令生成 RSA 本地密钥对

③ 在 SW 上实现 Stelnet 服务器功能，配置 SSH 用户登录时的 VTY 用户线及 Scheme 认证方式和管理类本地用户账户。

在此，假设同时为 VTY 0～4 号用户线进行配置采用 Scheme 认证方式，并创建名为 winda，密码为明文 123456 的本地用户账户，指定支持 SSH 服务，还可为该用户授权 network-admin 用户角色，具体配置如下。

```
[H3C]ssh server enable
[H3C]line vty 0 4
[H3C-line-vty0-4] authentication-mode scheme
[H3C-line-vty0-4]quit
[H3C] local-user winda class manage
[H3C-luser-manage-winda] password simple 123456
[H3C-luser-manage-winda] service-type ssh
[H3C-luser-manage-winda]authorization-attribute user-role network-admin
[H3C-luser-manage-winda] quit
```

3．配置结果验证

以上配置好后，在 SSH 客户机上运行 SSH 客户端软件（在此以 PuTTY 为例），建立与 Stelnet 服务器的连接，首先运行 PuTTY 程序。PuTTY 会话基本设置界面如图 2-17 所示。

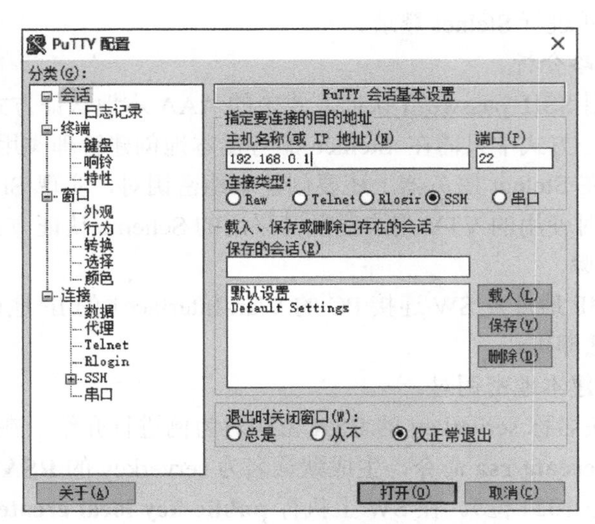

图 2-17　PuTTY 会话基本设置界面

在图 2-17 的左边框中选择“会话”项，在右边框中选择“SSH”单选项，在“主机名称”栏中输入 SSH 服务器主机名或 IP 地址。在此以 SW 上 Vlan-Interface IP 地址 192.168.0.1 作为 Stelnet 服务器 IP 地址。然后单击下面的“打开”按钮，即弹出新的界面，PC 终端上显示的输入用户名和密码的提示界面如图 2-18 所示，输入正确的认证用户名和密码，成功通过 SSH 登录到交换机后的 PC 终端界面如图 2-19 所示。

图 2-18　PC 终端上显示的输入用户名和密码的提示界面

```
192.168.0.1 - PuTTY
login as: winda
winda@192.168.0.1's password:

******************************************************************************
* Copyright (c) 2004-2017 New H3C Technologies Co., Ltd. All rights reserved.*
* Without the owner's prior written consent,                                 *
* no decompiling or reverse-engineering shall be allowed.                    *
******************************************************************************

<H3C>
```

图 2-19　成功通过 SSH 登录到交换机后的 PC 终端界面

2.6.4　publickey 认证方式 Stelnet 登录配置示例

本示例拓扑结构仍参见 2.5.3 节图 2-11，交换机 SW 为 Stelnet 服务器，PC 用户（Stelnet 客户端）通过以太网接口与 SW 上的 Vlan-Interface1 连接，通过 Stelnet 客户端软件（SSH2 版本），采用 publickey 认证方式进行 Stelnet 登录。

1. 基本配置思路分析

与上节采用 password 认证方式的配置方法相比，本示例采用 publickey 认证方式，主要多了要在 Stelnet 服务器上配置客户端公钥和 SSH 用户，在 Stelent 客户端上要创建自己的本地密钥对，然后把公钥文件上传到 Stelnet 服务器上，或者在 Stelnet 服务器上创建客户端公钥文件，然后手工输入客户端公钥，并在 Stelnet 服务器上为 SSH 用户配置客户端公钥文件，在此采用手工输入方式。

2. 具体配置步骤

① 配置 PC 机 IP 地址及 SW 连接 PC 的 Vlan-Interface1 的 IP 地址，参见 2.5.3 节该配置步骤的配置方法即可。

② 在 Stelent 客户端上创建本地密钥对，并生成公钥文件，然后进行公钥代码转换，最后在 SW 上手工输入转换后的客户端公钥。

在此使用 PuTTY 软件中的 puttygen.exe 程序生成客户端公钥或私钥文件，使用 sshkey.exe 程序转换客户端公钥为 DER 编码格式的十六进制代码。

在 SSH 客户端 PC 机上运行 puttygen.exe 程序，密钥生成前的 PuTTY 密钥生成器界面如图 2-20 所示。选择默认的“SSH-2 RSA”单选项，密钥长度也为默认的 2048 位，生成 RSA 密钥，然后单击“生成（G）”按钮，最后在“密钥”框内不断移动鼠标（注意，鼠标不要移到框外），在移动鼠标的过程中，会显示密钥生成的进度条，密钥生成进度条如图 2-21 所示。

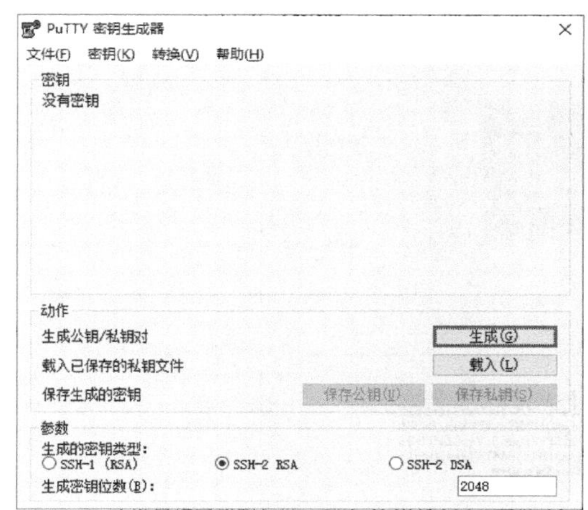

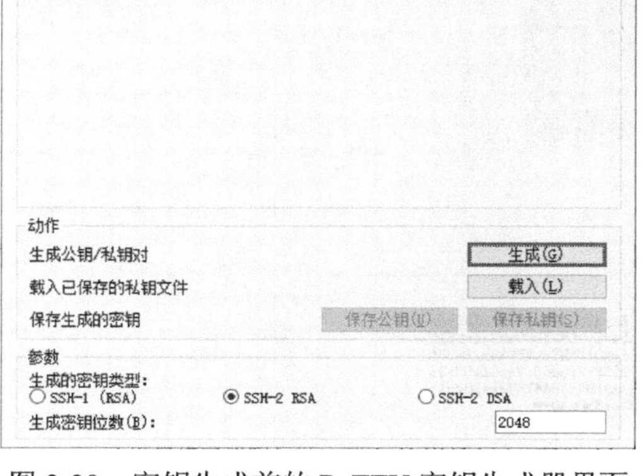

图 2-20　密钥生成前的 PuTTY 密钥生成器界面

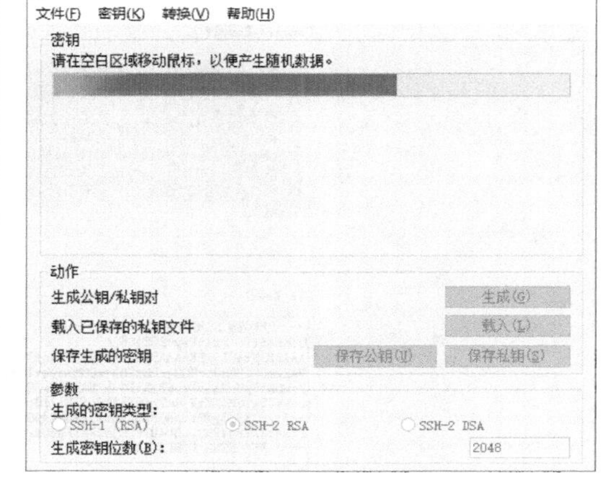

图 2-21　密钥生成进度条

密钥生成后的 PuTTY 密钥生成器界面如图 2-22 所示，分别单击“保存公钥（U）”和“保存私钥（S）”按钮，然后在 SSH 客户端 PC 机上运行 sshkey.exe 程序。ssh key convert 程序界面如图 2-23 所示。

在“File of SSH public key”栏中单击“Browse”按钮找到前面保存的客户端公钥文件，然后单击“Convert”按钮对客户端公钥进行代码转换，转换后的客户端公钥如图 2-24 所示，把其中的代码完整复制下来。需要注意的是，复制的代码必须完整，不能多，也不能少。

PuTTY 密钥生成器
文件(F) 密钥(K) 转换(V) 帮助(H)
密钥
显示的公钥(P)由 OpenSSH 认可:
ssh-rsa AAAAB3NzaC1yc2EAAAABJQAAAQEAnAj
+uM3uUH4cN6bImIJLItAeIuo1Tw3yd7j6QaFsBhKw8uw5So4DR9vU1UKLc9tAFCKlAFf
wWJ1XXwzO3XPAS5jmdlliX3ymWYJLa1PajXjwIRXNyIz4SQx1x4oBzN6s33zbcGUEGKI
jUKQIbNlKuonWNg9rxuDVFJBMDkDbsD9wpGJ8+NH7OMYYQKZ1etGYtQLaqIN3U7OKJkK
Nk5FptWOKhigu0x5e9ak000FJR06viE9izaC1HqDruo/8VKvUeFAPVpOTX2Eogo5KxR/
密钥指纹(I): ssh-rsa 2048 6e:56:2a:45:d1:da:3f:c1:0e:a6:21:6a:35:5
密钥注释(C): rsa-key-20240526
密钥密码(A):
确认密码(O):
动作
生成公钥/私钥对 生成(G)
载入已保存的私钥文件 载入(L)
保存生成的密钥 保存公钥(U) 保存私钥(S)
参数
生成的密钥类型:
SSH-1 (RSA) SSH-2 RSA SSH-2 DSA
生成密钥位数(B): 2048

图 2-22 密钥生成后的 PuTTY 密钥生成器界面

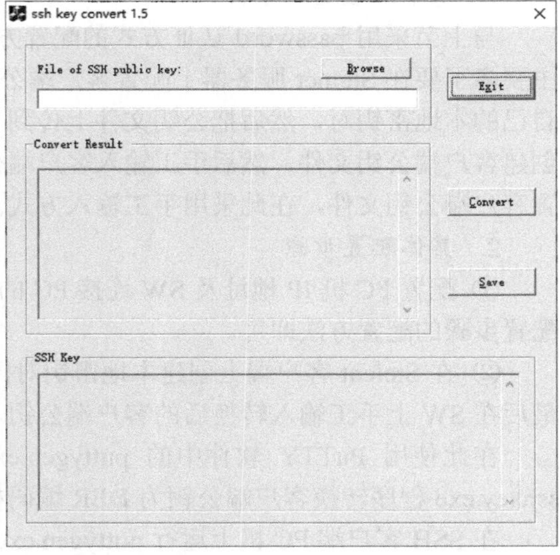

图 2-23 ssh key convert 程序界面

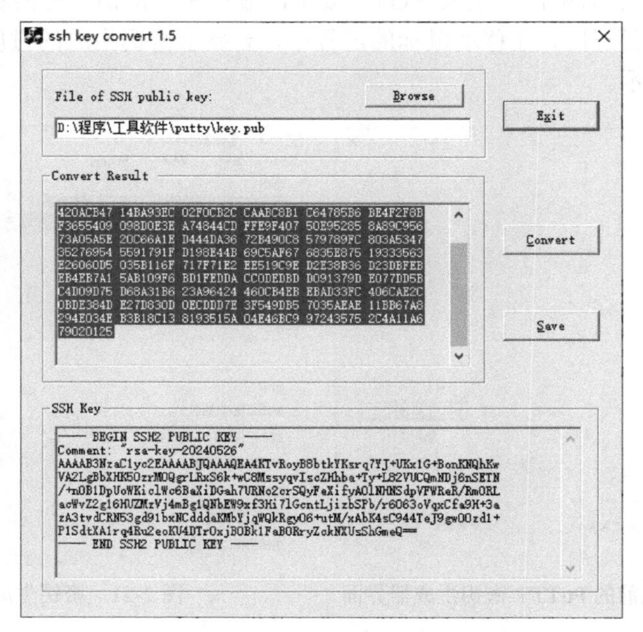

图 2-24 转换后的客户端公钥

在 SW（Stelnet 服务器）系统视图下执行 **public-key peer** key1 命令（key1 为所创建的客户端公钥文件名称），进入公钥视图，然后手工输入或粘贴前面复制的 SSH 客户端公钥，完成后再执行 **peer-public-key end** 命令，退出公钥视图，并保存配置的主机公钥。在 SW 上手工配置客户端公钥的流程如图 2-25 所示。

③ 在 SW 上创建本地密钥对，开启 Stelnet 服务器功能，配置 SSH 用户登录时的 VTY 用户线采用 Scheme 认证方式。

```
[H3C]public-key peer key1
Enter public key view. Return to system view with "peer-public-key end" comman
d.
[H3C-pkey-public-key-key1]30820108 02820101 00E0A4EF 468C81F1 BB6460AB 2BABB60
9
[H3C-pkey-public-key-key1]F942B1D4 6F81A272 8D4212B0 540D8B80 16D71CAE 4ECEB33
4
[H3C-pkey-public-key-key1]420ACB47 14BA93EC 02F0CB2C CAABC8B1 C64785B6 BE4F2F8
B
[H3C-pkey-public-key-key1]F3655409 098D0E3E A74844CD FFE9F407 50E95285 8A89C95
6
[H3C-pkey-public-key-key1]73A05A5E 20C66A1E D444DA36 72B490C8 579789FC 803A534
7
[H3C-pkey-public-key-key1]35276954 5591791F D198E44B 69C5AF67 6835E875 1933356
3
[H3C-pkey-public-key-key1]E26060D5 035B116F 717F71E2 EE519C9E D2E38B36 D23DBFE
B
[H3C-pkey-public-key-key1]EB4EB7A1 5AB109F6 BD1FEDDA CC0DEDBD D091379D E077DD5
B
[H3C-pkey-public-key-key1]C4D09D75 D68A31B6 23A96424 460CB4EB EBAD33FC 406CAE2
C
[H3C-pkey-public-key-key1]0BDE384D E27D830D 0ECDDD7E 3F549DB5 7035AEAE 11BB67A
8
[H3C-pkey-public-key-key1]294E034E B3B18C13 8193515A 04E46BC9 97243575 2C4A11A
6
[H3C-pkey-public-key-key1]79020125
[H3C-pkey-public-key-key1]public-key-peer end
[H3C-pkey-public-key-key1]
```

图 2-25　在 SW 上手工配置客户端公钥的流程

在 SW 上执行 **public-key local create rsa** 命令，生成名为默认的 serverkey 的 RSA 本地密钥对（可指定密钥长度，默认为 1024 位），参见 2.6.3 节的图 2-16。

配置 SSH 用户登录时的 VTY 用户线（在此假设配置 VTY 0～4 共 5 条用户线）采用 Scheme 认证方式，具体配置如下。

```
[H3C]ssh server enable
[H3C]line vty 0 4
[H3C-line-vty0-4] authentication-mode scheme
[H3C-line-vty0-4]quit
```

④ 在 SW 上创建用于 AAA 本地认证的管理类用户账户，指定支持 SSH 服务，同时指定该 SSH 用户采用 publickey 认证方式和客户端公钥文件，还可为该用户授权 network-admin 用户角色。

此处假设 SSH 用户名为 winda，不需要配置密码，因为 publickey 认证方式采用的是密钥认证方法，指定 SSH 用户 winda 所用的公钥文件名，即原来在 SW 上创建的客户端公钥文件名 key1，具体配置如下。

```
[H3C] local-user winda class manage
[H3C-luser-manage-winda] service-type ssh
[H3C-luser-manage-winda]authorization-attribute user-role network-admin
[H3C-luser-manage-winda] quit
[H3C]ssh user winda service-type stelnet authentication-type publickey assign publickey key1
```

3. 配置结果验证

以上配置完成后，可进行以下配置结果验证。

① 在 SSH 客户端上运行 SSH 客户端软件（在此以 PuTTY 为例），PuTTY 会话基本设置界面如图 2-26 所示。在图 2-26 中的左边框中选择“会话”项，在右边框中选择“SSH”单选项，在“主机名称”栏中输入 SSH 服务器主机名或 IP 地址，即 SW 上 Vlan-Interface IP 地址 192.168.0.1。

② 在图 2-26 所示界面左边框中选择“SSH”项，在其中选择“2”，即 SSH2 版本，同时兼容 SSH1 版本。SSH 连接设置界面如图 2-27 所示。

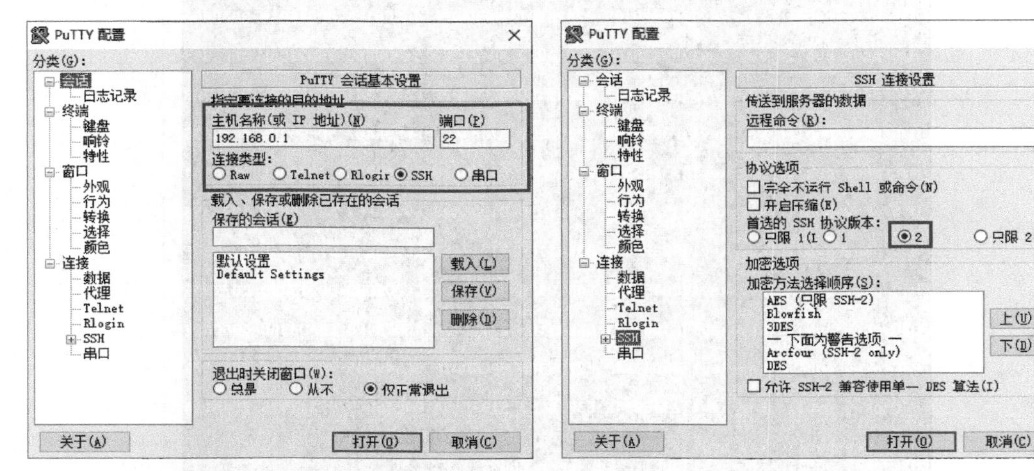

图 2-26 PuTTY 会话基本设置界面　　图 2-27 SSH 连接设置界面

③ 展开图 2-27 中左边 SSH 项，选择下面的“认证”子项，在“认证私钥文件”文本框中选择前面保存的私钥文件。PuTTY 认证私钥文件配置界面如图 2-28 所示。然后单击图 2-28 中最下面的“打开”按钮。PC 终端上显示的输入用户名和密码的提示界面如图 2-29 所示，输入认证用户名和密码的提示界面。此处只需正确输入用户名 winda，密码不用输入，直接回车即可成功登录到 SW 设备上。成功通过 SSH 登录到交换机的 PC 终端界面如图 2-30 所示。

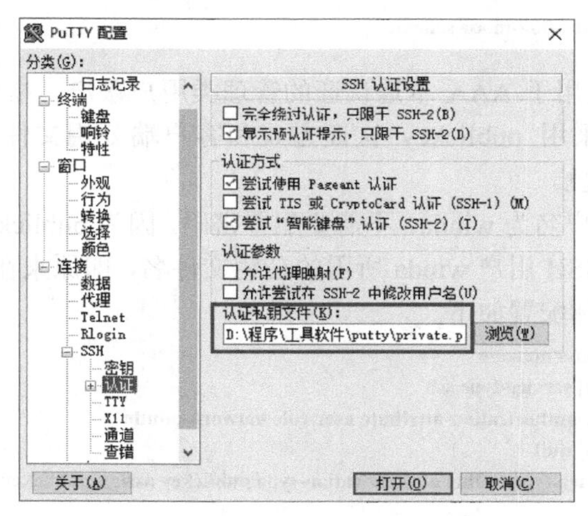

图 2-28 PuTTY 认证私钥文件配置界面

图 2-29 PC 终端上显示的输入用户名和密码的提示界面

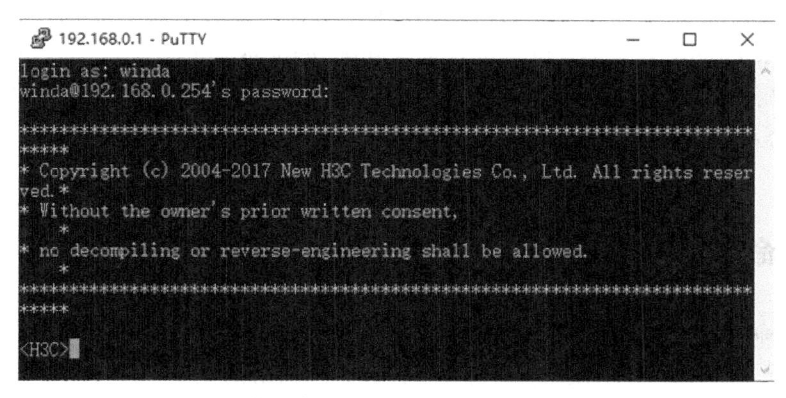

图 2-30　成功通过 SSH 登录到交换机的 PC 终端界面

2.7　登录用户控制

对登录用户的控制主要限制的是可以通过 telnet 或 SSH 登录到设备的用户。此时可通过引用 ACL 来对登录设备的用户进行过滤。配置时要注意以下事项。

① 当未引用 ACL，或者引用的 ACL 不存在，或者引用的 ACL 为空时，允许所有登录用户访问设备。

② 当引用的 ACL 非空时，则只有匹配 ACL 中 permit 规则的用户才能访问设备，其他用户不允许访问设备，以免非法用户访问设备。

1. 配置对 telnet 用户的控制

在系统视图下通过 **telnet server acl** { *advanced-acl-number* | *basic-acl-number* | **mac** *mac-acl-number* }（IPv4 网络中）或 **telnet server ipv6 acl** { **ipv6** { *advanced*-acl-*number* | *basic-acl-number* } | **mac** *mac-acl-number* }（IPv6 网络中）命令，配置对 telnet 用户登录本地设备的控制。

① *basic-acl-number*：多选一参数，IPv4 或 IPv6 基本 ACL，编号为 2000～2999。

② *advanced-acl-number*：多选一参数，IPv4 或 IPv6 高级 ACL，编号为 3000～3999。

③ **mac** *mac-acl-number*：多选一参数，二层 ACL，编号为 4000～4999。

还可以在系统视图下通过 **telnet server acl-deny-log enable** 命令开启匹配 ACL deny 规则后打印日志信息功能。通过此功能，telnet 客户端匹配 ACL deny 规则时，将产生日志信息。默认情况下，匹配 ACL deny 规则后打印日志信息功能处于关闭状态。

2. 配置对 SSH 用户的控制

在系统视图下通过 **ssh server acl** { *advanced-acl-number* | *basic-acl-number* | **mac** *mac-acl-number* }（IPv4 网络中）或 **ssh server ipv6 acl** { **ipv6** { *advanced*-acl-*number* | *basic-acl-number* } | **mac** *mac-acl-number* }（IPv6 网络中）命令，配置对 SSH 用户登录本地设备的控制。

需要说明的是，除了配置对 SSH 用户的控制，还可在系统视图下通过 **ssh server**

acl-deny-log enable 命令开启匹配 ACL deny 规则后打印日志信息功能。通过此功能，SSH 客户端匹配 ACL deny 规则时，设备可以记录匹配 deny 规则的 IP 用户的登录日志，用户可以查看非法登录的地址信息。默认情况下，匹配 ACL deny 规则后打印日志信息功能处于关闭状态。

2.8 配置命令行授权/计费功能

1. 配置命令行授权功能

默认情况下，用户登录设备后可以使用的命令行由用户拥有的用户角色决定。当用户线采用 AAA 认证方式，在配置命令行授权功能后，用户可使用的命令行将受到用户角色和 AAA 授权的双重限制。用户每执行一条命令，都会进行授权检查，只有授权成功的命令才被允许执行。

开启命令行授权功能后，**用户只能使用授权成功的命令**，但不同登录方式用户的命令行授权情况有所不同，具体说明如下。

① 如果用户通过无认证方式（none）或者 password（此处为单纯的密码认证方式）认证方式登录设备，则设备无法对其进行命令行授权，禁止用户执行任何命令。

② 如果用户通过 scheme 认证方式登录设备，则会出现以下两种情况。

- 如果用户通过了本地认证，则设备通过本地用户视图下的授权用户角色对用户进行命令行授权。
- 如果用户通过了远端认证，则由远端服务器对用户进行命令行授权；如果远端授权失败，则按照本地同名用户的用户角色进行命令行授权；如果命令行授权也失败，则禁止用户执行该命令行。

开启命令行授权功能的方法是，在对应的用户线或用户线类视图下执行 **command authorization** 命令。在用户线类视图下，该命令的配置结果将在下次登录设备时生效；在用户线视图下，该命令的配置结果会立即生效。

【注意】如果在用户线类视图下开启了命令行授权功能，则该类型用户线视图都开启命令行授权功能，且用户线视图下无法使用 **undo command authorization** 命令恢复默认情况。

如果由远端服务器对用户进行命令行授权，则还需要在 ISP 域视图下配置命令行授权方法，具体参见本书即将出版的配套图书《H3C 交换机学习指南（下册）》第 6 章。

2. 配置命令行计费功能

当用户线采用 AAA 认证方式并配置命令行计费功能后，系统会将用户执行过的命令记录到 HWTACACS 服务器上，以便集中监视用户对设备的操作。命令行计费功能生效后，如果没有配置命令行授权功能，则用户执行的每条合法命令都会发送到 HWTACACS 服务器上做记录；如果配置了命令行授权功能，则用户执行的并且授权成功的命令才会发送到 HWTACACS 服务器上做记录。

在对应的用户线或用户线类视图下执行 **command accounting** 命令开启命令行计

费功能。在用户线视图或用户线类视图下，该命令的配置结果都将在下次登录设备时生效。

【注意】如果在用户线类视图下开启了命令行计费功能，则该类型用户线视图都使能命令行计费功能，且用户线视图下无法使用 **undo command accounting** 命令恢复默认情况。如果要使配置的命令行计费功能生效，则还需要在 ISP 域视图下配置命令行计费方法。

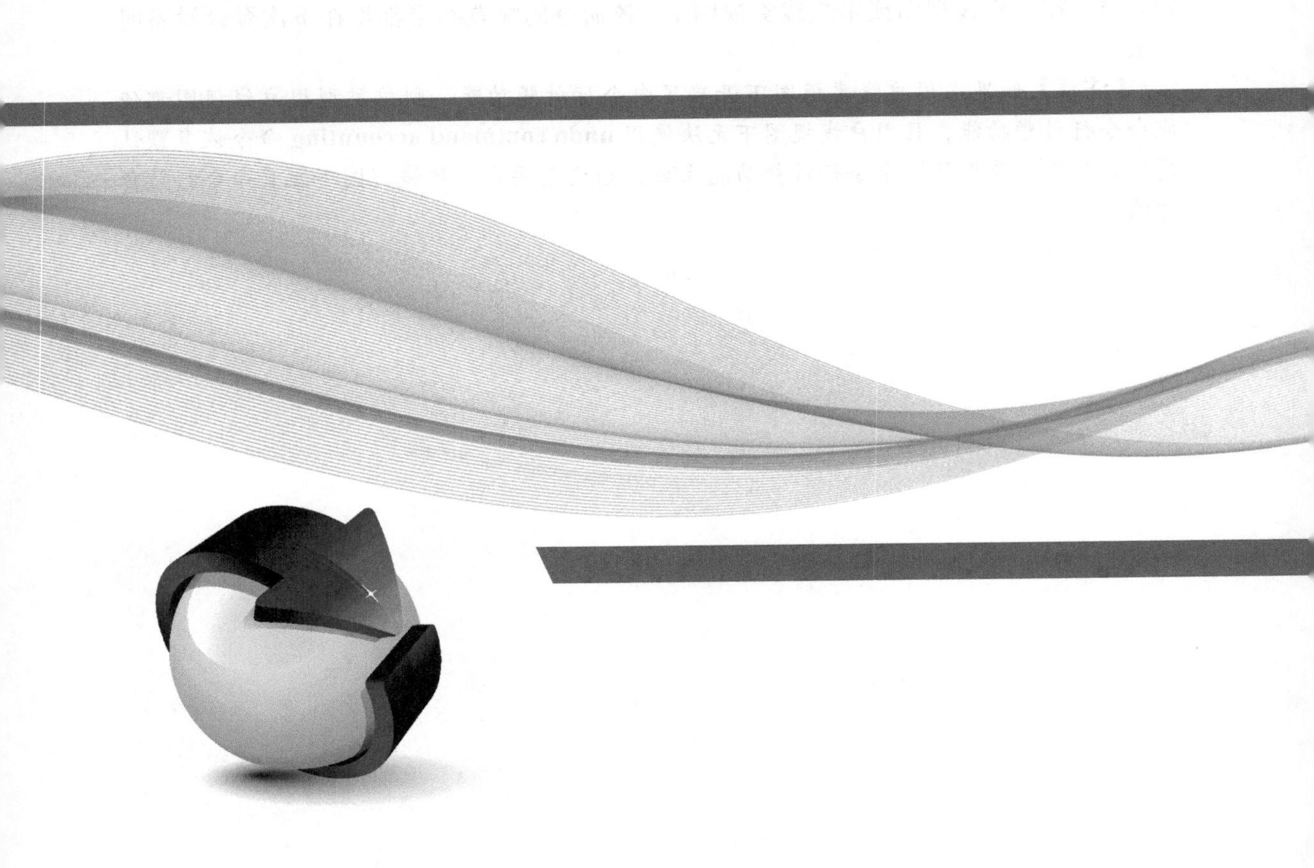

第3章 文件系统和设备管理

本章主要内容

3.1 文件系统管理

3.2 通过 FTP 进行文件传输

3.3 通过 TFTP 进行文件传输

3.4 设备管理

文件系统和设备管理是网络维护工作中最频繁、也是最基础、非常重要的日常管理工作。文件系统管理包括存储介质、文件和目录的操作与管理、通过 TFTP 或者 FTP 进行文件传输，例如对系统软件和配置文件的备份与恢复。

设备管理是对自己自身的管理，包括设备基本参数（例如系统时间、版权信息等）、设备安全参数[例如密码恢复功能、关闭不需要的通用串行总线（Universal Serial Bus，USB）接口等]、监控设备（例如监控 CPU、内存、剩余资源、温度等）、设备维护（例如定时执行任务、设备定位和恢复出厂状态等）。

3.1 文件系统管理

网络设备运行过程中所需要的文件（例如系统软件、配置文件等）保存在本地设备的存储介质中。设备文件系统管理主要包括对存储介质、文件和目录的操作与管理。Comware 操作系统是基于开源的 Linux 系统开发的，因此，它的文件系统管理方法与 Linux 系统的文件管理方法基本一样。

3.1.1 存储介质和文件系统

存储介质是用来存储设备中各种文件的，其作用与 PC 中的磁盘类似。存储介质如果要保存文件，就必须有一套存储文件的方法。该方法由存储介质的文件系统定义。

1. 存储介质和文件系统名称

设备支持的存储介质包括固定存储介质和可插拔存储介质两种。其中，固定存储介质特指闪存（Flash），可插拔存储介质包括 U 盘和紧凑型闪存（ Compact Flash，CF）卡。设备支持对可插拔存储介质进行分区，但不支持对 Flash 存储介质进行分区。可插拔存储介质未分区时，存储介质整体为一个文件系统，可插拔存储介质分区后的每个分区为一个独立的文件系统。

固定存储介质 Flash 的文件系统名由存储介质类型（Flash）和冒号（:）两个部分组成，即“Flash:”。因为可插拔存储介质可分区，而且每个分区为一个独立的文件系统，所以其文件系统名称结构比较复杂，由存储介质类型、存储介质编号、分区编号和冒号（:）4 个部分组成。

① 存储介质类型：U 盘的类型名称为“usb”，CF 卡的类型名称为“cf”。

② 存储介质编号：同类型的存储介质以英文小写字母 a 开始进行排序，例如“usba”表示第 1 个 U 盘，“cfa”表示第 1 个 CF 卡。

③ 分区编号：存储介质上的分区以数字 0 开始进行排序，例如“usba0”表示第 1 个 U 盘上的第 1 个分区，“cfa2”表示第 1 个 CF 卡上的第 3 个分区。

④ 冒号（:）：作为存储介质名称的结束符。

文件系统名称中的所有英文字符，包括存储介质类型，输入时必须为小写。例如第 1 个 U 盘的第 1 个分区的完整文件系统名称为“usba0:”，第 2 个 CF 卡的第 2 个分区的完整文件系统名称为“cfb1:”。

2. 文件系统位置的指定

文件系统与存储介质（存储介质未分区时），或存储介质分区（可插拔存储介质分区时）是一一对应的，文件系统的位置是由存储介质或存储介质分区的位置决定的，而存储介质是安装或插入在设备主控板上的，因此，要指定文件系统位置，必须依次指定主控板编号、存储介质名称，或再加上存储介质分区编号。

设备主控板编号受设备结构和工作模式影响。设备结构有集中式和分布式两种。其中，集中式设备只有一块主控板；分布式设备可以安装多块主控板。设备的工作模式有独立运行和智能弹性架构（Intelligent Resilient Framework，IRF）两种。独立运行模式是指设备单独运行，其主控板编号由设备自身决定；IRF 模式是指本地设备与其他设备通过虚拟化技术，共同构成一个虚拟设备，其主控板编号受本地设备在 IRF 中的编号影响，因此，在指定文件系统位置时还需要指定本地设备在 IRF 中的成员编号。不同结构、不同工作模式设备的文件系统位置指定方法如下。

① 独立运行模式的集中式设备的文件系统位置只需直接指出其文件系统名称即可。

② IRF 模式的集中式设备的文件系统位置需要在对应文件系统名称前加上本地设备在 IRF 中的成员编号，表示方式为“slot*n*#”。其中，*n* 为 IRF 中成员设备的编号。例如“slot2#Flash:”代表成员设备 2 上的 Flash 文件系统。当不指定 slot 参数时，表示 IRF 中主（Master）设备上的文件系统。

③ 独立运行模式的分布式设备的文件系统位置的表示方法与 IRF 模式集中式设备的文件系统位置表示方法一样，即在文件系统名称前加上“slot*n*#”。其中，*n* 为存储介质所在的主控板槽位号。例如“slot16#cfa1”代表 16 号槽位主控板上的第 1 个 CF 卡的第 2 个分区。不指定 slot 参数时，表示为主用主控板的文件系统。

④ IRF 模式的分布式设备的文件系统位置的表示方式为“chassis*m*#slot*n*#”。其中，*m* 为本地设备在 IRF 中的成员编号，*n* 为存储介质所在的主控板槽位号。例如“chassis2#slot16#usba”表示成员设备 2 的 16 号槽位主控板上的第 1 个 U 盘。当不指定 chassis 和 slot 参数时，表示 IRF 中全局主用主控板的文件系统。

3. 默认文件系统

当设备有多个存储介质时，用户登录设备后默认使用的存储介质即为默认文件系统。例如保存当前配置时，如果不输入存储介质位置及名称，则配置文件将保存在默认文件系统的根目录下。通过设置 Bootware 菜单或者 BootROM 菜单可以更改默认文件系统。

3.1.2 文件系统结构

设备的文件系统采用树形目录结构，用户可以通过文件夹操作来改变目录层级。Comware 系统中的目录结构与 Windows 和 Linux 系统的目录结构是一样的。

1. 根目录

根目录是存储介质的根，用“/”表示，例如 Flash:/表示 Flash 存储介质的根目录。默认情况下，用户登录设备后进入的就是对应存储介质的根目录。

2. 工作目录

用户当前进行文件操作的目录为“工作目录”。

3. 文件夹

文件夹名称中可以包含数字、字母或特殊字符（除了*|\/?<>":），但首字符不能使用“.”，否则，系统把名称首字符为“.”的文件夹处理为隐藏文件夹。

设备出厂时会自带一些在安装系统软件时产生的文件夹，在系统运行过程中，可能会自动生成一些文件夹。这些系统自带文件夹主要包括以下内容。

① diagfile：用于存放诊断信息文件的文件夹。

② license：用于存放 License 文件的文件夹。

③ logfile：用于存放日志文件的文件夹。

④ seclog：用于存放安全日志文件的文件夹。

⑤ versionInfo：用于存放版本信息文件的文件夹。

设备支持使用相对路径和绝对路径指定文件夹。例如当前工作目录为 Flash:/，可以通过绝对路径 Flash:/test/test1/test2/（末尾的“/”为可选），或相对路径 test/test1/test2/（末尾的“/”为可选）进入 test2 文件夹。

4. 文件

文件名通常包括一个后缀，代表对应类型的文件。给文件命名时，可以输入以数字、字母、特殊字符（除了*|\/?<>":）为组合的字符串，首字母也不要使用“.”。这也是因为系统会把名称首字母为“.”的文件当成隐藏文件。

设备出厂时会自带一些文件，在运行过程中可能会自动产生一些文件。这些自带文件主要包括以下内容。

① xx.ipe（复合软件包套件，是启动软件包的集合）。

② xx.bin（启动软件包）。

③ xx.cfg（配置文件）。

④ xx.mdb（二进制格式的配置文件）。

⑤ xx.log（用于存放日志的文件）。

设备支持使用相对路径和绝对路径指定文件。例如当前工作目录为 Flash:/test/，可以通过绝对路径 Flash:/test/test1/test2/samplefile.cfg，或相对路径 test1/test2/samplefile.cfg 指定 test2 文件夹下的 samplefile.cfg 文件。

【说明】文件/文件夹有隐藏和非隐藏之分。隐藏文件或文件夹通常是比较重要的，而且是系统自带的，请不要修改或删除，以免影响对应功能；对于非隐藏的文件或文件夹，请完全了解它的作用后再执行文件或文件夹操作，以免误删除重要文件或文件夹。

3.1.3 存储介质和文件系统操作

1. CF 卡和 U 盘分区

CF 卡和 U 盘是可插拔存储介质，支持分区，就像 PC 机中对磁盘分区一样。分区后，每个分区有其独立的文件系统。**Flash 存储介质不支持分区操作。**

CF 卡和 U 盘分区操作是在用户视图下执行 **fdisk** *medium* [*partition-number*]命令。

① *medium*：指定需要分区的存储介质的名称。

② *partition-number*：可选参数，指定分区数，取值为 1～4。如果指定本参数，则设备将存储介质空间平均分成指定数目标分区，称为简单分区方式；如果不指定本参数，则设备进入交互模式进行分区，称为交互分区方式，系统会根据用户的输入来确定 CF 卡和 U 盘分成几个分区，以及每个分区的大小，但每个分区至少为 32MB。

默认情况下，CF 卡只有一个分区“cfa0:”，U 盘上只有一个分区“usb0:”。

【注意】在进行分区操作时需要注意以下事项。

① 分区操作会清除 CF 卡和 U 盘中的所有数据，如果要分区，则务必提前做好文件备份工作。

② 分区完成后，各分区的大小可能与用户指定的大小不一致，但误差小于 CF 卡和 U 盘总容量的 5%。

③ 用户对可插拔存储介质执行分区操作时，如果同时还有其他用户在访问该存储介质，则系统会提示分区失败。

④ 对 U 盘进行分区的时候，请确保没有对 U 盘设置写保护，否则，会分区失败，且需要重新挂载或者插拔 U 盘后，才能正常访问 U 盘。

⑤ 如果需要从 CF 卡启动，启动文件和配置文件必须位于 CF 卡的第 1 个分区。

⑥ 为了防止日志文件影响启动文件和配置文件，如果CF卡和U盘被分为多个分区，建议将日志文件的路径设置到除了第 1 个分区的其他分区上。默认情况下，系统自动将日志文件的路径设置在第 2 个分区上。如果该路径在存储介质中不存在，则请使用 **info-center logfile directory** *dir-name* 命令手工调整日志文件的路径，以免日志文件丢失。

2. 文件系统的挂载/卸载

支持热插拔的 CF 卡和 U 盘可以在用户视图下使用 **mount** *filesystem* 和 **umount** *filesystem* 命令挂载或卸载其对应的文件系统，参数 *filesystem* 用来指定要挂载或卸载的文件系统的名称。默认情况下，存储介质连接到设备后，其文件系统自动被挂载，可以直接使用。如果系统未能自动识别插入的存储设备，则必须手动进行挂载操作后，才能对该文件系统执行读写操作。

如果需要拔出存储介质，则需要先卸载存储介质中的文件系统，否则，可能引起文件，甚至存储介质损坏，被卸载的文件系统需重新挂载才能使用。

【注意】在进行文件系统挂载和卸载时，需要注意以下事项。

① 刚插入 USB 接口的 U 盘或 CF 卡，不允许立刻拔出，需要等待 U 盘或 CF 卡被识别（即 U 盘或 CF 卡上的指示灯不再闪烁），然后使用 **umount** 命令卸载文件系统后再拔出，否则，可能会造成 USB、CF 卡接口或 U 盘、CF 卡无法使用。

② 用户对文件系统进行卸载操作时，如果同时还有其他用户在访问该文件系统，则系统会提示操作失败。

3. 文件系统格式化

在用户视图下执行 **format** *filesystem* 命令，格式化指定文件系统。格式化操作将导致文件系统上的所有文件丢失，而且不可恢复。如果文件系统中有启动配置文件，则格式化该文件系统，将丢失启动配置文件。另外，用户对文件系统执行格式化操作时，如果同时还有其他用户在访问该文件系统，则系统会提示格式化操作失败。

4. 文件系统空间恢复

由于异常操作等原因，所以文件系统的某些空间可能不可用，这种情况可以在用户视图下通过 **fixdisk** *filesystem* 命令来恢复指定文件系统的空间。但当用户对文件系统执行修复操作时，如果同时还有其他用户在访问该文件系统，则系统会提示操作失败。

3.1.4 文件夹操作

与 PC 中的文件夹操作类似，设备中的文件夹操作包括查看文件夹中的文件和目录、创建或删除文件夹、重命名文件夹、移动文件夹、复制文件夹等。文件夹操作命令见表 3-1，可使用表 3-1 中的用户视图命令来进行相应的文件夹操作。**其中的文件名、文件夹名包括对应的绝对路径或相对路径。**

表 3-1　文件夹操作命令

命令	说明
dir [**/all**] [*file-url* | **/all-filesystems**] 例如，<Sysname> **dir /all-filesystems**	查看指定文件系统中的文件夹或文件信息。 • **/all**：可选项，指定查看当前目录下所有的子文件夹及文件信息，显示内容包括隐藏文件、隐藏子文件夹，以及回收站中原属于该目录下文件的信息。**回收站里的文件会以方括号“[ ]”标识。** • *file-url*：二选一可选参数，查看指定文件或文件夹的信息。本参数支持通配符“*”进行匹配，例如 **dir** *.txt 可以查看当前目录下所有以 txt 为扩展名的文件。 • **/all-filesystems**：二选一可选项，指定查看设备上所有存储介质根目录下的文件及文件夹信息。 当不带任何选项和参数执行本命令时，显示当前目录下所有可见文件及文件夹的信息
pwd 例如，<Sysname> **pwd**	显示当前的工作路径
cd { *directory* | **..** } 例如，<Sysname> **cd** test	修改当前的工作路径。 • *directory*：二选一参数，指定要进入的目录。 • **..**：返回上一级目录。如果当前的工作路径是根目录，或不存在上一级目录，则执行 **cd** ..后提示出错
mkdir *directory* 例如，<Sysname>**mkdir** test/abc	在当前存储介质的指定路径下创建指定文件夹，参数 *directory* 用来指定所创建的文件夹的路径。 如果创建的文件夹与指定路径下的其他文件夹重名，则创建操作失败
rename { *source-file* | *source-directory* } { *dest-file* | *dest-directory* } 例如，<Sysname> **rename** lab/ test/	重命名指定文件或文件夹。 • *source-file* | *source-directory*：指定源文件或文件夹名。 • *dest-file* | *dest-directory*：指定目标文件或文件夹名。 如果目标文件、文件夹与当前路径下已经存在的文件、文件夹重名（**不区分大小写**），则不执行该操作
rmdir *directory* 例如，<Sysname>**rmdir** test/	删除指定文件夹（包括路径）。**使用本命令删除的文件夹必须为空**，否则，将无法进行删除；另外，执行本命令后，在回收中的原来属于该文件夹的文件也会被自动删除
tar create [**gz**] **archive-file** *dest-file* [**verbose**] **source** { *source-file* | *source-directory* } &<1-5> 例如，<Sysname> **tar create gz archive-file** b.tar.gz **source** test	将多个文件、文件夹打包成一个新文件，**原文件夹仍然在**。该功能可用于文件夹的备份，也可用于文件夹的整理，使文件夹变得简洁。用户可选择直接打包保存或者打包后压缩保存，如果选择打包后压缩保存，则还可以节省存储空间。 • **gz**：可选项，表示打包后再使用 gzip 格式压缩该打包文件。不指定该参数时，表示只打包，不压缩。 • **archive-file** *dest-file*：打包后生成的新文件的名称。当不指定 **gz** 可选项时，新文件名后缀必须为“.tar”；当指定 **gz** 可选项时，新文件名后缀必须为“.tar.gz”。 • **verbose**：可选项，表示在打包过程中逐个显示已经打包的文件和文件夹的名称。如果不指定该参数，则不会显示。 • **source** { *source-file* | *source-directory* } &<1-5>：指定**当前目录**下需要打包的源文件（选择 *source-file* 参数时）或文件夹（选择 *source-directory* 参数时）列表。如果包括文件夹，则表示打包该文件夹下的所有文件和子文件夹。&<1-5>表示前面的参数最多可以输入 5 次

续表

命令	说明
tar list archive-file *file* 例如，<Sysname> **tar list archive-file** a.tar	显示指定打包文件中包含的文件和文件夹的名称。参数 **archive-file** *file* 用来指定需要显示的打包文件的名称，后缀为.tar 或.tar.gz
tar extract archive- file *file* **[verbose] [screen** | **to** *directory* **]** 例如，<Sysname> **tar extract archive-file** a.tar	解包指定文件。解包是打包的逆向操作，是将打包文件还原成原文件或文件夹。解包文件保存时会自动覆盖目标路径中已存在的同名文件、文件夹。 • **archive-file** *file*：指定需要解包文件的名称，后缀为.tar 或.tar.gz。 • **verbose**：可选项，在命令行执行过程中，显示解包文件中包含的所有文件、文件夹的名称。 • **screen**：二选一可选项，不解包，仅将解包文件中包含的原文件的内容输出至登录终端。 • **to** *directory*：二选一可选参数，解包至目标路径。不指定 **screen** 可选项和本可选参数时，目标路径为用户的当前路径

3.1.5　文件操作

文件操作命令见表 3-2，可使用表 3-2 中的命令（其中，**file prompt** 命令在系统视图下，其他命令在用户视图下）执行相应的文件操作。**其中的文件名、文件夹名包括对应的绝对路径或相对路径。**

表 3-2　文件操作命令

命令	说明
dir [**/all**] [*file* | *directory* | **/all-filesystems**] 例如，<Sysname> **dir /all**	显示文件夹或文件信息，参见表 3-1
more *file* 例如，<Sysname> **more** test.txt	显示文件的内容。参数 *file* 用来指定要显示的文件名。目前，文件系统只支持显示文本文件的内容。显示一屏后会显示“---- More ----”，并会暂停显示。按<Enter>键将接着显示下一行信息；按<Space>键将接着显示下一屏信息；按<Ctrl+C>或其他任意键将退出显示
非 FIPS 模式下： **copy** *source-file* { *dest-file* | *dest-directory* } [**vpn-instance** *vpn-instance-name*] [**source interface** *interface-type interface-number*] FIPS 模式下： **copy** *source-file* { *dest*-file | *dest-directory* } 例如，<Sysname> **copy** test.cfg testbackup.cfg	复制文件。FIPS 模式下，不支持远程复制功能。如果目标文件名与已经存在的文件重名，则操作成功后原有同名文件将被覆盖。 • *source-file*：在非 FIPS 模式下，为源文件名或者远程源文件 URL；在 FIPS 模式下，为源文件名。如果为 URL，则表示从远程文件服务器复制文件。 • *dest-file*：二选一参数，在非 FIPS 模式下，为目标文件名或远程目标文件 URL；在 FIPS 模式下，为目标文件名。如果为 URL，则表示复制文件至远程的目标文件。 • *dest-directory*：二选一参数，在非 FIPS 模式下，为目标文件夹或远程目录 URL；在 FIPS 模式下，为目标文件夹。如果为 URL，则表示复制文件至远程的目标文件夹，此时目标文件名与源文件名相同。 • **vpn-instance** *vpn-instance-name*：可选参数，指定远程服务器所属的 VPN 实例。如果不指定本参数，则表示远程服务器位于公网中

续表

命令	说明
非 FIPS 模式下： **copy** *source-file* { *dest-file* | *dest-directory* } [**vpn-instance** *vpn-instance-name*] [**source interface** *interface-type interface-number*] FIPS 模式下： **copy** *source-file* { *dest-*file | *dest-directory* } 例如，<Sysname> **copy** test.cfg testbackup.cfg	• **source interface** *interface-type interface-number*：可选参数，指定连接远程服务器时使用的源接口。指定源接口后，设备将使用源接口的主 IP 作为设备生成的连接报文的源 IP。如果不指定该参数，则使用路由出接口作为源接口。 当进行远程复制时，支持 FTP、TFTP 和 HTTP。FTP、TFTP 和 HTTP 支持的 URL 格式见表 3-3，使用 FTP、TFTP 进行文件传输的配置方法将分别在 3.2 节和 3.3 节介绍。 【注意】当服务器为 IPv6 地址时，必须用中括号"[ ]"将 IPv6 地址括起来，以便将 IPv6 地址和端口号区分开，因为 IPv6 地址和端口号均使用了冒号（:）。例如 ftp://test:test@[2001::1]:21/test.cfg。其中，2001::1 为 FTP 服务器的 IPv6 地址，21 为 FTP 的端口号
move *source-file* { *dest-file* | *dest-directory* } 例如，<Sysname> **move** test/sample.txt 1.txt	移动文件。如果目标文件名与已经存在的文件重名，操作成功后，原有同名文件将被覆盖。 • *source-file*：指定源文件名。 • *dest-file*：二选一参数，指定目标文件名。 • *dest-directory*：二选一参数，指定目标文件夹，此时目标文件名与源文件名相同
delete [**/unreserved**] *file-url* 例如，<Sysname> **delete** 1.cfg	删除文件。 • **/unreserved**：可选项，指定彻底删除该文件，被彻底删除的文件将不能被恢复。**不指定该可选项时，被删除的文件存放在回收站中**，可以使用 **undelete** 命令恢复。在同一个目录下，如果先后删除了两个名称相同的文件，则回收站中只保留最后一次删除的文件。不同目录下，如果先后删除了名称相同的文件，则回收站中会保留这些删除的文件。 • *file-url*：指定要删除的文件名，支持通配符"*"，例如 **delete** *.txt 可以删除当前目录下所有以 txt 为扩展名的文件
undelete *file-url* 例如，<Sysname>**undelete** copy.cfg	恢复未被彻底删除（即存放在回收站里）的文件。如果恢复的文件名与当前存在的文件重名，则系统将提示操作者是否覆盖原有文件
reset recycle-bin [**/force**] 例如，<Sysname> **reset recycle-bin**	清除回收站中的文件。如果指定**/force** 可选项，则表示直接清空回收站，不需要用户对清空操作进行确认；如果不指定该可选项，则在执行回收站清除操作时，系统将对每个即将清除的文件进行确认
gzip *file* 例如，<Sysname> **gzip** system.bin	压缩指定的文件。压缩文件名的后缀为.gz，并删除原文件
gunzip *file* 例如，<Sysname> **gunzip** system.bin.gz	解压缩指定的文件。压缩文件名的后缀为.gz，并替换当前目录下同名文件
file prompt { **alert** | **quiet** } 例如，[Sysname] **file prompt alert**	设置操作文件时是否提示。 • **alert**：二选一选项，指定用户对文件进行有危险性的操作时，系统会要求用户进行交互确认。 • **quiet**：二选一选项，指定用户对文件进行任何操作，系统均不要求用户进行确认。该方式可能会导致一些因误操作而发生的、不可恢复的、对系统造成破坏的情况产生

表 3-3　FTP、TFTP 和 HTTP 支持的 URL 格式

协议类型	URL 格式	说明
FTP	ftp://FTP 用户名[:密码]@服务器 IP 地址[:端口号]/文件路径	用户名和密码必须与 FTP 服务器上的配置一致。例如 ftp://winda:123456@192.1681.1.1/startup.cfg，表示 IPv4 地址为 192.168.1.1 的 FTP 服务器授权目录下的 startup.cfg 文件，用户名为 winda，密码为 123456。 如果 FTP 服务器只对用户名进行认证，则不需要输入密码
TFTP	tftp://服务器 IP 地址[:端口号]/文件路径	tftp://192.168.1.1/startup.cfg，表示 IPv4 地址为 192.168.1.1 的 TFTP 服务器工作目录下的 startup.cfg 文件。利用 TFTP 进行文件传输不需要进行认证
HTTP	http://HTTP 用户名[:密码]@服务器 IP 地址[:端口号]/文件路径	用户名和密码必须和 HTTP 服务器上的配置一致。例如 http://winda:123456@192.168.1.1/startup.cfg，表示 IPv4 地址为 192.168.1.1 的 HTTP 服务器授权目录下的 startup.cfg 文件，登录用户名为 winda，密码为 123456。如果 HTTP 服务器只对用户名进行认证，则不需要输入密码；如果 HTTP 服务器不需要认证，则 URL 中不需要输入用户名和密码。例如 http://192.168.1.1/startup.cfg，表示 IPv4 地址为 192.168.1.1 的 HTTP 服务器工作目录下的 startup.cfg 文件

3.2　通过 FTP 进行文件传输

在系统程序升级和配置文件备份、恢复中都需要进行文件传输，通常采用 FTP 和 TFTP 这两种文件传输协议，本节先介绍如何通过 FTP 实现文件传输的方法。

3.2.1　FTP 简介

FTP 是应用层协议，通过传输层 TCP 20 和 TCP 21 两个端口分别建立控制连接和数据连接，在 FTP 服务器和 FTP 客户端之间传输文件。

1. FTP 文件传输模式

FTP 支持以下两种文件传输模式。

① 二进制模式：用于传输程序文件（例如后缀名为“.app”“.bin”和“.btm”的文件）。

② ASCII 码模式：用于传输文本格式的文件（例如后缀名为“.txt”“.bat”和“.cfg”的文件）。

当设备作为 FTP 客户端时，用户可通过命令行修改传输模式，默认为二进制模式；当设备作为 FTP 服务器时，使用的传输模式由 FTP 客户端决定。

2. FTP 工作方式

FTP 客户端和 FTP 服务器之间在进行文件传输前需要建立控制连接和数据连接两种连接，且数据连接建立在控制连接的基础之上。FTP 工作方式是针对由哪一端发起数据连接进行区分的，具体说明如下。

① 主动方式（PORT）：建立数据连接时，**由 FTP 服务器发起连接请求**，当 FTP 客户端处于防火墙后面时，不适用（例如 FTP 客户端处于内网中）。这是因为位于内网中的防火墙通常会阻止来自外网主动发起的连接。

② 被动方式（PASV）：建立数据连接时**由 FTP 客户端发起连接请求**，当 FTP 服务器限制客户端连接其高位端口（一般情况下大于 1024）时，不适用。这是因为发起 FTP 数据连接 FTP 客户端使用的是大于 1024 号的 TCP 端口。

H3C 设备既可以作为 FTP 服务器，也可以作为 FTP 客户端，**但通过 FTP 进行的文件传输操作只能在 FTP 客户端进行**，可执行的命令在成功建立 FTP 连接后输入？命令查看。在建立 FTP 连接前，请确保 FTP 服务器与 FTP 客户端之间路由可达，否则，连接建立失败。

3.2.2 配置设备作为 FTP 服务器

设备作为 FTP 服务器时，主要的配置任务包括：在设备上配置建立 FTP 服务连接的 IP 地址、用户认证和授权、开启 FTP 服务器功能。其他配置可根据实际需要再选择具体的配置。

设备作为 FTP 服务器时，对 FTP 客户端的 AAA 认证有以下两种方式。

① 本地认证：以本地设备作为认证服务器，在本地设备上验证 FTP 客户端的用户名和密码是否合法。

② 远程认证：是指本地设备将用户输入的用户名/密码发送给远端的认证服务器，由认证服务器来验证用户名/密码是否匹配。

设备作为 FTP 服务器时，对 FTP 客户端的 AAA 授权有以下两种方式。

① 本地授权：由本地设备给 FTP 客户端授权，指定 FTP 客户端可以使用本地设备上的某个路径。

② 远程授权：由远程服务器给 FTP 客户端授权，指定 FTP 客户端可以使用设备上的某个路径。

有关 AAA 认证和授权的配置方法参见即将出版的配套图书《H3C 交换机学习指南（下册）》。设备作为 FTP 服务器的基本配置步骤见表 3-4。

表 3-4 设备作为 FTP 服务器的基本配置步骤

步骤	命令	说明
1	**system-view**	进入系统视图
2	**ftp server enable** 例如，[Sysname] **ftp server enable**	启动 FTP 服务器功能。 默认情况下，FTP 服务器功能处于关闭状态
3	**interface** *interface-id* 例如，[Sysname] **interface** vlan-interface10	进入建立 FTP 连接的接口，通常是管理以太网接口，或者管理 VLAN 接口，也可使用其他三层模式接口
4	**ip address** *ip-address* { *mask-length* | *mask* } 例如，[Sysname-Vlan-interface10] **ip address** 192.168.1.10 24 **ipv6 address** *ipv6-address/prefix-length* 例如，[Sysname-Vlan-interface10] **ipv6 address** 2001::1/64	为以上接口配置 IPv4 或 IPv6 地址（可以是全球单播 IPv6 地址，也可以是链路本地地址、唯一本地地址，但链路两端的 IPv6 地址的类型必须相同），用于与 FTP 客户端建立 FTP 连接

续表

步骤	命令	说明
5	**ftp server dscp** *dscp-value* 例如，[Sysname] **ftp server dscp** 10 **ftp server ipv6 dscp** *dscp-value* 例如，[Sysname] **ftp server ipv6 dscp** 10	（可选）配置 FTP 服务器发送的 IPv4 或 IPv6 报文的 DSCP 优先级，取值为 0～63。 默认情况下，FTP 服务器发送的 IPv4 或 IPv6 报文的 DSCP 优先级为 0
6	**ftp server acl** { *ipv4-acl-number* | **ipv6** *ipv6-acl-number* } 例如，[Sysname] **ftp server acl** 2001	（可选）使用 IPv4 ACL 或 IPv6 ACL 限制允许访问 FTP 服务器的 FTP 客户端。参数的 *ipv4-acl-number*、*ipv6-acl-number* 用来指定 ACL 编号，取值为 2000～2999（基本 ACL）或 3000～3999（高级 ACL）。 如果多次使用该命令配置 FTP 服务与 ACL 关联，FTP 服务将只与最后一次配置的 ACL 生效。 默认情况下，没有使用 ACL 限制 FTP 客户端
7	**ftp timeout** *minutes* 例如，[Sysname] **ftp timeout** 10	（可选）设置 FTP 连接自动断开前的空闲时间，取值为 1～35791，单位为分钟。如果在连接空闲时间内，FTP 服务器和 FTP 客户端没有消息交互，则断开它们之间的连接。 默认情况下，连接空闲时间为 30 分钟
8	**aaa session-limit ftp** *max-sessions* 例如，[Sysname] **aaa session-limit ftp** 4	（可选）配置使用 FTP 方式同时登录设备的在线最大用户连接数，取值为 1～32。配置本命令后，已经在线的用户连接不会受到影响，只对新的用户连接生效。如果当前在线的用户连接数已经达到最大值，则新的连接请求会被拒绝，登录会失败。 默认情况下，最大用户连接数为 32

FTP 服务器功能配置好后，可在任意视图下执行以下 **display** 命令，查看 FTP 服务器的配置和运行情况，执行 **free ftp** 用户视图命令中止非法连接。

① **display ftp-server**：查看当前 FTP 服务器的配置和运行情况。

② **display ftp-user**：查看当前 FTP 登录用户的详细情况。

③ **free ftp user** *username*：强制断开指定用户建立的 FTP 连接。

④ **free ftp user-ip [ipv6]** *client-address* **[port** *port-num* **]**：强制断开与指定 IP 地址的 FTP 客户端之间的 FTP 连接。

3.2.3　设备作为 FTP 服务器配置示例

设备作为 FTP 服务器配置示例的拓扑结构如图 3-1 所示，PC 主机担当 FTP 客户端，与担当 FTP 服务器的交换机 SW 的 Vlan-Interface1 直接连接。首先，在 SW 上创建 FTP 用户 winda 和 test1 文件夹，指定 winda 用户的主目录为 Flash:/test1，并授予 network-admin 用户角色（FTP 用户默认为 network-operator）。这是因为要上传和下载文件必须具备管理员权限。然后，在 FTP 客户端把一个文件上传到作为 FTP 服务器的 SW 上用户 winda 主目录 Flash:/test1 下，同时把主目录 Flash:/test1 下的另一个文件下载到 FTP 客户端，以验证 FTP 的文件上传/下载功能。

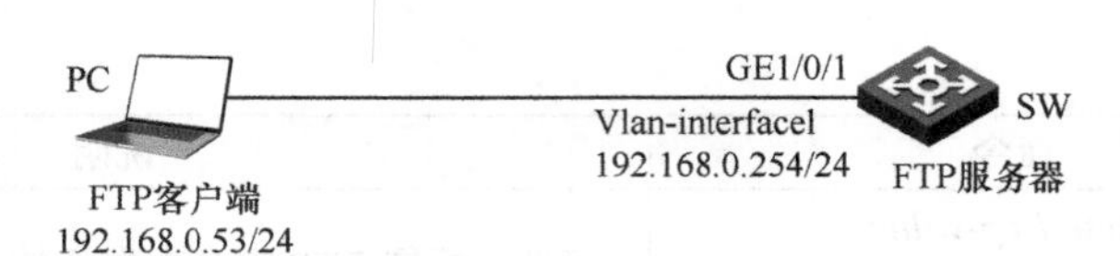

图 3-1　设备作为 FTP 服务器配置示例的拓扑结构

1. 基本配置思路分析

本实验采用本地认证和授权方式，对 FTP 客户端进行认证和授权，因此，除了要配置 FTP 服务器基本功能，还要配置本地认证和授权，具体说明如下。

① 配置 FTP 服务器基本功能，包括与 FTP 客户端建立 FTP 连接的接口 IP 地址、使能 FTP 服务器功能。

② 配置 FTP 服务器对客户端的本地认证和授权，包括创建 FTP 用户账户，指定用户主目录和本地认证方式，并授予 **network-admin** 用户角色，使 FTP 用户具有上传、下载文件权限。

③ 在 FTP 客户端上建立与 FTP 服务器的 FTP 连接，验证它们之间的文件上传和下载功能。

2. 具体配置步骤

（1）配置 FTP 服务器基本功能

按照图 3-1 所示配置 PC 主机 IP 地址和 SW 上 Vlan-interface IP 地址。SW 上 Vlan-interface IP 地址及使能 FTP 服务器功能的配置方法如下。

```
<H3C>system-view
[H3C] ftp server enable #---使能 FTP 服务器功能
[H3C]interface vlan-interface1
[H3C-vlan-interface1]ip address 192.168.0.254 24
[H3C-vlan-interface1]quit
```

（2）配置 FTP 服务器对 FTP 客户端的认证和授权

在 Flash:根目录下创建 test1 文件夹。创建名为 winda 的管理类本地用户账户，密码为明文的 123456，服务类型为 FTP，授权用户角色为 network-admin，主目录为 Flash:/test1，具体配置如下。

```
<H3C> mkdir test1   #---在 Flash:根目录下创建文件夹 test1
<H3C>system-view
[H3C] local-user winda class manage #---创建名为 winda 的管理类本地用户账户
[H3C-luser-manage-winda] password simple 123456   #---指定 winda 用户，密码为明文的 123456
[H3C-luser-manage-winda] service-type ftp   #---指定 winda 用户支持 FTP 服务
[H3C-luser-manage-winda] authorization-attribute user-role network-admin work-directory Flash:/test1 #---给 winda 用户授权 network-admin 用户角色，主目录为 Flash:/test1
[H3C-luser-manage-winda] save
```

在 SW 上创建 test1 文件夹后，首先，复制一些文件到该文件夹中，用于后面 FTP 文件下载操作验证。例如在用户视图下执行 **copy startup.cfg test1** 命令，把 Flash:根目录下的 startup.cfg 文件以不改变文件名方式复制到 test1 文件夹中。然后，执行 **cd test1** 命令，进入 test1 目录下，执行 **dir** 命令，即可看到刚刚复制的 startup.cfg 文件。从复制 startup.cfg 文件到 test1 目录的操作如图 3-2 所示。

3. 配置结果验证

以上配置好后，就可以在 FTP 客户端与 FTP 服务器之间建立 FTP 连接了。

```
<H3C>copy startup.cfg test1
Copy flash:/startup.cfg to flash:/test1/startup.cfg? [Y/N]:y
Copying file flash:/startup.cfg to flash:/test1/startup.cfg... Done.
<H3C>cd test1
<H3C>dir
Directory of flash:/test1
   0 -rw-       6549 May 31 2024 17:05:40   startup.cfg

1046512 KB total (1046288 KB free)

<H3C>
```

图 3-2　从复制 startup.cfg 文件到 test1 目录的操作

在担当 FTP 客户端的 PC 主机命令行界面下执行 **ftp** 192.168.0.254（为 FTP 服务器 IP 地址）命令，连接 FTP 服务器，按照提示内容正确输入前面配置的 winda 用户账户和密码 123456 后，即可成功登录到 SW 上。FTP 连接建立界面如图 3-3 所示。

FTP 连接建立好后，可在 SW 上执行 **display ftp-user** 命令，查看当前登录的 FTP 用户，在 SW 上执行 **display ftp-user** 命令的输出如图 3-4 所示。从图 3-4 中可以看出，当前用户与前面配置的 FTP 用户名及对应 PC 主机的 IP 地址是一致的。

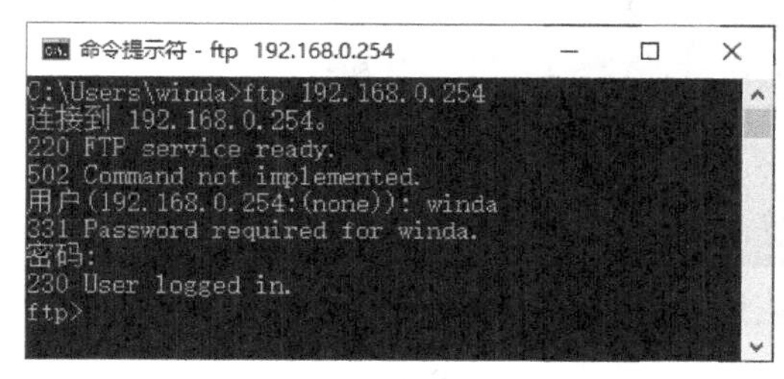

图 3-3　FTP 连接建立界面

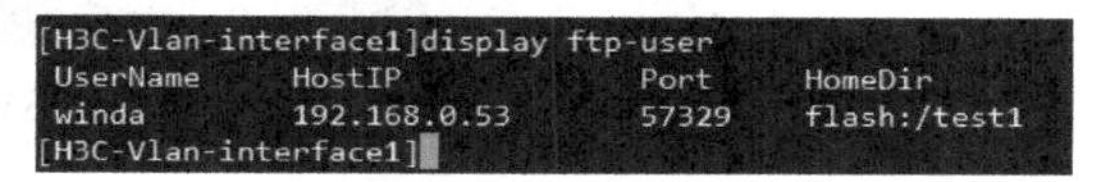

图 3-4　在 SW 上执行 **display ftp-user** 命令的输出

此时，就可以在 FTP 客户端上传和下载与 FTP 服务器之间的文件了。文件上传和下载操作都只能在 FTP 客户端进行。

文件上传是指从 FTP 客户端把文件上传到 FTP 服务器上。使用的命令是 **put** *source-file* [*destination-file*]。参数 *source-file* 是 FTP 客户端要上传到 FTP 服务器的源文件（包括路径和文件名）。可选参数 *destination-file* 是文件上传到 FTP 服务器后保存的目标文件（仅需要指定文件名，路径是 FTP 用户的主目录）。如果上传的文件采取与源文件同名的方式保存在 FTP 用户的主目录下，则可不带 *destination-file* 参数。

此处可以把 FTP 客户端 C 盘根目录下上传 acssetup.log 文件到 FTP 用户 winda 主目录 test1 下（文件名不变）为例进行介绍。首先，在 FTP 客户端执行 **put** c:/acssetup.log 命令，上传成功后有提示，从 FTP 客户端上传 acssetup.log 文件到 FTP 服务器的操作示例如图 3-5 所示。然后，在 SW 的 test1 目录下执行 **dir** 命令（或者在 Flash:根目录下执行 **dir** test1/命令），即可看到刚刚从 FTP 客户端上传的 acssetup.log 文件。在 FTP 服务器 SW 上看到刚上传的文件如图 3-6 所示。

文件下载是指从 FTP 服务器上把文件下载到 FTP 客户端，使用的命令是 **get** *source-file* [*destination-file*]。参数 *source-file* 是指要从 FTP 服务器上下载的源文件（仅需要指定文件名，路径是 FTP 用户的主目录），可选参数 *destination-file* 是指从 FTP 服务器被下载的文件在 FTP 客户端保存的目标文件（包括路径和文件名）。如果保存的目标文件名与源文件名一样，且是保存在 FTP 客户端执行 **get** 命令的用户主目录下，则可不指定 *destination-file* 参数。

```
命令提示符 - ftp 192.168.0.254
Microsoft Windows [版本 10.0.19045.4412]
(c) Microsoft Corporation。保留所有权利。

C:\Users\winda>ftp 192.168.0.254
连接到 192.168.0.254。
220 FTP service ready.
502 Command not implemented.
用户(192.168.0.254:(none)): winda
331 Password required for winda.
密码:
230 User logged in.
ftp> put c:/acssetup.log
200 PORT command successful
150 Connecting to port 51152
226 File successfully transferred
ftp: 发送 1114 字节，用时 0.01秒 79.57千字节/秒。
ftp>
```

图 3-5　从 FTP 客户端上传 acssetup.log 文件到 FTP 服务器的操作示例

```
#
---- More ----%May 31 17:17:17:120 2024 H3C FTP/6/AUTH: User N/A@192.168.0.53 f
or connection.
%May 31 17:17:22:482 2024 H3C FTP/6/AUTH: User winda@192.168.0.53 login.
%May 31 17:18:13:563 2024 H3C FTP/5/OPER: User winda@192.168.0.53 uploaded flas
h:/test1/acssetup.log.
interface GigabitEthernet1/0/39
<H3C>cd test1
<H3C>dir
Directory of flash:/test1
   0 -rw-        1082 May 31 2024 17:18:13   acssetup.log
   1 -rw-        6549 May 31 2024 17:05:40   startup.cfg

1046512 KB total (1046284 KB free)

<H3C>
```

图 3-6　在 FTP 服务器 SW 上看到刚上传的文件

现在再把 SW test1 目录下的 startup.cfg 文件下载到 FTP 客户端主机上，并以 licbackup.cfg 文件名保存在 FTP 客户端用户主目录（本示例中，在 FTP 客户端操作的也是名为 winda 的用户，对应的主目录参见图 3-3 和图 3-5）下。执行 **get** startup.cfg licbackup.cfg 命令，即可把 FTP 用户 winda 主目录 test1 下的 startup.cfg 文件重命名为 licbackup.cfg，并将其下载到客户端用户主目录下，下载成功也有提示。从 FTP 服务器上下载 startup.cfg 文件到 FTP 客户端的操作示例如图 3-7 所示。需要注意的是，首先必须确保 FTP 客户端用户在对应目录下有写入数据的权限。

文件传输完成后，要断开 FTP 连接，只需在 FTP 客户端上执行 **bye** 命令即可。

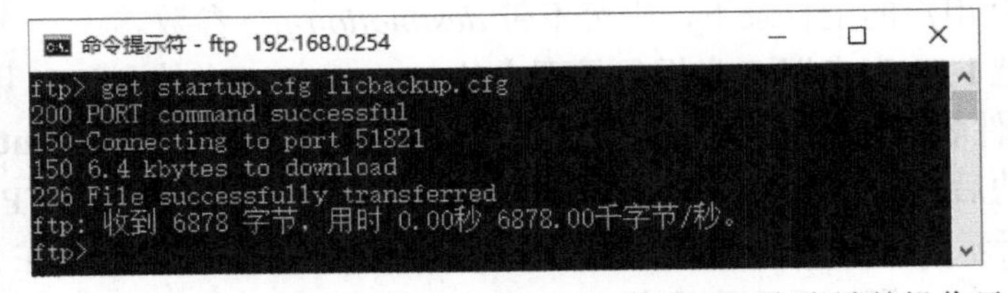

图 3-7　从 FTP 服务器上下载 startup.cfg 文件到 FTP 客户端的操作示例

3.2.4　配置设备作为 FTP 客户端

H3C 设备默认可以作为 FTP 客户端进行 FTP 文件上传/下载操作，另可选配置与 FTP 服务器建立 FTP 连接的源接口或 IP 地址。FTP 客户端配置及 FTP 连接建立操作见表 3-5。成功登录 FTP 服务器后，FTP 客户端对 FTP 服务器的操作命令见表 3-6。需要注意的是，FTP 客户端可以操作的目录和文件仅限对应 FTP 用户主目录下的文件或子目录。

表 3-5　FTP 客户端配置及 FTP 连接建立操作

步骤	命令	说明
1	**system-view**	进入系统视图
2	IPv4 网络： **ftp client source** { **interface** *interface-type interface-number* | **ip** *source-ip-address* } 例如，[Sysname] **ftp client source** 192.168.1.10 IPv6 网络： **ftp client ipv6 source** { **interface** *interface-type interface-number* | **ipv6** *source-ipv6-address* } 例如，[Sysname] **ftp client ipv6 source ipv6** 2000::1	（可选）配置 FTP 客户端的源接口或源 IP 地址。 • **interface** *interface-type interface-number*：二选一参数，设置 FTP 传输使用的源接口。此接口下配置的主 IPv4 地址或 IPv6 地址即为发送报文的源地址。 • **ip** *source-ip-address*、**ipv6** source-ipv6-address：二选一参数，设置当前 FTP 客户端发送报文所使用的源 IPv4 或 IPv6 地址。 本命令指定的源地址对所有的 FTP 传输有效，本表第 4 步中的 **ftp** 命令指定的源地址只对当前的 FTP 传输有效。如果使用本命令指定了源地址后，又在 **ftp** 命令中指定了源地址，则采用 **ftp** 命令中指定的源地址进行通信。 如果多次执行本命令，则最新一次执行的命令生效。 默认情况下，未配置源地址，在 IPv4 网络中，使用路由出接口的主 IPv4 地址作为设备发送 FTP 报文的源 IP 地址；在 IPv6 网络中，设备自动选择 IPv6 FTP 报文的源 IPv6 地址
3	**quit**	退回用户视图
4	**ipv4** 网络： **ftp** [*ftp-server* [*service-port*] [**vpn-instance** *vpn-instance-*name] [**dscp** *dscp-value* | **source** { **interface** *interface-type interface-number* | **ip** *source-*ip-*address* } | **-d**] *] 例如，<Sysname> **ftp** 192.168.1.211 **source ip** 192.168.1.10 **ipv6** 网络： **ftp ipv6** [*ftp-server* [*service-port*] [v**pn-instance** *vpn-instance-name*] [**dscp** *dscp-value* | **source** { **interface** *interface-type interface-number* | **ipv6** *source-ipv6-address* } | **-d**] * [**-i** *interface-type interface-number*]] 例如，<Sysname> **ftp ipv6** 2000::154	（二选一）在用户视图下登录远程 FTP 服务器，并进入 FTP 客户端视图。 • *ftp-server*：可选参数，指定 FTP 服务器的主机名或 IP 地址（IPv4/IPv6 地址）。其中，主机名为 1～253 个字符的字符串，**不区分大小写**，字符串仅可包含字母、数字、"-" "_" 或 "."。 • *service-port*：可选参数，指定 FTP 服务器的 TCP 端口号，取值为 0～65535，默认值为 21。 • **vpn-instance** *vpn-instance-name*：可选参数，指定 FTP 服务器所属的 VPN。如果未指定本参数，则表示 FTP 服务器位于公网中。该参数的支持情况与设备型号有关。 • **dscp** *dscp-value*：可多选参数，指定设备发送的 FTP 报文中携带的 DSCP 优先级的取值，其取值为 0～63，默认值为 0。 • **source** { **interface** *interface-type interface-number* | **ip** *source-ip-address* }：可多选参数，指定建立 FTP 连接时使用的源接口或源 IPv4 地址。 • **source** { **ipv6** *source-ipv6-address* | **interface** *interface-type interface-number* }：可多选参数，指定建立 IPv6 FTP 连接时使用的源接口或源 IPv6 地址。 • **-d**：可选项，指定打开 FTP 客户端的调试信息开关。 • **-i** *interface-type interface-number*：可选参数，指定当前 FTP 连接所使用的出接口。此参数主要用于 FTP 服务器的地址是 IPv6 链路本地地址的情况，而且指定的出接口必须具有链路本地地址。 **如果不指定以上任何选项和参数，则仅进入 FTP 客户端视图，不登录 FTP 服务器**，否则，系统会提示用户输入登录 FTP 服务器的用户名和密码，输入正确后登录成功，并进入 FTP 客户端视图；否则，登录失败

续表

步骤	命令	说明
4	**open** *server-address* [*service-port*] 例如，[ftp] **open** 192.168.1.211，具体操作示例如下： <Sysname> ftp ftp> open 192.168.40.7 Press CTRL+C to abort. Connected to 192.168.40.7 (192.168.40.7). 220 FTP service ready. User (192.168.40.7:(none)): root 331 Password required for root. Password: 230 User logged in. Remote system type is H3C. ftp>	（二选一）从 FTP 客户端视图登录 FTP 服务器。首先，在用户视图下直接执行 **ftp** 或 **ftp ipv6** 命令后进入 FTP 客户端视图，然后，执行本命令与 FTP 服务器建立连接。 • *server-address*：指定 FTP 服务器的 IPv4 或 IPv6 地址，或主机名。 • *service-port*：可选参数远端设备提供 FTP 服务的 TCP 端口号，取值为 0～65535，默认值为 21。 【说明】登录时，系统会提示用户输入登录用户名和密码，输入正确，则登录成功；否则，登录失败。如果当前已经登录到 FTP 服务器，则不能直接使用 **open** 命令连接到其他服务器，需要中断与当前服务器的连接后再重新连接

表 3-6　FTP 客户端对 FTP 服务器的操作命令

命令	说明
help [*command-name*] 或 **?** [*command-name*] 例如，ftp> **help**	显示命令或命令的帮助信息。可选参数 *command-name* 用来指定要查询的命令的名称。不指定本参数时，表示查询 FTP 视图下所有可用的命令及对应的帮助信息
dir [*remotefile* [*localfile*]] 或 **ls** [*remotefile* [*localfile*]] 例如，ftp> **ls** a.txt s.txt	查看 FTP 服务器上的目录/文件的详细信息。 • *remotefile*：指定待查看的远程 FTP 服务器上的目录或文件名。 • *localfile*：可选参数，用来将 FTP 服务器上目录或文件的详细信息保存在本地以本参数命名的文件中
pwd 例如，ftp> **pwd**	显示当前用户正在访问的 FTP 服务器上的路径
cd { *directory* | .. | / } 例如，ftp> **cd** logfile	切换 FTP 服务器上的工作路径。 • *directory*：多选一参数，指定目标工作目录。如果指定的工作目录不存在，则保持当前工作目录不变。 • **..**：多选一选项，返回上一级目录，功能与 **cdup** 命令类似。如果当前工作目录已经是 FTP 根目录，则保持当前工作目录不变。 • /：多选一选项，返回 FTP 根目录
cdup 例如，ftp> **cdup**	退出 FTP 服务器的当前目录，返回 FTP 服务器的上一级目录。如果当前工作目录已经是 FTP 根目录，则保持当前工作目录不变
mkdir *directory* 例如，ftp> **mkdir** test	在 FTP 服务器上用户主目录下创建子目录
rmdir *directory* 例如，ftp> **rmdir** test	删除 FTP 服务器用户主目录下指定的子目录
lcd [*directory* | /] 例如，ftp> **lcd** /Flash:/logfile	显示或切换 FTP 客户端本地的工作路径。 • *directory*：二选一参数，将 FTP 客户端本地的工作目录切换到指定目录。需要注意的是，存储介质名前面必须带“/”，形如“/Flash:/logfile”。 • /：二选一选项，表示本设备的根目录。该参数用来将 FTP 客户端本地的工作目录切换到本设备的根目录，仅当 FTP 用户主目录为存储介质根目录时可执行

续表

命令	说明
delete *remotefile* 例如，ftp> **delete** test.txt	彻底删除远程FTP服务器上的指定文件
rename [*oldfilename* [*newfilename*]] 例如，ftp> **rename** a.txt b.txt	重命名指定文件，不指定原文件（*oldfilename*）和新文件（*newfilename*）可选参数时，以交互方式执行本命令
put *localfile* [*remotefile*] 例如，ftp> **put** Flash:/test/a.txt b.txt	上传本地文件到远程FTP服务器上。 • *localfile*：指定待上传的本地文件名。如果要上传的文件是在当前工作目录下，则只须指定文件名，否则，要指定文件的绝对路径。 • *remotefile*：可选参数，指定文件上传到FTP服务器保存时的文件名。如果指定本参数，则系统默认此文件名与本地文件名相同
get *remotefile* [*localfile*] 例如，ftp> **get** a.txt slot1#Flash:/c.txt	下载FTP服务器上的文件。 • *remotefile*：指定需要从FTP服务器上下载的文件的文件名称。 • *localfile*：可选参数，指定将文件下载到本地保存时使用的文件名。当不指定本参数时，将使用下载的文件的名称作为在本地保存的文件名。如果下载的文件要保存在当前工作目录下，则只须指定文件名，否则，要指定文件保存的绝对路径
append *localfile* [*remotefile*] 例如，ftp> **append** a.txt b.txt	在原文件的内容后面追加新文件的内容。 • *localfile*：指定待追加的本地文件名称。 • *remotefile*：可选参数，指定将被追加内容的FTP服务器文件名称。不指定本可选参数时，将被添加内容的文件的名称与本地文件名称设置相同
user *username* [*password*] 例如，ftp> **user** dage hello12345	在现有FTP连接上用新的用户名（*username*）和密码（*password*）重新发起FTP认证。该命令通常用于以下两种情况。 • 用户登录FTP服务器失败，在FTP连接超时前，使用该命令重新登录当前访问的FTP服务器。 • 用户已成功登录FTP服务器，使用该命令以其他用户身份重新登录当前访问的FTP服务器
disconnect 或 **close** 例如，ftp> disconnect	断开与FTP服务器的连接，并留在FTP客户端视图
bye 或 **quit** 例如，ftp>**bye**	断开与FTP服务器的连接，并退回到用户视图
display ftp client source 例如，<Sysname> **display ftp client source**	显示设备作为FTP客户端时的源IP地址配置
ascii 例如，ftp> **ascii**	设置FTP文件传输的模式为ASCII模式，用于传输文本文件
binary 例如，ftp> **binary**	设置FTP文件传输的模式为二进制模式（也称为流模式），用于传输非文本文件。默认为二进制模式
passive 例如，ftp> **passive**	切换FTP数据传输的主动或被动方式。 重复执行该命令，可以将FTP数据传输方式设置为主动方式或者被动方式。默认情况下，数据传输的方式为被动方式

3.3 通过 TFTP 进行文件传输

与 FTP 一样，TFTP 采用的是 C/S 工作模式，也可用于在服务器与客户端之间进行文件传输。但它与 FTP 不一样，TFTP 是基于 UDP 进行文件传输的。与基于 TCP 的 FTP 比较，TFTP 不需要在进行数据传输前，在客户端和服务器之间建立专门的连接，也不需要认证，没有复杂的报文交互，部署简单，适用于客户端和服务器均很可靠的网络环境。

H3C 设备既可以作为 TFTP 客户端，也可以作为 TFTP 服务器。

3.3.1 配置设备作为 TFTP 服务器

因为 TFTP 客户端与 TFTP 服务器之间不需要建立专门的 TFTP 连接，不需要任何用户认证配置，所以设备作为 TFTP 服务器的配置很简单，通常只需在设备上启用 TFTP 服务器功能即可，还可选配置 TFTP 服务器的工作目录。设备作为 TFTP 服务器的配置步骤见表 3-7，但不是所有机型设备都支持作为 TFTP 服务器，具体参见对应产品手册。

表 3-7 设备作为 TFTP 服务器的配置步骤

步骤	命令	说明
1	**system-view**	进入系统视图
2	**tftp server enable** 例如，[Sysname] **tftp server enable**	开启 TFTP 服务器功能。 默认情况下，TFTP 服务器功能处于关闭状态
3	**tftp server work-directory** *directory* 例如，[Sysname] **tftp server work-directory** Flash:/tftp	（可选）配置 TFTP 服务器工作目录。该目录必须以绝对路径指定为 1～255 个字符的字符串，**不区分大小写**，且该目录必须已经存在，**且只能在主设备或全局主用主控板上**。配置 TFTP 服务器的工作路径，TFTP 用户登录设备后，可以读、写该路径及其子文件夹下的文件。 默认情况下，TFTP 服务器的工作目录为默认文件系统的根目录

3.3.2 配置设备作为 TFTP 客户端

当配置设备作为 TFTP 客户端时，可以把设备上的文件上传到 TFTP 服务器，还可以从 TFTP 服务器下载文件到设备。设备作为 TFTP 客户端的配置步骤见表 3-8。

表 3-8 设备作为 TFTP 客户端的配置步骤

步骤	命令	说明
1	**system-view**	进入系统视图
2	IPv4 网络： **tftp-server acl** *acl-number* IPv6 网络： **tftp-server ipv6 acl** *ipv6-acl-number* 例如，[Sysname] **tftp-server ipv6 acl** 2001	（可选）使用 IPv4 或 IPv6 网络基本 ACL 限制设备可访问哪些 TFTP 服务器。参数 *acl-number*、*ipv6-acl-number* 用来指定使用的 *ipv6-acl-number* 基本 ACL 的编号，其取值为 2000～2999，**只能是基本 ACL。** 默认情况下，没有使用 ACL 限制 TFTP 服务器

续表

步骤	命令	说明
3	IPv4 网络： **tftp client source** { **interface** *interface-type interface-number* | **ip** *source-ip-address* } 例如，[Sysname] **tftp client source ip** 192.168.1.10 IPv6 网络： **tftp client ipv6 source** { **interface** *interface-type interface-number* | **ipv6** *source-ipv6-address* } 例如，[Sysname] **tftp client ipv6 source ipv6** 2000::1	（可选）配置 TFTP 客户端的源接口或者源 IP 地址。 • **interface** *interface-type interface-number*：二选一参数，设置 TFTP 传输使用的源接口。源接口下配置的主 IP 地址即为发送报文的源地址。 • **ip** *source-ip-address*、**ipv6** *source-ipv6-address*：二选一参数，设置当前 TFTP 客户端发送报文所使用的源 IPv4 或 IPv6 地址。 默认情况下，没有配置源地址，在 IPv4 网络中，使用路由出接口的主 IP 地址作为设备发送 TFTP 报文的源 IP 地址；在 IPv6 网络中，设备自动选择 IPv6 TFTP 报文的源 IPv6 地址
4	**quit**	退回用户视图
5	IPv4 网络： **tftp** *tftp-server* { **get** | **put** | **sget** } *source-filename* [*destination-filename*] [**vpn-instance** *vpn-instance-name*] [**dscp** *dscp-value* | **source** { **interface** *interface-type interface-number* | **ip** *source-ip-address* }] * 例如，<Sysname> **tftp** 192.168.1.211 **get** newest.bin startup.bin IPv6 网络： **tftp ipv6** *tftp-server* **[-i** *interface-type interface-number* **] { get | put | sget }** *source-filename* **[** *destination-filename* **]** **[dscp** *dscp-value* | **source { interface** *interface-type interface-number* | **ipv6** *source-ipv6-address* **}] *** 例如，<Sysname> **tftp ipv6** 2001::1 **get** new.bin new.bin	通过 TFTP 上传/下载文件。 • *server-address*：指定 TFTP 服务器的 IPv4 或 IPv6 地址，或主机名。 • **get**：多选一选项，指定采用普通下载文件操作。执行该操作时，设备直接将文件保存到存储介质中。如果下载前存储介质中已有同名文件，则先删除存储介质中的已有文件，再下载。如果下载失败，则导致原来文件被删除，且不可恢复，因此，这种操作不安全。 • **put**：多选一选项，表示上传文件操作。 • **sget**：多选一选项，表示采用安全下载文件操作。执行该操作时，设备会先将文件保存到内存，保存成功后，再复制到存储介质中，并删除内存中的文件，比 get 方式更安全。 • *source-filename*：指定传输的源文件名，为 1～255 个字符的字符串，**不区分大小写**。 • *destination-filename*：可选参数，指定传输的目标文件名，为 1～255 个字符的字符串，**不区分大小写**。如果不指定本参数，则使用源文件名作为目标文件名，文件路径为用户执行 **tftp** 命令时的当前工作路径。 • *vpn-instance-name*：可选参数，指定 TFTP 服务器所属的 VPN。如果不指定该参数，则表示 TFTP 服务器位于公网中。 • *dscp-value*：可多选参数，指定设备发送的 TFTP 报文中携带的 DSCP 优先级的取值，取值为 0～63，默认值为 0。 • **source** { **interface** *interface-type interface-number* | **ip** *source-ip-address* }：可多选参数，指定发送 TFTP 报文的源接口或源 IPv4 地址。如果不指定该参数，则使用路由出接口的主 IPv4 地址作为发送的 TFTP 报文的源 IP 地址。 • **source** { **interface** *interface-type interface-number* | **ipv6** *source-ipv6-address* }：可多选参数，指定发送的 TFTP 报文的源 IPv6 地址。不指定该参数时，设备自动选择报文的源 IPv6 地址。 • **-i** *interface-type interface-number*：可选参数，指定出接口。如果指定的 TFTP 服务器的地址是 IPv6 链路本地地址，则必须指定出接口，而且该出接口必须具有链路本地地址

3.3.3 设备作为 TFTP 客户端的配置示例

设备作为 TFTP 客户端配置示例的拓扑结构如图 3-8 所示，TFTP 服务器是运行 3CDaemon TFTP 服务器软件的 PC 主机，与作为 TFTP 客户端的交换机 SW 通过 Vlan-Interface1 直接相连。在作为 TFTP 服务器的 PC 主机上设置上传和下载的主目录，然后把担当 TFTP 客户端的 SW 上的一个文件上传到担当 TFTP 服务器的 PC 主机上，同时把 PC 主机上的一个文件下载到 SW 上。

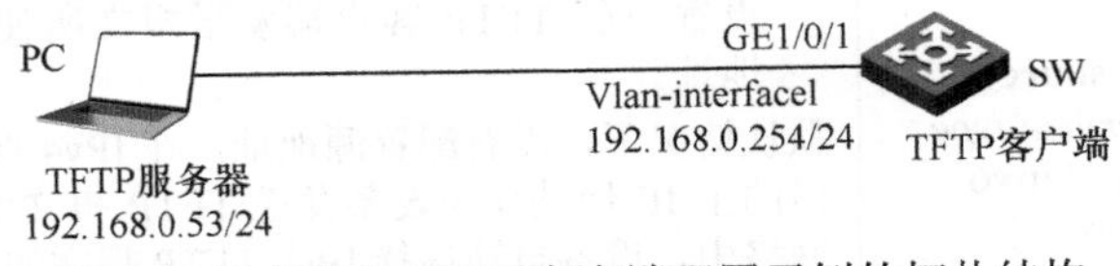

图 3-8 设备作为 TFTP 客户端配置示例的拓扑结构

1. 基本配置思路分析

TFTP 的文件上传/下载操作都是在 TFTP 客户端上进行的。设备作为 TFTP 客户端时，不需要特别配置，只须执行相关的文件上传或者下载操作命令即可。

2. 具体配置步骤

① 在 SW 上配置 Vlan-interface1 IP 地址及 PC 主机的 IP 地址。

PC 主机 IP 地址为 192.168.0.53/24，具体配置方法略。SW 上 Vlan-interface1 IP 地址为 192.168.0.254/24，具体配置如下（默认情况下，交换机上各以太网接口均加入 VLAN1，因此，不需要配置接口加入 VLAN1）。

```
<H3C>system-view
[H3C]interface vlan-interface1
[H3C-vlan-interface1]ip address 192.168.0.254 24
[H3C-vlan-interface1]quit
```

② 在 PC 上运行 TFTP 服务器软件 3CDaemon，配置主目录。

在 PC 主机上打开 3CDaemon 软件，然后在主界面左边导航栏中选择“TFTP 服务器”，在右边界面中会显示 TFTP 服务器正在监听 TFTP 客户端的请求。3CDaemon 软件的 TFTP 服务器主界面如图 3-9 所示。单击图 3-9 左边框中的“设置 TFTP 服务器”按钮，在打开的对话框中选择“TFTP 设置”选项卡，配置好上传或者下载目录（在此假设为 D 盘的 TFTP 目录），其他参数保持默认设置。3CDaemon 软件的“TFTP 设置”选项卡设置如图 3-10 所示。单击图 3-10 中“确定”按钮保存配置。

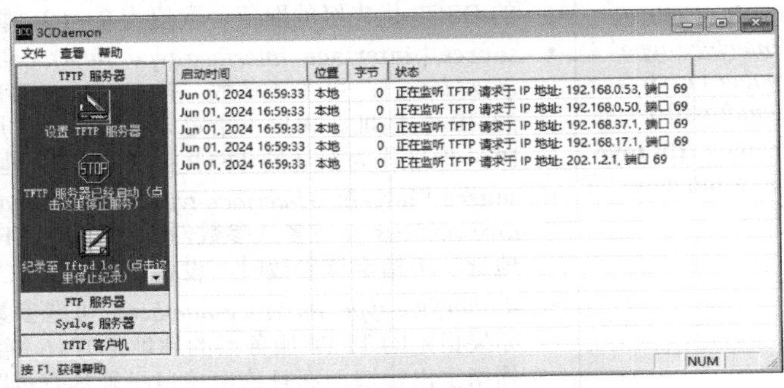

图 3-9 3CDaemon 软件的 TFTP 服务器主界面

3CDaemon 设置

普通设置　TFTP 设置　FTP 用户　Syslog 设置

引入文件请求时创建目录名?

允许覆盖现有文件?

上传/下载目录:　D:\TFTP\

每数据包超时秒数(2-15):　10

最大重试次数(5-20):　10

内部结构传输间隔(0-1500):　500

3CDaemon　确定　取消　应用(A)

图 3-10　3CDaemon 软件的“TFTP 设置”选项卡设置

在担当 TFTP 客户端的 SW 交换机用户视图下执行 **tftp** 192.168.0.53 **put** startup.cfg backstartup.cfg 命令，把交换机当前文件系统根目录下的 startup.cfg 文件以 backstartup.cfg 文件名上传到 TFTP 服务器主目录 d:/tftp 下。上传进度到了 100%后，即表示文件上传已完成，从 SW 成功上传文件到 TFTP 服务器的操作示例如图 3-11 所示。

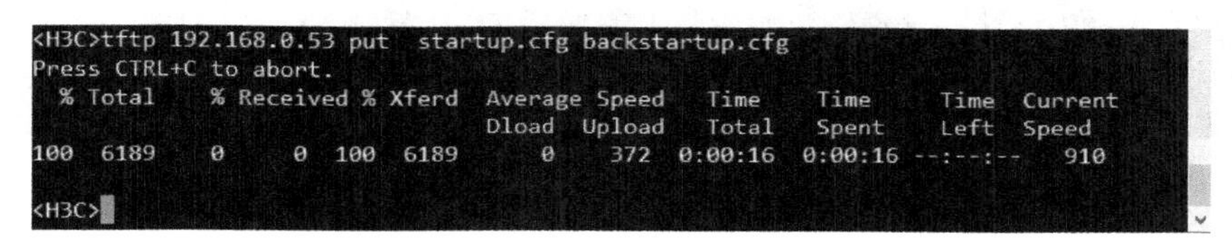

```
<H3C>tftp 192.168.0.53 put  startup.cfg backstartup.cfg
Press CTRL+C to abort.
  % Total    % Received % Xferd  Average Speed   Time    Time     Time  Current
                                 Dload  Upload   Total   Spent    Left  Speed
100  6189    0     0  100  6189      0    372  0:00:16  0:00:16 --:--:--   910

<H3C>
```

图 3-11　从 SW 成功上传文件到 TFTP 服务器的操作示例

为了验证从 TFTP 服务器下载文件前后，TFTP 客户端 SW 交换机上文件的变化，在没有进行文件下载前，首先在 SW 根目录下执行 **dir** 命令，查看当前根目录下所有文件和目录。TFTP 文件下载前，在 SW 根目录上执行 **dir** 命令查看到的文件和目录如图 3-12 所示。在 SW 上执行 **tftp** 192.168.0.53 **get** install.ini 命令，把担当 TFTP 服务器的 PC 主机 TFTP 主目录 d:/tftp 下的 install.ini 文件，以相同文件名下载到 SW 交换机上当前文件系统的根目录下。文件下载成功后，在 SW 上执行 **dir** 命令，查看根目录下当前的所有文件和目录，会发现多了一个名为 install.ini 的文件，TFTP 文件下载后，在 SW 根目录上执行 **dir** 命令查看到的文件和目录如图 3-13 所示。这个文件就是刚才从 TFTP 服务器上下载的文件，再次证明上述文件下载操作是成功的。

```
<H3C>dir
Directory of flash:
   0 drw-           - Jun 01 2024 16:24:22   diagfile
   1 -rw-         655 Jun 01 2024 16:34:46   hcllslist
   2 -rw-        1578 Jun 01 2024 17:12:17   ifindex.dat
   3 -rw-       21632 Jun 01 2024 16:24:22   licbackup
   4 drw-           - Jun 01 2024 16:24:22   license
   5 -rw-       21632 Jun 01 2024 16:24:22   licnormal
   6 drw-           - Jun 01 2024 16:24:22   logfile
   7 -rw-           0 Jun 01 2024 16:24:22   s5820v2_5830v2-cmw710-boot-a7514.bin
   8 -rw-           0 Jun 01 2024 16:24:22   s5820v2_5830v2-cmw710-system-a7514.bin
   9 drw-           - Jun 01 2024 16:24:22   seclog
  10 -rw-        6189 Jun 01 2024 17:12:17   startup.cfg
  11 -rw-      113676 Jun 01 2024 17:12:17   startup.mdb

1046512 KB total (1046300 KB free)
```

图 3-12　TFTP 文件下载前，在 SW 根目录上执行 **dir** 命令查看到的文件和目录

```
<H3C>tftp 192.168.0.53 get install.ini
Press CTRL+C to abort.
  % Total    % Received % Xferd  Average Speed   Time    Time     Time  Current
                                 Dload  Upload   Total   Spent    Left  Speed
100   843  100   843    0     0    821      0  0:00:01  0:00:01 --:--:--   834
Writing file...Done.

<H3C>dir
Directory of flash:
   0 drw-           - Jun 01 2024 16:24:22   diagfile
   1 -rw-         655 Jun 01 2024 16:34:46   hcllslist
   2 -rw-        1578 Jun 01 2024 17:12:17   ifindex.dat
   3 -rw-         843 Jun 01 2024 17:16:17   install.ini
   4 -rw-       21632 Jun 01 2024 16:24:22   licbackup
   5 drw-           - Jun 01 2024 16:24:22   license
   6 -rw-       21632 Jun 01 2024 16:24:22   licnormal
   7 drw-           - Jun 01 2024 16:24:22   logfile
   8 -rw-           0 Jun 01 2024 16:24:22   s5820v2_5830v2-cmw710-boot-a7514.bin
   9 -rw-           0 Jun 01 2024 16:24:22   s5820v2_5830v2-cmw710-system-a7514.bin
  10 drw-           - Jun 01 2024 16:24:22   seclog
  11 -rw-        6189 Jun 01 2024 17:12:17   startup.cfg
  12 -rw-      113676 Jun 01 2024 17:12:17   startup.mdb

1046512 KB total (1046296 KB free)

<H3C>
```

图 3-13　TFTP 文件下载后，在 SW 根目录上执行 **dir** 命令查看到的文件和目录

3.4 设备管理

通过设备管理功能，用户能够查看设备当前的工作状态，配置设备运行的相关参数，实现对设备的日常维护和管理。目前，基本设备管理主要可以分为配置设备的基本参数、配置设备的安全参数、调整设备的能力、监控设备、设备维护和定时执行任务配置示例 6 个方面。

3.4.1 配置设备的基本参数

配置设备的基本参数主要包括配置设备名称、配置系统时间和用户登录时显示的欢迎信息，以及开启版权信息显示功能。为了节省篇幅，不经常使用的欢迎信息配置方法在此不再介绍。

1. 配置设备名称

设备名称是设备的标识，在系统内部，设备名称对应于命令行接口的提示符，如果默认的设备名称为 Sysname，则用户视图的提示符为<Sysname>。

可在系统视图下通过 **sysname** *sysname* 命令修改设备名称，参数 *sysname* 用来指定设备名称，为 1～64 个字符的字符串，**区分大小写**。一般为设备起一个具有一定含义的名称，例如名称中带有位置信息，这样便于设备的定位和管理。

2. 配置系统时间

为了保证与其他设备协调工作，更好地监控和维护设备，需要确保设备的系统时间是准确的。这方面很多用户不是很在意，设备买回来后，直接配置其他功能，时间仍是系统出厂时间，结果设备在运行过程中，经常出现一些意想不到的问题，例如各种连接建立不了，总是找不到原因。其实就是因为网络中设备的时间，甚至时区设置不统一，而在一些通信连接建立（例如各种基于 TCP 的应用连接建立）时，通信双方是需要进行报文交互的，而这时报文中的时间戳就很重要，如果不是同一时间，甚至连时区都不一致，就不能建立连接。

设备可以通过以下方式获取系统时间。

① 命令行配置：用户通过命令配置系统当前时间，然后设备使用内部晶体振荡器产生的时钟信号继续计时。

② 网络时钟同步：设备周期性的同步网络时间协议（Network Time Protocol，NTP）/精确网络时间协议（Precise Time Protocol，PTP）服务器的协调世界时（Universal Time Coordinated，UTC），然后用同步得到的 UTC 和设备上配置的本地时区、夏令时参数进行运算，得出当前的系统时间。从网络时钟源获取的时间比命令行配置的时间更精准，推荐使用这种方式。

在采用网络时钟同步方式获取时间时，如果设备系统时间主要涉及时区及可选的夏令时，则这些都会影响最终当前时间的计算。系统时间的配置步骤见表 3-9。

表 3-9　系统时间的配置步骤

步骤	命令	说明
1	**system-view**	进入系统视图
2	**clock protocol** { **none** | **ntp** } 例如，[Sysname]**clock protocol none**	配置系统时间的获取方式。 • **none**：二选一选项，表示通过命令行配置系统时间。 • **ntp**：二选一选项，表示通过 NTP 获取时间。 多次执行本命令，最后一次执行的命令生效。默认情况下，通过 NTP 获取时间
3	**quit**	退出系统视图，返回用户视图
4	**clock datetime** *time date* 例如，<Sysname> **clock datetime** 8:10 2025/2/1	（可选）配置设备的系统时间，**仅当采用命令行配置系统时间方式时，需要进行本步骤配置**。 • *time*：设置的时间，格式为 *HH:MM:SS*（小时:分钟:秒），*HH* 取值为 0～23，*MM* 和 *SS* 取值为 0～59。如果要设置成整分，则可以不输入秒；如果要设置成整点，则可以不输入分和秒。例如将 *time* 参数设置为 0，表示零点。 • *date*：设置的日期，格式为 *MM/DD/YYYY*（月/日/年）或者

续表

步骤	命令	说明
4	**clock datetime** *time date* 例如，<Sysname> **clock datetime** 8:10 2025/2/1	*YYYY*/*MM*/*DD*（年/月/日），*MM* 的取值为 1～12，*DD* 的取值范围与月份有关，*YYYY* 的取值为 2000～2035。 本命令中指定的时间会立即生效，作为当前的系统时间。多次执行 **clock protocol** 命令，最后一次执行的命令生效。**设备断电重启后，该命令会恢复到默认情况，需要重新配置**。默认情况下，设备的系统时间为 UTC 时间 2011 年 1 月 1 日零点
5	**clock timezone** *zone-name* { **add** | **minus** } *zone-offset* 例如，[Sysname]**clock timezone** BJ **add** 8	（可选）配置系统所在的时区。 • *zone-name*：指定时区名称，为 1～32 个字符的字符串，**区分大小写**。 • **add**：二选一选项，指定在 UTC 的基础上增加参数 *zone-offset* 指定的时间。我国的北京时间是在 UTC 时间基础上加 8 个小时。 • **minus**：二选一选项，指定在 UTC 时间的基础上减少参数 *zone-offset* 指定的时间。 • *zone-offset*：指定与 UTC 的时间差，格式为 *HH*:*MM*:*SS*，*HH* 的取值为 0～23，*MM* 和 *SS* 的取值为 0～59，如果要设置成整分，则可以不输入秒；如果要设置成整点，则可以不输入分和秒。 配置时，需将网络中所有设备的时区和当地地理时区保持一致。修改时区后，设备会自动重新计算当前的系统时间，计算后得到的系统时间可通过 **display clock** 命令查看。 默认情况下，系统所在的时区为零时区，即采用 UTC 标准时间
6	**clock summer-time** *name start-time start-date end-time end-date add-time* 例如，[Sysname] **clock summer-time** PDT 23:59 06/01 23:59 010/01 1	（可选）配置夏令时。 • *name*：指定所配置的夏令时的名称，为 1～32 个字符的字符串，**区分大小写**。 • *start-time*、*end-time*：指定开始或结束采用夏令时的时间，格式为 *HH*:*MM*:*SS*，其他说明参见本表第 3 步的 *time* 参数介绍。 • *start-date*、*end-date*：指定开始或结束采用夏令时的日期，有以下两种输入方式。 　➢ 直接一次性输入月和日，参数格式为 *MM*/*DD*，*MM* 的取值为 1～12，*DD* 的取值范围与月份有关。 　➢ 分次输入月、日，各参数之间以<空格>键隔开。首先，输入开始的月份，取值为：**January**（1 月）、**February**（2 月）、**March**（3 月）、**April**（4 月）、**May**（5 月）、**June**（6 月）、**July**（7 月）、**August**（8 月）、**September**（9 月）、**October**（10 月）、**November**（11 月）或 **December**（12 月）；然后，输入开始的星期，用当月的第几个星期表示，取值为：**first**（1）、**second**（2）、**third**（3）、**fourth**（4）、**fifth**（5）或 **last**（最后）；最后，输入起始日，取值为：**Sunday**（周日）、**Monday**（周一）、**Tuesday**（周二）、**Wednesday**（周三）、**Thursday**（周四）、**Friday**（周五）或 **Saturday**（周六）。 • *add-time*：指定夏令时与正常制式的偏移时间，格式为 *HH*:*MM*:*SS*，其他说明参见本表第 3 步的 *time* 参数介绍。 请将所有网络设备的夏令时和当地夏令时保持一致。默认情况下，未配置夏令时

配置好系统时间后，可在任意视图下执行 **display clock** 命令查看系统当前的时间、日期、本地时区及夏令时配置。

3. 使能版权信息显示功能

可在系统视图下通过 **copyright-info enable** 命令使能版权信息显示功能。这样，使用 telnet 或 SSH 方式登录设备时会显示版权信息，使用 Console 方式登录设备再退出用户视图时，由于设备会自动再次登录，所以也会显示版权信息，其他情况不显示版权信息。默认情况下，版权信息显示功能处于开启状态，具体显示如下。

```
******************************************************************************
* Copyright (c) 2004-2024 New H3C Technologies Co., Ltd. All rights reserved.*
* Without the owner's prior written consent,                                 *
* no decompiling or reverse-engineering shall be allowed.                    *
******************************************************************************
```

3.4.2　配置设备的安全参数

设备的安全参数主要包括配置密码恢复功能和关闭 USB 接口。

1. 配置密码恢复功能

现在由于密码使用的场景太多了，长期不用的话，很容易忘记。例如我们大部分采用更便捷的 telnet 方式通过网络登录设备，这样一来，可能会因为长时间不使用 Console 登录而忘记了 Console 登录的认证密码。因此，H3C 设备可以使用 BootWare 菜单恢复 Console 的登录密码。

可在系统视图下执行 **password-recovery enable** 命令使能密码恢复功能。默认情况下，密码恢复功能处于使能状态。使能密码恢复功能后，**当用户忘记 Console 认证密码或者登录认证失败，导致无法使用 Console 登录设备时**，可通过 Console 连接设备，硬件重启设备，并在启动过程中，根据提示按<Ctrl+B>进入 BootWare 菜单，再选择对应的 BootWare 菜单选项来修复这个问题。

在非安全环境，建议关闭密码恢复功能，使设备处于一个安全性更高的状态。当忘记 Console 登录密码时，只能通过 BootWare 菜单选择**将设备恢复为出厂配置之后方可继续操作**，这样可以有效防止非法用户获取启动配置文件。

2. 关闭 USB 接口

有些 H3C 设备自带 USB 接口，用户可通过 USB 接口进行文件的上传和下载，因此，存在一定的安全隐患。此时，可根据需要在系统视图下执行 **usb disable** 命令关闭 USB 接口。**但在配置该功能前，请先使用 umount 命令卸载所有 USB 分区，否则，命令执行失败**。默认状态下，USB 接口处于开启状态。

3.4.3　调整设备的能力

在调整设备的能力方面，主要涉及配置设备的工作模式和配置端口状态检测定时器两个方面。

1. 配置设备的工作模式

设备支持多种类型的工作模式，不同工作模式下支持的 MAC 地址表、路由表容量不同。但不同机型的设备所支持的工作模式可能不一样。S5850 系列交换机支持的工作

模式见表3-10，通过**switch-mode { 0 | 1 | 2 | 3 }**命令配置支持表3-10所示的4种工作模式；而S6850系列交换机可在系统视图下通过**system-working-mode { advance | standard }**命令配置支持standard（标准）和advance（高级）两种工作模式；S10500系列交换机可在系统视图下通过**system-working-mode { advance | expert | standard }**命令配置支持standard、advance和expert（专家）3种工作模式。

表3-10 S5850系列交换机支持的工作模式

设备工作模式	工作模式特点	推荐应用环境
0	同时对MAC地址表、ARP表和路由表进行扩展，提供了更均衡的二层及三层报文转发功能	推荐应用于MAC地址表、ARP表和路由表比较均衡的网络环境
1	对MAC表进行扩展，具有强大的二层报文转发功能	推荐应用于MAC地址表庞大的网络环境
2	同时对MAC地址表和路由表进行扩展，提供了强大的二层及三层报文转发功能	推荐应用于MAC地址表和路由表都很庞大的网络环境
3	对IPv4及IPv6路由表进行扩展，具有强大的三层路由功能	推荐应用于IPv4或IPv6路由表庞大的网络环境

需要说明的是，要使修改的工作模式生效，必须重启设备。

2. 配置端口状态检测定时器

像生成树协议（Spanning Tree Protocol，STP）、设备链路检测协议（Device Link Detection Protocol，DLDP）等协议模块，在特定情况下会自动关闭（称为“管理关闭”）某个端口。而用户又希望在一定时间后，这些被管理关闭的端口又能自动恢复正常状态。此时，可以在系统视图下通过**shutdown-interval** *time*命令配置一个端口状态检测定时器，其取值为0～300，单位为秒，过了设定时间，这些被管理关闭的端口又会自动恢复正常。当其取值为0时，表示不进行定时检测。默认情况下，端口状态检测定时器的时长为30秒。

3.4.4 监控设备

监控设备包括监控CPU利用率、配置内存告警门限、监控资源剩余情况、配置温度告警门限、配置硬件故障修复和保护功能、软硬件表项一致性检查错误通知功能。

1. 监控CPU利用率

CPU是设备的核心部件，主要担负各种计算（例如各种协议路由计算）和各种协议报文处理工作，特别是对于一些广播类型报文（例如ARP请求报文）的处理。这时如果协议报文太多，就会严重消耗设备CPU的资源，导致设备对报文的处理性能下降。此时需要采取一些措施对这些协议报文进行限速（可通过QoS实现），同时还有必要对一些关键设备（例如汇聚层和核心层设备）的CPU利用率进行监控，以便管理员能及时掌握设备的CPU利用率。

监控CPU利用率的配置步骤见表3-11，该表对于怀疑是因为CPU过载引起的网络性能下降，而设备的性能下降，或者怀疑协议报文（特别是ARP广播报文）流量过大时特别有用。这是因为在配置好监控CPU利用率的功能后，如果设备的CPU过载，就会收到对应的日志消息。

表 3-11　监控 CPU 利用率的配置步骤

步骤	命令	说明
1	**system-view**	进入系统视图
2	• 集中式设备： **monitor cpu-usage enable** • 分布式设备——独立运行模式/集中式 IRF 设备： **monitor cpu-usage enable** [**slot** *slot-number* [**cpu** *cpu-number*]] • 分布式设备——IRF 模式： **monitor cpu-usage enable** [**chassis** *chassis-number* **slot** *slot-number* [**cpu** *cpu-number*]] 例如，[Sysname] **monitor cpu-usage enable**	开启 CPU 利用率历史记录功能。 • **slot** *slot-number*：可选参数，不同机型，或不同应用场景的含义不同。对于分布式设备——独立运行模式表示单板所在的槽位号，不指定时表示主用主控板；对于集中式 IRF（不支持 IRF3）的设备，表示设备在 IRF 中的成员编号，不指定时表示主设备；对于集中式 IRF（支持 IRF3）的设备，表示设备在 IRF 中的成员编号，或者 PEX 的虚拟槽位号，不指定时，表示主设备。 • **chassis** *chassis-number* **slot** *slot-number*：可选参数，**仅适用于分布式设备**。对于分布式设备——IRF 模式（不支持 IRF3）的设备，表示指定成员设备上的指定单板，*chassis-number* 表示设备在 IRF 中的成员编号，*slot-number* 表示单板所在的槽位号，全不指定时，表示全局主用主控板。对于分布式设备——IRF 模式（支持 IRF3）的设备，表示指定单板/PEX，*chassis-number* 表示设备在 IRF 中的成员编号，或者 PEX 对应的虚拟框号，*slot-number* 表示单板/PEX 所在的槽位号，全不指定该参数时，表示全局主用主控板。 • **cpu** *cpu-number*：可选参数，表示 CPU 的编号。不指定本参数时，表示主设备或全局主用主控板上的 CPU。 默认情况下，CPU 使用率历史记录功能处于开启状态
3	• 集中式设备： **monitor cpu-usage interval** *interval-value* • 分布式设备——独立运行模式/集中式 IRF 设备： **monitor cpu-usage interval** *interval-value* [**slot** *slot-number* [**cpu** *cpu-number*]] • 分布式设备——IRF 模式： **monitor cpu-usage interval** *interval-value* [**chassis** *chassis-number* **slot** *slot-number* [**cpu** *cpu-number*]] 例如，[Sysname] **monitor cpu-usage interval** 5Sec	配置 CPU 利用率历史记录的采样周期，取值只能是 5 sec（秒）、1 min（分钟）或者 5 min，**不区分大小写**。输入该参数时，请完整输入，否则，系统会提示参数错误。其他参数说明参见本表第 2 步。 开启 CPU 利用率历史记录功能后，系统会每隔一定时间对 CPU 的利用率进行采样，并把采样结果保存到历史记录区。 默认情况下，CPU 使用率历史记录采样周期为 1 分钟
4	• 集中式设备： **monitor cpu-usage threshold** *severe-threshold* **minor-threshold** *minor-threshold* **recovery-threshold** *recovery-threshold* • 分布式设备——独立运行模式/集中式 IRF 设备： **monitor cpu-usage threshold** *severe-threshold* **minor-threshold** *minor-*	配置 CPU 利用率阈值。 • *severe-threshold*：设置 CPU 利用率高级别告警门限，取值为 2～100，单位为百分比。 • **minor-threshold** *minor-threshold*：设置 CPU 利用率低级别告警门限，取值为 1～“severe- threshold 的配置值减 1”，单位为百分比

续表

步骤	命令	说明
4	*threshold* **recovery-threshold** *recovery-threshold* [**slot** *slot-number* [**cpu** *cpu-number*]] • 分布式设备——IRF 模式： **monitor** cpu-**usage threshold** severe-threshold **minor-threshold** *minor-threshold* **recovery-threshold** *recovery-threshold* [**chassis** *chassis-number* **slot** slot-number [**cpu** *cpu-number*]] 例如，[Sysname] **monitor cpu-usage threshold** 90 **minor-threshold** 80 **recovery-threshold** 70	• **recovery-threshold** *recovery-threshold*：设置 CPU 利用率恢复门限，取值为 0～“*minor-threshold* 的配置值减 1”，单位为百分比。 其他参数说明参见本表第 2 步。 默认情况下，CPU 利用率高级别告警门限为 99%，CPU 利用率低级别告警门限为 80%，CPU 利用率恢复门限为 60%
5	• 集中式设备： **monitor resend cpu-usage** { **minor-interval** *minor-interval* | **severe-interval** *severe-interval* } * • 分布式设备——独立运行模式/集中式 IRF 设备： **monitor resend cpu-usage** { **minor-interval** *minor-interval* | **severe-interval** *severe-interval* } * [**slot** *slot-number* [**cpu** *cpu-number*]] • 分布式设备——IRF 模式： **monitor resend cpu-usage** { **minor-interval** *minor-interval* | **severe-interval** *severe-interval* } * [**chassis** *chassis-number* **slot** *slot-number* [**cpu** *cpu-number*]] 例如，[Sysname] **monitor resend cpu-usage minor-interval** 60 **slot** 1 **cpu** 0	配置发送 CPU 告警事件的间隔。设备定期对 CPU 使用率进行采样，并将采样值与告警门限进行比较。当采样值从小于或等于变成大于某级别告警门限时，CPU 将进入该级别告警状态并生成相应的告警事件。 • **minor-interval** *minor-interval*：可多选参数，设置 CPU 低级别告警事件周期发送的间隔，取值为 10～3600，且只能是 5 的倍数，单位为秒。 • **severe-interval** *severe-interval*：可多选参数，设置 CPU 高级别告警事件周期发送的间隔，取值为 10～3600，且只能是 5 的倍数，单位为秒。 其他参数说明参见本表第 2 步。 CPU 处于低级别告警状态时，会周期发送 CPU 低级别告警事件，直到 CPU 进入高级别告警状态或者低级别告警状态解除。CPU 处于高级别告警状态时，会周期发送 CPU 高级别告警事件，直到高级别告警状态解除。使用本命令可以修改 CPU 告警事件的发送周期。 默认情况下，如果持续 300 秒超过低级别告警门限，则上报一次 CPU 低级别告警事件；如果持续 60 秒超过高级别告警门限，则上报一次 CPU 高级别告警事件
6	**monitor cpu-usage logging interval** *interval-time* 例如，[Sysname] **monitor cpu-usage logging interval** 60	（可选）开启周期性输出 CPU 利用率日志功能。参数 *interval-time* 为输出 CPU 利用率日志的周期，取值为 5～300 中 5 的整数倍，单位为秒。 默认情况下，周期性输出 CPU 利用率日志功能处于关闭状态

CPU 告警通知会同时向 NETCONF、SNMP、信息中心 3 个方向输出，通过配置 NETCONF、SNMP、信息中心功能，CPU 告警最终能以 NETCONF 事件、SNMP Trap 或 Inform 消息、日志的形式发送给用户。

配置好 CPU 利用率监控后，可在任意视图下执行 **display cpu-usage** [**summary**] [**slot** *slot-number* [**cpu** *cpu-number*]]命令显示 CPU 利用率的统计信息；执行 **display cpu-usage configuration** [**slot** *slot-number* [**cpu** *cpu-number*]]命令显示 CPU 利用率历史信息记录功能相关配置；执行 **display cpu-usage history** [**job** *job-id*] [**slot** *slot-number* [**cpu** *cpu-number*]]命令以图表方式显示 CPU 利用率的历史记录。

2. 配置内存告警门限

网络设备的内存主要用于在程序（例如系统软件）运行、数据转发时缓存数据。这是因为设备产生或接收的数据很难做到及时处理、及时转发，来不及转发的数据需要先放入缓存中进行保存（否则，这些数据就要被丢弃）、排队转发。如果内存利用率过高，就会严重影响设备的运行和数据转发性能。因此，我们也有必要对设备的内存资源使用情况进行实时监控。

内存告警门限的配置步骤见表3-12。同一级别的告警/告警解除通知是成对、交替进行的。当系统剩余空闲内存小于等于某级告警门限时，设备会产生相应级别的告警，然后仅当该告警解除了，系统剩余空闲内存再次小于等于某级告警门限时，才会再次生成该级别的告警。

表3-12 内存告警门限的配置步骤

步骤	命令	说明
1	**system-view**	进入系统视图
2	• 集中式设备： **memory-threshold usage** *memory-threshold* • 分布式设备——独立运行模式/集中式IRF设备： **memory-threshold** [**slot** *slot-number* [**cpu** *cpu-number*]] **usage** *memory-threshold* • 分布式设备——IRF模式： **memory-threshold** [**chassis** *chassis-number* **slot** *slot-number* [**cpu** *cpu-number*]] **usage** *memory-threshold* 例如，[Sysname] **memory-threshold chassis** 1 **slot** 2 **cpu** 1 **usage** 80	配置内存利用率阈值，取值为0～100。 系统每隔1分钟会对内存利用率进行采样，并会比较采样值和用户配置的内存利用率阈值。如果采样值较大，则认为内存利用率过高，设备会发送Trap报文。 默认情况下，内存利用率阈值为100%
3	• 集中式设备： **memory-threshold minor** *minor-value* **severe** *severe-value* **critical** *critical-value* **normal** *normal-value* [**early-warning** *early-warning-value* **secure** *secure-value*] • 分布式设备——独立运行模式/集中式IRF设备： **memory-threshold** [**slot** *slot-number* [**cpu** *cpu-number*]] **minor** *minor-value* **severe** *severe-value* **critical** *critical-value* **normal** *normal-value* [**early-warning** *early-warning-value* **secure** *secure-value*] • 分布式设备——IRF模式： **memory-threshold** [**chassis** *chassis-number* **slot** *slot-number* [**cpu** *cpu-number*]] **minor** *minor-value* **severe** *severe-value* **critical** *critical-value* **normal** *normal-value* [**early-warning** *early-warning-value* **secure** *secure-value*]	配置空闲内存告警的门限值。 • **minor** *minor-value*：设置一级告警门限，单位为兆字节（MB），不同型号的设备取值范围不同，但 *minor-value* 应小于等于 *normal-value*；其值为0时，则表示关闭该级门限告警功能。 • **severe** *severe-value*：设置二级告警门限，单位为兆字节（MB），不同型号的设备取值范围不同，但 *severe-value* 必须小于等于 *minor-value*；其值为0时，表示关闭该级门限告警功能。 • **critical** *critical-value*：设置三级告警门限，单位为兆字节（MB），不同型号的设备取值范围不同，但 *critical-value* 必须小于等于 *severe-value*；其值为0时，表示关闭该级门限告警功能。 • **normal** *normal-value*：设置系统内存恢复正常状态时的内存大小，单位为兆字节（MB），不同型号的设备取值范围不同，但 *normal-value* 必须小于等于实际内存大小

续表

步骤	命令	说明
3	例如，[Sysname] **memory-threshold minor** 64 **severe** 48 **critical** 32 **normal** 96	• **early-warning** *early-warning-value*：可选参数，设置预告警门限。输入该参数的值时可通过输入“?”来获取该参数的取值范围。其取值为 0 时，表示关闭该级别的告警功能。 • **secure** *secure-value*：可选参数，设置预告警恢复门限。输入该参数的值时可通过输入？来获取该参数的取值范围。 其他参数说明参见表 3-12 第 2 步。 默认情况下，一级告警门限为 96MB，二级告警门限为 64MB，三级告警门限为 48MB，系统恢复到正常的内存门限为 128MB
4	• 集中式设备： **monitor resend memory-threshold** { **critical-interval** *critical-interval* | **early-warning-interval** *early-warning-interval* | **minor-interval** *minor-interval* | **severe-interval** *severe-interval* } * • 分布式设备——独立运行模式/集中式 IRF 设备： **monitor resend memory-threshold** { **critical-interval** *critical-interval* | **early-warning-interval** *early-warning-interval* | **minor-interval** *minor-interval* | **severe-interval** *severe-interval* } * [**slot** *slot-number* [**cpu** *cpu-number*]] • 分布式设备——IRF 模式： **monitor resend memory-threshold** { **critical-interval** *critical-interval* | **early-warning-interval** *early-warning-interval* | **minor-interval** *minor-interval* | **severe-interval** *severe-interval* } * [**chassis** *chassis-number* **slot** *slot-number* [**cpu** *cpu-number*]] 例如，[Sysname] **monitor resend memory-threshold minor-interval** 12 **slot** 1 **cpu** 0	配置发送内存告警事件的时间间隔。 • **critical-interval** *critical-interval*：设置内存三级告警事件周期发送的间隔，取值为 1～48，单位为小时。 • **early-warning-interval** *early-warning-interval*：设置内存预告警事件周期发送的间隔，取值为 1～48，单位为小时。 • **minor-interval** *minor-interval*：设置内存一级告警事件周期发送的间隔，取值为 1～48，单位为小时。 • **severe-interval** *severe-interval*：设置内存二级告警事件周期发送的间隔，取值为 1～48，单位为小时。 其他参数说明参见表 3-12 第 2 步。 默认情况下，如果持续 1 小时超过预告警门限，则上报一次预告警事件通知；如果持续 12 小时超过一级告警门限，则上报一次一级告警事件通知；如果持续 3 小时超过二级告警门限，则上报一次二级告警事件通知；如果持续 1 小时超过三级告警门限，则上报一次三级告警事件通知
5	**monitor memory-usage logging interval** *interval-time* 例如，[Sysname] **monitor memory-usage logging interval** 60	（可选）开启周期性输出内存利用率日志功能。参数 *interval-time* 用来指定周期性输出内存利用率日志的时间间隔，取值为 5～300 中 5 的整数倍的数值，单位为秒。 默认情况下，周期性输出内存利用率日志功能处于关闭状态

默认情况下，与上节介绍的 CPU 利用率监控一样，系统每隔 1 分钟也会对内存利用率进行采样，并会比较采样值和用户配置的内存利用率阈值。如果采样值较大，则认为内存利用率过高，设备会发送 Trap 报文。同时，系统还可实时监控系统剩余空闲内存大小，当条件达到时，就产生相应的告警/告警解除通知，以便通知关联的业务模块/进程采取相应的措施，以便最大限度地利用内存，又能保证设备的正常运行。

3. 监控资源剩余情况

这里所说的“资源”是指系统可用的诸如各种表项、VLAN、接口等。设备可监测的资源见表 3-13。

表 3-13　设备可监测的资源

取值	含义
ac	VxLAN 服务实例资源
agg_group	聚合组资源
arp	ARP 表项资源
ecmpgroup	等价路由组资源
host	主机路由资源
ipmc	三层组播复制表资源
ipv6_127	掩码长度为 65～127 位的 IPv6 路由表项资源
ipv6_128	掩码长度为 128 位的 IPv6 路由表项资源
ipv6_64	掩码长度为 0～64 位的 IPv6 路由表项资源
l2mc	VLAN 内组播复制表资源
mac	MAC 地址表项资源
mqcin	入方向 MQC 资源
mqcout	出方向 MQC 资源
nd	ND 表项资源
nexthoppool1	Underlay 下一跳资源池资源
openflow	OpenFlow 资源
pbr	PBR 资源
pfilterin	入方向包过滤资源
pfilterout	出方向包过滤资源
route	路由表项资源
rport	三层以太网接口资源
vlaninterface	VLAN 接口资源
vrf	VPN 实例资源
vsi	虚拟交换实例（Virtual Switch Instance，VSI）资源
vsiintf	VSI 接口资源

监控资源剩余情况的配置方法见表 3-14。配置监控 VSI 资源剩余情况功能后，设备会监测对应资源的剩余情况，然后与该资源配置的告警门限进行比较。

① 如果剩余的资源小于或等于低级别告警门限，且大于高级别告警门限，则资源进入低级别告警状态，并生成低级别告警通知。

② 如果剩余的资源小于或等于高级别告警门限，则资源进入高级别告警状态，并生成高级别告警通知。

③ 如果剩余的资源大于低级别告警门限，则资源进入恢复告警状态，并生成恢复通知。

当资源一直处于低级别告警状态时，存在以下两种情况。

① 开启周期发送低级别资源告警通知功能后，第一次达到低级别告警状态时，会

生成低级别告警通知，后续还会周期性地生成低级别告警通知。当剩余资源达到更高级别告警门限时，将生成更高级别的告警通知，暂时抑制低级别的告警通知，直到高级别的告警状态解除，然后周期性地输出低级别的告警通知。

② 关闭周期发送低级别资源告警通知功能后，只有第一次达到低级别告警状态时，才生成低级别告警通知，不会连续生成低级别告警通知。

当资源一直处于高级别告警状态时，设备会周期性地生成高级别告警通知。

表 3-14 监控资源剩余情况的配置方法

步骤	命令	说明
1	**system-view**	进入系统视图
2	• 集中式设备： **resource-monitor resource** *resource-name* **by-percent minor-threshold** *minor-threshold* **severe-threshold** *severe-threshold* • 分布式设备——独立运行模式/集中式 IRF 设备： **resource-monitor resource** *resource-name* **slot** *slot-number* **cpu** *cpu-number* **by-percent minor-threshold** *minor-threshold* **severe-threshold** *severe-threshold* • 分布式设备——IRF 模式： **resource-monitor resource** *resource-name* **chassis** *chassis-number* **slot** *slot-number* **cpu** *cpu-number* **by-percent minor-threshold** *minor-threshold* **severe-threshold** *severe-threshold* 例如，[Sysname] **resource-monitor resource** arp **slot** 1 **cpu** 0 **by-percent minor-threshold** 30 **severe-threshold** 10	配置生成资源告警通知的门限。 • *resource-name*：指定需要监测的资源名称，不区分大小写，需要完整输入参数的值。 • **by-percent**：指定以百分比的方式配置告警门限。 • **minor-threshold** *minor-threshold*：设置低级别告警门限。输入该参数的值时，可通过输入?命令来获取该参数的取值范围。 • **severe-threshold** *severe-threshold*：设置高级别门限。输入该参数的值时，可通过输入?命令来获取该参数的取值范围。 其他参数说明参见表 3-12 第 2 步。 不同类型资源的默认情况不同，请使用 **display resource-monitor** 命令查看
3	**resource-monitor output** { **netconf-event** | **snmp-notification** | **syslog** } * 例如，[Sysname] **resource-monitor output syslog**	配置资源告警通知的输出方向。 默认情况下，资源告警通知会同时向 NETCONF、SNMP、信息中心 3 个方向输出
4	**resource-monitor minor resend enable** 例如，[Sysname] **resource-monitor minor resend enable**	开启周期发送低级别资源告警通知功能。 如果剩余的资源小于或等于低级别告警门限且大于高级别告警门限，则资源进入低级别告警状态，并生成低级别告警通知。 高级别告警通知重发功能一直处于开启状态，不能通过命令行配置。高级别告警通知的重发周期是 24 小时，低级别告警通知的重发周期是"7×24"小时，不能配置。 默认情况下，周期发送低级别资源告警通知功能处于开启状态

4. 配置温度告警门限

网络设备通常是需要长时间运行的，因此，散热很重要，特别是在夏天。我们总希望监控一些关键设备的工作温度，防止这些设备因温度过高被烧坏。

设备上可配置的温度告警门限包括低温告警门限、一般级（Warning）高温告警门限、严重级（Alarm）高温告警门限。

① 如果温度低于低温告警门限，则系统会生成日志信息和告警信息提示用户，同时通过设备面板上的指示灯来告警，以便用户及时进行处理。

② 如果温度高于一般级（Warning）高温告警门限，则系统会生成日志信息和告警信息提示用户，同时通过设备面板上的指示灯来告警，以便用户及时进行处理。

③ 如果温度高于严重级（Alarm）高温告警门限，则系统一方面通过反复输出日志信息和告警信息提示用户，同时通过设备面板上的指示灯来告警，以便用户及时进行处理。

可在系统视图下通过以下命令配置单板的温度告警门限。

（1）集中式设备

temperature-limit { **hotspot** | **inflow** | **outflow** } *sensor-number lowlimit warninglimit* [*alarmlimit*]

（2）分布式设备——独立运行模式/集中式 IRF 设备

temperature-limit slot *slot-number*{ **hotspot** | **inflow** | **outflow** } *sensor-number lowlimit warninglimit* [*alarmlimit*]

（3）分布式设备——IRF 模式

temperature-limit chassis *chassis-number* **slot** *slot-number* { **hotspot** | **inflow** | **outflow** } *sensor-number lowlimit warninglimit* [*alarmlimit*]

以上命令中的参数说明如下（各参数的支持情况与设备的型号有关，**slot** *slot-number* 和 **chassis** *chassis-number* 的说明参见表 3-12 中的第 2 步）。

① **hotspot**：多选一选项，配置热点传感器的温度门限。热点传感器一般置于发热量较大的芯片附近，监测芯片温度。

② **inflow**：多选一选项，配置入风传感器的温度门限。入风传感器一般置于入风口附近，监测环境温度。

③ **outflow**：多选一选项，配置出风传感器的温度门限。出风传感器一般置于出风口附近，监测设备温度。

④ *sensor-number*：温度传感器的编号，取值为从 1 开始的正整数，每个数字对应设备（单板）上的一个温度传感器。

⑤ *lowlimit*：低温告警门限，单位为摄氏度，不同型号的设备支持的取值范围不同，请以设备的实际情况为准。

⑥ *warninglimit*：一般级（Warning）高温告警门限，单位为摄氏度，不同型号的设备支持的取值范围不同，请以设备的实际情况为准，但必须大于低温告警门限。

⑦ *alarmlimit*：严重级（Alarm）高温告警门限，单位为摄氏度，不同型号的设备支持的取值范围不同，请以设备的实际情况为准，但必须大于一般级（Warning）高温告警门限。

如果温度低于低温告警门限，高于一般级或严重级高温门限，则系统均会生成相应的日志信息和告警信息提示用户，并通过设备面板上的指示灯来告警，以便用户及时进行处理。

【说明】不同温度传感器的温度门限可能不同，可先使用 **undo temperature-limit** 命令恢复默认情况后，再通过 **display environment** 命令查看设备的默认温度告警门限。另外，高温告警门限必须大于低温告警门限；严重级高温告警门限必须大于一般级高温告警门限。

5. 配置硬件故障修复和保护功能

当设备检测到器件、设备和转发层面的硬件故障时，会自动采取用户配置的处理措施，以便降低故障对设备的影响。

当系统检测到硬件故障时，自动进行修复操作，可在系统视图下通过 **hardware-failure-detection** { **board** | **chip** | **forwarding** } { **off** | **isolate** | **reset** | **warning** }命令配置。

① **board**：多选一选项，指定对设备故障进行在线检测，包括控制通道检测和设备状态快速检测。

② **chip**：多选一选项，指定对器件故障进行在线检测，包括设备上各种器件（例如芯片、电容、电阻等）的检测。

③ **forwarding**：多选一选项，指定对转发层面的故障进行在线检测，包括业务自动检测和其他转发相关的检测。

④ **isolate**：多选一选项，指定检测到故障时，设备会自动关闭端口、禁止设备加载或给设备下电，从而尽量减小故障的影响。

⑤ **off**：多选一选项，指定检测到故障时，设备不进行任何操作。

⑥ **reset**：多选一选项，指定检测到故障时，设备会自动重启器件或系统以尝试修复故障。

⑦ **warning**：多选一选项，指定检测到故障时，设备发送 Trap 信息，不会修复故障。

默认情况下，系统检测到硬件故障时自动采取的操作为 warning。

6. 软硬件表项一致性检查错误通知功能

设备在运行过程中，会对转发芯片中的硬件表项和软件表项进行一致性检查。设备按周期收集软硬件表项一致性检查错误发生的次数。使能软硬件表项一致性检查错误通知功能后，如果设备在日志采样周期内发生软硬件表项一致性检查错误的次数达到配置的错误次数阈值，则发送日志提醒用户。

软硬件表项一致性检查错误通知功能的配置方法见表 3-15。

表 3-15 软硬件表项一致性检查错误通知功能的配置方法

步骤	命令	说明
1	**system-view**	进入系统视图
2	**parity-error consistency-check period** *value* 例如，[Sysname] **parity-error consistency-check period** 600	配置软硬件表项一致性检查错误日志的发送周期，取值为 600～31536000，单位为秒。配置本命令后，设备会按周期收集软硬件表项一致性检查错误发生的次数。 默认情况下，软硬件表项一致性检查错误次数的日志发送周期为 3600 秒
3	**parity-error consistency-check threshold** *value* 例如，[Sysname] **parity-error consistency-check threshold** 10	配置软硬件表项一致性检查错误次数的告警门限，取值为 1～2147483647，单位为次数。配置本命令后，如果设备在发送周期内产生软硬件表项一致性检查错误的次数达到配置的告警门限，则发送日志提醒用户。 默认情况下，软硬件表项一致性检查错误次数的告警门限为 10 次

续表

步骤	命令	说明
4	**parity-error consistency-check log enable** 例如，[Sysname] **parity-error consistency-check log enable**	开启软硬件表项一致性检查错误日志记录功能。配置本命令后，如果检测到这两个表项不一致，则可以生成日志提醒用户。 默认情况下，软硬件表项一致性检查错误日志记录功能处于关闭状态

3.4.5 设备维护

设备维护包括配置定时执行任务功能、重启设备和恢复出厂状态 3 种。

1．配置定时执行任务功能

定时执行任务功能也就是通常所说的任务计划功能。该功能可以让设备在指定时刻或延迟指定时间后自动执行指定命令（类似批处理命令），这样就可以使设备能够在无人值守的情况下完成某些配置，特别适合需要在夜间执行任务的场景，例如系统软件或配置文件的备份，在特定时间关闭某些端口的用户连接等。

定时执行任务有"一次性执行"和"循环执行"两种方式。这两种方式都支持在同一任务中执行多条命令，定时执行任务功能的配置步骤见表 3-16。一次性执行的配置任务不会保存到配置文件，设备重启后该任务将取消。循环执行的配置任务可以保存到配置文件，等下次时间到达，任务将自动执行。

表 3-16　定时执行任务功能的配置步骤

步骤	命令	说明
1	**system-view**	进入系统视图
2	**scheduler job** *job-name* 例如，[Sysname] **scheduler job** backupconfig	创建 Job（任务），并进入 Job 视图。参数 *job-name* 用来指定所创建的 Job 的名称，为 1～47 个字符的字符串，**区分大小写**
3	**command** *id command* 例如，[Sysname-job-backupconfig] **command** 1 system-view	为 Job 分配命令。 • *id*：命令编号，取值为 0～4294967295，代表命令在 Job 中的执行顺序，编号小的命令优先执行。 • *command*：为 Job 分配的命令。 多次执行该命令可以为 Job 分配多条命令，命令的执行顺序由 id 参数的大小决定，数值较小的先执行。如果需要分配的命令（假设为 A）是用户视图下的命令，则直接使用 **command** 命令分配即可；如果需要分配的命令（假设为 A）是非用户视图下的命令，则必须先分配进入 A 命令所在视图的命令（指定较小的 id 值），再分配 A。 **【注意】**通过 **command** 命令分配的命令必须是设备上可成功执行的命令，但不包括 **telnet**、**ftp**、**ssh2** 和 **monitor process** 这类安全性要求较高的命令。 定时执行任务时，设备不会与用户交互信息。当需要用户交互确认时，系统将自动输入"Y"或"Yes"；当需要用户交互输入字符信息时，系统将自动输入默认字符串，如果系统没有默认字符串，则将自动输入空字符串。 默认情况下，没有为 Job 分配命令

续表

步骤	命令	说明
4	**quit**	返回系统视图
5	**scheduler schedule** *schedule-name* 例如，[Sysname] **scheduler schedule** saveconfig	创建 Schedule（计划），并进入相应的 Schedule 视图。参数 *schedule-name* 用来指定 Schedule 的名称，为 1～47 个字符的字符串，**区分大小写**
6	**job** *job-name* 例如，[Sysname-schedule-saveconfig] job backupconfig	为 Schedule 分配 Job。多次执行该命令可以为 Schedule 分配多个 Job，**多个 Job 在 Schedule 指定的时间同时执行，没有先后顺序**。 默认情况下，没有为 Schedule 分配 Job
7	**user-role** *role-name* 例如，[Sysname-schedule-saveconfig] **user-role** backup	（可选）配置执行 Schedule 的定时任务时使用的用户角色，可以是系统预定义的角色名称，包括 network-admin、network-operator、mdc-admin、mdc-operator、level-0～level-15，也可以是自定义的用户角色名称。 多次执行本命令可以给 Schedule 配置多个用户角色（最多可配置 64 个用户角色），系统会使用这些用户角色权限的并集去执行 Schedule。 默认情况下，Schedule 执行定时任务时使用的用户角色，为创建该 Schedule 的用户角色
8	**time at** *time date* 例如，[Sysname-schedule-saveconfig] **time at** 23:00 2025/02/11	（多选一）配置在指定时刻一次性执行 Schedule。 • *time*：指定执行 Schedule 的时间，格式为 *HH:MM*（小时:分钟）。*HH* 的取值为 0～23，*MM* 的取值为 0～59。 • *date*：指定执行 Schedule 的日期，格式为 *MM/DD/YYYY*（月/日/年）或者 *YYYY/MM/DD*（年/月/日）。 此种执行方式，在第一次执行后，下次再到达该时间点时也不再执行 Schedule。 【注意】一个 Schedule 只能配置一个执行时间，因此，同一 Schedule 视图下，多次执行本命令，以及后面的 **time once** 或 **time repeating** 命令时，以最后配置的命令生效
	time once at *time* [**month-date** *month-day* | **week-day** *week-day*&<1-7>] 例如，[Sysname-schedule-saveconfig] **time once at** 15:00 **month-date** 15	（多选一）为 Schedule 配置多次执行时间。 • **month-date** *month-day*：二选一可选参数，指定 Schedule 在一个月中的哪天被执行。*month-day* 表示日期，取值为 1～31。如果指定了一个本月不存在的日期，则实际生效的时间为下一个月的该日期，例如 2 月没有 30 日，则实际生效的时间为 3 月 30 日。 • **week-day** *week-day*&<1-7>：二选一可选参数，指定 Schedule 在一周中的哪（些）天被执行。*week-day*&<1-7>表示一周中任一天或几天的组合，取值包括 Mon、Tue、Wed、Thu、Fri、Sat、Sun，&<1-7>表示前面的参数最多可以输入 7 次。配置多天时，字符串之间用空格分开
	time once delay *time* 例如，[Sysname-schedule-saveconfig] **time once delay** 10	（多选一）配置延迟执行 Schedule 的时间。参数 **delay** *time* 用来指定 Schedule 延迟执行的时间。格式为 *HH:MM*（小时:分钟）或 *MM*（分钟）。使用 *HH:MM* 格式时，*MM* 的取值为 0～59，*HH:MM* 最大长度为 6 个字符；使用 *MM* 格式时，最大长度为 6 个字符

续表

步骤	命令	说明
8	**time repeating** [**at** *time* [*date*]] **interval** *interval* 例如，[Sysname-schedule-saveconfig] **time repeating at** 12:00	（多选一）为 Schedule 配置循环执行周期。 • **at** *time*：可选参数，设置重复执行 Schedule 的时间，格式为 *HH:MM*（小时:分钟）。*HH* 取值为 0～23，*MM* 取值为 0～59。不指定该参数时，表示从现在开始。 • *date*：可选参数，设置 Schedule 重复执行的开始日期，格式为 *MM/DD/YYYY*（月/日/年）或者 *YYYY/MM/DD*（年/月/日）。不指定该参数时，表示将来第一次到达参数 *time* 设置的时间点的日期。 • **interval** *interval*：设置重复执行 Schedule 的时间间隔。格式为 *HH:MM*（小时:分钟）或 *MM*（分钟）。使用 *HH:MM* 格式时，*MM* 的取值为 0～59，最大长度为 6 个字符；使用 *MM* 格式时，取值的最小值为 1，最大长度为 6 个字符
	time repeating at *time* [**month-date** [*month-day* | **last**] | **week-day** *week-day*&<1-7>] 例如，[Sysname-schedule-saveconfig] **time repeating at** 8:00 **month-date** 5	（多选一）为 Schedule 配置循环执行时间。 • **month-date** [*month-day* | **last**]：二选一可选参数，设置每月中的某一天执行 Schedule。其中，*month-day* 表示日期，取值为 1～31。如果指定了一个本月不存在的日期，则实际生效的时间为下一个月的该日期；**last** 表示每月的最后一天。 • **week-day** *week-day*&<1-7>：二选一可选参数，设置每周中的某（些）天执行 Schedule。*week-day*&<1-7>表示一周中任一天或几天的组合，*week-day* 取值为 Mon、Tue、Wed、Thu、Fri、Sat、Sun，&<1-7>表示前面的参数最多可以输入 7 次。配置多天时，字符串之间用空格分开
9	**scheduler logfile size** *value* 例如，[Sysname] **scheduler logfile size** 32	（可选）配置执行 Schedule 时可保存的日志文件的大小，取值为 16～1024，单位是 KB。 Schedule 日志文件用来记录 Job 下命令行的执行结果。如果该文件的大小超过了配置值，则系统会删除旧日志，存储新日志。如果要记录的日志信息超长，超过了日志文件的大小，则该日志超出的部分不会记录。 默认情况下，Schedule 日志文件的大小为 16KB

2. 重启设备

设备支持以下两种重启方式。

（1）硬件重启

通过断开设备电源，然后再打开设备电源来重启设备。该方式对设备影响较大，如果对运行中的设备进行强制断电，则可能会造成数据丢失。一般情况下，建议不要使用这种方式。

（2）命令行重启

命令行重启方式主要用于远程设备重启，不需要到设备所在地进行断电/上电重启。对于不同机型，这种重启方式有以下 3 种配置方式。

① 通过用户视图下 **reboot** [**subslot** *subslot-number*] [**force**]（集中式设备）、**reboot** [**slot** *slot-number* [**subslot** *subslot-number*]] [**force**]（分布式设备——独立运行模式/集中式 IRF 设备）、**reboot** [**chassis** *chassis-number* [**slot** *slot-number* [**subslot** *subslot-number*]]]

[**force**]（分布式设备——IRF 模式）命令立即重启设备。

- **chassis** *chassis-number*：可选参数，仅适用于分布式设备——IRF 模式，对于不支持 IRF3 的设备中表示设备在 IRF 中的成员编号；对于支持 IRF3 的设备中表示设备在 IRF 中的成员编号或者 PEX 对应的虚拟框号。
- **slot** *slot-number*：可选参数，根据不同机型、是否支持 IRF，以及是否支持 IRF 模式其表示的含义有所不同：对于分布式设备——独立运行模式的设备，表示单板所在的槽位号；对于分布式设备——IRF 模式（不支持 IRF3）的设备，表示单板所在的槽位号；对于分布式设备——IRF 模式（支持 IRF3）的设备，表示单板或 PEX 所在的槽位号；对于集中式 IRF（不支持 IRF3）的设备，表示设备在 IRF 中的成员编号；对于集中式 IRF（支持 IRF3）的设备，表示设备在 IRF 中的成员编号或者 PEX 的虚拟槽位号。
- **subslot** *subslot-number*：可选参数，子卡所在的子槽位号。本参数的支持情况与设备的型号有关，请以设备的实际情况为准。
- **force**：可选项，强制重启。不指定本可选项时，重启设备，系统会做一些保护性检查（例如启动文件是否存在，是否正在写磁盘等）。如果检查不通过，则退出处理，不会重启设备；如果指定本可选项，则系统将不进行任何检查，直接执行重启操作。

② 通过系统视图下的 **restart standby** 命令行立即重启备用主控板，仅适用于分布式——独立运行模式设备。

③ 通过用户视图下 **scheduler reboot at** *time* [*date*]命令设置设备重启的具体时间和日期，或通过用户视图下 **scheduler reboot delay** *time* 命令配置重启设备的延迟时间。

- *time*：指定设备重启或延时重启的时间，格式为 *HH:MM*。*HH* 代表小时，取值为 0～23，*MM* 代表分钟，取值为 0～59。
- *date*：可选参数，指定设备重启的日期，格式为 *MM/DD/YYYY*（月/日/年）或者 *YYYY/MM/DD*（年/月/日）。*YYYY* 的取值为 2000～2035；*MM* 的取值为 1～12；*DD* 的取值范围与具体月份有关。

该方式的配置效果与执行 **reboot** 命令相同，只是采用该方式的用户可以配置时间点，让设备在该时间点自动重启，或者配置一个时延，让设备经过指定时间后自动重启。这种方式比“通过 **reboot** 命令行立即重启设备”方式灵活。

【注意】重启前请使用 **save** 命令保存当前配置，以免重启后配置丢失。重启前请使用 **display startup** 和 **display boot-loader** 命令分别确认是否配置了合适的下次启动配置文件和下次启动文件。如果主用启动文件损坏或者不存在，则不能通过 **reboot** 命令重启设备。此时，可以通过指定新的主用启动文件再重启。

3. 恢复出厂状态

当设备使用场景更改，或者设备出现故障时，可在用户视图下执行 **restore factory-default** 命令，然后执行 **reboot** 命令重启设备，使设备恢复到出厂状态，仅保留“.bin”文件。需要注意的是，重启设备时，不要选择保存当前配置，否则，设备将以保存的配置重启。重启后，设备将恢复到出厂状态。

3.4.6 定时执行任务配置示例

在交换机上配置，星期一到星期五的 8 时至 21 时开启 GigabitEthernet1/0/1 和 GigabitEthernet1/0/2 这两个接口，其他时间关闭，以控制这两个端口上的用户上网时间。

1. 基本配置思路分析

这是一个循环的定时执行任务，需要在每周的星期一至星期五执行。具体涉及两项任务：一是星期一至星期五的每天 8 时开启这两个接口；二是在星期一至星期五的每天 21 时关闭这两个接口，直到下星期一的 8 时再开启这两个接口。

2. 具体配置步骤

（1）创建 Job

因为开启、关闭接口的命令均是在接口视图下执行的，所以先执行 **system-view** 命令进入系统视图，再执行 **interface** 命令。

#---创建关闭 GigabitEthernet1/0/1 的 Job，具体配置如下。

```
<Sysname> system-view
[Sysname] scheduler job shutdown-GigabitEthernet1/0/1
[Sysname-job-shutdown-GigabitEthernet1/0/1] command 1 system-view
[Sysname-job-shutdown-GigabitEthernet1/0/1] command 2 interface gigabitethernet 1/0/1
[Sysname-job-shutdown-GigabitEthernet1/0/1] command 3 shutdown
[Sysname-job-shutdown-GigabitEthernet1/0/1] quit
```

#---创建开启 GigabitEthernet1/0/1 的 Job，具体配置如下。

```
[Sysname] scheduler job start-GigabitEthernet1/0/1
[Sysname-job-start-GigabitEthernet1/0/1] command 1 system-view
[Sysname-job-start-GigabitEthernet1/0/1] command 2 interface gigabitethernet 1/0/1
[Sysname-job-start-GigabitEthernet1/0/1] command 3 undo shutdown
[Sysname-job-start-GigabitEthernet1/0/1] quit
```

#---创建关闭 GigabitEthernet1/0/2 的 Job，具体配置如下。

```
[Sysname] scheduler job shutdown-GigabitEthernet1/0/2
[Sysname-job-shutdown-GigabitEthernet1/0/2] command 1 system-view
[Sysname-job-shutdown-GigabitEthernet1/0/2] command 2 interface gigabitethernet 1/0/2
[Sysname-job-shutdown-GigabitEthernet1/0/2] command 3 shutdown
[Sysname-job-shutdown-GigabitEthernet1/0/2] quit
```

#---创建开启 GigabitEthernet1/0/2 的 Job，具体配置如下。

```
[Sysname] scheduler job start-GigabitEthernet1/0/2
[Sysname-job-start-GigabitEthernet1/0/2] command 1 system-view
[Sysname-job-start-GigabitEthernet1/0/2] command 2 interface gigabitethernet 1/0/2
[Sysname-job-start-GigabitEthernet1/0/2] command 3 undo shutdown
[Sysname-job-start-GigabitEthernet1/0/2] quit
```

（2）创建循环定时执行任务

#--配置定时执行任务，使交换机在星期一到星期五的 8 时开启 GigabitEthernet1/0/1 和 GigabitEthernet1/0/2 接口，具体配置如下。

```
[Sysname] scheduler schedule START
[Sysname-schedule-START] job start-GigabitEthernet1/0/1
[Sysname-schedule-START] job start-GigabitEthernet1/0/2
[Sysname-schedule-START] time repeating at 8:00 week-day mon tue wed thu fri
[Sysname-schedule-START] quit
```

#---配置定时执行任务，使交换机在星期一到星期五的 21 时开启 GigabitEthernet1/0/1 和 GigabitEthernet1/0/2 接口，具体配置如下。

```
[Sysname] scheduler schedule STOP
[Sysname-schedule-STOP] job shutdown-GigabitEthernet1/0/1
[Sysname-schedule-STOP] job shutdown-GigabitEthernet1/0/2
[Sysname-schedule-STOP] time repeating at 21:00 week-day mon tue wed thu fri
[Sysname-schedule-STOP] quit
```

3. 配置结果验证

① 在交换机上执行 **display scheduler job** 命令显示 Job 的配置信息，执行 **display scheduler job** 命令的输出如图 3-14 所示。

```
[H3C]display scheduler job
Job name: shutdown-GigabitEthernet1/0/1
 system-view
 interface gigabitethernet 1/0/1
 shutdown

Job name: shutdown-GigabitEthernet1/0/2
 system-view
 interface gigabitethernet 1/0/2
 shutdown

Job name: start-GigabitEthernet1/0/1
 system-view
 interface gigabitethernet 1/0/1
 undo shutdown

Job name: start-GigabitEthernet1/0/2
 system-view
 interface gigabitethernet 1/0/2
 undo shutdown
[H3C]
```

图 3-14 执行 **display scheduler job** 命令的输出

② 在交换机上执行 **display scheduler schedule** 命令显示定时任务的运行信息，执行 **display scheduler schedule** 命令的输出如图 3-15 所示。

```
[H3C]display scheduler schedule
Schedule name        : START
Schedule type        : Run on every Mon Tue Wed Thu Fri at 08:00:00
Start time           : Thu Jun  6 08:00:00 2024
Last execution time  : Yet to be executed
-----------------------------------------------------------------------
Job name                                          Last execution status
start-GigabitEthernet1/0/1                        -NA-
start-GigabitEthernet1/0/2                        -NA-

Schedule name        : STOP
Schedule type        : Run on every Mon Tue Wed Thu Fri at 21:00:00
Start time           : Wed Jun  5 21:00:00 2024
Last execution time  : Yet to be executed
-----------------------------------------------------------------------
Job name                                          Last execution status
shutdown-GigabitEthernet1/0/1                     -NA-
shutdown-GigabitEthernet1/0/2                     -NA-
[H3C]
```

图 3-15 执行 **display scheduler schedule** 命令的输出

③ 在定时任务执行后会产生日志信息，可以在交换机上执行 **display scheduler logfile** 命令查看任务执行的日志信息。

【说明】如果配置定时任务时正好是对应的开启或关闭 GigabitEthernet1/0/1 和 GigabitEthernet1/0/2 这两个接口的时间，而且当前这两个接口的状态也与任务中对应时间段中命令操作后的接口状态一致，则当前不会执行任务计划，也不会产生日志信息，只有等待下次任务执行时进行相反操作后才会产生日志信息。

例如当前是星期三，且是下午的 4 时，而且交换机上这两个接口都处于开启状态，如果在此时配置任务计划，则在配置好后不会产生日志信息，只有等到晚上 9 点后，才会真正执行定时任务中的关闭操作。这两个接口的操作才会开始记录日志信息，后续会持续记录日志信息。

如果配置定时任务，这两个接口的状态与定时任务中对应时间段命令操作的接口状态不一致，则会立即执行任务计划，同时产生日志信息。

第4章 虚拟化技术 IRF

本章主要内容

智能弹性架构（Intelligent Resilient Framework，IRF）是 H3C 自主研发的一种网络设备虚拟化技术，类似于其他厂商设备的堆叠（Stack）技术。IRF 的核心思想是将多台设备通过 IRF 物理端口连接在一起，进行必要的配置后，虚拟化为一台“分布式设备”。使用这种虚拟化技术可以集合多台设备的硬件资源和软件处理能力，实现多台设备的协同工作和统一管理。

在 H3C 以太网交换机中，大多数机型都是支持 IRF 技术的，但不同系列或机型对 IRF 堆叠设备的连接方式、特性支持不完全一样，具体请参见对应型号设备的产品说明手册。本章主要介绍以太网交换机中 IRF 构成原理及 IRF 搭建，以及 MAD（多主检测）的配置与管理方法。

4.1 IRF 基础

IRF 是 H3C 自主研发的一种软件虚拟化技术，类似于其他厂商的设备“堆叠”技术。IRF 可以将多台同层次的物理设备虚拟化成一台虚拟设备，进行统一配置和管理。IRF 组网示意如图 4-1 所示。

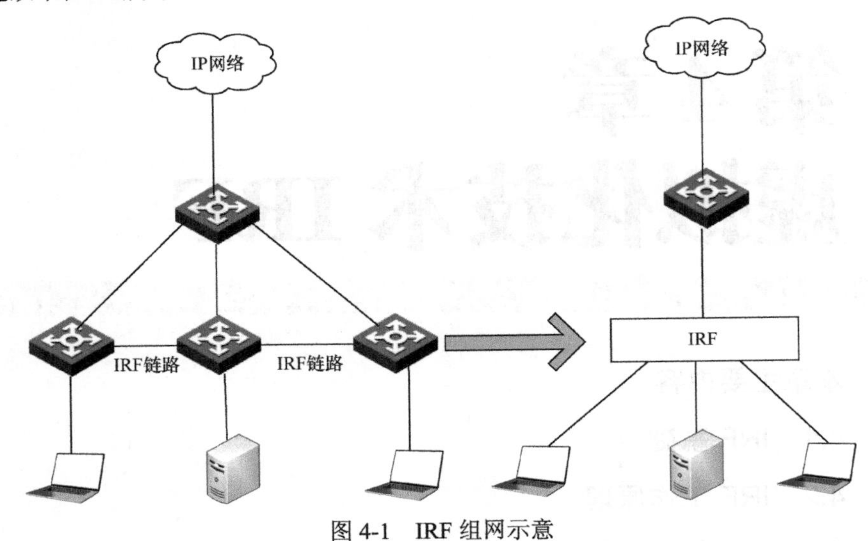

图 4-1 IRF 组网示意

4.1.1 IRF 的主要优点

IRF 通常应用于接入层或汇聚层的交换机之间，把多台设备虚拟成一台设备后，相比单台设备具有以下主要优点。

1. 强大的网络扩展能力

通过增加成员设备，IRF 可以轻松自如地扩展单台物理设备的端口数和链路带宽。又因为各成员设备都有 CPU，设备之间可以同时工作，独立转发、处理报文，增强了单台物理设备的数据处理能力。

2. 简化管理

多台交换机构建 IRF 后，各成员设备可以看成一台组合在一起的逻辑设备。此时，各成员设备可以看成一台分布式交换机插槽（slot）中所插入的一个个单板。用户通过该 IRF 组中的任意成员设备的任意端口都可以登录 IRF 系统，对 IRF 组内所有成员设备进行统一管理。

3. 1:*N* 备份

IRF 由多台成员设备组成，其中有一台设备配置为 Master（主）设备，负责 IRF 的运行、管理和维护，其他成员设备为 Slave（从）设备，作为 Master 的备份设备，也可以同时处理业务。当 Master 设备出现故障时，系统会迅速从 Slave 设备中自动选择新的 Master 设备，以保证业务不中断，从而实现了设备的 1:*N* 备份（其中的“1”是指一台 Master，“*N*”是指多台 Slave）。

4. 跨成员设备的链路聚合

IRF 中的各成员设备在逻辑上已成为一台设备，因此，IRF 中不同成员设备与上下游设备之间的物理链路可以聚合成一条聚合链路，多条物理链路之间可以互为备份，也可以进行负载分担。当某个成员设备离开 IRF，其他成员设备上的链路仍能收发报文，从而提高了聚合链路的可靠性。

4.1.2　IRF 基本概念

在 IRF 组建、配置与管理中，需先理解以下 IRF 基本概念。

1. 成员设备角色

IRF 中的成员设备按照功能的不同，分为以下两种角色。

① Master：负责管理整个 IRF。

② Slave：作为 Master 的备份设备，同时参与数据的处理。当 Master 出现故障时，系统会自动从 Slave 中选择一台设备担当新的 Master，接替原 Master 的工作。

一个 IRF 中只能有一台 Master，其他成员设备都是 Slave，且可以有多个。如果是由多台分布式交换机组成的 IRF，则 Master 的主用主控板最终将成为 IRF 全局主用主控板，其他所有主控板（包括 Master 的本地备用主控板）都将成为 IRF 全局备用主控板。分布式交换机 IRF 建立后主控板角色分配示意如图 4-2 所示。分布式设备 DeviceA 与分布式设备 DeviceB 组建成 IRF。其中，DeviceA 为 Master，组建 IRF 后，DeviceA 的本地主用主控板将作为 IRF 全局主用主控板，DeviceA 的本地备用主控板和 DeviceB 的本地主用主控板、本地备用主控板都将成为 IRF 的全局备用主控板。

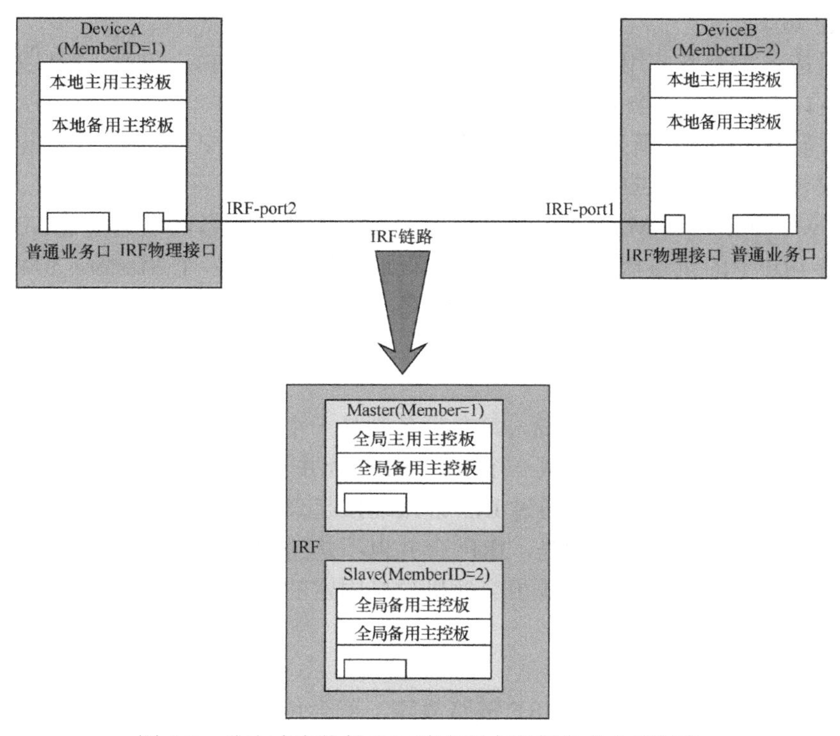

图 4-2　分布式交换机 IRF 建立后主控板角色分配示意

2. 成员编号

IRF 使用成员编号来标识和管理各成员设备。每台成员设备必须具有唯一的编号，但默认情况下，设备的成员编号都一样，均为 1，因此，在配置 IRF 时需对一些成员设备的成员编号进行修改，以确保在 IRF 中每台成员设备的成员编号唯一。

3. 成员优先级

成员优先级是 IRF 成员设备的一个属性，主要用于 IRF 角色选择过程中确定成员设备的角色：Master 或 Slave。优先级越高，当选为 Master 的可能性越大。默认情况下，IRF 中的每台成员设备的优先级均为 1。如果想让某台设备当选为主设备，则在组建 IRF 前，可以通过命令行手工提高该设备的成员优先级。

4. IRF 端口

IRF 端口是一种专用于 IRF 成员设备之间进行连接的逻辑接口。每台成员设备上可以配置两个 IRF 端口，采用二维编号方式，分别为 IRF-Port *n*/1 和 IRF-Port *n*/2。其中，*n* 为设备的成员编号。IRF 端口需要与 IRF 物理端口绑定之后才能生效，且一个 IRF 端口可以绑定多个 IRF 物理端口。为了方便描述，本章统一使用 IRF-Port1 和 IRF-Port2 进行说明。

5. IRF 物理端口

成员设备上真正用于 IRF 连接的物理端口。不同系列可选用的物理端口不一样，具体参见各型号设备的产品手册。独立运行时，这些接口用于传输业务报文，**但当它们与 IRF 端口绑定后就作为 IRF 物理端口，仅用于成员设备之间的报文转发**，包括 IRF 相关协议报文及需要跨成员设备转发的业务报文。

6. IRF 域

为了适应各种组网应用，同一个网络里可以部署多个 IRF，此时各 IRF 使用域编号（DomainID）来区别，一个 IRF 对应一个 IRF 域。

IRF 域示例如图 4-3 所示，SwitchA 和 SwitchB 组成 IRF1，SwitchC 和 SwitchD 组成 IRF2。如果没有为不同 IRF 设置不同的域编号，则在 IRF1 和 IRF2 配置了多主检测（Multi-Active Detection，MAD）时，两个 IRF 各自的成员设备间发送的 MAD 检测报文会被另一个 IRF 中的设备接收，这样就会错误地导致检测到多个 Master。但如果为两个 IRF 配置不同的域编号，则不会出现这种情况。这是因为不同域编号的 IRF 成员设备发送的 MAD 报文是不会相互干扰的。

7. IRF 合并

对于支持 IRF 功能的设备来说，每台设备都是一个独立的 IRF，这些独立的 IRF 之间通过物理连接和配置就可合并成一个 IRF。IRF 合并示例如图 4-4 所示，IRF1 和 IRF2 各自已经稳定运行，在他们之间通过 IRF 链路连接起来，且通过必要的 IRF 配置就可以合并成一个 IRF。但需要注意的是，IRF 合并也不是随意可以成功的。这是因为不同机型在一个 IRF 组中所支持的最多成员交换机数是固定的，**且通常一个 IRF 只能是同一系列的机型。**

8. IRF 分裂

如果一个 IRF 形成后，由于 IRF 链路故障，就会使一个 IRF 变成两个或多个 IRF。这个过程称为 IRF 分裂。IRF 分裂示意如图 4-5 所示，由于 IRF 中的 DeviceA 和 DeviceB

之间的 IRF 链路出现故障，最终导致分裂成两个 IRF，即 IRF1 和 IRF2。

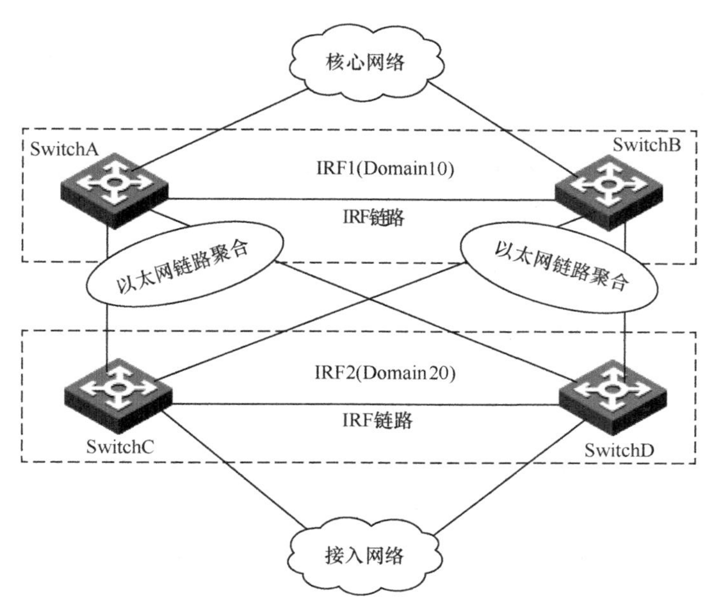

图 4-3　IRF 域示例

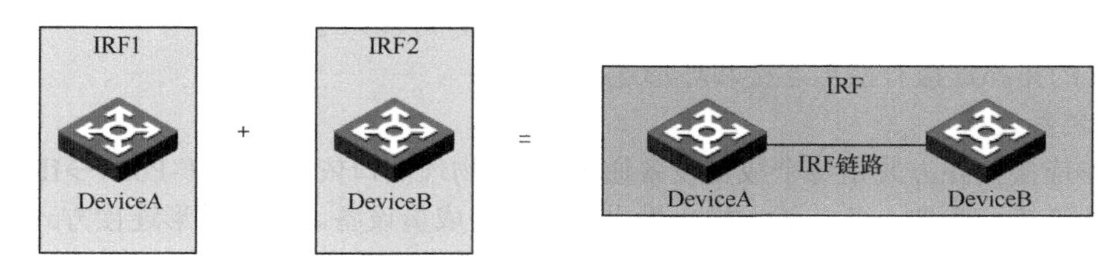

图 4-4　IRF 合并示例

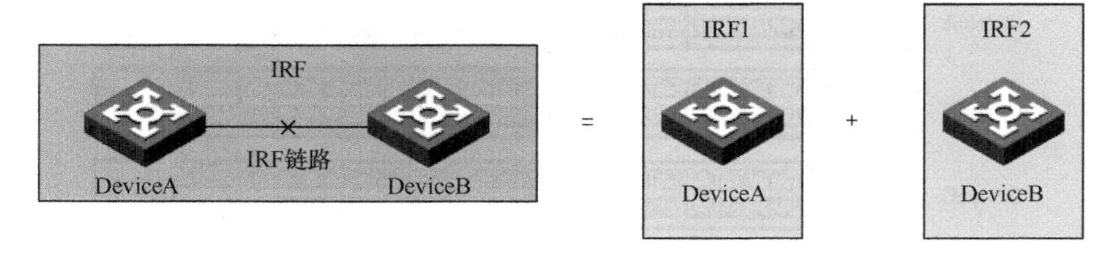

图 4-5　IRF 分裂示意

4.2　IRF 工作原理

整个 IRF 系统的建立将经历：物理连接、拓扑收集、角色选择、IRF 的管理与维护 4 个阶段。成员设备之间需要先建立 IRF 物理连接，然后自动进行拓扑收集和角色选择，完成 IRF 的建立，此后进入 IRF 的管理和维护阶段。

4.2.1 物理连接

如果要形成一个 IRF，则首先需使用对应 IRF 物理端口支持的线缆连接成员设备的 IRF 物理端口。连接 IRF 物理端口时，需要注意的是，本端设备上 IRF-Port1 端口绑定的 IRF 物理端口只能和对端设备 IRF-Port2 端口绑定的 IRF 物理端口相连，反之同理。IRF 物理连接示意如图 4-6 所示。否则，不能形成 IRF。一个 IRF 端口可以与一个或多个 IRF 物理端口绑定，以提高 IRF 链路的带宽及可靠性。

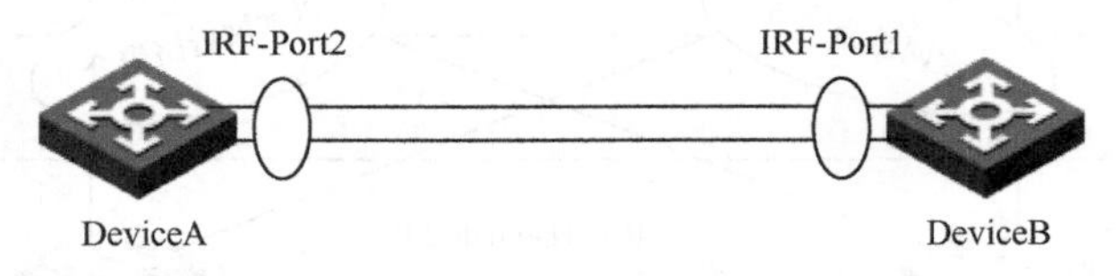

图 4-6 IRF 物理连接示意

【说明】不同型号交换机支持 IRF 物理端口的以太网端口类型不同，总体而言，主要有 10GE 电/光接口、25GE/40GE/100GE 光接口、工作在 10GE 速率的 SFP+光接口、工作在 40GE 速率的 QSFP+光接口和由 QSFP+光接口拆分的 10GE 光接口等类型。具体参见对应型号设备的产品手册。

IRF 端口的状态由与它绑定的 IRF 物理端口的状态决定。与 IRF 端口绑定的所有 IRF 物理端口状态均为 down 时，IRF 端口的状态才会变成 down。

IRF 的拓扑连接有链形连接和环形连接两种。

1. 链形连接

链形连接拓扑方式是每个成员设备通过 IRF 物理端口依次以 IRF-Port1→IRF-Port2 方式串行连接，就像一条链子一样，最少需要两台成员设备。IRF 链形连接方式及拓扑结构如图 4-7 所示。

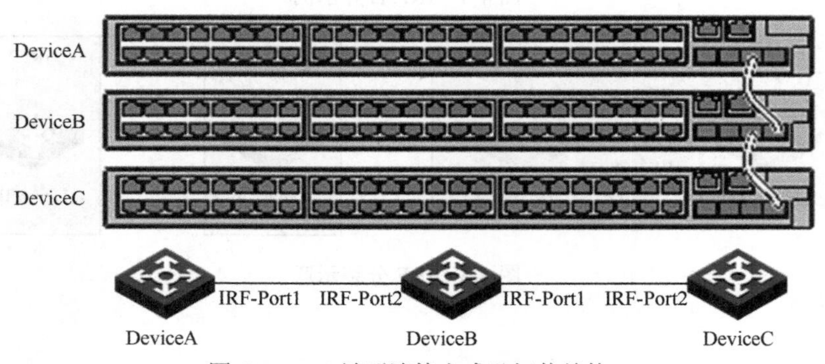

图 4-7 IRF 链形连接方式及拓扑结构

在链形连接方式中，各成员设备是完全的串行连接，因此，当其中任意一条 IRF 链路出现故障时，都会造成 IRF 分裂，可靠性不高。但 IRF 链形连接方式对成员设备的物理位置要求较低，更适用于成员设备物理位置分散场景下的 IRF 组网。

2. 环形连接

环形连接拓扑方式虽然采用的是 IRF 成员设备间通过 IRF 物理端口依次以 IRF-

Port1→IRF-Port2 串行连接的方式，但第一台成员设备和最后一台设备之间也要进行串联，最终形成一个闭环。IRF 环形连接方式及拓扑结构如图 4-8 所示。

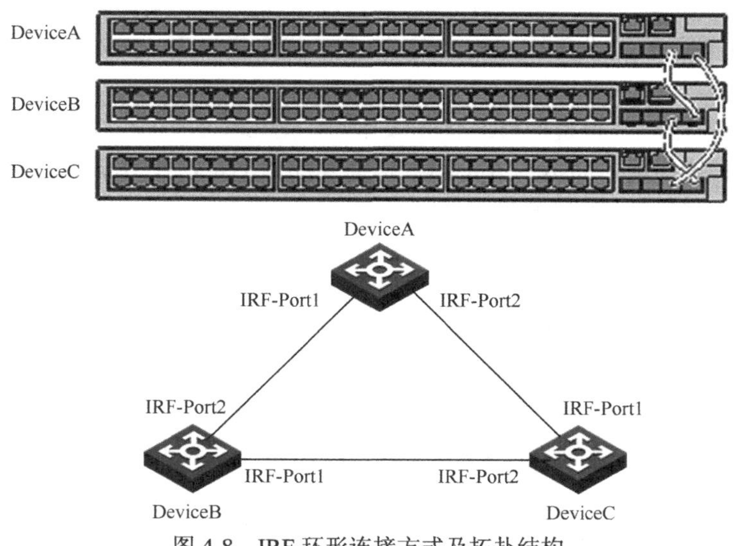

图 4-8　IRF 环形连接方式及拓扑结构

IRF 环形连接方式比链形连接方式更可靠，因为当链形连接中出现 IRF 链路故障时，会引起 IRF 分裂，而环形连接中如果仅其中一条 IRF 链路出现故障，又会形成链形连接方式，使整个 IRF 的业务不会受到影响。但只有使用 3 台或以上设备建立 IRF 时，才支持环形连接拓扑。

4.2.2　拓扑收集

在通过 IRF 物理端口（事先必须通过软件配置好这些物理端口与 IRF 端口的绑定关系，使它们担当 IRF 物理端口角色）连接好了各成员设备后，IRF 技术就要进行拓扑收集过程了，以便形成一个统一的管理平台。

在拓扑收集过程中，每个成员设备和邻居成员设备通过交互 IRF Hello 报文来收集整个 IRF 的拓扑信息，包括 IRF 端口连接关系、成员设备编号、成员设备优先级、成员设备的桥 MAC 地址等内容。

当 IRF 端口状态变为 up 后，会将已知的拓扑信息周期性地从 up 状态的 IRF 端口发送出去；在收到邻居的拓扑信息后，更新本地记录的拓扑信息。如果成员设备上配备了备用主控板（仅当是由分布式交换机构建的 IRF 系统时），则本地主用主控板会将自己记录的拓扑信息同步到本地备用主控板上，以便保证两块主控板上拓扑信息一致。

如此往复，经过一段时间的收集，当所有成员设备都收集到完整的拓扑信息后，即进入角色选择阶段。

4.2.3　角色选择

IRF 拓扑结构确定后，要进行各成员设备角色的选择，即确定哪台成员设备为 IRF Master，哪些成员设备为 Slave。角色选择会在以下情况下发生：IRF 建立、主设备离开或者故障、IRF 分裂/合并等。

最初，所有加入的设备都认为自己是 Master，然后通过 IRF 报文交互，进行以下 Master 设备选择流程。

① 首先比较各成员设备的 IRF 优先级，IRF 优先级最高（优先级值最大）的成员设备将成为 Master。

② 如果有多个成员设备的 IRF 优先级相同，则比较这些成员设备的系统运行时间，运行时间最长的成员设备将成为 Master。但需要注意的是，在 IRF 中，成员设备启动时间间隔精度为 10 分钟，即如果在 10 分钟之内启动的设备，则认为它们是同时启动的。

③ 如果有多个成员设备的运行时间相同，则比较这些成员设备的 CPU MAC 地址（也称为桥 MAC 地址）大小，CPU MAC 地址最小的成员设备将成为 Master。

通过以上规则即可选出最优成员设备为 Master，其他成员设备均为 Slave。选出 Master 后，所有 Slave 自动重启后加入 IRF。

【说明】当向 IRF 添加新的成员设备时，当前的 Master 继续保持，不会因为有新的成员设备/主控板加入而重新进行 Master 选择。独立运行的 IRF 合并时，竞选失败方的所有成员设备必须重启，然后加入获胜方。

在角色选择完成后 IRF 形成，进入 IRF 管理与维护阶段。

4.2.4 IRF 的管理与维护

角色选择完成之后，IRF 系统建立完成。此时，所有的成员设备组成一台虚拟设备存在于网络中，所有成员设备上的资源归该虚拟设备拥有，并由 Master 统一管理。

1．成员编号

在运行过程中，IRF 系统使用成员编号来标志和管理成员设备，并在端口编号和文件系统中引入成员编号标识信息，因此，需要确保各成员设备的成员编号唯一。修改设备的成员编号，需要重启设备才能生效。

2．IRF 中的物理端口命名规则

IRF 配置好后，IRF 中的各物理端口的编号将发生一些变化，具体需要区分 IRF 设备是集中式交换机，还是分布式交换机。

（1）集中式交换机

在集中式交换机中，当设备单独运行时（即没有加入任何 IRF）接口编号采用 3 段格式：设备编号/子槽位编号/接口序号。其中，设备编号固定为 1，子槽位编号固定为 0，即主控板上无子槽位。例如 GigabitEthernet1/0/1 表示主控板上 1 号接口。在加入 IRF 后，接口编号仍然采用三段格式，只是第一段变成当前设备在 IRF 中配置的 IRF 成员设备编号，例如某设备的 IRF 成员编号为 3，则原来的 GigabitEthernet1/0/1 就变成 GigabitEthernet 3/0/1。

（2）分布式交换机

在分布式交换机中，当设备处于独立运行时，接口编号也采用 3 段格式：槽位号/子槽位号/接口序号。例如 GigabitEthernet3/0/1 表示第 3 个槽位主控板上第 1 个接口。当设备加入 IRF 后，接口编号会变为 4 段：IRF 成员编号/槽位号/子槽位号/接口序号，变化的只是第一段的槽位号变成 IRF 成员编号。如果某设备的 IRF 成员编号为 2，则原来的 GigabitEthernet3/0/1 就变成 GigabitEthernet2/3/0/1。

成员设备编号和优先级的配置是以设备为单位的。对于分布式交换机，在配置好IRF成员编号和优先级后，先保存在本地主用主控板，再同步给本地备用主控板。如果某成员设备上本地主用主控板和本地备用主控板保存的成员编号不一致，则以本地主用主控板的配置为准。例如设备上只有一块主用主控板，配置的成员编号为1，此时插入一块成员编号配置为2的备用主控板，则该设备的成员编号仍然为1，并会将备用主控板上保存的成员编号同步为1。

3. IRF中的文件系统命名规则

IRF组建好后，Master中的文件系统可以直接使用存储介质的名称访问。创建并查看IRF中Master存储介质Flash根目录下的test文件夹的操作示例如下。

```
<Master> mkdir test
Creating directory flash:/test... Done.
<Master> cd test
<Master> dir
Directory of flash:/test
The directory is empty.

1048576 KB total (249760 KB free)
```

使用“slot*member-id*#存储介质的名称”的格式可以访问IRF中Slave的文件系统。创建并查看IRF中Slave（成员编号为3）存储介质Flash根目录下的test文件夹的操作示例如下。

```
<Master> mkdir slot3#flash:/test
Creating directory slot3#flash:/test... Done.
<Master> cd slot3#flash:/test
<Master> dir
Directory of slot3#flash:/test
The directory is empty.

1048576 KB total (249760 KB free)
```

4. 配置文件的同步

IRF技术使用配置文件同步机制来保证IRF中的多台设备能够像一台设备一样在网络中工作，并且在Master出现故障之后，其余设备仍能正常工作。

① IRF中的Slave在启动时，会自动寻找Master，并将Master的当前配置文件同步到本地并执行；如果IRF中的所有设备同时启动，则Slave会将Master的本次启动配置文件同步至本地并执行。

② 在IRF正常工作后，用户所进行的任何配置，都会记录到Master的当前配置文件中，并同步到IRF中的对应设备上执行；用户在执行**save**命令保存配置时，如果开启了配置文件同步保存功能（默认为开启），Master的当前配置文件将被同步保存到IRF的所有成员设备上，作为本次启动配置文件，以便使IRF中所有设备的启动配置文件保持统一；如果没有开启配置文件同步保存功能，当前配置文件将仅在Master上进行保存。

通过上述的即时配置文件同步，可使IRF中所有设备均保存相同的配置文件。因此，即使Master出现故障，其他设备也能够按照相同的配置文件执行各项功能。

4.3 IRF基本配置

IRF基本配置，即IRF基本参数配置，具体包括IRF域编号、成员编号、成员优先级、IRF端口等配置。这些参数的配置方式主要有以下两种。

① 设备处于独立运行模式时预配置：该方式是在独立运行的设备上配置以上参数，但仅当设备切换到 IRF 模式后才生效，不会影响本设备的当前运行。使用预配置方式组建 IRF，只需一次重启，这种方式常用于首次配置 IRF 时。

② 设备切换到 IRF 模式后再配置：该方式是在一个已经在 IRF 模式运行的设备上配置以上参数，通常用于修改当前配置。例如，将某个成员设备的编号修改为指定值；修改成员设备的优先级，让该设备在下次 IRF 竞选时成为主设备；修改 IRF 端口的已有绑定关系。

4.3.1 IRF 配置限制及基本配置流程

虽然多数 H3C 设备都支持 IRF，但由于是要把各成员设备虚拟成一台设备使用，所以对各成员设备的系统软件版本、型号、工作模式等有一定要求。在把多台交换机配置为 IRF 前，必须注意以下配置限制。

① 多数情况下，只能选择在同系列交换机之间建立 IRF。但 S6850 和 S9850 这两个系列交换机之间也可以建立 IRF。如果是分布式设备，则还要确保 IRF 中所有成员设备的主控板型号相同。

② IRF 中所有成员设备的软件版本必须相同，如果有软件版本不同的设备要加入 IRF，则请确保 IRF 的启动文件同步加载功能处于开启状态。

③ 在多台设备形成 IRF 之前，请确保各设备的工作模式（参见第 3 章 3.4.3 节）相同，否则，这些设备将无法组成 IRF。

④ 本设备上与 IRF-Port1 口绑定的 IRF 物理端口只能和邻居成员设备 IRF-Port2 口上绑定的 IRF 物理端口相连。同理，本设备上与 IRF-Port2 口绑定的 IRF 物理端口只能和邻居成员设备 IRF-Port1 口上绑定的 IRF 物理端口相连。

⑤ 正确选择 IRF 物理端口，但不同型号设备上可以作为 IRF 物理端口的接口可能不一样，例如 S5850 系列交换机支持作为 IRF 物理端口的接口包括 10GE 速率的 SFP 接口、40GE 速率 QSFP 接口和由 QSFP 接口拆分的 10GE 接口。S6850/S9850 系列交换机支持作为 IRF 物理端口的接口包括 40GE 速率 QSFP 接口、40GE 或 100GE 速率的 QSFP28 接口，具体参见对应产品手册。

⑥ 不同类型 IRF 物理端口需要采用不同的模块或线缆进行连接。SFP 接口支持使用 SFP+光模块及光纤，或 SFP+电缆进行 IRF 物理端口连接；QSFP 接口支持使用 QSFP+光模块及光纤，或 QSFP+电缆或 QSFP+SFP+电缆进行连接。QSFP28 口支持使用 QSFP28 光模块及光纤、QSFP28 光缆、QSFP28 电缆、QSFP+光模块及光纤、QSFP+光缆或 QSFP+电缆进行 IRF 物理端口连接，具体参见对应产品手册。

【说明】SFP+/QSFP+/QSFP28 电缆长度较短，性能和稳定性高，适用于机房内部短距离的 IRF 连接；而 SFP+/QSFP+/QSFP28 光模块和光纤的组合更加灵活，可以用于较远距离的 IRF 连接。

⑦ 请确保 IRF 中各成员设备上安装的特性 License 一致，否则，可能会导致这些 License 对应的特性不能正常运行。

IRF 组建的基本流程如下。

① 进行网络规划，明确使用哪台设备作为主设备、各成员设备的编号，成员设备之间的物理连接及 IRF 拓扑。

② 在独立运行模式下预配置 IRF 基本参数。

③ 将当前配置保存到设备的下次启动配置文件，以便设备重启后，IRF 配置能够继续生效，然后关闭各成员设备。

④ 开启各成员设备，连接 IRF 物理接口，并确保 IRF 链路处于 up 状态。

⑤（可选）对于分布式设备，须将设备的运行模式切换到 IRF 模式（执行该步骤设备会自动重启），形成 IRF。集中式设备不需要进行本步操作。

⑥ 访问 IRF，进入 IRF 系统。

⑦（可选）根据需要，在 IRF 模式下快速配置 IRF，或者使用命令行逐个修改 IRF 参数配置。

4.3.2　独立运行模式下 IRF 基本参数预配置

IRF 基本参数（包括 IRF 域、成员编号、成员优先级、IRF 端口）既可以在独立运行模式下为各设备分别进行预配置，也可以在 IRF 模式下集中配置。本节先介绍独立运行模式下的配置方式。

1. 配置 IRF 域编号

IRF 域编号是用来标识一个 IRF 组的标识。配置 IRF 域编号后，成员设备发出的扩展 LACP 报文中将携带 IRF 域信息，用以区分不同 IRF 的 LACP 检测报文，避免与其他 IRF 产生混淆。当然，如果网络中只有一个 IRF，则可不配置 IRF 域编号，因此，此项配置任务是可选的。

在各成员设备系统视图下通过 **irf domain** *domain-id* 命令即可配置 IRF 域编号，取值为 0～4294967295。同一 IRF 组中的设备配置相同的 IRF 域编号。默认情况下，IRF 的域编号为 0。

在完成上述配置后，在任意视图下执行 **display irf** 命令可以显示 IRF 域编号的配置情况，通过查看显示信息验证配置的效果。

2. 配置成员编号

IRF 通过成员编号唯一地识别各成员设备，因此，在一个 IRF 中，各设备的成员编号必须唯一。在成员设备系统视图下通过 **irf member** *member-id* **renumber** *new-member-id* 命令即可配置成员编号。**修改成员编号后，必须重启设备才能生效。**

① *member-id*：表示设备在 IRF 中的原成员编号，不同系列设备的取值范围有所不同，具体参见对应设备的产品手册说明。

② *new-member-id*：表示修改后的新成员编号，不同系列设备的取值范围有所不同，具体参见对应设备的产品手册说明。

默认情况下，设备的成员编号均为 1，可用 **undo irf member** *member-id* **renumber** 命令取消对应设备上原来配置的编号，恢复为默认的 1。

【注意】设备上的许多信息、配置与成员编号相关，例如接口（包括物理接口和逻辑接口）的编号及接口下的配置、成员优先级的配置等。在修改了设备成员编号后，后续的 IRF 物理端口添加（接口编号的第一段即 IRF 成员编号）、LACP 的系统优先级、端口优先级等，在成员编号部分都要作对应修改，否则，系统会认为是无效命令。

3. 配置成员优先级

成员优先级用于 IRF 成员设备中 Master 的选择。在 Master 选择过程中，优先级数值大的成员设备将优先被选择成为 Master。

成员优先的配置方法通常只需把想让它担当 IRF 组 Master 的成员交换机通过 **irf member** *member-id* **priority** *priority* 系统视图命令配置。**优先级设置后，立即生效，不需要重启设备**。

① *member-id*：表示设备在 IRF 中的成员编号。

② *priority*：表示优先级，取值为 1～32。优先级值越大，表示优先级越高。

IRF 形成后，也可以通过本命令修改成员优先级，但修改不会触发选择，修改的优先级在下一次选择时生效。默认情况下，设备的成员优先级均为 1。

4. 配置 IRF 端口

IRF 物理端口必须工作在二层模式下，才能与 IRF 端口进行绑定，IRF 端口的配置步骤见表 4-1。

【**注意**】以太网接口作为 IRF 物理端口与 IRF 端口绑定后，只支持以下配置。

① 接口配置命令：包括 **shutdown**、**description**、**flow-interval**、**priority-flow-control** 和 **priority-flow-control no-drop dot1p** 命令。

② LLDP 功能命令：包括 **lldp admin-status**、**lldp check-change-interval**、**lldp enable**、**lldp encapsulation snap**、**lldp notification remote-change enable** 和 **lldp tlv-enable** 命令。

③ 将端口加入业务环回组的 **port service-loopback group** 命令，但配置后端口与 IRF 端口绑定的配置将被清除。当 IRF 端口只绑定了一个物理端口时，请勿进行此配置，以免 IRF 分裂。

④ 使用 **using tengige** 命令可以将一个 40GE 接口拆分成 4 个 10GE 接口。**这 4 个 10GE 接口只能都作为 IRF 物理端口，或者都不作为 IRF 物理端口**。当将其中一个 10GE 接口和 IRF 端口绑定时，系统要求先将这 4 个 10GE 接口都关闭，否则，绑定失败。当绑定成功后，将其中一个 10GE 接口激活时，系统会判断其他 10GE 接口是否已经和 IRF 端口绑定，如果没有绑定，则不允许激活。

⑤ 在配置 IRF 端口前，请确保 IRF 合并自动重启功能处于关闭状态。同一 IRF 端口下，所有 IRF 物理端口的工作模式必须相同。

表 4-1 IRF 端口的配置步骤

步骤	命令	说明
1	**system-view**	进入系统视图
2	**interface** *interface-type interface-number* 例如，[Sysname] **interface** Ten-GigabitEthernet 1/1/2	进入 IRF 物理端口视图
3	**shutdown** 例如，[Sysname-Ten-GigabitEthernet1/1/2]**shutdown**	关闭以上 IRF 物理接口。如果不能关闭该端口，则请根据系统提示信息关闭该端口直连的邻居设备上的端口
4	**quit**	退回系统视图
5	**irf-port** *member-id/port-number* 例如，[Sysname] **irf-port** 1/2	创建 IRF 端口（是一个逻辑端口），进入 IRF 端口视图。参数 *member-id/port-number* 表示 IRF 端口编号，其中，*member-id* 表示设备在 IRF 中的成员编号；*port-number* 表示 IRF 端口索引，取值为 1 或 2。 默认情况下，设备上没有创建 IRF 端口

续表

步骤	命令	说明
6	**port group interface** *interface-type interface-number* [**mode** { **enhanced** | **extended** }] 例如，[Sysname-irf-port1/2] **port group interface** Ten-GigabitEthernet 1/1/2	将以上 IRF 端口与指定的 IRF 物理端口绑定。 • *interface-type interface-number*：表示 IRF 物理端口的类型和编号。 • **enhanced**：二选一可选项，将 IRF 物理端口的工作模式设置为增强模式，**仅分布式交换机支持**。此为默认模式。 • **extended**：二选一可选项，将 IRF 物理端口的工作模式设置为扩展模式，**仅分布式交换机支持**。使用扩展模式后，IRF 中最多只能支持两台成员设备。 【注意】同一 IRF 端口绑定的 IRF 物理端口的工作模式必须相同，否则，当设备切换到 IRF 模式时，只有一种模式的 IRF 物理端口配置会生效。在配置合法的情况下，优先使配置文件中第一个 IRF 物理端口的模式生效。 多次执行该命令，可以将 IRF 端口与多个 IRF 物理端口绑定，以实现 IRF 链路的备份或负载分担。 默认情况下，IRF 端口没有与任何 IRF 物理端口绑定
7	**quit**	退回到系统视图
8	**interface** *interface-type interface-number* 例如，[Sysname] **interface** ten-gigabitEthernet 1/1/2	重新进入 IRF 物理端口视图
9	**undo shutdown** 例如，[Sysname-Ten-GigabitEthernet1/1/2] **undo shutdown**	重启以上 IRF 物理接口
10	**quit**	退回系统视图
11	**save** 例如，[Sysname] **save**	保存当前配置。为了避免重启后配置丢失，需在激活 IRF 端口前先将当前配置保存到下次启动配置文件
12	**irf-port-configuration active** 例如，[Sysname] **irf-port-configuration active**	激活 IRF 端口下的配置。**将 IRF 物理端口绑定到 IRF 端口后，必须通过本命令手工激活 IRF 端口的配置才能形成 IRF。** 【说明】系统启动时，通过配置文件将 IRF 物理端口加入 IRF 端口，或者 IRF 形成后再加入新的 IRF 物理端口时，IRF 端口配置会自动激活，不需要使用本命令激活

【说明】在分布式交换机中，完成以上 IRF 基本参数配置后，还需要在各成员设备系统视图下执行 **chassis convert mode irf** 命令，切换到 IRF 模式。设备默认处于独立运行模式。要使设备加入 IRF 或使设备的 IRF 配置生效，必须将设备运行模式切换到 IRF 模式。

为了解决模式切换后配置不可用的问题，在用户执行模式切换操作时，系统会提示用户是否需要自动转换下次启动配置文件。如果用户选择了<Y>，则设备会自动将下次启动配置文件中槽位和接口的相关配置进行转换并保存，以便当前的配置在模式切换后能够尽可能多地继续生效。

4.3.3　IRF 基本参数快速配置

在 IRF 组建成功并且正常运行过程中，也可根据需要调整 IRF 配置。此时又有快速配置和分别配置两种方式。其中，快速配置方式仅适用于 IRF 基本参数的配置，分别配置方式不仅包括 IRF 基本参数，还可以进行各方面的 IRF 配置。本节仅介绍 IRF 基本参数的快速配置方式。

使用 IRF 模式的快速配置功能时，用户可以通过一条命令配置 IRF 的基本参数，包括新成员编号、域编号、绑定物理端口，简化了配置步骤，达到快速配置 IRF 的效果。

在配置该功能时，主要有以下两种方式。

① 交互模式：用户输入 **easy-irf** 命令进入，在交互过程中输入具体参数的值。

② 非交互模式，在输入命令行时，直接指定所需参数的值。

两种方式的配置效果相同，如果用户对本功能不熟悉，则建议使用交互模式。

【注意】配置时，需要注意以下事项。

① 如果给成员设备指定新的成员编号，该成员设备会立即自动重启，以使新的成员编号生效。

② 多次使用该功能，修改域编号/优先级/IRF 物理端口时，域编号和优先级的新配置覆盖旧配置，IRF 物理端口的配置会新旧进行叠加。如果需删除旧的 IRF 物理端口配置，则需要在 IRF 端口视图下，执行 **undo port group interface** 命令。一个 IRF 端口最多可绑定 16 个 IRF 物理端口。

③ 在交互模式下，为 IRF 端口指定物理端口时，要确保接口类型和接口编号之间不能有空格，不同物理接口之间用英文逗号分隔，逗号前后不能有空格。

IRF 模式 IRF 参数快速配置是在系统视图下通过 **easy-irf** [**member** *member-id* [**renumber** *new-member-id*] **domain** *domain-id* [**priority** *priority*] [**irf-port1** *interface- list1*] [**irf-port2** *interface-list2*]]命令进行，当不带任何可选参数和选项时，执行的交互模式配置方式。

① **member** *member-id*：表示设备当前的成员编号，集中式设备的取值为 1～10，分布式设备的取值为 1～4。

② **renumber** *new-member-id*：表示新成员编号，集中式设备的取值为 1～10，分布式设备的取值为 1～4。如果给成员设备指定新的成员编号，该成员设备会立即自动重启，以使新的成员编号生效。如果不指定该参数，则表示不修改成员编号。

③ **domain** *domain*-id：表示设备所属的 IRF 域编号，取值为 0～4294967295。同一 IRF 中的成员设备应配置相同的域编号。

④ **priority** *priority*：表示 IRF 成员的优先级，取值为 1～32。优先级值越大表示优先级越高，优先级高的设备竞选时，成为 Master 的可能性越大。

⑤ **irf-port1** *interface-list1* **irf-port2** *interface-list2*：分别表示与 IRF 端口 1、IRF 端口 2 绑定的 IRF 物理端口。表示方式为 *interface-list* = { *interface-type interface-number* }&<1-16>。其中，*interface-type interface-number* 表示接口类型和接口编号。&<1-16>表示前面的参数最多可以输入 16 次。一个物理端口只能与一个 IRF 端口绑定。

4.3.4 IRF 模式下 IRF 配置

在 IRF 运行过程中，可能仍然会要求修改某成员设备的某些 IRF 基本参数或添加新的 IRF 功能，此时就需要在 IRF 模式下进行配置。在 IRF 模式下，除了可以采用上节介绍的快速配置方式，即通过一条命令对 IRF 基本参数进行集中配置，还可以使用分别配置方式，对以下各项 IRF 功能分别配置。IRF 模式下 IRF 的配置步骤见表 4-2。

表 4-2　IRF 模式下 IRF 的配置步骤

步骤	命令	说明
1	**system-view**	进入系统视图
2	**irf member** *member-id* **description** *text* 例如，[Sysname] **irf member** 1 **description** irfmaster	（可选）配置 IRF 中指定成员设备的描述信息。 • *member-id*：指定设备在 IRF 中的成员编号。 • *text*：设置设备的描述信息，为 1～127 个字符的字符串。 默认情况下，未配置成员设备的描述信息
3	**irf mode** { **light** | **normal** } 例如，[Sysname] **irf mode light**	（可选）配置 IRF 模式，**仅分布式设备支持**。 • **light**：二选一选项，指定组建小型模式 IRF，**只支持 2 台设备组建 IRF**，且成员编号只能为 1 或 2，但设备启动速度较快。 • **normal**：二选一选项，指定组建标准模式 IRF，支持 4 台设备组建 IRF。 默认情况下，IRF 模式为 normal
4	**irf member** *member-id* **renumber** *new-member-id* 例如，[Sysname] **irf member** 1 **renumber** 2	修改 IRF 中指定成员设备的成员编号。 • *member-id*：指定要修改成员编号的设备在 IRF 中的原成员编号，不同型号设备的取值范围不同，集中式设备的取值为 1～10，分布式设备的取值为 1～4。 • *new-member-id*：指定修改后的成员编号，不同型号设备的取值范围不同，集中式设备的取值为 1~10，分布式设备的取值为 1～4。 **本命令的配置需要重启对应成员设备才能生效。** 默认情况下，设备切换到 IRF 模式后，使用的是独立运行模式下预配置的成员编号
5	**irf member** *member-id* **priority** *priority* 例如，[Sysname] **irf member** 2 **priority** 32	配置 IRF 中指定成员设备的优先级。 • *member-id*：指定要修改成员优先级的设备在 IRF 中的成员编号，不同型号设备的取值范围不同，集中式设备的取值为 1～10，分布式设备的取值为 1～4。 • *priority*：指定修改后的成员优先级值，取值为 1～32，其值越大，表示优先级越高，优先级高的设备竞选时，成为主设备的可能性越大。 本命令的配置会影响成员设备在下一次选择中的角色，但不会触发选择。 默认情况下，设备的成员优先级均为 1
6	配置 IRF 端口，与独立运行模式下的配置方法一样，参见表 4-1	
7	**irf mac-address** *mac-address* 例如，[Sysname] **irf mac-address** c4ca-d9e0-8c3c	（可选）配置 IRF 的桥 MAC 地址，H-H-H 形式，不支持组播 MAC 地址、全 0、全 F 的 MAC 地址，且必须在所处二层网络中唯一。在配置时，每段开头的“0”可以省除，例如，输入“f-e2-1”即表示输入的 MAC 地址为“000f-00e2-0001”。**本命令部分机型支持** 当您需要使用新搭建的 IRF 设备整体替换网络中原有的 IRF 设备时，可以将新搭建 IRF 的桥 MAC 配置为与待替换 IRF 设备一致，以减少替换工作引起的业务中断时间。 配置本命令后，IRF 的桥 MAC 始终为本命令指定的桥 MAC。未配置本命令时，IRF 会选用某成员设备的桥 MAC 作为 IRF 的桥 MAC 地址。两个 IRF 合并后，IRF 的桥 MAC 为竞选优胜的一方的桥 MAC。 默认情况下，IRF 的桥 MAC 地址是主设备的桥 MAC 地址

续表

<table>
<tr><th>步骤</th><th>命令</th><th colspan="2">说明</th></tr>
<tr><td rowspan="3">8</td><td>irf mac-address persistent always
例如，[Sysname] irf mac-address persistent always</td><td rowspan="3">配置 IRF 的桥 MAC 保留时间。默认情况下，IRF 的桥 MAC 地址保留时间为永久保留</td><td>（三选一）配置 IRF 的桥 MAC 会永久保留，无论 IRF 桥 MAC 拥有者是否离开 IRF，IRF 桥 MAC 始终保持不变</td></tr>
<tr><td>irf mac-address persistent timer
例如，[Sysname] irf mac-address persistent timer</td><td>（三选一）配置 IRF 的桥 MAC 的保留时间为 6 分钟。当 IRF 桥 MAC 地址拥有者离开 IRF 时，IRF 桥 MAC 地址在 6 分钟内不变化，即当 IRF 桥 MAC 地址拥有者离开 IRF 后，在 6 分钟内又重新加入 IRF，则 IRF 桥 MAC 地址不会变化，否则，会使用 IRF 当前主设备的桥 MAC 地址作为 IRF 桥 MAC 地址</td></tr>
<tr><td>undo irf mac-address persistent
例如，[Sysname] undo irf mac-address persistent</td><td>（三选一）配置 IRF 的桥 MAC 不保留，会立即变化。当使用 ARP MAD/ND MAD 和 MSTP 组网时，需要将 IRF 配置为 MAC 地址立即改变。有关 MAD 的配置将在 4.4 节介绍。

【注意】当使用链型拓扑搭建 IRF，且 IRF 与其他设备之间有聚合链路存在时，如果需要重启主设备，则请不要使用本命令配置 IRF 的桥 MAC 立即变化，否则，可能会导致数据传输的延时甚至丢包。

当 IRF 设备上存在跨成员设备的聚合链路时，请不要使用本命令配置 IRF 的桥 MAC 立即变化，否则，可能会导致流量中断</td></tr>
<tr><td>9</td><td>irf-port global load-sharing mode { destination-ip | destination-mac | ingress-port | source-ip | source-mac } *
例如，[Sysname] irf-port global load-sharing mode destination-mac</td><td>默认情况下，不同业务板上的 IRF 链路负载分担模式不同。多次执行同一命令配置不同负载分担模式时，以最新的配置为准</td><td>（二选一）全局配置 IRF 链路的负载分担模式，对所有 IRF 链路生效。

• destination-ip：可多选选项，指定按报文的目标 IP 地址进行负载分担。
• destination-mac：可多选选项，指定按报文的目标 MAC 地址进行负载分担。
• ingress-port：可多选选项，指定按报文的入端口号（TCP 或 UDP 端口号）进行负载分担。仅适用于由分布式交换机搭建的 IRF。
• source-ip：可多选选项，指定按报文的源 IP 地址进行负载分担。
• source-mac：可多选选项，指定按报文的源 MAC 地址进行负载分担。

在配置负载分担模式前，请先将 IRF 端口和 IRF 物理端口绑定。否则，负载分担模式将配置失败。

默认情况下，集中式设备 IRF 链路通过报文类型来进行负载分担，分布式设备中不同业务板上的 IRF 链路负载分担模式不同</td></tr>
</table>

续表

步骤	命令	说明
9	① **irf-port** *member-id/irf-port-number* ② **irf-port load-sharing mode** { **destination-ip** | **destination-mac** | **ingress-port** | **source-ip** | **source-mac** } * 例如， [Sysname] **irf-port** 1/1 [Sysname-irf-port1/1] **irf-port load-sharing mode destination-mac**	默认情况下，不同业务板上的 IRF 链路负载分担模式不同。 多次执行同一命令配置不同负载分担模式时，以最新的配置为准 （二选一）在 IRF 端口下配置 IRF 链路的负载分担模式。各选项说明参见全局 IRF 链路的负载分担配置命令。 在 IRF 端口视图下的配置只对当前 IRF 端口下的 IRF 链路生效。IRF 链路会优先采用端口下的配置。如果端口下没有配置，则采用全局配置。 默认情况下，集中式设备 IRF 端口使用全局 IRF 链路负载分担模式，分布式设备中不同业务上的 IRF 链路负载分担模式不同
10	**irf auto-merge enable** 例如，[Sysname] **irf auto-merge enable**	（可选）开启 IRF 合并自动重启功能，**仅分布式设备支持。** 如果没有开启 IRF 合并自动重启功能，则合并过程中的重启需要用户根据系统提示手工完成。如果要使 IRF 合并自动重启功能正常运行，则须在待合并的各 IRF 上都开启 IRF 合并自动重启功能。 默认情况下，IRF 合并自动重启功能处于开启状态，即两台 IRF 合并时，竞选失败方会自动重启
11	**irf auto-update enable** 例如，[Sysname] **irf auto-update enable**	（可选）开启 IRF 系统启动文件的自动加载功能。 开启启动文件自动加载功能后，当新加入 IRF 的设备和主设备的软件版本不同时，新加入的设备会自动同步主设备的软件版本，再重新加入 IRF。为了能够成功进行自动加载，请确保从设备存储介质上有足够的空闲空间存放 IRF 的启动文件。 默认情况下，IRF 系统启动文件的自动加载功能处于开启状态
12	**irf isolate member** *member-id* 例如，[Sysname] **irf isolate member** 2	（可选）隔离未使用的 IRF 成员编号，**仅分布式设备支持。** IRF 成员设备在接收到包含被隔离编号的报文时，将直接丢弃该报文。 默认情况下，未对任何成员编号进行隔离。 **【注意】**成员编号被隔离后，使用该编号的成员设备会离开 IRF，并且以后也无法加入 IRF，请在配置前谨慎确认需要隔离的编号。如果后续需要扩充 IRF，则需先执行 **undo irf isolate member** 命令，恢复被隔离的成员编号给新加入的成员设备使用

1. 配置成员设备的描述信息

当网络中存在多个 IRF 或者同一 IRF 中存在多台成员设备时，可为各成员设备配置描述信息，主要用于成员设备的标识。例如当成员设备的物理位置比较分散（如在不同楼层甚至位于不同的建筑物）时，为了确认成员设备的物理位置，在组建 IRF 时，可以将物理位置设置为成员设备的描述信息，以便后期维护。

2. 配置 IRF 模式

本项功能仅适用于由分布式设备组建的 IRF。IRF 模式支持的配置主要包括以下两种。

① light：表示小型模式。小型模式支持的成员设备数量较少，设备启动速度较快。小型模式下，只支持 2 台设备组成 IRF，且成员编号只能为 1 或 2。

② normal：表示标准模式。标准模式下，支持 4 台设备组成 IRF。

各成员设备上 IRF 模式的配置应保持一致，否则，这些设备无法组成 IRF。修改 IRF 模式前，请确保成员设备数量小于等于即将配置的模式支持的数量。

3. 配置成员编号

4. 配置成员优先级

5. 配置 IRF 端口

6. 配置 IRF 的桥 MAC 地址

桥 MAC 地址（也即设备的 CPU MAC 地址）是设备作为交换机与外界通信时使用的 MAC 地址。一些二层协议（例如 LACP）会使用桥 MAC 地址标识不同设备，因此，**网络上的交换设备必须具有唯一的桥 MAC 地址**。如果网络中存在桥 MAC 地址相同的设备，则会引起桥 MAC 地址冲突，从而导致通信故障。

IRF 作为一台虚拟设备与外界通信，也具有唯一的桥 MAC 地址，称为 IRF 桥 MAC 地址。**通常情况下，IRF 使用 Master 的桥 MAC 地址作为 IRF 桥 MAC 地址**。这台主设备称为 IRF 桥 MAC 地址拥有者。当桥 MAC 地址拥有者离开 IRF 后，IRF 可以继续使用该桥 MAC 地址的时间，超期后，系统会使用 IRF 中当前主设备的桥 MAC 地址作为 IRF 的桥 MAC 地址。

当 IRF 合并时，桥 MAC 地址的处理方式如下。

① 如果有成员设备的桥 MAC 地址相同，则它们不能合并为一个 IRF。但 IRF 的桥 MAC 地址不受此限制，只要成员设备自身桥 MAC 地址唯一即可。

② IRF 合并后，IRF 的桥 MAC 地址为竞选获胜的一方的桥 MAC 地址。

7. 配置 IRF 链路的负载分担模式

当一个 IRF 端口与多个 IRF 物理端口绑定时，IRF 设备之间就会存在多条 IRF 链路。通过改变 IRF 链路负载分担的模式，可以灵活地实现成员设备间流量的负载分担。用户可以指定系统按照报文携带的 IP 地址、MAC 地址、入端口（传输层端口）号等信息之一或其组合来选择所采用的负载分担类型。

可以通过全局配置（在系统视图下）和端口下（在 IRF 端口视图下）配置的方式设置 IRF 链路的负载分担模式。全局配置对所有 IRF 端口生效，IRF 端口配置只对当前 IRF 端口下的 IRF 链路生效。

8. 开启 IRF 合并自动重启功能

IRF 合并时，两台 IRF 会遵照角色选择的规则进行竞选，竞选失败方 IRF 的所有成员设备需要重启才能加入获胜方 IRF。如果没有开启 IRF 合并自动重启功能，则合并过程中的重启，需要用户根据系统提示手工完成，否则，合并过程中的重启由系统自动完成。

9. 开启启动文件的自动加载功能

如果新设备或新主控板加入 IRF，并且新设备/新主控板的软件版本和全局主用主控板的软件版本不一致，则新设备/新主控板不能正常启动。此时存在以下两种情况。

① 如果没有使能启动文件的自动加载功能，则需要用户手工升级新设备/新主控板后，再将新设备/新主控板加入 IRF，或者在主设备上使能启动文件的自动加载功能，断电重启新设备/新主控板，让新设备/新主控板重新加入 IRF。

② 如果已经使能了启动文件的自动加载功能，则新设备/新主控板加入 IRF 时，会与全局主用主控板的软件版本号进行比较，如果不一致，则自动从全局主用主控板下载启动文件，然后使用新的系统启动文件重启，重新加入 IRF。如果新下载的启动文件与原有启动文件重名，则原有启动文件会被覆盖。

10. 隔离成员设备

IRF 建立之后，成员设备在处理需要通过其他成员转发的报文时，需要在该报文中添加自身的成员编号，然后通过 IRF 链路发送给目标成员设备。

在某些情况下，跨成员设备转发的报文中会携带错误的成员编号，例如由于 IRF 连接所使用的光模块、光纤或电缆的质量问题而产生误码。如果成员设备接收的报文中携带的成员编号在本设备支持的编号范围内，但在当前 IRF 中并未使用，则将导致该报文的泛洪式转发，甚至引起 IRF 拓扑的震荡。

为了避免上述情况，可以在 IRF 中将未使用的成员编号进行隔离，IRF 成员设备在接收到包含被隔离编号的报文时，将直接丢弃该报文。

以上 IRF 配置完成后，就可以进行 IRF 连接，完成 IRF 连接后，即可进行 IRF 登录访问。IRF 的访问方式如下。

① 本地登录：通过任意成员设备的 Console 登录。

② 远程登录：给任意成员设备的任意三层接口配置 IP 地址，并且路由可达，就可以通过 telnet、SSH、SNMP 等方式进行远程登录。

不管使用哪种方式登录 IRF，实际上登录的都是主设备。主设备是 IRF 系统的配置和控制中心，在主设备上配置后，主设备会将相关配置同步给从设备，以便保证主设备和从设备配置的一致性。

可在任意视图下执行以下 **display** 命令查看配置后 IRF 的运行情况，验证配置效果。

① **display irf**：查看 IRF 中所有成员设备的相关信息。

② **display irf topology**：查看 IRF 的拓扑信息。

③ **display irf link**：查看 IRF 链路信息。

④ **display irf configuration**：查看所有成员设备上重启以后生效的 IRF 配置。

⑤ **display irf-port load-sharing mode** [**irf-port** [*member-id*/*port-number*]]：查看 IRF 链路的负载分担模式。

⑥ **display mad** [**verbose**]：查看 MAD 配置信息。

4.4 IRF MAD（多主检测）

IRF 链路故障会导致一个 IRF 变成两个甚至多个新的 IRF。因为这些新 IRF 的配置文件相同，拥有相同的 IP 地址等，所以在分裂后的 IRF 会引起地址冲突（称之为多 Active

冲突），导致故障在网络中扩大。

因此，为了提高系统的可用性就需要一种机制，当 IRF 分裂时，能够快速检测出网络中同时存在多个 IRF，并进行相应的处理，以尽量降低因 IRF 分裂带来的业务影响。多主检测（Multi-Active Detection，MAD）就是这样一种检测和处理机制，能够提供分裂检测、冲突处理和故障恢复能力。

4.4.1 4 种 MAD 检测方式

设备目前支持的 MAD 检测方式包括链路聚合控制协议（Link Aggregation Control Protocol，LACP）MAD 检测、双向转发检测（Bidirectional Forwarding Detection，BFD）MAD 检测、地址解析协议（Address Resolution Protocol，ARP）MAD 检测和邻居发现（Neighbor Discovery，ND）MAD 检测 4 种。

4 种 IRF MAD 检测方式比较见表 4-3，用户可以根据现有组网情况进行选择。但需要说明的是，LACP MAD 和 ARP MAD、ND MAD 不要同时配置；BFD MAD 和 ARP MAD、ND MAD 不要同时配置。

表 4-3　4 种 IRF MAD 检测方式比较

MAD 检测方式	优势	限制	适用组网
LACP MAD	• 检测速度快。 • 利用现有聚合组网即可实现，不需要占用额外接口	需要使用 H3C 设备（支持扩展 LACP 报文）作为中间设备	IRF 使用聚合链路和上行设备或下行设备连接
BFD MAD	• 检测速度较快。 • 可使用或不使用中间设备，使用中间设备时，不要求中间设备必须为 H3C 设备	需要专用的物理链路和三层接口，这些接口不能再传输普通业务流量	对组网没有特殊要求，但如果不使用中间设备，则仅适用于成员设备少（建议仅 2 台成员设备时使用），并且物理距离比较近的组网环境
ARP MAD	• 可使用或不使用中间设备，使用中间设备时，不要求中间设备必须为 H3C 设备。 • 不需要占用额外接口	• 检测速度慢于 LACP MAD 和 BFD MAD。 • 使用以太网端口实现 ARP MAD 时，必须和生成树协议配合使用	使用以太网端口实现 ARP MAD 时，适用于使用生成树，没有使用链路聚合的 IPv4 组网环境
ND MAD	同 ARP MAD	• 检测速度慢于 LACP MAD 和 BFD MAD。 • 使用以太网端口实现 ND MAD 时，必须和生成树协议配合使用	使用以太网端口实现 ND MAD 时，适用于使用生成树，没有使用链路聚合的 IPv6 组网环境

本节仅介绍 IPv4 组网环境中适用的 LACP MAD、BFD MAD 和 ARP MAD 的 IRF MAD 检测原理及配置方法。

4.4.2 MAD 故障恢复原理

IRF 链路故障会将一个 IRF 分裂为两个甚至多个 IRF，从而导致多 Active 冲突。当系统检测到多 ActiveID 冲突后，冲突的 IRF 之间会进行工作状态竞选，**Master 的成员**

编号最小的获胜，保持 Active 状态，继续正常运行；竞选失败的 IRF 会转入 Recovery（恢复）状态，各接口均不能转发业务报文。

此时通过修复 IRF 链路，可以恢复 IRF 系统（设备会尝试自动修复 IRF 链路，如果修复失败的话，则需要用户手工修复）。IRF 链路修复后，处于 Recovery 状态的 IRF 会自动重启，从而与处于 Active 状态的 IRF 重新合并为一个 IRF，原 Recovery 状态 IRF 中被强制关闭的业务接口会自动恢复到真实的物理状态。

【说明】 IRF 系统在进行多 Active 处理的时候，默认情况下，会关闭处于 Recovery 状态设备上的所有业务接口。如果某接口有特殊用途需要保持 up 状态（例如 telnet 登录接口等），则可以在系统视图下通过 **mad exclude interface** *interface-type interface-number* 命令配置为保留接口。可以为每个成员设备配置所需的保留接口。

IRF 链路故障下的 MAD 故障恢复示意如图 4-9 所示，原来 SW1 和 SW2 两台交换机组建了一个 IRF，现因它们之间的 IRF 链路出现了故障，导致原来的一个 IRF 分裂成两个 IRF（假设为 IRF1 和 IRF2）。两个 IRF 的 Master 分别为 SW1、SW2。如果 SW1 的成员编号小于 SW2 的成员编号，则此时 IRF1 为 Active 状态，继续承担业务报文转发任务，IRF2 为 Recovery 状态，SW2 连接上下行 IP 网络的各物理接口被强制关闭，不能转发业务报文。当 SW1 和 SW2 之间的 IRF 链路修复后，处于 Recovery 状态的 IRF2 会自动重启，加入 IRF1，并且 SW2 上原来被强制关闭的各物理接口也恢复到正常启用状态，恢复业务报文转发能力。

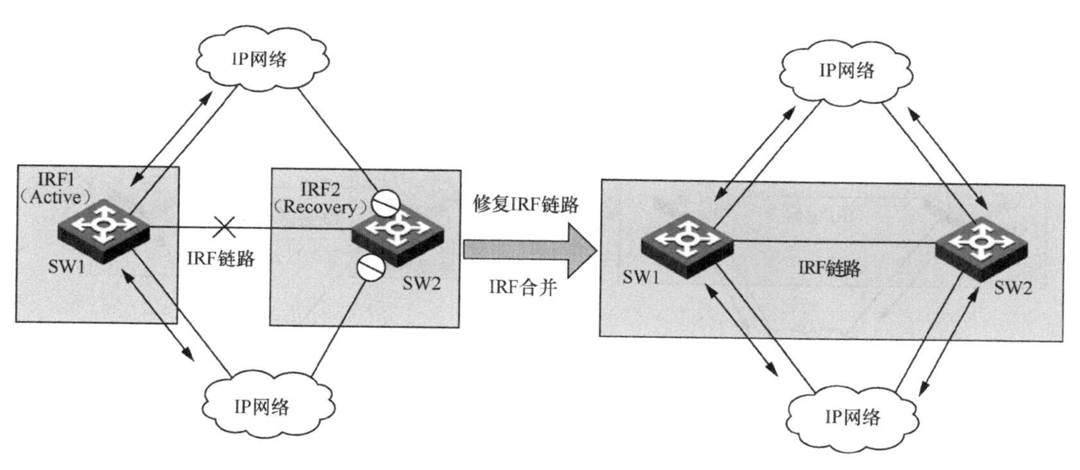

图 4-9　IRF 链路故障下的 MAD 故障恢复示意

如果在 IRF 链路修复之前，处于 Active 的 IRF 也出现故障（原因可能是设备故障或者上下行链路出现故障），则可以在处于 Recovery 状态的 IRF 上执行 **mad restore** 命令，先让其恢复到正常工作状态（不需要重启）接替出现故障的 IRF 的工作，然后再修复出现故障的 IRF 和 IRF 链路。完成修复工作后，两个 IRF 再进行合并。此时，双方将通过比较各自 Master 的成员设备优先级的方式进行竞选合并后的 Master，成员设备优先级高的 Master 所在 IRF 获胜，保持正常工作状态，竞选失败的 Master 所在 IRF 中的所有设备将自动重启并加入获胜方 IRF，完成 IRF 合并过程，整个 IRF 系统恢复。

【说明】 在 IRF 分裂后，处于 Recovery 状态的 IRF 成员设备除了保留接口外的其他所有物理接口均将关闭，同时会自动进行 MAD 故障恢复，恢复处于 Recovery 状态的成员设备。如果不能自动恢复，则可以通过在系统视图下执行 **mad restore** 命令恢复，使多个分裂的 IRF 重新合并成一个 IRF，以便保证业务尽量少受影响。

在图 4-9 中，如果在 IRF 链路修复之前 IRF1 出现物理故障，则可在处于 Recovery 状态的 IRF2 上手动执行 **mad restore** 命令，使其不用重启恢复到正常工作的 Active 状态（上下行接口重新启用），以接替出现故障的 IRF1 的业务报文转发工作。IRF 链路故障与 Active 状态的 IRF 故障下的 MAD 故障恢复示意如图 4-10 所示。

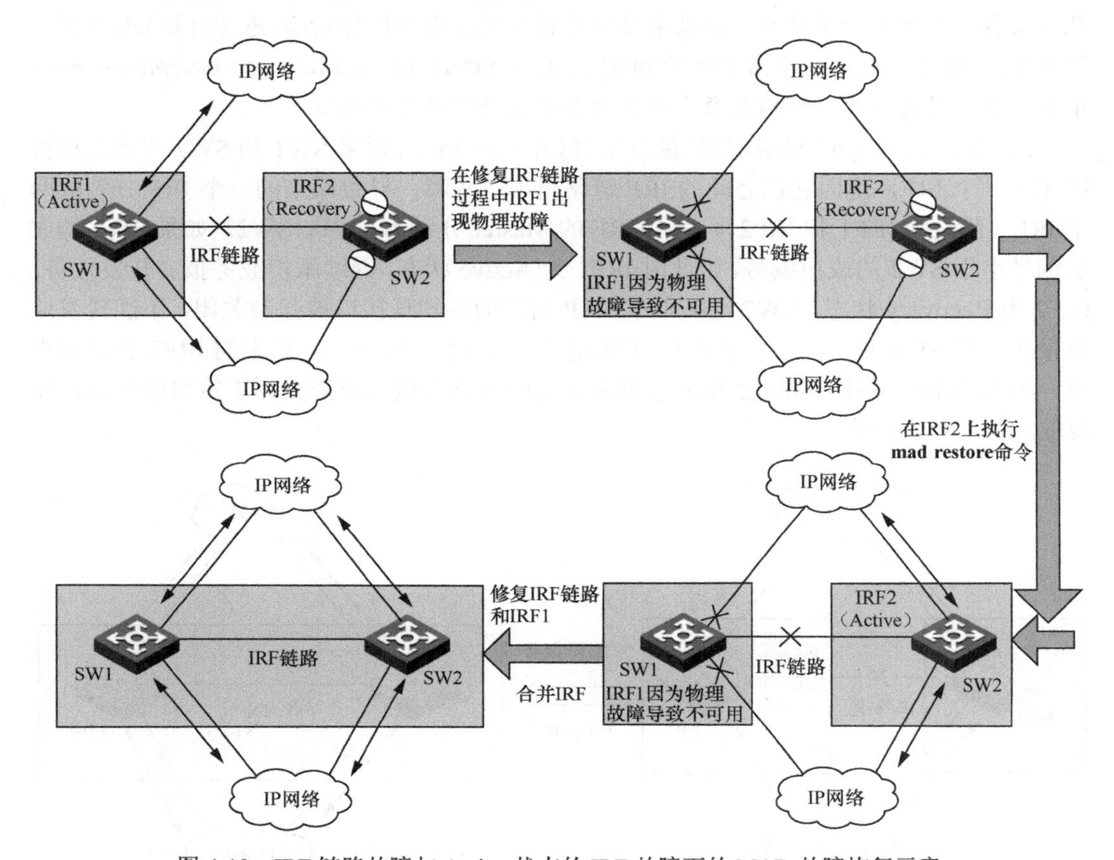

图 4-10　IRF 链路故障与 Active 状态的 IRF 故障下的 MAD 故障恢复示意

在修复出现故障的 IRF1 和 SW1 与 SW2 之间的 IRF 链路后，IRF1 和 IRF2 会进行合并。先通过比较 IRF1 和 IRF2 中 Master 的成员设备优先级，成员设备优先级高的 Master（如 IRF1 中的 SW1）将成为合并后的 IRF 的 Master，保持正常工作状态，竞选失败的 Master（如 IRF2 中的 SW2）所在 IRF（即原来的 IRF2）中的所有设备将自动重启并加入获胜方 IRF，完成两个 IRF 的合并过程，恢复到原来的整个 IRF 系统。

4.4.3　LACP MAD 检测原理及配置

LACP MAD 检测是通过在 LACP 报文中添加一个携带 IRF 的 DomainID（域编号）和 ActiveID（Master 编号）内容的新的类型/长度/值（Type/Length/Value，TLV）实现的。

此类 LACP 报文称之为扩展 LACP 报文，携带有 IRF 域 ID 和 ActiveID 的扩展 LACP 报文示例如图 4-11 所示，一个携带有 IRF 域 ID（图 4-11 中的“IRF Domain”字段）和 ActiveID（图 4-11 中的“IRF MAC”字段）的扩展 LACP 报文。

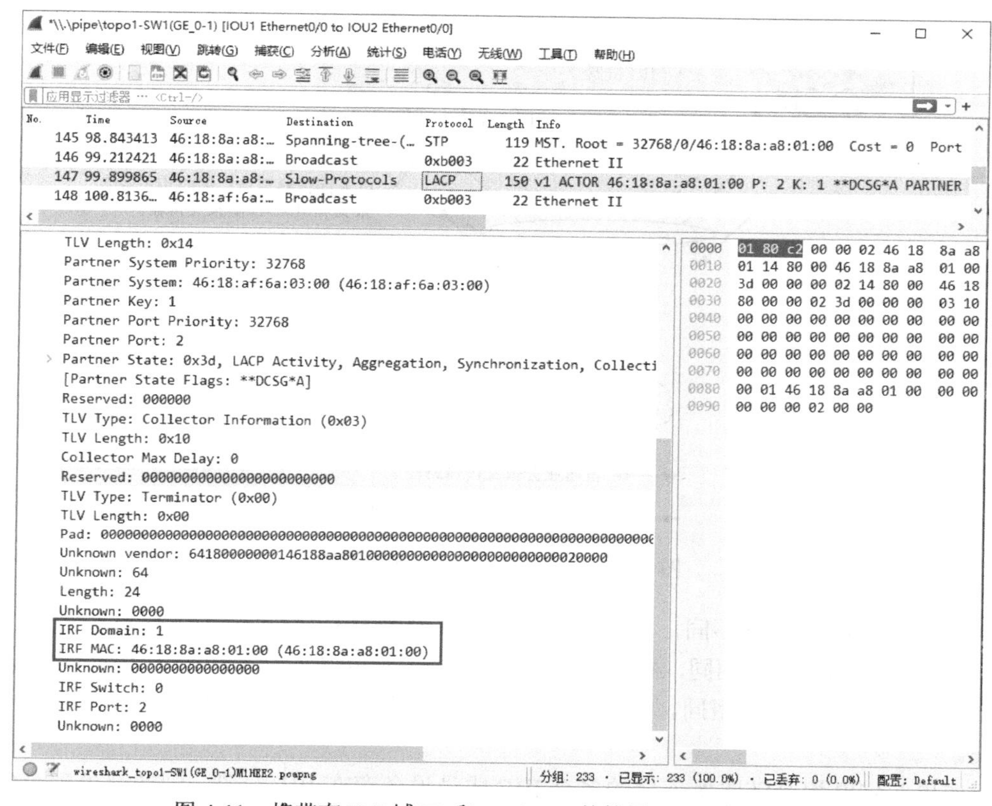

图 4-11　携带有 IRF 域 ID 和 ActiveID 的扩展 LACP 报文示例

不同的 IRF 需要配置不同的 DomainID，如果网络中存在两个 DomainID 相同，而 ActiveID 不同的 IRF 时，则证明这两个 IRF 是由同一个 IRF 分裂得到的。要在 IRF 成员设备间交互 LACP 报文，必须要有与 IRF 成员设备建立 LACP 动态以太网链路聚合的设备（称为“中间设备”），**因此，LACP MAD 检测方式需要使用支持 LACP 扩展功能的 H3C 设备作为中间设备**。LACP MAD 检测组网结构如图 4-12 所示。其中，每个 IRF 成员设备都需要连接到中间设备（Device），各成员设备连接中间设备的链路要加入二层或三层 LACP 动态以太网链路聚合组。

1. LACP MAD 检测原理

在 IRF 和中间设备上均配置 LACP 动态以太网链路聚合，并在 IRF 的动态聚合接口上使能 LACP MAD 检测后，成员设备通过扩展 LACP 报文和其他成员设备交互 DomainID 和 ActiveID 信息，然后得出以下相应检测结果。

当成员设备收到扩展 LACP 报文后，先与自己所在的 IRF 比较 DomainID，DomainID 相同时再比较它们的 ActiveID。同一个 IRF，或者是由同一个 IRF 分裂得到的子 IRF 的 DomainID 相同。判断是否发生了多 Active 冲突的规则如下。

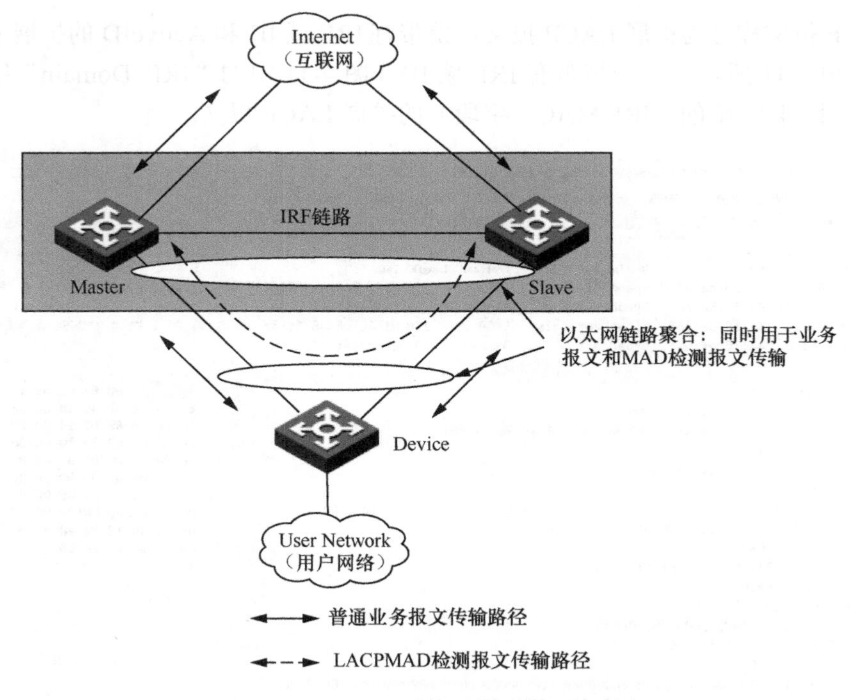

图 4-12 LACP MAD 检测组网结构

① 如果 DomainID 不同，则认为报文来自不同的 IRF，不再进行 MAD 处理。

② 如果 DomainID 相同，ActiveID 也相同，则表示 IRF 正常运行，没有发生多 Active 冲突；如果 DomainID 相同，但 ActiveID 不同，则表示 IRF 分裂，检测到多 Active 冲突。

如果 LACP 聚合链路所连接的多个 IRF 成员设备存在 IRF 分裂，则冲突处理会先比较两个 IRF 中成员设备的数量：成员设备数量多的 IRF 处于 Active 状态，继续正常工作；成员设备数量少的迁移到 Recovery 状态（即恢复状态）。如果 IRF 中的成员设备数量相等，则 Master 成员编号小的 IRF 处于 Active 状态，继续正常工作，其他的 IRF 迁移到 Recovery 状态。

迁移到 Recovery 状态的 IRF 会关闭除了保留端口的其他所有成员设备的物理端口，以保证该 IRF 不能再转发业务报文。默认情况下，只有 IRF 物理端口是保留端口，如果要保留其他端口，则可通过 **mad exclude interface** 命令配置。

2. LACP MAD 检测配置

LACP MAD 检测方式包括的配置任务如下。

① 创建二层或层动态聚合接口（中间设备上也需要进行该项配置）。

② 在 IRF 的动态聚合接口下使能 LACP MAD 检测功能。

③ 给动态聚合组添加成员端口（中间设备上也需要进行该项配置）。

从以上配置任务可以看出，与 IRF 的配置相比，中间设备无须在动态聚合接口下使能 LACP MAD 检测功能，其他的配置方法与其一样。

IRF 上 LACP MAD 检测的配置步骤见表 4-4。

表 4-4　IRF 上 LACP MAD 检测的配置步骤

步骤	命令	说明
1	**system-view**	进入系统视图
2	**interface bridge-aggregation** *interface-number* 例如，[Sysname] **interface bridge-aggregation** 1	（二选一）创建并进入二层聚合接口视图
	interface route-aggregation *interface-number* 例如，[Sysname] **interface route-aggregation** 1	（二选一）创建并进入三层聚合接口视图
3	**link-aggregation mode dynamic** 例如，[Sysname-Bridge-Aggregation1] **link-aggregation mode dynamic**	配置聚合组工作在动态聚合模式下。 默认情况下，聚合组工作在静态聚合模式下
4	**mad enable** 例如，[Sysname-Bridge-Aggregation1] **mad enable**	使能 LACP MAD 检测功能。**中间设备上不需要配置**。 默认情况下，LACP MAD 检测未使能
5	**quit**	退回系统视图
6	**interface** *interface-type interface-number* 例如，[Sysname] **interface** gigabitethernet 1/0/1	进入作为聚合组成员的二层或三层以太网端口的接口视图
7	**port link-aggregation group** *number* 例如，[Sysname-GigabitEthernet1/0/1] **port link-aggregation group** 1	将以上以太网端口加入聚合组

4.4.4　LACP MAD 检测配置示例

LACP MAD 检测配置示例的拓扑结构如图 4-13 所示，由于公司人员激增，接入层的 SW1 交换机提供的端口数目已经不能满足 PC 的接入需求，所以需要在保护现有结构基础上扩展端口接入数量。现采用新增的一台交换机（SW2），并与 SW1 一起构建 IRF。同时，为了及时检测 IRF 分裂故障，采用 LACP MAD 检测方案，其中，SW10 作为 LACP MAD 检测的中间设备。

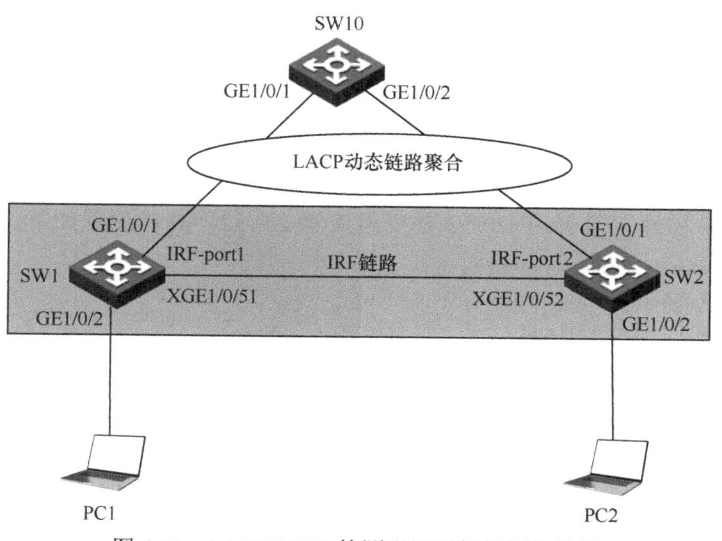

图 4-13　LACP MAD 检测配置示例的拓扑结构

1．配置思路分析

本示例仅有两台交换机构建 IRF，现采用独立运行模式下进行 IRF 预配置（当然也可以采用 IRF 模式配置方式），然后在 IRF 和中间设备上分别配置 LACP 动态链路聚合，并在 IRF 上的动态链路聚合接口上使能 MAD 检测功能。

2．具体配置步骤

① 配置 SW1 和 SW2 的 IRF 成员编号和 LACP 的系统优先级，使 SW1 成为 Master。

修改新加入的 SW2 的成员编号为 2，SW1 的成员编号保持默认值 1，修改 SW1 的 LACP 系统优先级为 32，高于保持默认优先级配置的 SW2，最终使 SW1 成为 IRF Master。

- SW1 上的具体配置如下。

```
<H3C> system-view
[H3C] sysname SW1
[SW1] irf member 1 priority 32   #---修改 SW1 的 LACP 系统优先级值为 32
```

- SW2 上的配置

修改 IRF 成员编号后，然后重启 SW2，使修改的成员编号生效，具体配置如下。

```
<H3C> system-view
[H3C] sysname SW2
[SW2] irf member 1 renumber 2   #---修改 SW2 的成员编号为 2
[SW2] quit
<SW2> reboot   #---重启设备
```

② 在 SW1 和 SW2 上创建并配置 IRF 端口。

在 SW1 上关闭 XGE1/0/51 端口，创建 IRF-port 1 端口，绑定 XGE1/0/51 端口；在 SW2 上关闭 XGE1/0/52 端口，创建 IRF port 2 端口，绑定 XGE1/0/52 端口。

- SW1 上的具体配置如下。

```
[SW1] interface ten-gigabitethernet 1/0/51
[SW1-Ten-GigabitEthernet1/0/51] shutdown
[SW1-Ten-GigabitEthernet1/0/51] quit
[SW1] irf-port 1/1
[SW1-irf-port1/1] port group interface ten-gigabitethernet 1/0/51
[SW1-irf-port1/1] quit
```

- SW2 上的具体配置如下。

修改了 SW2 的 IRF 成员编号后，各接口的编号中第一段也要由原来默认的 1 改为 2，例如原来的 IRF 物理端口 XGE1/0/52 要变为 XGE2/0/52，具体配置如下。

```
[SW2] interface ten-gigabitethernet 2/0/52
[SW2-Ten-GigabitEthernet2/0/51] shutdown
[SW2-Ten-GigabitEthernet2/0/51] quit
[SW2] irf-port 2/2
[SW2-irf-port2/2] port group interface ten-gigabitethernet 2/0/52
[SW2-irf-port2/2] quit
```

③ 连接 IRF 链路，激活并保存 IRF 配置。

用对应 IRF 物理端口支持的线缆连接 SW1 的 XGE1/0/51 端口和 SW2 的 XGE1/0/52（修改 SW2 的成员编号后，此时实际接口编号为 2/0/52）端口，然后重新启用这两个端口，激活并保存 IRF 配置。

- SW1 上的具体配置如下。

```
[SW1] interface ten-gigabitethernet 1/0/51
[SW1-Ten-GigabitEthernet1/0/51] undo shutdown
[SW1-Ten-GigabitEthernet1/0/51] quit
[SW1] save    #---保存配置
[SW1]irf-port-configuration active   #---激活 IRF 配置
```

- SW2 上的具体配置如下。

```
[SW2] interface ten-gigabitethernet 2/0/52
[SW2-Ten-GigabitEthernet2/0/52] undo shutdown
[SW2-Ten-GigabitEthernet2/0/52] quit
[SW2] save
[SW2]irf-port-configuration active
```

配置好后，由于 SW2 的 LACP 系统优先级低于 SW1，通过竞选，SW1 成为 Master，SW2 竞选失败，自动重启后加入 IRF。此时，SW1 的主机名将成为 IRF 的主机名，因此，SW2 重启后的主机名也为 SW1。

④ 在 IRF 和 SW10 上配置 LACP 动态链路聚合，并在 IRF 上的 LACP 动态聚合接口下使能 LACP MAD 检测功能。

在 LACP MAD 检测中，需要利用中间设备与 IRF 建立以太网聚合连接，因此，需要同时在 IRF 和中间设备（本示例中的 SW10）上配置 LACP 动态链路聚合，并在 IRF 的动态聚合接口下使能 MAD 检测功能。

- IRF 上的配置

此时 SW1 和 SW2 合二为一了，因此，可以随便在哪台设备上配置 LACP 链路聚合。

首先，在 IRF 上创建一个动态聚合接口（可以是二层的，也可以是三层的，本示例以二层链路聚合接口为例进行介绍），并使能 LACP MAD 检测功能。由于本示例中只存在一个 IRF，所以 IRF 域 ID 配置是可选的，在系统提示输入 IRF 域 ID 时，可以保持为默认值 0。然后，在聚合组中添加成员端口 GigabitEthernet1/0/1 和 GigabitEthernet2/0/1（均为连接中间设备 SW10 的端口），专用于两台 IRF 成员设备与中间设备进行 LACP MAD 检测，具体配置如下。

```
[SW1] interface bridge-aggregation 1
[SW1-Bridge-Aggregation1] link-aggregation mode dynamic
[SW1-Bridge-Aggregation1] mad enable
[SW1-Bridge-Aggregation2] quit
[SW1] interface gigabitethernet 1/0/1
[SW1-GigabitEthernet1/0/1] port link-aggregation group 1
[SW1-GigabitEthernet1/0/1] quit
[SW1] interface gigabitethernet 2/0/1
[SW1-GigabitEthernet2/0/1] port link-aggregation group 1
[SW1-GigabitEthernet2/0/1] quit
```

- SW10 上的配置

在中间设备 SW10 上也要配置动态 LACP 动态链路聚合。配置方法也是先创建一个 LACP 动态聚合组，然后聚合组中添加对应的物理端口 GigabitEthernet1/0/1 和 GigabitEthernet1/0/2，具体配置如下。

```
<H3C> system-view
[H3C] sysname SW10
```

```
[SW10] interface bridge-aggregation 1
[SW10-Bridge-Aggregation1] link-aggregation mode dynamic
[SW10-Bridge-Aggregation1] quit
[SW10] interface gigabitethernet 1/0/1
[SW10-GigabitEthernet1/0/1] port link-aggregation group 1
[SW10-GigabitEthernet1/0/1] quit
[SW10] interface gigabitethernet 1/0/2
[SW10-GigabitEthernet1/0/2] port link-aggregation group 1
[SW10-GigabitEthernet1/0/2] quit
```

3. 配置结果验证

以上配置完成后，可以对前面的 IRF 搭建和 LACP MAD 检测配置进行验证。

① 在 IRF 上执行 **display irf** 命令的输出如图 4-14 所示，从图 4-14 中可以看到，由 SW1 和 SW2 组成的 IRF 已搭建成功，并且成员编号为 1 的 SW1 为 IRF Master。

```
<SW1>display irf
MemberID    Role     Priority  CPU-Mac         Description
  *1        Master   32        4618-8aa8-0104  ---
  +2        Standby  1         4618-9d7c-0204  ---
--------------------------------------------------
 * indicates the device is the master.
 + indicates the device through which the user logs in.

 The bridge MAC of the IRF is: 4618-8aa8-0100
 Auto upgrade                : yes
 Mac persistent              : 6 min
 Domain ID                   : 0
<SW1>
```

图 4-14 在 IRF 上执行 **display irf** 命令的输出

② 在 IRF 上执行 **display mad verbose** 命令的输出如图 4-15 所示，从图 4-15 中可以看出，已启用了 LACP MAD 检测功能配置信息，LACP 动态聚合组中包括 GE1/0/1 和 GE2/0/1 两个成员端口。

```
[SW1]display mad verbose
Multi-active recovery state: No
Excluded ports (user-configured):
Excluded ports (system-configured):
  Ten-GigabitEthernet1/0/51
  Ten-GigabitEthernet2/0/52
MAD ARP disabled.
MAD ND disabled.
MAD LACP enabled interface: Bridge-Aggregation1
  MAD status                : Normal
  Member ID    Port                                   MAD status
  1            GigabitEthernet1/0/1                   Normal
  2            GigabitEthernet2/0/1                   Normal
MAD BFD disabled.
[SW1]
```

图 4-15 在 IRF 上执行 **display mad verbose** 命令的输出

③ 在 IRF 上的 XGE1/0/51 接口执行 **shutdown** 命令，关闭 SW1 上的 XGE1/ 0/51 接口，或断开 SW1 与 SW2 之间的 IRF 链路连接（但不能手动关闭 SW2 上的 XGE2/0/52 接口。这是因为该端口是作为从设备 SW2 连接主设备的唯一物理链路）。然后，分别在 SW1 和 SW2 上执行 **display irf** 命令。IRF 分裂后在 SW1 上执行 **display irf** 命令的

输出如图 4-16 所示，IRF 分裂后在 SW2 上执行 **display irf** 命令的输出如图 4-17 所示，从图 4-17 中可以看到，这两台交换机各自只包括自己的独立 IRF，且均认为自己为 Master。

```
<SW1>display irf
MemberID    Role    Priority  CPU-Mac         Description
 *+1        Master  32        4618-8aa8-0104  ---
--------------------------------------------------------
 * indicates the device is the master.
 + indicates the device through which the user logs in.

 The bridge MAC of the IRF is: 4618-8aa8-0100
 Auto upgrade                : yes
 Mac persistent              : 6 min
 Domain ID                   : 0
<SW1>
```

图 4-16　IRF 分裂后在 SW1 上执行 **display irf** 命令的输出

```
[SW1]display irf
MemberID    Role    Priority  CPU-Mac         Description
 *+2        Master  1         4618-9d7c-0204  ---
--------------------------------------------------------
 * indicates the device is the master.
 + indicates the device through which the user logs in.

 The bridge MAC of the IRF is: 4618-8aa8-0100
 Auto upgrade                : yes
 Mac persistent              : 6 min
 Domain ID                   : 0
[SW1]
```

图 4-17　IRF 分裂后在 SW2 上执行 **display irf** 命令的输出

④ 在 SW1 或 SW2 上分别执行 **display mad verbose** 命令时，会显示 LACP MAD 检测失败（Faulty），表示故障没有得到恢复。IRF 分裂后在 SW1 上执行 **display mad verbose** 命令的输出如图 4-18 所示。

```
[SW1]display mad verbose
Multi-active recovery state: No
Excluded ports (user-configured):
Excluded ports (system-configured):
  Ten-GigabitEthernet1/0/51
MAD ARP disabled.
MAD ND disabled.
MAD LACP enabled interface: Bridge-Aggregation1
  MAD status                 : Faulty
  Member ID    Port                               MAD status
  1            GigabitEthernet1/0/1               Faulty
MAD BFD disabled.
[SW1]
```

图 4-18　IRF 分裂后在 SW1 上执行 **display mad verbose** 命令的输出

此时，如果重新启用原来关闭的 SW1 上的 XGE1/0/51 接口，则 MAD 会立即对原来分裂的两个 IRF 进行合并，重新还原为原来的一个 IRF。

通过以上配置验证，可证明本示例通过前面的 IRF 配置，SW1 和 SW2 已按用户需求成功组建了一个 IRF，LACP MAD 配置也是正确的，LACP MAD 检测功能已正常启用。

4.4.5 BFD MAD 检测

BFD MAD 检测是通过 BFD 协议来实现的。BFD MAD 检测建立的是三层 BFD 链路检测，除了要在三层接口下使能 BFD MAD 检测功能，还需要在三层接口上配置 MAD IP 地址（**需要注意的是，不是普通的 IP 地址**）。**IRF 中的每个成员设备上都需要配置 MAD IP 地址，且所有成员设备的 MAD IP 地址必须属于同一 IP 网段**。MAD IP 地址用于在成员设备间建立 BFD 会话。

BFD MAD 的检测原理如下。

① 当 IRF 正常运行时，只有主设备上配置的 MAD IP 地址生效，从设备上配置的 MAD IP 地址不生效，BFD 会话处于 Down 状态。用户可使用 **display bfd session** 命令查看 BFD 会话的状态。

② 当 IRF 分裂成多个 IRF 时，不同 IRF 中主设备上配置的 MAD IP 地址均会生效，刚开始 BFD 会话被激活，但当检测到两个 IRF 的 ActiveID（即 IRF MAC 地址）相同，即发生多 Active 冲突时，BFD 会话又会变成 Down 状态。

③ 当 IRF 成员设备只有两台时，BFD MAD 检测方式可以使用或不使用中间设备；**当 IRF 成员设备超过两台时，BFD MAD 检测方式必须使用中间设备**。这是因为此时无法通过一条 BFD MAD 检测链路连接各已分裂的不同 IRF 的成员设备。此时，中间设备用于在这些已分裂的 IRF 的成员设备之间建立跨设备的三层 BFD 检测，**但中间设备不一定是 H3C 设备，也不需要支持 H3C 的 BFD MAD 检测功能**。

不使用中间设备时的 BFD MAD 检测组网结构如图 4-19 所示，两台 IRF 成员设备之间需要有一条专门的 BFD MAD 检测链路。使用中间设备的 BFD MAD 检测组网结构如图 4-20 所示，IRF 各成员设备均需要与中间设备相连，作为 BFD MAD 检测链路。

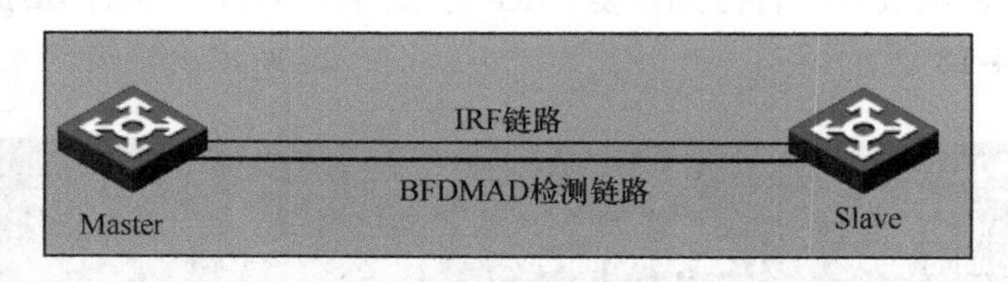

图 4-19　不使用中间设备时的 BFD MAD 检测组网结构

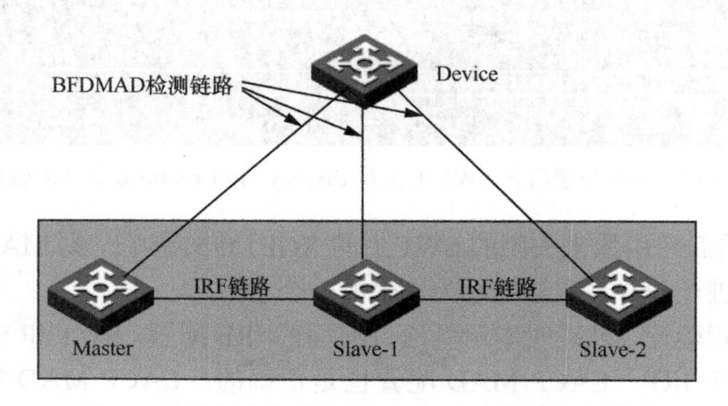

图 4-20　使用中间设备的 BFD MAD 检测组网结构

BFD MAD 检测功能可以配置在 IRF 各成员设备的以太网端口上，也可以配置在 IRF 各成员设备的管理用以太网口上。这两种方式只能选择其一。

1．使用以太网端口进行 BFD MAD 检测

使用以太网端口实现 BFD MAD 时，又有两种配置方式：一种是以 VLAN 接口作为 BFD MAD 检测的三层接口；另一种是以三层聚合接口作为 BFD MAD 检测的三层接口。用于 BFD MAD 检测的以太网端口要加入同一 VLAN 或同一三层聚合组，然后在该 VLAN 接口视图或三层聚合接口视图下使能 BFD MAD 检测功能，并给不同成员设备配置同一 IP 网段下的不同 MAD IP 地址。

在使用 VLAN 接口进行 BFD MAD 检测时，使用 VLAN 接口进行 BFD MAD 检测时的注意事项见表 4-5。使用 VLAN 接口进行 BFD MAD 检测时 IRF 上的配置步骤见表 4-6。

表 4-5　使用 VLAN 接口进行 BFD MAD 检测时的注意事项

类别	注意事项
BFD MAD 检测 VLAN	• 不允许在 VLAN1 接口上使能 BFD MAD 检测功能。 • 如果使用中间设备，需要进行以下配置。 ➢ 在 IRF 设备和中间设备上，创建专用于 BFD MAD 检测的 VLAN。 ➢ 在 IRF 设备和中间设备上，将用于 BFD MAD 检测的物理接口添加到 BFD MAD 检测专用 VLAN 中，并确保两端能正常接收和发送该 VLAN 中的数据帧。 ➢ 在 IRF 设备上，创建 BFD MAD 检测 VLAN 的 VLAN 接口，并配置 MAD IP 地址，**中间设备上不创建、不配置该 VLAN 的 VLAN 接口。** • 如果网络中存在多个 IRF，则在配置 BFD MAD 时，各 IRF 必须使用不同的 VLAN 作为 BFD MAD 检测专用 VLAN。 • 用于 BFD MAD 检测的 VLAN 接口对应的 VLAN 中只能包含 BFD MAD 检测链路上的端口。如果某个业务端口需要使用 **port trunk permit vlan all** 命令允许所有 VLAN 通过，则需要使用 **undo port trunk permit** 命令将用于 BFD MAD 的 VLAN 排除
BFD MAD 检测 VLAN 的特性限制	• 使能 BFD MAD 检测功能的 VLAN 接口及 VLAN 内的物理端口只能专用于 BFD MAD 检测，**不允许运行其他业务。** • 使能 BFD MAD 检测功能的 VLAN 接口只能配置 **mad bfd enable** 和 **mad ip address** 命令。如果用户配置了其他业务，则可能会影响该业务及 BFD MAD 检测功能的运行。**中间设备上不需要使能 BFD MAD 检测功能。** • **BFD MAD 检测功能与生成树功能互斥，在使能 BFD MAD 检测功能的 VLAN 接口对应 VLAN 内的端口上，不要开启生成树协议**
BFD MAD IP 地址	• 在 IRF 上配置 BFD MAD 检测 VLAN 接口的 IP 地址的命令是使用 **mad ip address**，而不要 **ip address** 命令，以免影响 MAD 检测功能。 • 为不同成员设备配置同一 IP 网段内的不同 MAD IP 地址

表 4-6　使用 VLAN 接口进行 BFD MAD 检测时 IRF 上的配置步骤

步骤	命令	说明
1	**system-view**	进入系统视图
2	**irf domain** *domain-id* 例如，[Sysname] **irf domain** 10	（可选）配置 IRF 域编号，取值为 0～4294967295。默认情况下，IRF 的域编号为 0

续表

步骤	命令	说明
3	**vlan** *vlan-id* 例如，[Sysname] **vlan** 10	创建一个专用于 BFD MAD 检测的 VLAN。 默认情况下，设备上只存在 VLAN1，但 VLAN1 不能用于 MAD 检测
4	**quit**	退回系统视图
5	**interface** *interface-type interface-number* 例如，[Sysname] **interface** gigabitethernet 1/0/1	进入二层以太网端口视图。该端口为指定成员设备 BFD MAD 检测链路上的二层端口，需要为各成员设备配置
6	Access 端口：**port access vlan** *vlan-id* 例如，[Sysname-GigabitEthernet1/0/1] **port access vlan** 10	将以上指定成员设备的端口加入 BFD MAD 检测专用 VLAN，需要为各成员设备配置，可根据端口的当前链路类型选择对应的配置命令。 BFD MAD 检测本身对检测端口的链路类型没有要求，只须确保链路两端可以正确发送和接收该 VLAN 中的数据帧即可。默认情况下，端口的链路类型为 Access
	Trunk 端口：**port trunk permit vlan** *vlan-id* 例如，[Sysname-GigabitEthernet1/0/1] **port trunk permit vlan** 10	
	Hybrid 端口：**port hybrid vlan** *vlan-id* {**tagged** |**untagged** } 例如，[Sysname-GigabitEthernet1/0/1] **port hybrid vlan** 10 **tagged**	
7	**quit**	退回系统视图
8	**interface vlan-interface** *interface-number* 例如，[Sysname] **interface vlan-interface** 10	进入 BFD MAD 检测专用 VLAN 接口视图
9	**mad bfd enable** 例如，[Sysname-Vlan-interface10] **mad bfd enable**	使能 BFD MAD 检测功能，不能和 LACP MAD 检测功能同时使能。默认没有使能 BFD MAD 检测功能
10	**mad ip address** *ip-address* { *mask*| *mask-length* } **member** *member-id* 例如，[Sysname-Vlan-interface10] **mad ip address** 192.168.1.10 24 **member** 2	给指定成员设备配置 MAD IP 地址。 当使用 BFD MAD 检测时，IRF 中的所有成员设备都需要配置 MAD IP 地址，这些 IP 地址与成员编号绑定，且必须为同一 IP 网段，但必须与设备上其他接口 IP 地址在不同 IP 网段。 默认情况下，没有为接口配置 MAD IP 地址

使用三层以太网聚合接口进行 BFD MAD 检测时的注意事项见表 4-7，使用聚合接口进行 BFD MAD 检测时 IRF 上的配置步骤见表 4-8。**在中间设备上，不需要配置以太网链路聚合，但要配置专用于 BFD MAD 检测的 VLAN**。

表 4-7　使用三层以太网聚合接口进行 BFD MAD 检测时的注意事项

类别	注意事项
三层聚合接口配置	• **必须使用静态聚合模式的三层聚合接口。中间设备上不需要创建聚合接口。** • 聚合成员端口的个数不能超过聚合组最大选中端口数。否则，由于超出聚合组最大选中端口数的成员端口无法成为选中端口，会使 BFD MAD 无法正常工作，工作状态显示为 Faulty
BFD MAD 检测 VLAN	• 如果使用中间设备，则须将中间设备上用于 BFD MAD 检测的物理接口添加到同一个 VLAN 中，**并允许该 VLAN 的帧不带 Tag** 通过。 • 如果设备充当多个 IRF BFD MAD 检测的中间设备，则请为各 IRF 分配不同的 VLAN

续表

类别	注意事项
BFD MAD检测VLAN	• **中间设备上用于BFD MAD检测的VLAN必须专用，不允许运行其他业务，**且该VLAN中只能包含BFD MAD检测链路上的端口，不要将其他端口加入该VLAN。当某个业务端口需要使用**port trunk permit vlan all**命令允许所有VLAN通过时，请使用**undo port trunk permit**命令将用于BFD MAD的VLAN排除
开启BFD MAD检测功能的三层聚合接口的特性限制	开启BFD MAD检测功能的三层静态聚合接口只能配置**mad bfd enable**和**mad ip address**命令。如果用户配置了其他业务，则可能会影响该业务及BFD MAD检测功能的运行
MAD IP地址	• 在用于BFD MAD检测的三层静态聚合接口下必须使用**mad ip address**命令配置MAD IP地址，而不要配置其他IP地址（包括使用**ip address**命令配置的普通IP地址、VRRP虚拟IP地址等），以免影响MAD检测功能。 • 为不同成员设备配置同一IP网段内的不同MAD IP地址

表4-8　使用聚合接口进行BFD MAD检测时IRF上的配置步骤

步骤	命令	说明
1	**system-view**	进入系统视图
2	**irf domain** *domain-id* 例如，[Sysname] **irf domain** 10	（可选）配置IRF域编号。 默认情况下，IRF的域编号为0
3	**interface route-aggregation** *interface-number* 例如，[Sysname] **interface route-aggregation** 1	创建一个三层静态聚合接口专用于BFD MAD检测
4	**quit**	返回系统视图
5	**interface** *interface-type interface-number* 例如，[Sysname] **interface** gigabitethernet 1/0/1	进入与中间设备相连的BFD链路以太网接口的接口视图
6	**port link-mode route** 例如，[Sysname-GigabitEthernet1/0/1] **port link-mode route**	把以上以太网接口转换成三层模式
7	**port link-aggregation group** *number* 例如，[Sysname-GigabitEthernet1/0/1] **port link-aggregation group** 1	将以上三层以太网接口加入BFD MAD检测专用聚合组
8	**quit**	返回系统视图
9	**interface route-aggregation** *interface-number* 例如，[Sysname] **interface route-aggregation** 1	再次进入三层静态聚合接口视图
10	**mad bfd enable** 例如，[Sysname-Route-Aggregation1] **mad bfd enable**	开启BFD MAD检测功能。 默认情况下，BFD MAD检测功能处于关闭状态
11	**mad ip address** *ip-address* { *mask* | *mask-length* } **member** *member-id* 例如，[Sysname-Route-Aggregation1] **mad ip address** 192.168.1.1 24 **member** 1	给指定成员设备配置MAD IP地址，其他说明参见表4-6中第10步。 默认情况下，未配置成员设备的MAD IP地址

2. 使用管理功能的以太网口进行BFD MAD检测

使用管理功能的以太网口（通常是接口编号最小的那个以太网端口，例如GE0/0/0）**实现BFD MAD时，必须使用中间设备，**每台成员设备都使用管理功能的以太网口和中间设备的普通以太网端口建立 BFD MAD 检测链路，**为每台成员设备的管理功能的以太网口配置 MAD IP 地址**。

在使用管理功能的以太网口进行 BFD MAD 检测时，使用管理功能的以太网口进行 BFD MAD 检测时 IRF 上的注意事项见表 4-9。使用管理功能的以太网口进行 BFD MAD 检测时 IRF 上的配置步骤见表 4-10，**需要为各成员设备的管理功能的以太网口进行配置。在中间设备上只须创建并配置用于 BFD MAD 检测的专用 VLAN**。

表 4-9 使用管理功能的以太网口进行 BFD MAD 检测时 IRF 上的注意事项

类别	注意事项
管理用以太网口	将 IRF 中所有成员设备的管理功能的以太网口连接到同一台中间设备的普通以太网端口上
BFD MAD 检测 VLAN	• 将中间设备上与 IRF 成员设备相连的端口配置在一个 VLAN 内（**IRF 设备的管理功能的以太网口不需要此配置**），**并使该 VLAN 中的数据帧以不带 Tag 发送**。 • 如果网络中存在多个 IRF，则在配置 BFD MAD 时，在中间设备上要为各 IRF 必须使用不同的 VLAN 作为 BFD MAD 检测专用 VLAN。 • 请确保中间设备上 BFD MAD 检测 VLAN 中仅包含用于 BFD MAD 检测的端口
MAD IP 地址	• 在 IRF 各成员设备的管理功能的以太网口上使用 **mad ip address** 命令配置 MAD IP 地址，不要使用 **ip address** 命令配置。 • 为不同 IRF 成员设备配置同一网段内的不同 MAD IP 地址

表 4-10 使用管理功能的以太网口进行 BFD MAD 检测时 IRF 上的配置步骤

步骤	命令	说明
1	**system-view**	进入系统视图
2	**irf domain** *domain-id* 例如，[Sysname] **irf domain** 10	（可选）配置 IRF 域编号。默认情况下，IRF 的域编号为 0
3	**interface m-gigabitEthernet** *interface-number* 例如，[Sysname] **interface m-gigabitEthernet** 1/0/0	进入管理功能的以太网口的接口视图
4	**mad bfd enable** 例如，[Sysname-m-gigabitEthernet 1/0/0] **mad bfd enable**	使能 BFD MAD 检测功能。默认情况下，BFD MAD 检测功能处于关闭状态
5	**mad ip address** *ip-address* { *mask* | *mask-length* } **member** *member-id* 例如，[Sysname-m-gigabitEthernet 1/0/0] **mad ip address** 192.168.1.10 24 **member** 2	给指定成员设备配置 MAD IP 地址。其他说明参见表 4-7 中的第 10 步。 默认情况下，未配置成员设备的 MAD IP 地址

4.4.6 BFD MAD 检测配置示例

BFD MAD 检测配置示例的拓扑结构如图 4-21 所示，由于网络规模迅速扩大，当前汇聚层交换机（SW1）转发能力已经不能满足需求，现需要在保护现有投资的基础上，将网络转发能力提高一倍。现采用新增的一台交换机（SW2），并与 SW1 一起构建 IRF。同时，为了及时检测 IRF 分裂故障，采用 BFD MAD 检测方案。其中 SW10 作为 BFD MAD 检测的中间设备。

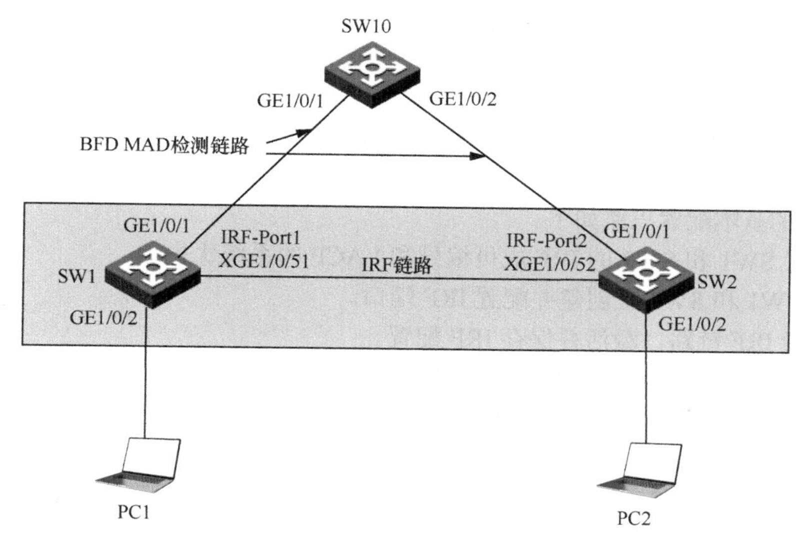

图 4-21　BFD MAD 检测配置示例的拓扑结构

1．基本配置思路分析

根据 4.4.5 节介绍的 BFD MAD 检测方式配置，如果仅有 2 台设备组建 IRF，则既可以使用中间设备组网，也可以不使用中间设备组网。本示例采用使用中间设备的组网方式。

另外，在 BFD MAD 检测中也有两种配置方式：一种是使用以太网端口配置；另一种是使用管理功能的以太网口配置。本示例采用以太网端口进行配置。在采用以太网接口配置方式中，又有 VLAN 接口和三层静态聚合接口两种配置方式之分，在此分别予以介绍。

（1）方案一：采用 VLAN 接口配置方式

此时，需要在 IRF 上创建专用于 BFD MAD 检测的 VLAN，并把连接中间设备的以太网端口加入该 VLAN 中。然后，为该 VLAN 创建 VLAN 接口，并为 IRF 各成员设备配置同一网段的不同 MAD IP 地址，使能 BFD MAD 检测功能。在中间设备上，仅须创建专用于 BFD MAD 检测，且与 IRF 上相同的 VLAN，并把连接 IRF 的以太网端口加入该 VLAN 中即可。

方案一的基本配置思路如下。

① 配置 SW1 和 SW2 的 IRF 成员编号和 LACP 的系统优先级。

② 在 SW1 和 SW2 上创建并配置 IRF 端口。

③ 连接 IRF 链路，激活并保存 IRF 配置。

④ 在 IRF 和 SW10 上分别配置专用 BFD MAD 检测的 VLAN，把 IRF 与中间设备相连的以太网端口以任意一种链路类型（Access、Trunk 或 Hybrid，只须保证两端能正确接收和发送该 VLAN 中的数据帧）加入该 VLAN 中，并在 IRF 中专用于 BFD MAD 检测的 VLAN 中所包括的以太网端口上去使能生成树协议。

⑤ 在 IRF 上为专用于 BFD MAD 检测的 VLAN 创建 VLAN 接口，使能 BFD MAD 检测功能，并为不同 IRF 成员配置同一网段的不同 MAD IP 地址。

（2）方案二：采用三层聚合接口配置方式

在这种配置方式中，IRF 组建的配置与方案一相同，只是此时需要在 IRF 上把连接中间设备的各以太网端口加入一个三层静态聚合组中，并在该聚合接口下使能 BFD MAD 检测功能，为不同 IRF 成员配置同一网段的不同 MAD IP 地址。在中间设备上要创建专用于 BFD MAD 检测的 VLAN，把连接 IRF 的各以太网端口以任意一种链路类型加入该 VLAN 中，并使各以太网端口在发送该 VLAN 的数据帧时去掉 VLAN Tag 即可。

方案二的基本配置思路如下。

① 配置 SW1 和 SW2 的 IRF 成员编号和 LACP 的系统优先级。

② 在 SW1 和 SW2 上创建并配置 IRF 端口。

③ 连接 IRF 链路，激活并保存 IRF 配置。

④ 在 IRF 上创建三层静态聚合接口，把连接中间设备的各以太网端口加入该三层静态聚合组中，并在该聚合接口下使能 BFD MAD 检测功能，为不同 IRF 成员配置同一网段的不同 MAD IP 地址。

⑤ 在中间设备上创建专用于 BFD MAD 检测的 VLAN，把连接 IRF 的各以太网端口以任意一种链路类型加入该 VLAN 中，并使各以太网端口在发送该 VLAN 的数据帧时去掉 VLAN Tag。

2. 具体配置步骤

因为在以上两种方案中的前 3 项配置任务均与 4.4.4 节配置示例的前 3 项配置任务的配置方法完全一样，所以在此仅介绍两种方案中的后面两项配置任务的具体配置方法（假设专用 BFD MAD 检测的 VLAN 为 VLAN3）。

（1）方案一的第④和第⑤项配置任务的具体配置

方案一中第④项配置任务的具体说明如下。

#---在 IRF 上创建 VLAN3，并将 SW1 上的 GigabitEthernet1/0/1 端口和 SW2 上的 GigabitEthernet2/0/1 端口以默认的 Access 链路类型（还可以是 Trunk 或 Hybrid 类型）加入 VLAN3 中。这两个端口作为 BFD MAD 检测链路上的端口。

【说明】 SW2 加入 IRF 后，接口编号中代表成员编号的第一段要由原来的 1 变为 2，其主机名也变成 IRF Master 的主机名，本示例为 SW1，具体配置如下。

```
[SW1] vlan 3
[SW1-vlan3] port gigabitethernet 1/0/1 gigabitethernet 2/0/1
[SW1-vlan3] quit
```

#---关闭 GigabitEthernet1/0/1 和 GigabitEthernet2/0/1 端口的 STP 功能。

因为 BFD MAD 和生成树功能互斥，所以要在 SW1 上的 GigabitEthernet1/0/1 端口和 SW2 上的 GigabitEthernet2/0/1 端口上关闭生成树协议，具体配置如下。

```
[SW1] interface gigabitethernet 1/0/1
[SW1-Gigabitethernet1/0/1] undo stp enable
[SW1-Gigabitethernet1/0/1] quit
[SW1] interface gigabitethernet 2/0/1
[SW1-Gigabitethernet2/0/1] undo stp enable
```

#---在中间设备 SW10 上配置 BFD MAD 检测专用的 VLAN3，具体配置如下。

```
[SW10] vlan 3
[SW10-vlan3] port gigabitethernet 1/0/1 gigabitethernet 1/0/2
[SW10-vlan3] quit
```

方案一中第⑤项配置任务的具体说明如下。

#---在 IRF 上创建 VLAN3 接口，并为各成员设备配置同一 IP 网段（假设均在 192.168.2.0/24 网段中）的 MAD IP 地址，具体配置如下。

```
[SW1] interface vlan-interface 3
[SW1-Vlan-interface3] mad bfd enable
[SW1-Vlan-interface3] mad ip address 192.168.2.1 24 member 1
[SW1-Vlan-interface3] mad ip address 192.168.2.2 24 member 2
[SW1-Vlan-interface3] quit
```

以上配置完成后，在执行 **display mad verbose** 命令时，查看 MAD 状态时显示为 normal（正常）状态，表示 BFD MAD 检测功能工作正常。

（2）方案二的第④和第⑤项配置任务的具体配置

方案二中第④项配置任务的具体说明如下。

#---在 IRF 上创建三层静态聚合接口（假设编号为 1），并把 GE1/0/1 和 GE2/0/1 接口加入其中，具体配置如下。

```
[SW1] interface route-aggregation 1
[SW1-Route-Aggregation1] quit
[SW1] interface gigabitethernet 1/0/1
[SW1-GigabitEthernet1/0/1] port link-aggregation group 1
[SW1-GigabitEthernet1/0/1] quit
[SW1] interface gigabitethernet 2/0/1
[SW1-GigabitEthernet2/0/1] port link-aggregation group 1
[SW1-GigabitEthernet2/0/1] quit
```

#----在三层聚合接口下使能 BFD MAD 功能，并为各成员设备配置同一网段（假设均在 192.168.2.0/24 网段中）、不同的 MAD IP 地址，具体配置如下。

```
[SW1] interface route-aggregation 1
[SW1-Route-Aggregation1] mad bfd enable
[SW1-Route-Aggregation1] mad ip address 192.168.2.1 24 member 1
[SW1-Route-Aggregation1] mad ip address 192.168.2.2 24 member 2
```

方案二中第⑤项配置任务的具体说明如下。

在 SW10 上创建专用于 BFD MAD 检测的 VLAN（假设为 VLAN3），并把连接 IRF 的各以太网端口加入该 VLAN 中。此处的以太网端口链路类型可以是 Access、Trunk 或 Hybrid 中的任意一种，只须确保从端发送该 VLAN 的数据帧时可以去掉 VLAN Tag 即可。此处采用 Access 类型，具体配置如下。

```
[SW1] vlan 3
[SW1-vlan3] port gigabitethernet 1/0/1 gigabitethernet 2/0/1
[SW1-vlan3] quit
```

以上配置完成后，在 IRF（IRF 的主机名称采用 Master 的名称 SW1，下同）上执行 **display mad verbose** 命令时，会显示为 normal 状态，且使用的是三层聚合接口作为 BFD MAD 检测接口。但此时，在 IRF 上执行 **display bfd session** 命令查看成员之间的 BFD 会话状态时会呈现 Down 状态。因为正常情况下，只有 Master 的聚合接口下配置的 MAD 检测 IP 地址被激活，Slave 配置的 MAD IP 地址不生效。正常情况下，在 IRF 上执行 **display mad verbose**、**display bfd session** 两条命令的输出如图 4-22 所示。

如果关闭 SW1 上的 XGE1/0/51 接口，模拟 IRF 链路出现故障，造成 IRF 分裂，然后在 SW1 或 SW2 上执行 **display mad verbose** 命令，会看到 MAD 状态为 Faulty；执行 **display bfd session** 命令时会看到 BFD 会话状态仍为 Down。这是因为虽然此时的 BFD 功能会被激活，但 MAD 已检测到多个 Active，形成冲突，所以 BFD 会话最终又会变为

Down 状态。IRF 分裂时，在 SW1 上执行 **display mad verbose**、**display bfd session** 两条命令的输出如图 4-23 所示。

```
[SW1]display mad verbose
Multi-active recovery state: No
Excluded ports (user-configured):
Excluded ports (system-configured):
 Ten-GigabitEthernet1/0/51
 Ten-GigabitEthernet2/0/52
MAD ARP disabled.
MAD ND disabled.
MAD LACP disabled.
MAD BFD enabled interface: Route-Aggregation1
 MAD status                : Normal
 Member ID   MAD IP address      Neighbor   MAD status
 1           192.168.2.1/24      2          Normal
 2           192.168.2.2/24      1          Normal
[SW1]display bfd session
 Total Session Num: 1     Up Session Num: 0     Init Mode: Active

 IPv4 session working in control packet mode:

 LD/RD          SourceAddr      DestAddr       State  Holdtime    Interface
 129/0          192.168.2.1     192.168.2.2    Down   0ms         RAGG1
[SW1]
```

图 4-22　正常情况下，在 IRF 上执行 **display mad verbose**、**display bfd session** 两条命令的输出

```
<SW1>display mad verbose
Multi-active recovery state: Yes
Excluded ports (user-configured):
Excluded ports (system-configured):
 Ten-GigabitEthernet2/0/52
MAD ARP disabled.
MAD ND disabled.
MAD LACP disabled.
MAD BFD enabled interface: Route-Aggregation1
 MAD status                : Faulty
 Member ID   MAD IP address      Neighbor   MAD status
 2           192.168.2.2/24      1          Faulty
<SW1>display bfd session
 Total Session Num: 1     Up Session Num: 0     Init Mode: Active

 IPv4 session working in control packet mode:

 LD/RD          SourceAddr      DestAddr       State  Holdtime    Interface
 129/0          192.168.2.2     192.168.2.1    Down   0ms         RAGG1
<SW1>
```

图 4-23　IRF 分裂时，在 SW1 上执行 **display mad verbose**、**display bfd session** 两条命令的输出

4.4.7　ARP MAD 检测

ARP MAD 检测是通过使用扩展 ARP 报文在 IRF 成员设备间交互 IRF 的 DomainID 和 ActiveID 实现的。当成员设备接收到 ARP 报文后，先比较 DomainID。如果 DomainID 相同，则再比较 ActiveID，具体比较规则与 LACP MAD 检测一样。

ARP MAD 检测方式可以使用中间设备来进行连接，也可以不使用中间设备。

当使用中间设备进行连接时，可使用以太网端口或管理功能的以太网口实现 ARP MAD 检测。ARP MAD 检测组网示意如图 4-24 所示，成员设备之间通过中间设备 Device 之间直连的 ARP MAD 检测链路交互 ARP 报文。

此时，Device、Master 和 Slave 上都要配置生成树（使用的是 MSTP）功能，以确保正常情况下只有一条 ARP MAD 检测链路处于转发状态，能够转发 ARP MAD 检测报文，防止形成环路。当不使用中间设备时，需要使用以太网端口在所有的成员设备之间建立两两互联的 ARP MAD 检测链路。

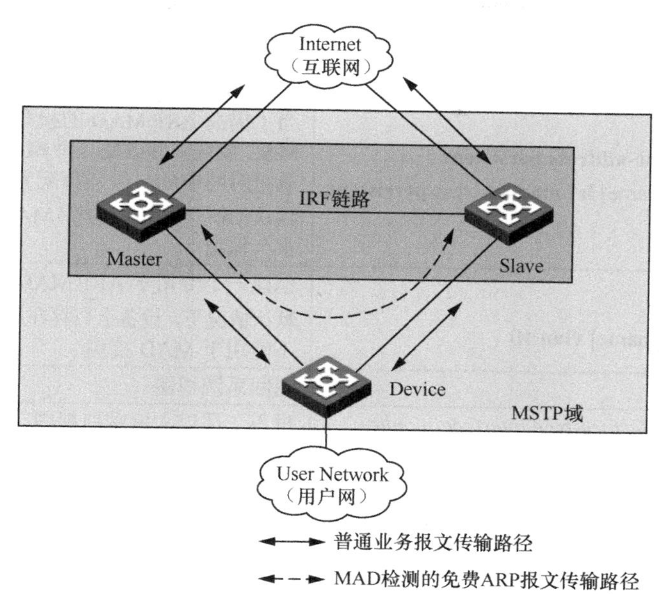

图 4-24　ARP MAD 检测组网示意

在使用 VLAN 接口进行 ARP MAD 检测时，使用 VLAN 接口进行 ARP MAD 检测时的注意事项见表 4-11。使用 VLAN 接口进行 ARP MAD 检测的配置步骤见表 4-12，中间设备上的配置类似，只是无须为专用于 ARP MAD 检测的 VLAN 创建 VLAN 接口。

表 4-11　使用 VLAN 接口进行 ARP MAD 检测时的注意事项

类别	注意事项
ARP MAD 检测 VLAN	• 不允许在 Vlan-interface1 上开启 ARP MAD 检测功能。 • 如果使用中间设备，则需要进行以下配置。 ➢ 在 IRF 设备和中间设备上，创建专用于 ARP MAD 检测的 VLAN。 ➢ 在 IRF 设备和中间设备上，将用于 ARP MAD 检测的物理接口添加到 ARP MAD 检测专用 VLAN 中，并确保两端能正常接收和发送该 VLAN 中的数据帧。 ➢ 在 IRF 设备上，创建 ARP MAD 检测的 VLAN 的 VLAN 接口，并为该 VLAN 接口配置 IP 地址。 • 当不使用中间设备时，需要在所有的成员设备之间建立两两互联的 ARP MAD 检测链路。 • 建议不要在 ARP MAD 检测 VLAN 上运行其他业务
兼容性配置指导	如果使用中间设备，请确保满足以下要求。 • IRF 和中间设备上均需配置生成树功能（通常采用 MSTP 配置），并确保配置生成树功能后，只有一条 ARP MAD 检测链路处于转发状态。 • 如果中间设备本身也是一个 IRF 系统，则必须通过配置，确保其 IRF 域编号与被检测的 IRF 系统不同

表 4-12　使用 VLAN 接口进行 ARP MAD 检测的配置步骤

步骤	命令	说明
1	**system-view**	进入系统视图
2	**irf domain** *domain-id* 例如，[Sysname] **irf domain** 10	（可选）配置 IRF 域编号，取值为 0～4294967295。默认情况下，IRF 的域编号为 0

续表

步骤	命令	说明
3	**undo irf mac-address persistent** 例如，[Sysname] **irf mac-address persistent always**	为了提高 ARP MAD 的检测速度，配置 IRF 桥 MAC 地址立即改变。桥 MAC 变化可能导致流量短时间中断，须谨慎配置。 默认情况下，IRF 的桥 MAC 地址保留时间为永久保留
4	**vlan** *vlan-id* 例如，[Sysname] **vlan** 10	创建一个专用于 ARP MAD 检测的 VLAN。 默认情况下，设备上只存在 VLAN1，但 VLAN1 不能用于 MAD 检测
5	**quit**	退回系统视图
6	**interface** *interface-type interface-number* 例如，[Sysname] **interface** gigabitethernet 1/0/1	进入二层以太网端口视图。该端口为指定成员设备 ARP MAD 检测链路上的二层端口，需要为各成员设备配置
7	Access 端口：**port access vlan** *vlan-id* 例如，[Sysname-GigabitEthernet1/0/1] **port access vlan** 10 Trunk 端口：**port trunk permit vlan** *vlan-id* 例如，[Sysname-GigabitEthernet1/0/1] **port trunk permit vlan** 10 Hybrid 端口：**port hybrid vlan** *vlan-id* {**tagged** |**untagged** } 例如，[Sysname-GigabitEthernet1/0/1] **port hybrid vlan** 10 **tagged**	将以上指定成员设备的端口加入 ARP MAD 检测专用 VLAN，需要为各成员设备配置，可根据端口的当前链路类型选择对应的配置命令。 ARP MAD 检测对检测端口的链路类型没有要求，只须确保链路两端可以正确发送和接收该 VLAN 中的数据帧即可。 默认情况下，端的链路类型为 Access 端口
8	**quit**	退回系统视图
9	**interface vlan-interface** *interface-number* 例如，[Sysname] **interface vlan-interface** 10	进入 ARP MAD 检测专用 VLAN 接口视图
10	**ip address** *ip-address* { *mask* | *mask-length* } 例如，[Sysname-Vlan-interface10] **ip address** 192.168.1.1 24	为以上 VLAN 接口配置 IP 地址
11	**mad arp enable** 例如，[Sysname-Vlan-interface10] **mad arp enable**	在以上 VLAN 接口上使能 ARP MAD 检测功能。 默认没有使能 ARP MAD 检测功能

使用管理功能的以太网口进行 ARP MAD 检测时的注意事项见表 4-13。使用管理功能的以太网口进行 ARP MAD 检测的配置步骤见表 4-14，中间设备上的配置类似，只是无须为专用于 BFD MAD 检测的 VLAN 创建 VLAN 接口。

表 4-13　使用管理功能的以太网口进行 ARP MAD 检测时的注意事项

类别	使用限制和注意事项
管理功能的以太网口	将 IRF 中所有成员设备的管理功能的以太网口连接到同一台中间设备的普通以太网端口上
ARP MAD 检测 VLAN	在中间设备上，创建专用于 ARP MAD 检测的 VLAN，并将用于 ARP MAD 检测的物理接口添加到该 VLAN 中，并确保从这些端口发送的该 VLAN 的数据帧去掉 Tag
兼容性配置指导	如果中间设备本身也是一个 IRF 系统，则必须通过配置，确保其 IRF 域编号与被检测的 IRF 系统不同

表 4-14　使用管理功能的以太网口进行 ARP MAD 检测的配置步骤

步骤	命令	说明
1	**system-view**	进入系统视图
2	**irf domain** *domain-id* 例如，[Sysname] **irf domain** 10	（可选）配置 IRF 域编号，其他说明参见表 4-12 中的第 2 步
3	**undo irf mac-address persistent** 例如，[Sysname] **irf mac-address persistent always**	配置 IRF 桥 MAC 地址立即改变。其他说明参见表 4-12 中的第 3 步
4	**interface m-gigabitEthernet** *interface-number* 例如，[Sysname] **interface m-gigabitEthernet** 0/0/0	进入 IRF Master 的管理功能的以太网口的接口视图
5	**ip address** *ip-address* { *mask* | *mask-length* } 例如，[Sysname-M-GigabitEthernet0/0/0] **ip address** 192.168.1.1 24	为以上管理功能的以太网口配置 IP 地址
6	**mad arp enable** 例如，[Sysname-M-GigabitEthernet0/0/0] **mad arp enable**	在以上管理功能的以太网口上使能 ARP MAD 检测功能。 默认情况下，没有使能 ARP MAD 检测功能

4.4.8　ARP MAD 检测配置示例

ARP MAD 检测配置示例的拓扑结构如图 4-25 所示，由于网络规模迅速扩大，所以当前汇聚层交换机（SW1）转发能力已经不能满足需求，现需要在保护现有投资的基础上，将网络转发能力提高一倍。现采用新增的一台交换机（SW2），并与 SW1 一起构建 IRF。同时，为了及时检测 IRF 分裂故障，采用 ARP MAD 检测方案。其中，SW10 作为 ARP MAD 检测的中间设备。

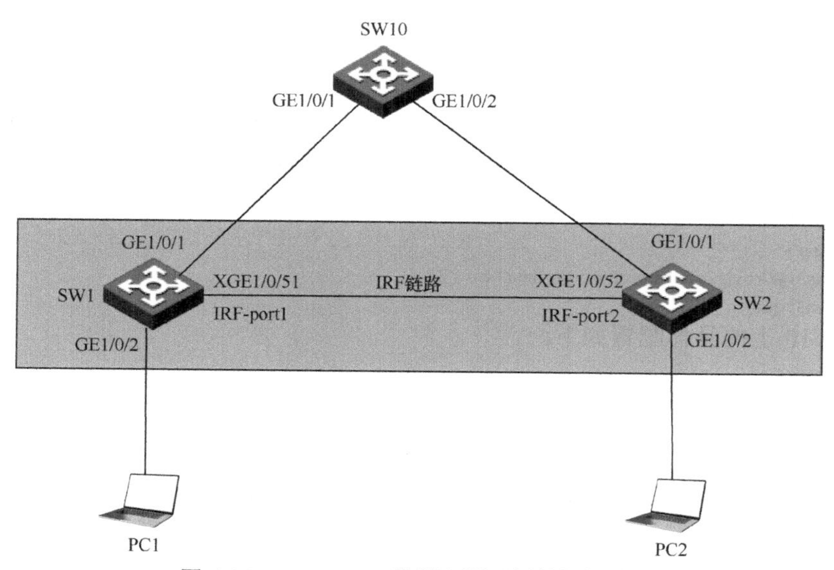

图 4-25　ARP MAD 检测配置示例的拓扑结构

1．基本配置思路分析

根据 4.4.7 节介绍，ARP MAD 检测方式可以使用中间设备来进行连接，也可以不使用中间设备。本示例采用使用中间设备（SW10）的组网方式。

在 BFD MAD 检测中也有两种配置方式：一种是使用以太网 VLAN 接口配置；另一种是使用管理功能的以太网口配置，本示例采用以太网 VLAN 接口进行配置。

采用以太网 VLAN 接口进行 ARP MAD 检测配置时，此时，需要在 IRF 上创建专用于 ARP MAD 检测的 VLAN，并把连接中间设备的以太网端口加入该 VLAN 中。然后为该 VLAN 创建 VLAN 接口，并为该 VLAN 接口配置普通的 IP 地址，使能 ARP MAD 检测功能。在中间设备上仅须创建专用于 ARP MAD 检测，且与 IRF 上相同的 VLAN，并把连接 IRF 的以太网端口加入该 VLAN 中即可。

本示例的基本配置思路如下。

① 配置 SW1 和 SW2 的 IRF 成员编号和 LACP 的系统优先级。

② 在 SW1 和 SW2 上创建并配置 IRF 端口。

③ 连接 IRF 链路，激活并保存 IRF 配置。

④ 在 IRF 和 SW10 上分别配置专用 ARP MAD 检测的 VLAN，把 IRF 与中间设备相连的以太网端口以任意一种链路类型（Access、Trunk 或 Hybrid，只须保证两端能正确接收和发送该 VLAN 中的数据帧即可）加入该 VLAN 中。

⑤ 在 IRF 和 SW10 上全局使能生成树协议，并配置 MST 域，把专用于进行 ARP MAD 检测的 VLAN 映射到特定的 MSTI 中，以防止环路的发生。

⑥ 在 IRF 上为专用于 BFD MAD 检测的 VLAN 创建 VLAN 接口，使能 ARP MAD 检测功能，并为该 VLAN 配置普通的 IP 地址。

2. 具体配置步骤

因为以上配置任务中的前 3 项配置任务均与 4.4.4 节配置示例的前 3 项配置任务的配置方法完全一样，所以在此仅介绍以上最后 3 项配置任务的具体配置方法（假设专用 ARP MAD 检测的 VLAN 为 VLAN3）。

（1）第④项配置任务的具体配置

在 IRF 和 SW10 上分别配置专用 ARP MAD 检测的 VLAN，把 IRF 与中间设备相连的以太网端口以任意一种链路类型（本示例采用 Access 类型）加入该 VLAN 中。

- IRF 上的具体配置如下。

```
[SW1] vlan 3
[SW1-vlan3] port gigabitethernet 1/0/1 gigabitethernet 2/0/1
[SW1-vlan3] quit
```

- SW10 上的具体配置如下。

```
[SW10] vlan 3
[SW10-vlan3] port gigabitethernet 1/0/1 gigabitethernet 1/0/2
[SW10-vlan3] quit
```

（2）第⑤项配置任务的具体配置

在 IRF 和 SW10 上全局使能生成树协议，并配置 MST 域，把专用于进行 ARP MAD 检测的 VLAN 映射到特定的 MSTI 中，以防止环路的发生。

本示例把 ARP MAD 检测 VLAN3 映射到 MSTI1 实例中。

- IRF 上的具体配置如下。

```
[SW1] stp global enable
[SW1] stp region-configuration   #---进入 MSTP 域视图
```

```
[SW1-mst-region] region-name arpmad   #---配置名为 arpmad 的 MSTP 域
[SW1-mst-region] instance 1 vlan 3   #---把 VLAN3 映射到 MSTI1
[SW1-mst-region] active region-configuration   #---激活以上 MSTP 域配置
```

- SW10 上的具体配置如下。

```
[SW10] stp global enable
[SW10] stp region-configuration
[SW10-mst-region] region-name arpmad
[SW10-mst-region] instance 1 vlan 3
[SW10-mst-region] active region-configuration
```

（3）第⑥项配置任务的具体配置

在 IRF 上为专用于 BFD MAD 检测的 VLAN 创建 VLAN 接口，使能 ARP MAD 检测功能，并为该 VLAN 配置普通的 IP 地址（假设为 192.168.2.1/24）。由于本示例只有一个 IRF，所以在系统提示输入 IRF 域 ID 时，可以保持为默认值 0。

```
[SW1] interface vlan-interface 3
SW1-Vlan-interface3] ip address 192.168.2.1 24
[SW1-Vlan-interface3] mad arp enable
```

3. 配置结果验证

以上配置完成后，在 IRF（IRF 的主机名称采用 Master 的名称 SW1）上执行 **display mad verbose** 命令，在 IRF 上执行 **display mad verbose** 命令的输出如图 4-26 所示，从图 4-26 中可以看到，当前已在 VLAN3 接口上使能了 ARP MAD 检测功能。

```
[SW1]display mad verbose
Multi-active recovery state: No
Excluded ports (user-configured):
Excluded ports (system-configured):
  Ten-GigabitEthernet1/0/51
  Ten-GigabitEthernet2/0/52
MAD ARP enabled interface:
  Vlan-interface3
MAD ND disabled.
MAD LACP disabled.
MAD BFD disabled.
[SW1]
```

图 4-26　在 IRF 上执行 **display mad verbose** 命令的输出

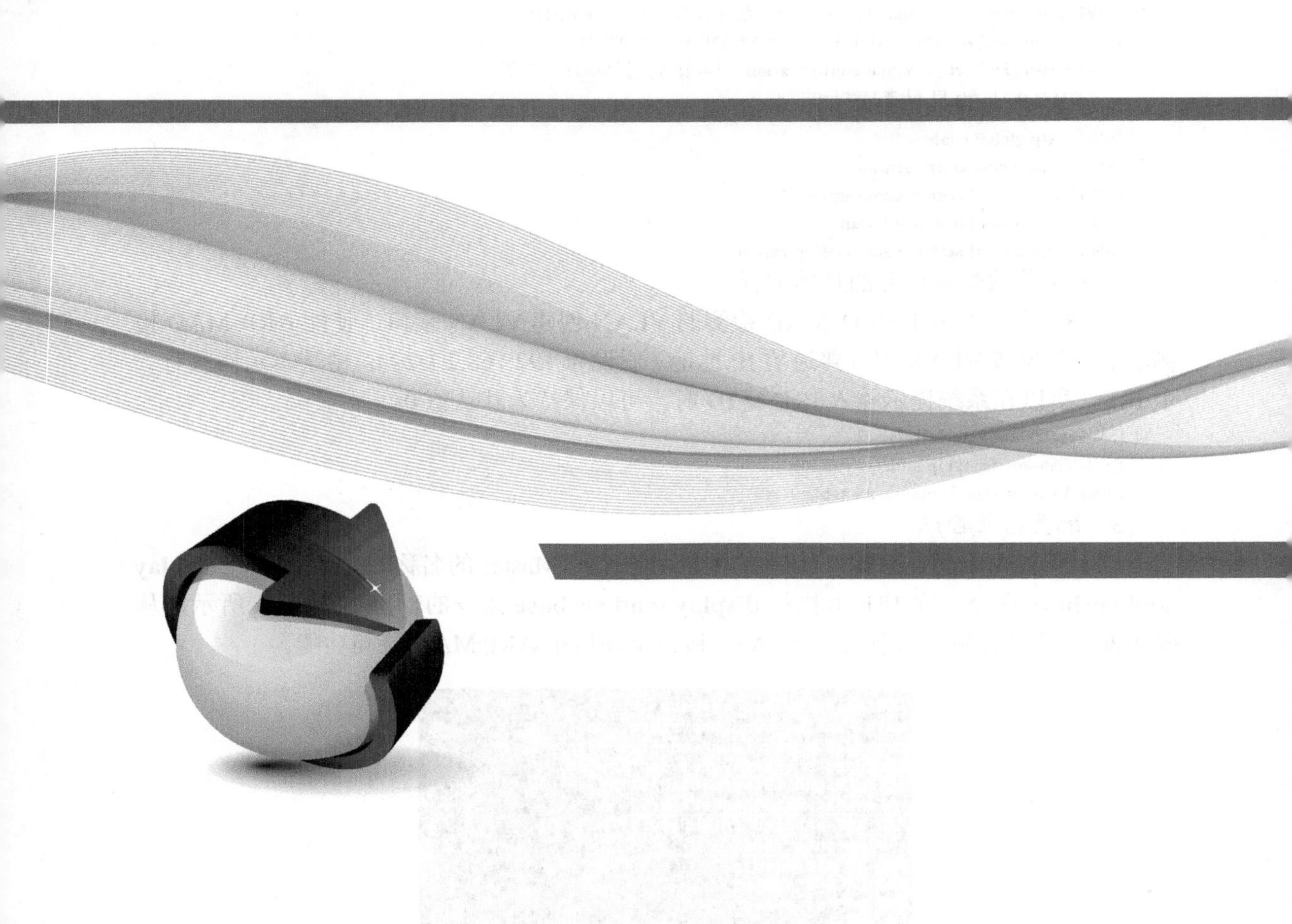

第 5 章 以太网接口和链路聚合

本章主要内容

接口和链路配置与管理是设备管理中最基础的工作。在交换机的接口配置与管理中，主要包括二层/三层以太网接口、三层以太网子接口，以及以太网接口组和接口隔离功能的配置与管理。在以太网链路聚合方面，主要包括二/三层静态、LACP 动态以太网链路聚合的配置与管理方法。

5.1 以太网接口

在交换机中，主要接口类型是以太网接口，可分为管理以太网接口和业务以太网接口两类。其中，管理以太网接口是三层的，用来连接管理功能的计算机，进行系统的程序加载、调试等工作，也可以连接远端的网管工作站等设备，以实现系统的远程管理；业务以太网接口是普通以太网接口，用于连接网络设备或用户主机，传输业务流量。

5.1.1 以太网接口的分类与编号规则

以太网交换机支持的以太网接口主要有以下几种。

① 二层以太网接口：是一种工作在数据链路层的物理接口，可以对接收到的报文进行二层交换转发。

② 三层以太网接口：是一种工作在网络层的物理接口，可以配置 IP 地址，可以对接收到的报文进行三层路由转发。

③ 二/三层可切换以太网接口：是一种物理接口，可以工作在二层模式或三层模式下，作为一个二层以太网接口或三层以太网接口使用。

④ 三层以太网子接口：是一种逻辑接口，工作在网络层，可以配置 IP 地址。用户可以在一个以太网接口上配置多个以太网子接口。

集中式交换机以太网接口采用 3 维编号方式：*interface type* A/B/C。其中，*interface type* 表示接口类型，例如 Ethernet（百兆）、GigabitEthernet（千兆）、Ten-GigabitEthernet（万兆）Fortygige（40GE）等，A/B/C 属于 *interface-number*（接口编号）参数部分。

① A：IRF 中成员设备的编号，如果没有形成 IRF，其取值默认为 1，形成 IRF，则为对应的 IRF 成员编号。

② B：设备上的槽位号，固定为 0，表示接口是在主控板上，无子板卡。

③ C：接口编号。

【说明】由 40GE 接口拆分后的 10GE 接口的编号方式为：interface type A/B/C:D。其中的 A/B/C 对应该 40GE 接口的编号；D 表示拆分后的 10GE 的顺序编号，取值为 1～4。有关 40GE 以太网接口的具体说明将在 5.1.4 节介绍。

独立运行模式分布式交换机的以太网接口也采用 3 维编号方式：*interface-type* A/B/C。

① A：单板在设备上的槽位号。

② B：单板上的子卡号。暂不支持子卡，取值固定为 0。

③ C：接口编号。

IRF 模式分布式交换机的以太网接口采用 4 维编号方式：*interface-type* A/B/C/D。

① A：设备在 IRF 中的成员编号，取值为 1~4。

② B：单板在设备上的槽位号。

③ C：单板上的子卡号。

④ D：接口编号。

5.1.2 管理以太网接口配置

交换机的管理以太网接口通常是千兆以太网接口，以 m-gigabitethernet 进行类型标注，但可能是电口或光口。其中，电口采用 RJ45（是 Registered Jack 45 的缩写，是布线系统中信息插座连接器的一种）连接器；光口采用光纤连接器（Lucent Connector，LC）。

对于集中式交换机，每个成员设备上都有管理以太网接口。**为实现管理链路的备份，**当交换机工作在 IRF 模式时，可同时连接主设备和任意从设备上相同接口编号的管理以太网接口。正常情况下，对于相同接口编号的管理以太网接口，只有主设备上的管理以太网接口工作。当主设备上的管理以太网接口出现故障时，从设备上相同接口编号的管理以太网接口可以接替主设备上的管理以太网接口工作。而当主设备上的管理以太网接口恢复正常后，再由主设备上的管理以太网接口处理管理流量。

对于分布式设备，系统中存在多个管理以太网接口，在独立运行模式时，只有主用主控板上的管理以太网口工作；在 IRF 模式时，只有全局主用主控板上的管理以太网接口工作。

管理以太网接口的基本配置见表 5-1，但通常不需要任何配置，直接采用默认配置即可。

【注意】对于分布式交换机，电口类型的管理以太网接口的默认双工模式为 auto（自协商），光口类型的管理以太网接口的默认双工模式为 full（全双工），二者均不支持通过 **duplex** 命令配置为其他值。

对于分布式交换机，电口类型的管理以太网接口的默认速率为 auto（自协商），光口类型的管理以太网接口的默认速率为 1000Mbit/s，均不支持通过 **speed** 命令配置为其他值。

表 5-1 管理以太网接口的基本配置

步骤	命令	说明
1	**system-view**	进入系统视图
2	**interface m-gigabitethernet** *interface-number* 例如，[Sysname] **interface m-gigabitethernet** 0/0/0	进入管理以太网接口视图
3	**description** *text* 例如，[Sysname-M-GigabitEthernet0/0/0] **description** this is a management interface	（可选）设置当前管理以太网接口的描述信息，为 1～255 个字符的字符串，区分大小写。 默认情况下，管理以太网接口的描述信息为 M-GigabitEthernet0/0/0 Interface
4	**duplex** { **auto** | **full** | **half** } 例如，[Sysname-M-GigabitEthernet0/0/0] **duplex full**	（可选）设置以太网接口的双工模式。 • **auto**：多选一选项，指定接口与对端接口自动协商双工模式。 • **full**：多选一选项，指定接口为全双工模式，接口在发送数据包的同时可以接收数据包。 **half**：多选一选项，指定接口为半双工模式，接口同一时刻只能发送数据包或接收数据包。 默认情况下，管理以太网接口的双工模式为 auto（自协商）状态

续表

步骤	命令	说明
5	**speed** { **10** | **100** | **1000** | **auto** } 例如，[Sysname-M-GigabitEthernet0/0/0] **speed 1000**	（可选）设置以太网接口的工作速率。 • **10**：多选一选项，指定接口的工作速率为 10Mbit/s。 • **100**：多选一选项，指定接口的工作速率为 100Mbit/s。 • **1000**：多选一选项，指定接口的工作速率为 1000Mbit/s。 • **auto**：多选一选项，指定接口的工作处于自协商状态。 默认情况下，管理以太网接口的工作速率为 auto（自协商）状态
6	**shutdown** 例如，[Sysname-M-GigabitEthernet0/0/0] **shutdown**	（可选）关闭管理以太网接口。 默认情况下，管理以太网接口处于打开状态

5.1.3 以太网接口/子接口的基本配置

以太网接口基本配置主要涉及双工模式、传输速率、接口期望带宽等方面。以太网接口/子接口的基本配置见表 5-2。因为各种接口属性均有默认取值，所以表 5-2 中所介绍的以太网接口基本配置均为可选配置。

以太网子接口是以太网接口上划分的逻辑接口（通常是三层的），其基本配置主要包括接口期望带宽和最大传输单元（Maximum Transmission Unit，MTU）等方面。

表 5-2 以太网接口/子接口的基本配置

步骤	命令	说明
1	**system-view**	进入系统视图
2	**interface** *interface-type interface-number* 例如，[Sysname] **interface** ethernet 1/0/1	（二选一）进入以太网接口视图
	interface *interface-type interface-number.subnumber* 例如，**interface** gigabitethernet 1/0/1.1	（二选一）进入以太网子接口视图
3	**description** *text* 例如，[Sysname-Ethernet1/0/1] **description** webserver 或[Sysname-GigabitEthernet1/0/1.1] **description** subinterface1/0/1.1	设置以太网接口/子接口的描述字符串，用来标识该接口，最好有某种特定的意义。参数 *text* 用来指定接口描述的字符串，为 1～80 个字符的字符串。 默认情况下，以太网接口的描述信息为“接口名 Interface”，例如 GigabitEthernet1/0/1 Interface，以太网子接口的描述信息为“该子接口的接口名+ Interface”。例如 GigabitEthernet1/0/1.1 Interface
4	**duplex** { **auto** | **full** | **half** } 例如，[Sysname-Ethernet1/0/1] **duplex half**	设置以太网接口（**不适用于以太网子接口**）的双工模式。 • **auto**：多选一选项，使接口处于双工模式自协商状态，万兆 XFP 光口不支持配置该选项。 • **full**：多选一选项，使接口处于全双工状态。 • **half**：多选一选项，使接口处于半双工状态。**光口和配置了接口速率为 1000、10000 的以太网电口都不支持配置该选项**

续表

步骤	命令	说明
4	**duplex** { **auto** | **full** | **half** } 例如，[Sysname-Ethernet1/0/1] **duplex half**	100GE 的 CFP 接口不支持配置双工模式。默认情况下，万兆 XFP 光口双工模式默认为全双工，其他以太网接口的双工模式为 **auto**（自协商）状态
5	**speed** { **10** | **100** | **1000** | **10000** | **40000** | **100000** | **auto** } 例如，[Sysname-Ethernet1/0/1] **speed 100**	设置以太网接口（**不适用于以太网子接口**）的速率，各选项分别表示 10Mbit/s、100Mbit/s、1000Mbit/s、10000Mbit/s、40000Mbit/s 速率和自协商状态。对于以太网电口来说，其目标是与对端速率匹配；对于光口来说，其目标是与可插拔光模块速率匹配。不同机型可支持的速率选项不完全一样，具体情况可在相关接口视图下执行 **speed ?**命令查看。 默认情况下，以太网接口的速率为 auto（与对方接口自协商）状态
6	**bandwidth** *bandwidth-value* 例如，[Sysname-Ethernet1/0/1] **bandwidth** 100 或[Sysname-GigabitEthernet1/0/1.1] **bandwidth** 1000	设置以太网接口、子接口的期望带宽，其取值范围为 1～400000000，单位为 kbit/s，但不能超过接口的最大带宽值，且期望带宽供业务模块使用，不会对接口实际带宽造成影响。 默认情况下，接口的期望带宽=接口的波特率÷1000（kbit/s）
7	**mtu** *size* 例如，[Sysname-GigabitEthernet1/0/1.1] **mtu** 1430	设置三层以太网接口/子接口的 MTU 值，其取值为 46～9198，单位为字节。 默认情况下，三层以太网接口/子接口的 MTU 值为 1500 字节
8	**default** 例如，[Sysname-Ethernet1/0/1] **default**	恢复当前以太网接口/子接口的默认配置，大大方便了接口/子接口恢复默认配置的操作

5.1.4　以太网接口通用扩展配置

以太网接口通用扩展配置主要包括以下内容。

① 40GE 接口和 10GE 接口的拆分与合并。

② 切换以太网接口的二/三层工作模式。

③ 配置以太网接口允许超长帧通过。

④ 配置以太网接口物理连接状态抑制功能。

⑤ 配置以太网接口的链路振荡保护功能。

⑥ 配置广播/组播/未知单播风暴抑制功能。

⑦ 配置以太网接口的流量控制功能。

⑧ 配置以太网接口统计信息的时间间隔。

⑨ 开启以太网接口的环回功能。

1. 40GE 接口和 10GE 接口的拆分与合并

在一些中高端框式系列交换机上存在 40GE 的以太网接口。40GE 接口可以作为 1 个单独的接口使用，也可以拆分成 4 个 10GE 接口。相反，还可以把拆分后的 4 个 10GE 以太网接口重新合并恢复为 1 个 40GE 以太网接口。

（1）将 1 个 40GE 接口拆分成 4 个 10GE 接口

将 1 个 40GE 接口拆分成 4 个 10GE 接口，可以提高接口密度，减少用户使用成本，增加组网灵活性。拆分出来的 10GE 接口除了接口编号，其支持的配置和特性均和普通 10GE 物理接口相同。例如，1 个 40GE FortyGigE1/0/1 接口拆分成 4 个 10GE 接口 Ten-GigabitEthernet1/0/1:1～Ten-GigabitEthernet1/0/1:4。40GE 的 QSFP 与接口拆分后需要使用一分四的 QSFP+ to SFP（连接到 SFP）+专用线缆连接。QSFP+ to SFP+电缆示意如图 5-1 所示。

将 1 个 40GE 以太网接口拆分成 4 个 10GE 以太网接口的方法是，在该 40GE 以太网接口视图下执行 **using tengige** 命令。命令配置成功后，系统提示需要重启相应单板，在重启单板后才能看到 4 个拆分后的 10GE 接口。

（2）将 4 个 10GE 拆分接口合并成 1 个 40GE 接口

如果用户需要更大的带宽，则可以将已拆分的 4 个 10GE 接口重新合并为 1 个 40GE 接口使用。QSFP+电缆示意如图 5-2 所示。合并后，需要将一分四的专用线缆连接更换成为如图 5-2 所示的一对一的 QSFP+专用线缆，或更换成 40GE 光模块连接光纤。

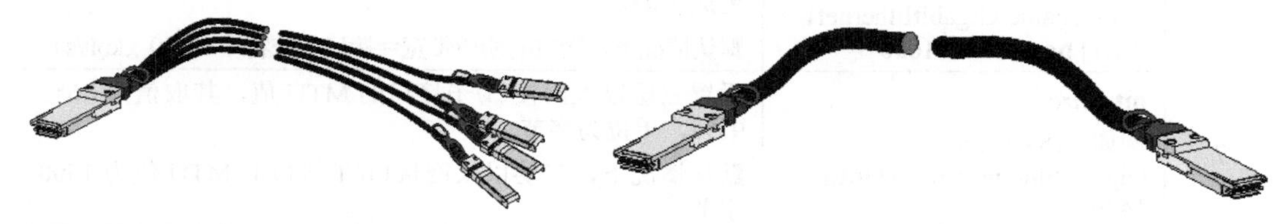

图 5-1　QSFP+ to SFP+电缆示意　　　　图 5-2　QSFP+电缆示意

将 4 个 10GE 以太网接口合并为 1 个 40GE 接口的方法是，进入任意 1 个因拆分生成的 10GE 接口视图下执行 **using fortygige** 命令即可。命令配置成功后，系统提示需要重启相应单板，在重启单板后，才能看到合并后的 40GE 接口。

2. 切换以太网接口的二/三层工作模式

三层以太网交换机中都可以配置以太网接口的工作模式，分为二层 bridge（桥接）模式和三层 route（路由）模式。二层交换机上的以太网接口只能是二层 bridge 模式。route 模式以太网接口可以配置 IP 地址、MTU 等三层属性。

切换以太网接口的二/三层工作模式的方法是，在具体以太网接口视图下通过 **port link-mode** { **bridge** | **route** }命令配置。默认情况下，以太网交换机上的以太网接口均工作在二层模式。工作模式切换后，除了 **description**、**duplex**、**jumboframe enable**、**speed**、**shutdown** 命令，该以太网接口下的其他所有命令都将恢复到新模式下的默认情况。

3. 配置以太网接口允许超长帧通过

以太网接口在进行文件传输等大吞吐量数据交换的时候，可能会收到数据部分大于 1536 字节的超长帧。系统对于超长帧的处理如下。

① 如果系统配置了禁止超长帧通过，则会直接丢弃该帧，不再进行处理。

② 如果系统允许超长帧通过，则当接口收到长度在指定范围内的超长帧时，系统会继续处理；当接口收到长度超过指定最大长度的超长帧时，系统会直接丢弃该帧，不再进行处理。

可以在以太网接口视图下通过 **jumboframe enable** [*value*]命令配置允许超长帧通过。参数 *value* 用来指定以太网接口上允许通过的长帧的最大长度值，其取值范围与设备的型号有关，请以设备的实际情况为准。多次执行本命令配置不同的 *value* 值时，最新的配置生效。

默认情况下，系统允许最大长度为 9216 字节的帧通过以太网接口，因此，通常不需要配置，就可以接收小于等于 9216 个字节的超长帧。

4. 配置以太网接口物理连接状态抑制功能

以太网接口有 up 和 down 两种物理连接状态。当接口状态发生改变时，接口会立即上报 CPU，然后 CPU 会立即通知上层协议模块（例如路由、转发），以便指导报文的接收和发送，并自动生成 trap 和 log 信息来提醒用户是否需要对物理链路进行相应处理。

如果短时间内接口物理状态频繁改变，则上述处理方式会给系统带来额外的开销。此时，可以在接口下设置物理连接状态抑制功能，使在抑制时间内，系统忽略接口的物理状态变化，CPU 不处理；经过抑制时间后，如果状态还没有恢复，则上报 CPU 进行处理。

可在具体的以太网接口视图下通过 **link-delay** { **down** | **up** } [**msec**] *delay-time* 命令配置以太网接口物理连接状态抑制功能。

① **down**：二选一选项，设置以太网接口物理连接 down 状态抑制功能。

② **up**：二选一选项，设置以太网接口物理连接 up 状态抑制功能。

③ **msec**：可选项，表示配置的抑制时间的单位为毫秒。不指定该可选项，表示配置的抑制时间的单位为秒。

④ *delay-time*：指定接口物理连接状态抑制时间值，0 表示不抑制，即接口状态改变时立即上报 CPU。没有指定 **msec** 可选项时，其取值为 0～30，单位为秒；指定 **msec** 可选项时，其取值为 0～10000，且为 100 的倍数，单位为毫秒。

同一接口下，接口状态从 up 状态变成 down 状态的抑制时间和接口状态从 down 状态变成 up 状态的抑制时间可以不同。在同一接口下，当配置的是同一状态的抑制时间时，以最新的配置生效。

【注意】对于开启了生成树协议、快速环网保护协议（Rapid Ring Protection Protocol，RRPP）或 Smart Link（灵活链路组）的接口不推荐使用该功能。另外，以太网接口上不能同时配置本功能、**dampening** 命令和 **port link-flap protect enable** 命令。

5. 配置以太网接口的链路震荡保护功能

链路震荡即当接口的物理状态频繁变化时，会导致网络拓扑结构不断变化，给系统带来额外的开销。例如在主备链路场景中，当主链路的接口物理状态频繁在 up/down 状态之间变化时，业务将在主备链路之间来回切换，增加了设备的负担。为了解决该问题，设备提供了链路震荡保护功能。

以太网接口链路震荡保护功能的配置步骤见表 5-3。配置好后，当接口状态从 up 变为 down 时，系统会启动链路震荡检查。在链路震荡检查时间间隔内，如果该接口状态从 up 变为 down 的次数大于等于链路震荡次数阈值，则关闭该接口。

表 5-3　以太网接口链路震荡保护功能的配置步骤

步骤	命令	说明
1	**system-view**	进入系统视图
2	**link-flap protect enable** 例如，[Sysname] **link-flap protect enable**	开启全局链路震荡保护功能。 只有系统视图下和接口视图下同时开启链路震荡保护功能后，接口的链路震荡保护功能才能生效。 默认情况下，全局的链路震荡功能处于关闭状态
3	**interface** *interface-type interface-number* 例如，[Sysname] **interface** ethernet 1/0/1	进入以太网接口视图
4	**port link-flap protect enable** [**interval** *interval* | **threshold** *threshold*] *	开启接口链路震荡保护功能。 • **interval** *interval*：可多选参数，指定链路震荡检查时间间隔，取值为 10～60，单位为秒，默认值为 10 秒。 • **threshold** *threshold*：可多选参数，指定链路震荡次数阈值，取值为 5～10，默认值为 5。 如果未指定 *interval* 或 *threshold* 参数，则表示采用它们的默认值。使用 **display interface** 命令显示接口信息时，如果 Current state 字段显示为“Link-Flap down”，则表示该接口因链路频繁震荡被关闭了。 不能同时配置本命令、**dampening** 命令和 **link-delay** 命令。 默认情况下，接口的链路震荡功能处于关闭状态

【注意】为了避免 IRF 物理链路震荡影响 IRF 系统稳定性，IRF 物理接口默认开启链路震荡保护功能，且其开启状态不受全局链路震荡保护功能的开启状态影响。当 IRF 物理链路在检查时间间隔内震荡次数超过阈值，则设备将显示日志信息，但不会关闭 IRF 物理接口。

接口因链路频繁震荡被关闭后，不会自动恢复，需要用户执行 **undo shutdown** 命令手工恢复。

6. 配置广播、组播、未知单播风暴抑制功能

在以太网接口上接收到广播、组播和未知单播报文时，会在本设备上除了接收报文接口的其他接口上进行泛洪，形成广播风暴。此时，我们可以配置对这 3 类报文的抑制功能，这样当接口接收的这 3 类报文流量超过用户设置的抑制阈值时，系统会丢弃超出流量限制的报文，保证网络业务的正常运行。

广播、组播、未知单播风暴抑制功能的配置步骤见表 5-4，可以配置一种或同时配置多种流量的风暴抑制功能。

表 5-4　广播、组播、未知单播风暴抑制功能的配置步骤

步骤	命令	说明
1	**system-view**	进入系统视图
2	**interface** *interface-type interface-number* 例如，[Sysname] **interface** gigabitethernet 1/0/1	进入要配置风暴抑制功能的以太网接口的接口视图

续表

步骤	命令	说明
3	{ **broadcast-suppression** } | **multicast-suppression** | **unicast-suppression** } *{ *ratio* | **pps** *max-pps* | **kbit/s** *max-kbit/s* } 例如，[Sysname-GigabitEthernet1/0/1] **unicast-suppression kbit/s** 10000	开启接口广播、组播、未知单播风暴抑制功能，并设置广播风暴抑制阈值。 • **broadcast-suppression**：可多选选项，开启接口广播风暴抑制功能。 • **multicast-suppression**：可多选选项，开启接口组播风暴抑制功能。 • **unicast-suppression**：可多选选项，开启接口未知单播风暴抑制功能。 • *ratio*：多选一参数，指定以太网接口允许通过的最大广播、组播或未知单播流量占该接口带宽的百分比，取值为 0～100。数值越小，允许通过的广播流量也越小。 • **pps** *max-pps*：多选一参数，指定以太网接口每秒允许转发的最大广播、组播或未知单播包数，单位为每秒转发的报文数（packets per second，pps），取值为 0～1.4881×接口带宽。 • **kbit/s** *max-kbit/s*：多选一参数，指定以太网接口每秒允许转发的最大广播、组播或未知单播流量，单位为每秒转发的千比特数（kilobits per second，kbit/s），取值为 0～接口带宽。 默认情况下，所有接口不对广播、组播、未知单播流量进行抑制

【说明】对于同一类型（广播、组播、未知单播）的报文流量，请不要同时配置风暴抑制功能和流量阈值，以免配置冲突，导致抑制效果不确定。

当风暴抑制阈值的单位配置为 kbit/s 时，如果配置的值小于 64，则实际生效的数值为 64；如果配置的值大于 64 但又不是 64 的整数倍，则实际生效的数值为大于且最接近于配置值 64 的整数倍。

同一接口下，广播、组播、未知单播风暴抑制功能设置的阈值单位必须相同。

二层以太网接口上，风暴抑制也可以通过设置流量阈值来控制（参见 5.1.5 节的“配置以太网接口流量阈值控制功能”），与风暴抑制功能不同的是，流量阈值控制是通过软件对报文流量进行抑制的，对设备性能有一定影响；风暴抑制功能是通过芯片物理上对报文流量进行抑制的，相对流量阈值来说，其对设备性能影响较小。

7. 配置以太网接口的流量控制功能

流量控制功能是用来避免因发送端发送速率过快，而接收端接收速率较慢而造成的数据溢出、丢失。当本端和对端设备都开启了流量控制功能后，如果本端设备发生拥塞，则它将向对端设备发送消息（pause 帧），通知对端设备暂时停止发送数据；而对端设备在接收到该消息后将暂时停止向本端发送数据。反之亦然，从而避免出现数据丢失的现象。只有本端和对端设备都开启了流控制功能，才能实现对本端以太网接口的流量控制。

流量控制的工作模式有以下两种。

① 收发模式：设备同时具有发送和接收流量控制报文的能力。当本端发生拥塞时，设备会向对端发送流量控制报文；当本端收到对端的流量控制报文后，会停止报文发送。

② 接收模式：设备具有接收流量控制报文的能力，但不具有发送流量控制报文的能力。当本端接收到对端的流量控制报文，会停止向对端发送报文；当本端发生拥塞时，

设备不能向对端发送流量控制报文。

以太网接口流量控制功能是在具体的以太网接口视图下通过 **flow-control** 或 **flow-control receive enable** 命令配置，前者配置的是收发模式以太网接口流量控制功能，后者配置的是接收模式以太网接口流量控制功能。只有本端和对端设备都开启了收发模式的流量控制功能，才能实现对本端以太网接口的流量控制。

如果要应对单向网络拥塞的情况，则可以在一端配置 **flow-control receive enable** 命令，在对端配置 **flow-control** 命令；如果要求本端和对端网络拥塞都能处理，则两端都必须配置 **flow-control** 命令。

需要注意的是，**flow-control**、**flow-control receive enable** 命令和 **priority-flow-control**、**priority-flow-control no-drop dot1p** 命令互斥。

8. 配置以太网接口统计信息的时间间隔

通过对以太网接口统计信息时间间隔的配置，可以指定统计以太网接口报文信息的时间间隔，这样在使用 **display interface** 命令时，可以显示接口在该间隔时间内统计的报文信息，使用 **reset counters interface** 命令可以清除接口的统计信息。

可以在具体以太网接口视图下通过 **flow-interval** *interval* 命令设置统计以太网接口的统计信息时间间隔，取值为 5～300，单位为秒，步长为 5（即取值必须为 5 的整数倍）。

9. 配置以太网接口环回测试功能

开启以太网接口环回测试功能可以检测以太网通道能否正常工作（测试时接口将不能正常转发报文）。以太网接口环回测试功能分为内部环回测试和外部环回测试两种。

① 内部环回：将需要从接口转发出去的报文返回给设备内部，让报文向内部线路环回。内部环回用于定位设备是否故障。

② 外部环回：将需要从接口转发出去的报文通过自环装置（自环头）返回给本端设备。外部环回用于定位接口硬件功能是否故障。

【说明】自环头能使接口发出的报文直接被接口接收。百兆电口使用的自环头是用双绞网线中的 4 根芯线制作，一根芯线的两端分别接在 RJ-45 水晶头的 1 号和 3 号引脚，另一根的两端分别接在 RJ-45 水晶头的 2 号和 6 号引脚。千兆电口使用的自环头是用双绞线中的全部 8 根芯线制作而成的，4 根芯线的两端分别是（1、3）（2、6）（4、7）（5 和 8）号引脚。

可以在具体的以太网接口视图下执行 **loopback { external | internal }**命令启动以太网接口的外部环回（选择 **external** 选项时）或内部环回（选择 **internal** 选项时）功能。执行完毕后，会显示测试结果。默认情况下，以太网接口环回测试功能处于关闭状态。

【说明】接口在手工关闭状态（即接口状态显示为 ADM 或者 Administratively down）下不能进行内部和外部环回测试。以太网接口开启环回测试功能时，将工作在全双工状态，关闭环回测试功能后，恢复原有配置。另外，环回测试配置是一次性操作，不会被记录在配置文件中。

5.1.5 二层以太网接口属性配置

二层以太网接口通常都是采用双绞线 RJ-45 连接器的电口，此时可根据需要对二层以太网接口配置以下属性。

① 配置以太网接口自协商速率。

② 配置以太网接口的 MDIX 模式。

③ 配置以太网接口流量阈值控制功能。

④ 检测以太网接口的连接电缆。

1. 配置以太网接口自协商速率

以太网电口（不包括光口）速率是通过和对端自协商决定的。协商得到的速率可以是接口速率能力范围内的任意一个速率。通过配置自协商速率可以让以太网接口在能力范围内只协商部分速率，从而可以控制速率的协商。

可以在具体的以太网接口视图下通过 **speed auto** { **10** | **100** | **1000** } *命令设置以太网接口的自协商速率范围。多次执行 **speed**、**speed auto** 命令，以最后一次执行的命令生效。链接两端以太网接口的速率协商规则如下。

① 如果两端设置的接口自协商速率的范围完全不同，例如一端为 **speed auto** 10 100，另一端为 **speed auto** 1000，此时两端速率协商不成功。

② 如果两端设置的接口自协商速率的范围部分相同，例如一端为 **speed auto** 10 100，另一端为 **speed auto** 100 1000，此时两端速率协商为双方都有的 100 Mbit/s。

③ 如果两端设置的接口自协商速率的范围完全相同，例如一端为 **speed auto** 100 1000，另一端为 **speed auto** 100 1000，此时两端取速率协商范围内最大速率 1000 Mbit/s。

2. 配置以太网接口的 MDI 模式

以太网电口是通过双绞线传输介质进行设备连接的，RJ-45 连接器（俗称"水晶头"）由 8 个引脚组成。默认情况下，水晶头的每个引脚都有专门的作用，例如使用引脚 1 和 2 接收信号，引脚 3 和 6 发送信号。

水晶头中连接网络设备的双绞线有两种芯线（每条芯线的不一样）线序方式：直通线缆（straight-through cable）两端水晶头连接的双绞芯线线序方式完全一样，直通线缆芯线序列示意如图 5-3 所示；而交叉线缆（crossover cable）两端水晶头中一端的 1 脚与另一端的 3 脚的芯线颜色一致，一端的 2 脚与另一端的 6 脚的芯线颜色一致，交叉线缆芯线序列示意如图 5-4 所示。

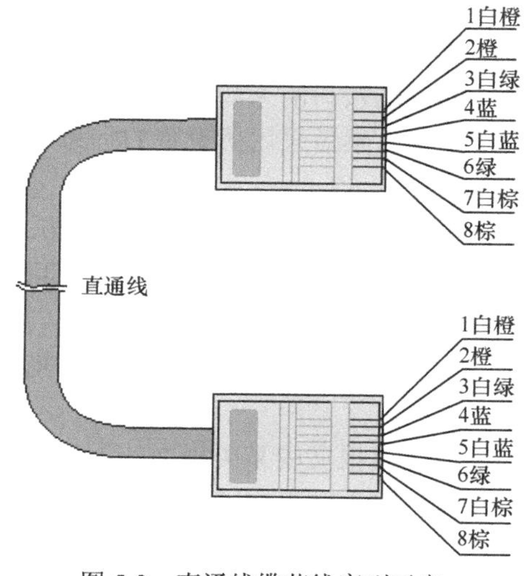

图 5-3　直通线缆芯线序列示意

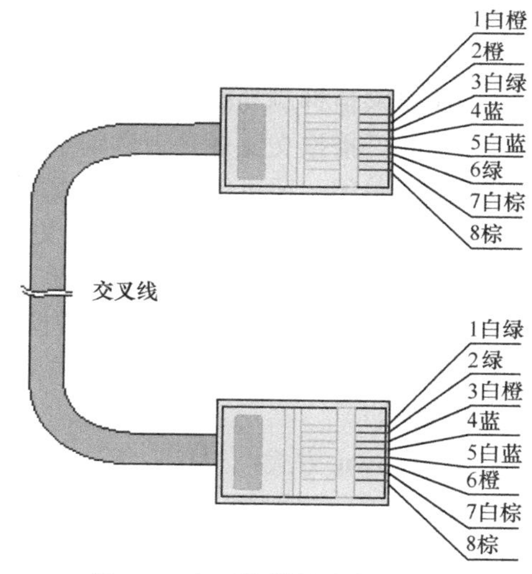

图 5-4　交叉线缆芯线序列示意

为了使以太网接口支持使用这两种线缆，设备支持 3 种介质相关接口（Medium Dependent Interface，MDI）模式，即 automdix、mdi 和 mdix。通过配置以太网接口的 mdix 模式，可以改变引脚在通信中的作用。

① 当配置为 mdix 模式时，使用引脚 1 和 2 接收信号，使用引脚 3 和 6 发送信号。

② 当配置为 mdi 模式时，使用引脚 1 和 2 发送信号，使用引脚 3 和 6 接收信号。

③ 当配置为 automdix 模式时，两端设备通过协商来决定引脚 1 和 2 是发送还是接收信号，引脚 3 和 6 是接收信号还是发送信号。

可以在具体以太网接口视图下通过 **mdix-mode** { **automdix** | **mdi**| **mdix** }命令配置以太网接口的 mdix 模式。

【注意】 当使用直通线缆时，两端设备的 MDI 模式配置不能相同；当使用交叉线缆时，两端设备的 MDI 模式配置必须相同，或者至少有一端设置为 automdix 模式。

默认情况下，以太网接口的 MDI 模式为 automdix，即通过协商来决定物理引脚的角色（发送报文或接收报文）。

3. 检测以太网接口的连接电缆

在进行网络维护时，如果发现某以太网接口总是打不开，则可能是双绞线电缆存在故障，此时可以利用系统自带的电缆检测功能进行检测。检测的方法是在具体以太网接口视图下执行 **virtual-cable-test** 命令。执行该命令后，系统将在 5 秒内返回检测结果。检测内容包括电缆的接收方向、发送方向，以及是否存在短路或开路现象，同时可以检测出故障线缆的长度。

【说明】 在以太网接口上执行该操作会使已经为 up 状态的链路自动进行一次 up 与 down 状态切换。检测结果仅供参考，检测到的长度最大可能存在的误差为 5 米，如果显示值为“-”，则表示不支持该项参数的检测。

4. 配置以太网接口流量阈值控制功能

以太网接口流量阈值控制功能与 5.1.4 节介绍的以太网接口风暴抑制功能类似，都可以控制流经以太网接口的未知单播报文流量、组播报文流量和广播报文流量。但过流量阈值控制是通过软件对报文流量进行抑制的，对设备性能有一定影响；风暴抑制功能是通过芯片物理上对报文流量进行抑制，相对流量阈值来说，对设备性能的影响较小。

启用流量阈值抑制功能后，接口会定时分别检测到达接口的未知单播报文流量、组播报文流量和广播报文流量是否达到了设置的上限阈值，然后采用所设置的行为对接口进行阻塞或者关闭，还可以配置是否发送 trap 和 log 信息。

当某种类型的报文流量超过该类报文预设的上限阈值时，系统提供了两种处理方式。

① **block** 方式：当接口上未知单播、组播或广播报文中某类报文的流量大于其上限阈值时，接口将暂停转发该类报文（**其他类型报文照常转发**），接口处于阻塞状态，但仍会统计该类报文的流量。当该类报文的流量小于其下限阈值时，接口又将自动恢复对此类报文的转发。

② **shutdown** 方式：当接口上未知单播、组播或广播报文中某类报文的流量大于其上限阈值时，接口将被关闭，**系统停止转发所有报文**。当该类报文的流量小于其下限阈值时，**接口状态不会自动恢复**，此时可通过执行 **undo shutdown** 命令，或取消接口上流量阈值的配置来恢复。

【注意】对于某种类型的报文流量，也可以通过该功能或者5.1.4节介绍的以太网接口的风暴抑制功能来进行抑制，但是这两种功能不能同时配置，否则，抑制效果不确定。例如不能同时配置接口的未知单播报文流量阈值控制功能和未知单播风暴抑制功能。

以太网接口流量阈值控制功能的配置步骤见表5-5。

表5-5　以太网接口流量阈值控制功能的配置步骤

步骤	命令	说明
1	**system-view**	进入系统视图
2	**storm-constrain interval** *interval* 例如，[Sysname] **storm-constrain interval** 2	配置接口流量阈值控制模块流量统计的时间间隔，取值为1～300s。为了保持网络状态的稳定，建议设置的流量统计时间间隔不低于10s。 默认情况下，接口流量统计的时间间隔为10s
3	**interface** *interface-type interface-number* 例如，[Sysname] **interface** GigabitEthernet 1/0/1	进入以太网接口视图
4	**storm-constrain** { **broadcast** | **multicast** | **unicast** } { **pps** | **kbit/s** | **ratio** } *upperlimit lowerlimit* 例如，[Sysname-GigabitEthernet1/0/1] **storm-constrain broadcast** 100 10 **pps**	开启接口流量阈值控制功能，并设置上限阈值与下限阈值。执行本命令后，设备就会周期性地对接口收到的指定类型的报文进行统计，如果流量超过上限阈值，则采取一定的措施。 • **broadcast**：多选一选项，设置接口的广播报文流量阈值。 • **multicast**：多选一选项，设置接口的组播报文流量阈值。 • **unicast**：多选一选项，设置接口的未知单播报文流量阈值。 • **pps**：多选一选项，以包/每秒的统计单位设置流量控制阈值。 • **kb/s**：多选一选项，以千比特/每秒的统计单位设置流量控制阈值。 • **ratio**：多选一选项，以报文每秒所占流量的百分比设置流量控制阈值。 • *upperlimit*：接口报文流量的上限阈值。当和**pps**选项一起使用时，该参数的取值为1～1.4881×接口带宽；当和**kbit/s**选项一起使用时，该参数的取值为1～接口带宽；当和**ratio**选项一起使用时，该参数的取值为1～100。*upperlimit*值必须大于*lowerlimit*值，建议二者不要配置为相等的数值。 • *lowerlimit*：接口报文流量的下限阈值。当和**pps**选项一起使用时，该参数的取值为1～1.4881×接口带宽；当和**kbit/s**选项一起使用时，该参数的取值为1～接口带宽；当和**ratio**选项一起使用时，该参数的取值为1～100。 默认情况下，没有设置接口的流量阈值，即不对接口的报文流量进行抑制。 【注意】本命令不能与未知单播风暴抑制命令（unicast-suppression）、组播风暴抑制命令（multicast-suppression）和广播风暴抑制命令（broadcast-suppression）同时配置，否则抑制效果不确定

续表

步骤	命令	说明
5	**storm-constrain control { block | shutdown }** 例如，[Sysname-GigabitEthernet1/0/1] **storm-constrain control block**	配置接口流量大于上限阈值的控制动作。 • **block**：配置采用阻塞接口的处理方式。 • **shutdown**：配置采用关闭接口的处理方式。 默认情况下，报文流量超过上限阈值后不对报文进行任何控制
6	**storm-constrain enable { trap | log }** 例如，[Sysname-GigabitEthernet1/0/1] **storm-constrain enable trap**	配置接口流量超过上限阈值，或者从超上限回落到低于下限阈值时输出 trap 或者 log 信息。 默认情况下，该输出功能已开启

5.1.6 以太网接口批量配置

当多个以太网接口（可以是相同类型的接口，也可以是不同类型的接口，还可以是物理接口和逻辑接口混合）需要配置相同的功能或参数（例如执行 **shutdown** 命令、配置接口属性等）时，需要逐个进入接口视图，在每个接口执行一遍命令，比较烦琐。此时，可以使用接口批量配置功能，达到事半功倍的效果。

配置接口批量配置功能有以下两种方法。

① **interface range** *interface-list*：指定一个不带别名的接口列表。类似于“临时接口组”，退出接口批量配置视图后不保存接口列表配置。

② **interface range name** *name* [**interface** *interface-list*]：指定一个带别名的接口列表，类似于“永久接口组”，退出接口批量配置视图后，可以重新使用别名进入接口批量配置视图，并且配置不变，配置起来更简便。

- *interface-list*：用来指定加入的接口列表，表示方式为 *interface-list* = { *interface-type interface-number1* [**to** *interface-type interface-number2*] }<1-24>。其中，*interface-type interface-number* 表示接口类型和接口编号。<1-24>表示前面的参数最多可以输入 24 次。当使用 **to** 关键字指定接口范围时（例如 *interface-type interface-number1* **to** *interface-type interface-number2*），则 **to 左边的接口（起始接口）和右边的接口（结束接口）必须位于同一接口卡或子卡上，相同类型接口，**且起始接口的编号必须小于等于结束接口的编号。一个接口列表内部的各成员端口可以是相同类型的接口，也可以是不同类型的接口，且批量接口包含的接口数量没有上限，仅受系统资源限制。
- *name*：用来指定批量接口的别名，为 1～32 个字符的字符串。

【注意】在使用批量接口功能时，要注意以下几个方面。

- 在接口批量配置视图下，只能执行批量接口中第一个接口（是按照字母序从小到大排序后的第一个接口）所支持的命令，不能执行第一个成员端口不支持，但其他成员端口支持的命令。进入接口批量配置视图后，在命令行提示符下输入“?”，将显示所加入的批量接口中第一个成员端口支持的所有命令。在接口批量配置视图下，执行 **display this** 命令，将显示批量接口中第一个成员端口当前生效的配置。
- 批量接口包含的接口数量没有上限，仅受系统资源限制。接口数量较多时，在批量接口配置视图下执行命令等待的时间较长。系统中支持的批量接口别名的个数也没有上限，仅受系统资源限制。推荐用户配置1000个以下，如果配置数量过多，则可能引起该特性执行效率降低。

- 在接口批量配置视图下执行命令，会在绑定的所有接口下执行该命令。
  - 当命令执行完成后，系统提示配置失败，并保持在接口批量配置视图。如果配置失败的接口是接口列表的第一个接口，则表示列表中的所有接口都未配置该命令。如果配置失败的接口是其他接口，则表示除了提示失败的接口，其他接口都已经配置成功。
  - 当命令执行完成后，退回到系统视图，则表示接口视图和系统视图下都支持该命令；或在列表中的某个接口上配置失败，在系统视图下配置成功，或者列表中位于这个接口后面的接口不再执行该命令。

以上各小节的以太网接口配置完成后，可在任意视图下执行以下 **display** 命令，查看配置后接口的运行情况，发现配置问题，验证配置效果；在用户视图下执行 **reset** 命令清除接口的统计信息。

- **display counters** { **inbound** | **outbound** } **interface** [*interface-type* [*interface-number* | *interface-number.subnumber*]]：查看所有或指定接口的流量统计信息。
- **display counters rate** { **inbound** | **outbound** } **interface** [*interface-type* [*interface-number* | *interface-number.subnumber*]]：查看所有或指定接口最近一个抽样间隔内的报文速率统计信息。
- **display ethernet statistics slot** *slot-number*：查看以太网软件模块收发报文的统计信息。
- **display interface** [*interface-type* [*interface-number* | *interface-number.subnumber*]] [**brief** [**description** | **down**]]：查看所有或指定接口或子接口的运行状态和相关信息。
- **display interface link-info** [**main**]：查看接口的链路状态和报文统计等信息。
- **display interface** [*interface-type*] [**brief** [**description** | **down**]] **main**：查看除了子接口的其他接口的运行状态和相关信息。
- **display link-flap protection** [**interface** *interface-type* [*interface-number*]]：查看接口链路震荡保护功能的相关信息。
- **display packet-drop** { **interface** [*interface-type* [*interface-number*]] | **summary** }：查看所有或指定接口丢弃的报文的信息。
- **display storm-constrain** [**broadcast** | **multicast** | **unicast**] [**interface** *interface-type* *interface-number*]：查看所有或指定接口流量控制信息。
- **reset counters interface** [*interface-type* [*interface-number* | *interface-number.subnumber*]]：清除所有或指定接口的统计信息。
- **reset ethernet statistics** [**slot** *slot-number*]：清除以太网软件模块收发报文的统计信息。
- **reset packet-drop interface** [*interface-type* [*interface-number*]]：清除所有或指定接口丢弃报文的统计信息。

5.2 端口隔离

一般情况下，我们为了实现报文之间的二层隔离，可以将不同的端口加入不同的 VLAN，但会浪费有限的 VLAN 资源。采用端口隔离特性，可以实现同一 VLAN 内端口之间的二层隔离，为用户提供了更安全、更灵活的组网方案。

【说明】H3C 设备中仅可配置端口间的二层隔离，同时隔离二层和三层通信，不能像华为设备一样还可以配置二层隔离三层互通模式。

5.2.1 配置端口隔离

端口隔离特性主要用于保护用户数据的私密性，防止恶意攻击者获取用户信息。通过端口隔离特性，管理员可以将需要进行控制的端口加入一个隔离组中，实现隔离组内的端口之间二层数据的隔离。隔离组内可以加入的端口数量没有限制，而且隔离组内的端口与隔离组外属于同一 VLAN 内的端口二层流量仍能双向互通。**但一个端口最多只能加入一个隔离组，且隔离组中的各成员端口必须位于同一交换机上。**

【说明】二层聚合接口视图下的端口隔离配置对当前接口及聚合组中的所有成员端口生效，如果某成员端口配置失败，系统会跳过该端口继续配置其他成员端口，如果二层聚合接口配置失败，则不会再配置成员端口在隔离组中。

端口隔离的配置步骤见表 5-6。

表 5-6　端口隔离的配置步骤

步骤	命令	说明
1	**system-view**	进入系统视图
2	**port-isolate group** *group-number* 例如，[Sysname] **port-isolate group** 1	创建隔离组。参数 *group-number* 用来指定要创建的隔离组编号，取值为 1～8
3	**interface** *interface-type interface-number* 例如，[Sysname] **interface** gigabitethernet1/0/1	（二选一）进入要配置端口隔离的**二层**以太网端口视图
	interface bridge-aggregation *interface-number* 例如，[Sysname] **interface bridge-aggregation** agge1	（二选一）进入要配置端口隔离的二层聚合端口视图
4	**port-isolate enable group** *group-number* 例如，[Sysname-GigabitEthernet1/0/1] **port-isolate enable group** 1	将以上二层以太网端口或二层聚合端口加入指定的端口隔离组中。一个端口最多只能加入一个隔离组。 默认情况下，隔离组中没有加入任何端口

完成端口隔离配置后，可在任意视图下执行 **display port-isolate group** [*group-id*] 命令，该命令可以显示配置后隔离组的相关信息，通过查看显示信息验证配置的效果。

5.2.2 端口隔离配置示例

端口隔离配置示例拓扑结构如图 5-5 所示，小区用户 PC1、PC2、PC3 分别与交换机（SW）的以太网端口 GigabitEthernet1/0/2、GigabitEthernet1/0/3、GigabitEthernet1/0/4 相

连，且均采用默认的 VLAN 配置，IP 地址同在 192.168.1.0/24 网段。现要求这 3 个小区用户之间不能二层互通，但可以与外部网络（例如 Internet 及位于同一 VLAN、同一 IP 网段的服务器）通信。

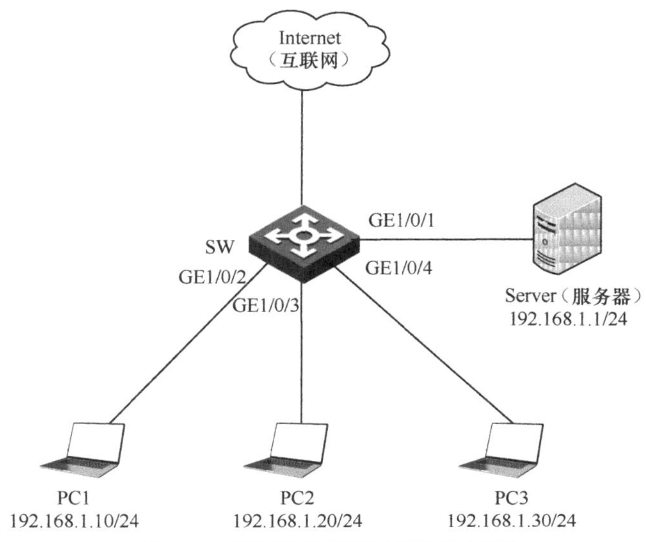

图 5-5　端口隔离配置示例拓扑结构

要实现 PC1～PC3 这 3 个用户主机的二层通信隔离，只需把这 3 台用户主机连接的交换机端口加入同一个隔离组即可。具体的配置方法（在 SW 上配置）如下。

```
<Sysname> system-view
[Sysname] port-isolate group 1
[Sysname] interface GigabitEthernet1/0/2
[Sysname-GigabitEthernet1/0/2] port-isolate enable group 1
[Sysname-GigabitEthernet1/0/2] quit
[Sysname] interface GigabitEthernet1/0/3
[Sysname-GigabitEthernet1/0/3] port-isolate enable group 1
[Sysname-GigabitEthernet1/0/3] quit
[Sysname] interface GigabitEthernet1/0/4
[Sysname-GigabitEthernet1/0/4] port-isolate enable group 1
[Sysname-GigabitEthernet1/0/4] quit
[Sysname] quit
```

以上配置完成后，可在 SW 上执行 **display port-isolate group** 命令，查看隔离组中的端口成员信息，执行 **display port-isolate group** 命令的输出如图 5-6 所示。从图 5-6 中可以看出，这 3 个用户所连接的交换机端口均已在隔离组中。至此，这 3 个用户间不能进行二层和三层通信了（**但在 HCL 模拟器中，端口隔离配置不生效，隔离组中的用户间仍可以进行通信**），达到了隔离的目的，但不影响这 3 个用户与外部网络的通信。

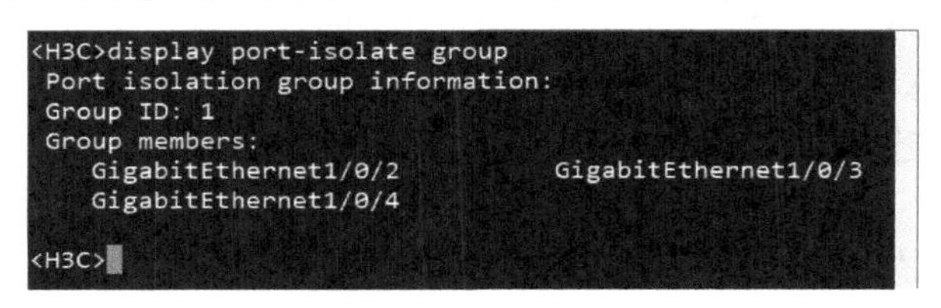

图 5-6　执行 **display port-isolate group** 命令的输出

5.3　以太网链路聚合

以太网链路聚合简称为链路聚合，或者接口聚合，它是通过将同一交换机或同一 IRF 上与对端设备连接的多条以太网物理链路捆绑在一起成为一条逻辑链路，从而实现在直连设备间增加链路带宽的目标。同时，这些捆绑在一起的物理链路还可实现相互动态备份，有效提高链路的可靠性。这在一些关键设备之间（例如核心交换机之间、汇聚层与核心层交换机之间）的连接中得到广泛应用。

以太网链路聚合示意如图 5-7 所示，将 SW1 与 SW2 之间直连的 3 条以太网物理链路捆绑在一起，通过配置可形成一条逻辑的聚合链路。这条逻辑链路的带宽等于原先这 3 条以太网物理链路的带宽总和，从而达到增加 SW1 与 SW2 之间连接带宽的目的。同时，在聚合链路中的这 3 条成员以太网物理链路之间又可以相互备份。当其中一条或多条（但不能全部）出现故障时，流量会自动被其他有效链路分担，有效地提高了设备间连接链路的可靠性。

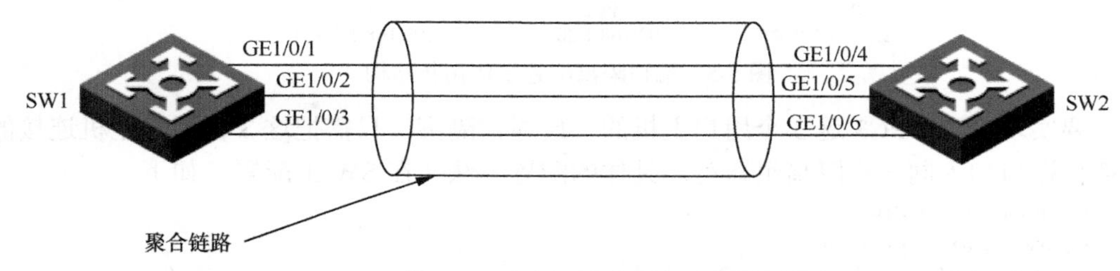

图 5-7　以太网链路聚合示意

5.3.1　以太网链路聚合基础

链路聚合是通过接口捆绑实现的，多个以太网物理接口捆绑在一起后形成一个聚合组，被捆绑在一起的以太网物理接口就称为该聚合组的成员端口。每个聚合组唯一对应着一个逻辑接口，称为聚合接口。聚合组与聚合接口的编号是相同的，例如聚合组 1 对应于聚合接口 1。

1. 聚合组和聚合接口类型

聚合组和聚合接口可以分为以下两种类型。

① 二层聚合组或二层聚合接口：二层聚合组的成员端口全部为二层以太网接口，其对应的聚合接口称为二层聚合接口（Bridge-Aggregation Interface，BAGG）。

② 三层聚合组或三层聚合接口：三层聚合组的成员端口全部为三层以太网接口，其对应的聚合接口称为路由聚合接口（Route-Aggregation Interface，RAGG）（也称为三层聚合接口）。在创建了三层聚合接口之后，还可以继续创建该三层聚合接口的子接口，即三层聚合子接口。

2. 成员端口状态

在聚合组内的成员端口必须位于同一交换机或同一 IRF 上，且必须为相同类型的以

太网接口。聚合组中的成员端口具有以下 3 种状态。

① 选中（Selected）状态：此状态下的成员端口可以参与用户数据的转发。

② 非选中（Unselected）状态：此状态下的成员端口不能参与用户数据的转发。

③ 独立（Individual）状态：满足以下条件之一时，如果成员端口在经过链路聚合控制协议（Link Aggregation Control Protocol，LACP）超时时间之后未收到 LACP 报文，则该成员端口会被置为独立状态。此状态下的成员端口可以作为普通物理端口参与数据的转发。

- 聚合接口配置为生成树协议的边缘端口。
- 处于选中或非选中状态的成员端口经过一次 down 或 up 后，该成员端口将被置为独立状态。

3. 操作 Key

操作 Key 是系统在进行链路聚合时用来表征成员端口聚合能力的一个数值。它是根据成员端口上的一些信息（例如接口速率、双工模式等）的组合自动计算生成的。这个信息组合中任何一项的变化都会引起操作 Key 的重新计算。在同一聚合组中，所有的选中端口都必须具有相同的操作 Key。

4. 配置分类

根据对成员端口状态的影响不同，成员端口上的配置可以分为以下两类。

① 属性类配置

链路聚合成员端口的属性类配置见表 5-7。在聚合组中，**只有与对应聚合接口的属性类配置完全相同的成员端口才能够成为选中端口**。

表 5-7　链路聚合成员端口的属性类配置

配置项	内容
端口隔离	端口是否加入隔离组、端口所属的端口隔离组
QinQ 配置	端口的 QinQ 功能开启或关闭状态、VLAN tag 的 TPID 值、VLAN 透传
VLAN 映射	端口上配置的各种 VLAN 映射关系
VLAN 配置	端口上允许通过的 VLAN、端口默认 VLAN、端口的链路类型（即 Trunk、Hybrid、Access 类型）、端口的工作模式（即 promiscuous、trunk promiscuous、host、trunk secondary 模式）、基于 IP 子网的 VLAN 配置、基于协议的 VLAN 配置、VLAN 报文是否带 tag 配置

② 协议类配置

协议类配置是相对于属性类配置而言的，包含的配置内容有 MAC 地址学习、生成树等。在聚合组中，即使某成员端口与对应聚合接口的协议配置存在不同，也不会影响该成员端口成为选中端口。

5. 以太网链路聚合的生成

以太网链路聚合的生成有两种模式：一种是直接手动静态配置，即静态聚合模式；另一种是通过在成员端口上启用基于 IEEE 802.3ad 标准的链路聚合控制协议（Link Aggregation Control Protocol，LACP）来动态生成的，即动态聚合模式。以太网链路聚合的两种生成模式比较见表 5-8。

表 5-8 以太网链路聚合的两种生成模式比较

聚合模式	成员端口是否开启 LACP	优点	缺点
静态聚合模式	否	一旦配置好后，接口的选中或非选中状态就不会受网络环境的影响，比较稳定	不能根据对端的状态调整接口的选中或非选中状态，不够灵活
动态聚合模式	是	能够根据对端和本端的信息调整接口的选中或非选中状态，比较灵活	接口的选中或非选中状态容易受网络环境的影响，不够稳定

5.3.2 静态聚合模式

在静态以太网链路聚合模式中，首先要选择一个参考端口，作为聚合组内选择“选中端口”的参考。参考端口从本端聚合组的成员端口中选出，其操作 Key 和属性类配置将作为同一聚合组内其他成员端口的参照，只有操作 Key 和属性类配置与参考端口一致的成员端口才能被选中，成为选中端口。参考端口也是选中端口。

1. 参考端口的选择

参考端口的选择规则如下。

① 在聚合组内处于 up 状态的成员端口中，按照端口的高端口优先级→全双工/高速率→全双工/低速率→半双工/高速率→半双工/低速率的优先级次序，选择优先级次序最高，且属性类配置与对应聚合接口相同的成员端口作为参考端口。

端口优先级是静态聚合模式下，参考端口的最优先选择依据。

② 如果有多个成员端口的优先级次序相同，且属性类配置与对应聚合接口相同，则选择其中端口号最小的端口作为参考端口。

③ 如果新加入成员端口，且其优先级次序与原来已选择的参考端口的优先级次序相同，则仍以原来选择的参考端口作为参与端口。如果新加入的成员端口优先级次序比原来的参考端口的优先级次序更高，则会触发新的参考端口选择。

2. 选中端口的确定

选择好参考端口后，就要依据参考端口的属性确定静态聚合组内其他成员端口的状态，只有同时满足以下两项条件的端口才能成为选中端口。

① 端口处于 up 状态，且其操作 Key 和属性类配置与参考端口相同。

② 静态聚合组中的选中端口数量未超过上限值，或者虽然静态聚合组内选中端口的数量已达到上限，但其端口优先级高于聚合组内某选中端口的端口优先级，则该成员端口会立刻取代端口优先级低的选中端口成为新的选中端口。

【注意】当一个成员端口的操作 Key 或属性类配置改变时，其所在静态聚合组内各成员端口的选中或非选中状态可能会发生改变。

5.3.3 动态聚合模式

动态聚合模式通过 LACP 实现。LACP 是一种实现链路动态聚合的协议，运行该协议的设备之间通过互发链路聚合控制协议数据单元（Link Aggregation Control Protocol Data Unit，LACPDU）来交互链路聚合的相关信息。当对端收到该 LACPDU 后，将其中的信息与所在端其他成员端口收到的信息进行比较，以选择能够处于选中状态的成员端口，使双方可以对各自接口的选中或非选中状态达成一致。

1. LACP的功能

根据所使用的LACPDU字段的不同，可以将LACP的功能分为基本功能和扩展功能两大类。LACP的功能分类见表5-9。

表5-9　LACP的功能分类

类别	说明
基本功能	利用LACPDU的基本字段可以实现LACP的基本功能。基本字段包含系统LACP优先级、系统MAC地址、接口端口优先级、接口编号和操作Key这些信息。 动态聚合组内的成员端口会自动使能LACP，并通过发送LACPDU向对端通告本端的上述信息。当对端收到该LACPDU后，将其中的信息与本端其他成员端口收到的信息进行比较，以选择能够处于选中状态的成员端口，使双方可以对各自接口的选中或非选中状态达成一致，从而决定哪些链路可以加入聚合组
扩展功能	通过对LACPDU的字段进行扩展，可以实现对LACP的扩展。例如通过在扩展字段中定义一个新的TLV数据域，可以实现IRF中的多Active检测机制

2. LACP优先级

根据作用的不同，LACP优先级分为系统LACP优先级和端口优先级两类。LACP优先级的分类见表5-10。

表5-10　LACP优先级的分类

类别	说明	比较标准
系统LACP优先级	系统LACP优先级用于区分两端设备优先级的高低。系统LACP优先级高的设备将决定与之直接连接的对端设备在聚合组中的选中或非选中状态	优先级数值越小，优先级越高
端口优先级	端口优先级用于区分各成员端口成为选中接口的优先程度，优先级高的将成为选中接口	

3. LACP工作模式

LACP工作模式分为ACTIVE（主动）和PASSIVE（被动）两种。在一个动态聚合组中，至少要有一端的LACP工作模式为ACTIVE模式，才能建立聚合连接，这是因为只有处于ACTIVE模式的端口才可以发送LACPDU。

4. LACP超时时间

LACP超时时间是指成员端口等待接收LACPDU的超时时间。LACP超时时间分为短超时（3秒）和长超时（90秒）两种。在LACP超时时间+3秒之后（即6秒或93秒之后），如果本端成员端口仍未收到来自对端的LACPDU，则认为对端成员端口已失效。

LACP超时时间同时也决定了对端发送LACPDU的速率。如果LACP超时时间为短超时，则对端将快速发送LACPDU（每秒发送1个LACPDU）；如果LACP超时时间为长超时，则对端将慢速发送LACPDU（每30秒发送1个LACPDU）。

5. 端口加入聚合组的方式

端口加入动态聚合组的方式主要有以下两种。

① 手工动态聚合：两端设备成员端口手工加入动态聚合组。

② 半自动动态聚合：一端设备成员端口手工加入动态聚合组，另一端成员端口自

动加入动态聚合组。

在与服务器对接的时候，为了简化本端设备创建聚合组相关配置，可以在本端设备上配置半自动聚合，以便本端设备根据服务器的配置自动创建聚合组。此时，端口根据收到的 LACP 报文自动选择加入聚合组，如果本设备上没有可以加入的聚合组，则设备会自动创建一个符合条件的聚合组。

创建一个符合条件的聚合组时，该聚合接口会同步最先加入聚合组的成员端口的属性类配置。端口自动加入聚合组后，该聚合组选择参考端口和确定成员端口的状态与手工动态聚合组处理方式相同。

5.3.4 动态聚合的原理

与静态聚合模式一样，在动态聚合模式下也要先选择参考端口。但动态链路聚合中的参考端口是**从聚合链路两端处于 up 状态的成员端口中选出**，其操作 Key 和属性类配置将作为同一聚合组内的其他成员端口的参照，只有操作 Key 和属性类配置与参考端口一致的成员端口才能被选中。

1. 参考端口选择

动态链路聚合中的参考端口选择，首先要确定选择参考端口的设备端，然后在该端设备的动态聚合组依据参考端口确定各成员端口的状态，具体说明如下。

① 首先，从聚合链路的两端选出设备 ID（**由 LACP 的系统优先级和系统的 MAC 地址共同构成**）较小的一端。选出规则是：先比较两端设备的系统 LACP 优先级值，其值越小，则设备 ID 越小；如果两端设备的系统 LACP 优先级相同，则比较两端设备的系统 MAC 地址，其 MAC 地址越小，设备 ID 越小。

在动态聚合模式中，设备 ID 用来确定在哪一端设备上选择参考端口，即在设备 ID 较小的一端选择参考端口。

② 其次，对于设备 ID 较小的一端，再比较其聚合组内各成员端口的端口 ID（由端口优先级和端口号共同构成）。先比较端口优先级值，其值越小，端口 ID 越小；如果端口优先级相同，则比较其端口号，其端口号越小，端口 ID 越小。端口 ID 最小，且属性类配置与对应聚合接口相同的端口作为参考端口。

【说明】 各成员端口的端口号可以通过 **display link-aggregation verbose** 命令中的 Index 字段查看。

2. 选中端口的确定

在设备 ID 较小的一端，聚合组中各成员端口只有同时满足以下 3 个条件才能成为选中端口。

① 本端端口呈 up 状态，且其操作 key 和属性配置与参考端口相同。

② 本端端口的对端端口的操作 key 和属性配置，与参考端口的对端端口的操作 key 和属性配置相同。

③ 聚合组中的选中端口数量未达到上限，或者虽然达到了选中端口数上限，但按照端口号从小到大排序，本端端口的端口号仍处于上限范围。

与此同时，设备 ID 较大的一端也会随着对端成员端口状态的变化，随时调整本端各成员端口的状态，以确保聚合链路两端成员端口状态的一致。

【注意】在确定动态聚合组内成员端口状态时，需要注意以下事项。

① 仅全双工端口可成为选中端口。

② 当一个成员端口的操作key或属性类配置改变时，其所在动态聚合组内各成员端口的选中或非选中状态可能会发生改变。

③ 当本端端口的选中或非选中状态发生改变时，其对端端口的选中或非选中状态也将随之改变。

④ 当动态聚合组内选中端口的数量已达到上限时，后加入的成员端口一旦满足成为选中端口的所有条件，就会立刻取代已不满足条件的端口成为选中端口。

5.3.5　以太网链路聚合限制

在配置以太网链路聚合时，需要注意以下事项。

① 配置了强制开启端口、MAC地址认证、端口安全、802.1x认证功能的端口将不能加入二层聚合组。

② 接口加入聚合组前，如果接口上的属性类配置和聚合接口不同，则该接口不能加入聚合组。接口加入聚合组后，不能修改接口的属性类配置。建议不要将镜像反射端口加入聚合组。

③ 用户删除聚合接口时，系统将自动删除对应的聚合组，且该聚合组内的所有成员端口将全部离开该聚合组。

④ 在聚合接口上所作的协议类配置，只在当前聚合接口下生效；在成员端口上所作的协议类配置，只有当该成员端口退出聚合组后才能生效。

⑤ 聚合接口上属性类配置发生变化时，会同步到成员端口上，当聚合接口被删除后，同步成功的配置仍将保留在这些成员端口上；同步失败时，不会回退聚合接口上的配置，且可能导致成员端口变为非选中状态，此时可以修改聚合接口上的配置，使成员端口重新选中。

⑥ 聚合链路的两端应配置相同的聚合模式。对于不同模式的聚合组，其选中端口存在如下限制。

- 对于静态聚合模式，用户需要保证在同一链路两端端口的选中或非选中状态的一致性，否则聚合功能无法正常使用。
- 对于动态聚合模式：聚合链路两端的设备会自动协商同一链路两端的端口在各自聚合组内的选中或非选中状态，用户只须保证本端聚合在一起的端口的对端也同样聚合在一起，聚合功能即可正常使用。如果聚合链路一端使用半自动动态聚合方式，则链路另外一端使用手工动态聚合方式。

5.3.6　配置以太网链路聚合

以太网链路聚合分为二层聚合和三层聚合两种。如果聚合组中各成员端口均为二层以太网接口，则所配置的是二层以太网链路聚合；如果聚合组中各成员端口均为三层以太网接口，则所配置的是三层以太网链路聚合。

以太网聚合又分为静态以太网链路聚合和动态以太网链路聚合两种。静态以太网链路聚合的配置步骤见表5-11，动态链路聚合的配置步骤见表5-12。

【说明】动态聚合模式中，LACP 的系统 MAC 地址和系统优先级均支持全局配置或在聚合组内配置两种方式：全局的配置对所有聚合组都有效，而聚合组内的配置只对当前聚合组有效。对于一个聚合组来说，优先采用该聚合组内的配置，只有该聚合组内未进行配置或配置为默认值时，才采用全局的配置。

表 5-11 静态以太网链路聚合的配置步骤

步骤	命令	说明
1	**system-view**	进入系统视图
2	**interface bridge-aggregation** *interface-number* 例如，[Sysname] **interface bridge-aggregation** 1	（二选一）创建二层聚合接口，并进入二层聚合接口视图。参数 *interface-number* 用来指定二层聚合接口的编号，取值为 1～1024。创建二层聚合接口后，系统将自动生成同编号的二层聚合组，且该聚合组默认工作在静态聚合模式下。 删除二层聚合接口的同时会删除其对应的聚合组，如果该聚合组内有成员端口，那么这些成员端口将自动从该聚合组中退出
	interface route-aggregation *interface-number* 例如，[Sysname] **interface route-aggregation** 1	（二选一）创建三层聚合接口，并进入三层聚合接口视图。参数 *interface-number* 用来指定三层聚合接口的编号，取值为 1～1024。创建三层聚合接口后，系统将自动生成同编号的三层聚合组，且该聚合组默认工作在静态聚合模式下。 删除三层聚合接口的同时，会删除其对应的三层聚合组及该接口下的所有聚合子接口，如果该聚合组内有成员端口，那么这些成员端口将自动从该聚合组中退出
3	**quit**	返回系统视图
4	**interface** *interface-type interface-number* 例如，[Sysname] **interface** GigabitEthernet 1/0/1	进入二层或三层以太网接口视图。如果创建的是二层静态以太网链路聚合，则聚合组中的所有以太网接口均为二层以太网端口，反之，如果创建的是三层静态以太网链路聚合，则聚合组中的所有以太网接口均为三层以太网端口
5	**port link-aggregation group** *number* 例如，[Sysname-GigabitEthernet1/0/1] **port link-aggregation group** 1	将以上以太网接口加入指定的汇聚组中。一个接口只能加入一个聚合组
6	**link-aggregation port-priority** *port-priority* 例如，[Sysname-GigabitEthernet1/0/1] **link-aggregation port-priority** 100	（可选）配置接口的端口优先级，取值为 0～65535。该数值越小，优先级越高。改变接口的端口优先级，将会影响到静态聚合组成员端口的选中或非选中状态。 默认情况下，接口的端口优先级为 32768

表 5-12 动态链路聚合的配置步骤

步骤	命令	说明
1	**system-view**	进入系统视图
2	**lacp system-mac** *mac-address* 例如，[Sysname] **lacp system-mac** 1-1-1	（可选）配置全局的 LACP 的系统 MAC 地址，格式为 H-H-H，不支持组播 MAC 地址、全 0 的 MAC 地址和全 F 的 MAC 地址。 默认情况下，LACP 的系统 MAC 地址为设备的桥 MAC 地址

续表

步骤	命令	说明
3	**lacp system-priority** *system-priority* 例如，[sysname] **lacp system-priority** 64	（可选）配置 LACP 的系统优先级，取值为 0～65535，其数值越小，优先级越高。 默认情况下，LACP 的系统优先级为 32768
4	**interface bridge-aggregation** *interface-number* 例如，[Sysname] **interface bridge-aggregation** 1	（二选一）创建二层聚合接口，并进入二层聚合接口视图，其他说明参见表 5-10 中的第 2 步
	interface route-aggregation *interface-number* 例如，[Sysname] **interface route-aggregation** 1	（二选一）创建三层聚合接口，并进入三层聚合接口视图，其他说明参见表 5-10 中的第 2 步
5	**link-aggregation mode dynamic** 例如，[Sysname-Bridge-Aggregation1] **link-aggregation mode dynamic**	配置聚合组工作在动态聚合模式下。 默认情况下，聚合组工作在静态聚合模式
6	**port lacp system-mac** *mac-address* 例如，[Sysname-Bridge-Aggregation1] **port lacp system-mac** 2-2-2	（可选）配置聚合接口的 LACP 的系统 MAC 地址，格式为 H-H-H，不支持组播与广播 MAC 地址、全 0 的 MAC 地址和全 F 的 MAC 地址。 默认情况下，LACP 的系统 MAC 地址为设备的桥 MAC 地址
7	**port lacp system-priority** *priority* 例如，[Sysname-Bridge-Aggregation1] **port lacp system-priority** 32	（可选）配置聚合接口的 LACP 的系统优先级，取值为 0～65535，其数值越小，优先级越高。 默认情况下，LACP 的系统优先级为 32768
8	**interface** *interface-type interface-number* 例如，[Sysname] **interface** GigabitEthernet 1/0/1	进入二层或三层以太网接口视图。如果创建的是二层动态以太网链路聚合，则聚合组中的所有以太网接口均为二层以太网端口，反之，如果创建的是三层动态以太网链路聚合，则聚合组中的所有以太网接口均为三层以太网端口
9	**port link-aggregation group** { *group-id* [**force**] | **auto** [*group-id*] } 例如，[Sysname-GigabitEthernet1/0/1] **port link-aggregation group** 1	将以上以太网接口加入指定的聚合组中。 • *group-id*：指定聚合组所对应聚合接口的编号，取值为 1～1024，必须是已经存在的动态聚合组的编号。 • **force**：可选项，表示接口加入聚合组时同步该聚合组的属性类配置。不指定该参数时，表示接口加入聚合组时不同步该聚合组的属性类配置。仅二层以太网接口支持指定本参数。指定 **force** 选项后，通过 **display current-configuration** 命令显示设备生效的配置中和配置文件中不会保存 **force** 选项。 • **auto**：开启端口的半自动聚合功能。 仅指定 **auto** 选项时，表示根据对端发来的 LACP 报文决定加入哪个动态聚合组；如果未找到能够加入的聚合组，则创建一个符合条件的动态聚合组，并加入该聚合组中。同时指定 **auto** 选项和 *group-id* 参数时，表示优先查看该聚合组参考端口所含的对端信息和收到的 LACP 报文中的对端信息是否一致：如果二者信息相同，则加入该聚合组；如果二者信息不同，则再选择其他动态聚合组；如果未找到能够加入的动态聚合组，则创建一个符合条件的动态聚合组，并加入该聚合组中

续表

步骤	命令	说明
10	**lacp mode passive** 例如，[Sysname-GigabitEthernet1/0/1] **lacp mode passive**	（可选）配置以上以太网接口的 LACP 工作模式为 PASSIVE 模式。 默认情况下，以太网端口的 LACP 工作模式为 ACTIVE，可用 **undo lacp mode** 命令来恢复为 ACTIVE 模式
11	**link-aggregation port-priority** *port-priority* 例如，[Sysname-GigabitEthernet1/0/1] **link-aggregation port-priority 64**	（可选）配置以上以太网接口的端口优先级，取值为 0～65535。该数值越小，优先级越高。只需在系统 LACP 优先级高的一端设备上配置
12	**lacp period short** 例如，[Sysname-GigabitEthernet1/0/1] **lacp period short**	（可选）配置以上以太网接口的 LACP 超时时间为短超时（即 3 秒）。 默认情况下，接口的 LACP 超时时间为长超时（即 90 秒）

5.3.7 限制聚合组内选中端口的数量

在以太网链路聚合组中，可以包括多个以太网成员端口，用户可以根据不同的使用场景，灵活修改聚合组中最大/最小选中端口数，来满足“最小带宽”和提供备份成员端口的应用需求。

聚合链路的带宽取决于聚合组内选中端口的数量，用户通过配置聚合组中的最小“选中端口”数，可以避免由于选中端口太少而造成聚合链路上的流量拥塞。这样配置后，当聚合组内选中端口的数量达不到配置值时，对应的聚合接口将不会进入 up 状态，所有成员端口都将变为非选中状态，对应聚合接口的链路状态也将变为 down。而当聚合组内能够被选中的成员端口数增加至不小于配置值时，这些成员端口又都将变为选中状态，对应聚合接口的链路状态也将变为 up。

当配置了聚合组中的最大选中端口数之后，最大选中端口数将同时受配置值和设备硬件能力的限制，即取二者的较小值作为限制值。用户借此可实现成员端口间的冗余备份，即可以使一部分成员端口即使达到了成为“选中端口”的条件，也不能成为选中端口，呈 down 状态，仅作为当前选中端口的备份。当某选中端口或对应的链路失效时，这些备份端口可以接替失效的原选中端口，成为新的选中端口，继续所需的聚合链路带宽。

限制聚合组内选中端口的数量的配置步骤见表 5-13。

表 5-13 限制聚合组内选中端口的数量的配置步骤

步骤	命令	说明
1	**system-view**	进入系统视图
2	**interface bridge-aggregation** *interface-number* 例如，[Sysname] **interface bridge-aggregation** 1	进入二层聚合接口视图
	interface route-aggregation *interface-number* 例如，[Sysname] **interface route-aggregation** 1	进入三层聚合接口视图

续表

步骤	命令	说明
3	**link-aggregation selected-port minimum** { *min-number* | **percentage** *number* } 例如，[Sysname-Bridge-Aggregation1] **link-aggregation selected-port minimum** 3	配置聚合组中的最小选中端口数。 • *min-number*：二选一参数，指定以数值方式配置聚合组中的最小选中端口数，取值为1～32。 • **percentage** *number*：二选一参数，指定以百分比方式配置聚合组中最小选中端口数占所有成员端口的百分比，取值为1～100。 以百分比方式配置聚合组中最小选中端口数后，当有端口加入或者退出该聚合组时，可能会引起最小选中端口数的改变，导致聚合接口震荡。 本端和对端的聚合组中的最小选中端口数配置必须一致。如果同一接口上同时采用了以上两种方式配置聚合组中的最小选中端口数，则实际生效的聚合组中的最小选中端口数为这两种方式配置值中的较大值。 默认情况下，聚合组中的最小选中端口数不受限制
4	**link-aggregation selected**-port **maximum** *max-number* [**lacp-sync**] 例如，[Sysname-Bridge-Aggregation1] **link-aggregation selected-port maximum** 5	配置聚合组中的最大选中端口数。 • *max-number*：聚合组中的最大选中端口数，取值为1～32。 • **lacp-sync**：可选项，配置动态聚合组使用LACPDU同步最大选中端口数，使两端聚合组最大选中端口数一致。未指定本参数时，不同步最大选中端口数。 本端和对端配置的聚合组中的最大选中端口数必须一致，但同一聚合组内，最大选中端口数不能小于最小选中端口数。 对于静态聚合组，本端和对端配置的聚合组中的最大选中端口数必须一致。对于动态聚合组，不指定 **lacp-sync** 选项时，本端和对端配置的聚合组中的最大选中端口数必须一致；指定 **lacp-sync** 选项时，本端和对端聚合组中的最大选中端口数以配置值最小的一端为准。 默认情况下，聚合组中的最大选中端口数为32

5.3.8　配置聚合接口

在属性和功能配置上，逻辑的聚合接口总体上与物理以太网接口差不多，即能够在二/三层物理以太网接口上进行的大多数配置（例如接口期望带宽、恢复接口默认配置，以及二层接口的VLAN、QinQ，三层接口的MTU/IP地址/路由协议配置等），也能在二层或三层聚合接口上进行配置。本节仅介绍聚合接口与物理以太网接口之间不同的部分配置。

1. 配置聚合接口允许超长帧通过

聚合接口接收到长度大于1536字节的帧称为超长帧，此时系统将进行如下处理。

① 如果系统配置了禁止超长帧通过（通过 **undo jumboframe enable** 命令配置），则会直接丢弃该帧不再进行处理。

② 如果系统允许超长帧通过，当聚合接口收到长度在指定范围内的超长帧时，系统会继续处理；当接口收到长度超过指定最大长度的超长帧时，系统会直接丢弃该帧不再进行处理。

聚合接口超长帧是在对应的二/三层聚合接口视图下通过命令进行配置的，参数 *size* 用来指定聚合接口上允许通过的超长帧的最大长度，取值为 1536～9216（物理以太网接口上允许的超长帧长度范围与具体的设备型号有关），单位为字节。默认情况下，聚合接口允许最大长度为 9216 字节的超长帧通过。多次执行本命令，以最后一次配置生效。

2. 配置聚合接口为聚合边缘接口

在网络设备与服务器等终端设备相连的场景中，当网络设备配置了动态聚合模式，而终端设备未配置动态聚合模式时，聚合链路不能成功建立，这时网络设备与该终端设备相连，多条链路中只能有一条作为普通链路正常转发报文，因此，链路间也不能形成备份，当该普通链路发生故障时，可能会造成报文丢失。

如果要使在终端设备未配置动态聚合模式时，该终端设备也可以与网络设备间的链路形成备份，则可通过配置网络设备与终端设备相连的聚合接口为聚合边缘接口，使该聚合组内的所有成员端口都作为普通物理口转发报文，从而保证终端设备与网络设备之间的多条链路可以相互备份，增加可靠性。

配置聚合接口为聚合边缘接口的方法是，在对应的二/三层聚合接口（必须是动态聚合接口）视图下执行 **lacp edge-port** 命令即可，仅在聚合接口对应的聚合组为动态聚合组时生效。

5.3.9 配置聚合链路负载分担

在聚合链路负载分担中主要涉及两个方面的配置：分担类型和本地转发优先，具体说明如下。

1. 分担类型

在聚合组中的各成员链路既可以实现相互备份，又可以实现负载分担。但负载分担方式可以人为指定，通过改变负载分担的方式，可以灵活地实现聚合组内流量的负载分担。用户既可以指定系统按照报文携带的源/目标 MAC 地址、源/目标服务接口、报文入接口、源/目标 IP 地址等信息之一，或其组合来选择所采用的负载分担类型，也可以指定系统按照报文类型（例如二层、IPv4、IPv6 等）自动选择所采用的聚合负载分担类型。

用户可以根据需要，选择全局配置或在聚合组内配置聚合链路负载分担类型。全局的配置对所有聚合组都有效，而聚合组内的配置只对当前聚合组有效。对于某聚合组来说，优先采用该聚合组内的配置，只有该聚合组内未进行配置时，才采用全局的配置。

【说明】改变负载分担的类型仅对单播报文生效，即可以改变单播报文的聚合负载分担类型。对广播和组播报文无效，其分担类型只能是默认模式。

（1）全局配置聚合链路分担类型

全局配置聚合负载分担时，目前交换机只支持以下负载分担类型。

① 根据报文类型自动匹配负载分担类型。

② 根据源 IP 地址进行负载分担。

③ 根据目标 IP 地址进行负载分担。

④ 根据源 MAC 地址进行负载分担。

⑤ 根据目标 MAC 地址进行负载分担。

⑥ 根据源 IP 地址、源端口、目标 IP 地址与目标端口之间不同的组合进行负载分担。

⑦ 根据报文入端口、源 MAC 地址、目标 MAC 地址之间不同的组合进行负载分担。

在系统视图下通过 **link-aggregation global load-sharing mode** { **destination-ip** | **destination-mac** | **destination-port** | **ingress-port** | **source-ip** | **source-mac** | **source-port** } * 命令配置全局聚合负载分担类型。多次执行本命令，以最后一次执行的命令生效。

① **destination-ip**：可多选选项，表示按报文的目标 IP 地址进行负载分担。

② **destination-mac**：可多选选项，表示按报文的目标 MAC 地址进行负载分担。

③ **destination-port**：可多选选项，表示按报文的目标端口（TCP 或 UDP）号进行负载分担。

④ **ingress-port**：可多选选项，表示按报文的入接口进行负载分担。

⑤ **source-ip**：可多选选项，表示按报文的源 IP 地址进行负载分担。

⑥ **source-mac**：可多选选项，表示按报文的源 MAC 地址进行负载分担。

⑦ **source-port**：可多选选项，表示按报文的源端口号进行负载分担。

默认情况下，系统按照报文类型自动选择所采用的聚合负载分担类型。

① IPv4 单播报文：按照五元组源 IP 地址、目标 IP 地址、源端口号、目标端口号、协议类型负载分担。

② 二层报文：按照源 MAC 地址、目标 MAC 地址、以太网封装类型、VLAN ID、源端口负载分担。

③ IPv4 组播报文：按照源 IP 地址和目标 IP 地址方式负载分担。

④ 其他报文：对于 IP 报文按照源 IP 地址和目标 IP 地址方式负载分担；对于非 IP 报文按照源 MAC 地址和目标 MAC 地址负载分担。

（2）在聚合组内配置聚合链路负载分担类型

聚合组内配置聚合负载分担时，目前交换机仅支持以下负载分担类型。

① 根据报文类型自动匹配负载分担类型。

② 根据源 IP 地址进行负载分担。

③ 根据目标 IP 地址进行负载分担。

④ 根据源 MAC 地址进行负载分担。

⑤ 根据目标 MAC 地址进行负载分担。

⑥ 根据目标 IP 地址与源 IP 地址进行负载分担。

⑦ 根据源 MAC 地址与源 MAC 地址进行负载分担。

⑧ 根据目标 MAC 地址与源 MAC 地址进行负载分担。

⑨ 根据 MPLS 报文第一层标签进行负载分担。

⑩ 根据 MPLS 报文第二层标签进行负载分担。

⑪ 根据 MPLS 报文第一层和第二层标签进行负载分担。

在二层或三层聚合接口视图下通过 **link-aggregation load-sharing mode** { { **destination-ip** | **destination-mac** | **ingress-port** | **mpls-label1** | **mpls-label2** | **source-ip** | **source-mac** } * | **flexible** }命令配置对应聚合组内的负载分担类型，具体说明如下。

① **destination-ip**：可多选选项，表示按报文的目标 IP 地址进行负载分担。

② **destination-mac**：可多选选项，表示按报文的目标 MAC 地址进行负载分担。

③ **mpls-label1**：可多选选项，表示按 MPLS 报文第一层标签进行负载分担。

④ **mpls-label2**：可多选选项，表示按 MPLS 报文第二层标签进行负载分担。

⑤ **source-ip**：可多选选项，表示按报文的源 IP 地址进行负载分担。

⑥ **source-mac**：可多选选项，表示按报文的源 MAC 地址进行负载分担。

⑦ **flexible**：二选一选项，表示按报文类型（例如二层协议报文、IPv4 报文、IPv6 报文、MPLS 报文等）自动选择聚合负载分担的类型。

默认情况下，聚合组内采用的聚合负载分担类型与全局采用的聚合负载分担类型一致。

2. 本地转发优先

这项功能是应用于 IRF 环境中的。配置聚合负载分担采用本地转发优先可以降低数据流量对 IRF 物理接口之间链路的冲击。

在系统视图下执行 **link-aggregation load-sharing mode local-first** 命令使能聚合链路负载分担采用本地优先功能。默认已使能聚合负载分担采用本地转发优先功能。

以上各小节的以太网链路聚合配置完成后，可在任意视图下执行以下 **display** 命令，查看配置后以太网链路聚合的运行情况，验证配置效果；在用户视图下执行以下 **reset** 命令，清除端口的 LACP 和聚合接口上的统计信息。

① **display interface** [{ **bridge-aggregation** | **route-aggregation** } [*interface-number*]] [**brief** [**description** | **down**]]：查看聚合接口的相关信息。

② **display lacp** *system-id*：查看本端系统的设备 ID。

③ **display link-aggregation load-sharing mode** [**interface** [{ **bridge-aggregation** | **route-aggregation** } *interface-number*]]：查看全局或聚合组内采用的聚合负载分担类型。

④ **display link-aggregation load-sharing path interface** { **bridge-aggregation** | **route-aggregation** } *interface-number* *ingress-port* *interface-type* *interface-number* [**route**] { **destination-ip** *ip-address* | **source-ip** *ip-address* | **destination-mac** *mac-address* | **destination-port** *port-id* | **ethernet-type** *type-number* | **ip-protocol** *protocol-id* | **source-mac** *mac-address* | **source-port** *port-id* | **vlan** *vlan-id* } *：查看聚合组内采用的聚合负载分担的链路信息。

⑤ **display link-aggregation** *member-port* [*interface-list* | **auto**]：查看成员端口上链路聚合的详细信息。

⑥ **display link-aggregation summary**：查看所有聚合组的摘要信息。

⑦ **display link-aggregation troubleshooting** [{ **bridge-aggregation** | **route-aggregation** } [*interface-number*]]：查看聚合组成员端口的选中状态及原因。

⑧ **display link-aggregation verbose** [{ **bridge-aggregation** | **route-aggregation** } [*interface-number*]]：查看已有聚合接口所对应聚合组的详细信息。

⑨ **reset counters interface** [{ **bridge-aggregation** | **route-aggregation** } [*interface-number*]]：清除聚合接口上的统计信息。

⑩ **reset lacp statistics** [**interface** *interface-list*]：清除成员端口上的 LACP 统计信息。

5.3.10 二层静态链路聚合配置示例

二层静态链路聚合配置示例的拓扑结构如图 5-8 所示，SW1 和 SW2 交换机上 GE1/0/1、GE1/0/2、GE1/0/3 和 GE1/0/4 共 4 个以太网端口分别加入二层静态以太网链路聚合组中，并有如下要求。

① 选择端口号最小的以太网端口作为参考端口，并且按端口号由小到大的顺序选择“选中端口”。

② 当“选中端口”数小于 2 个时，聚合接口关闭，但最多只能选择其中 3 个端口作为“选中端口”。

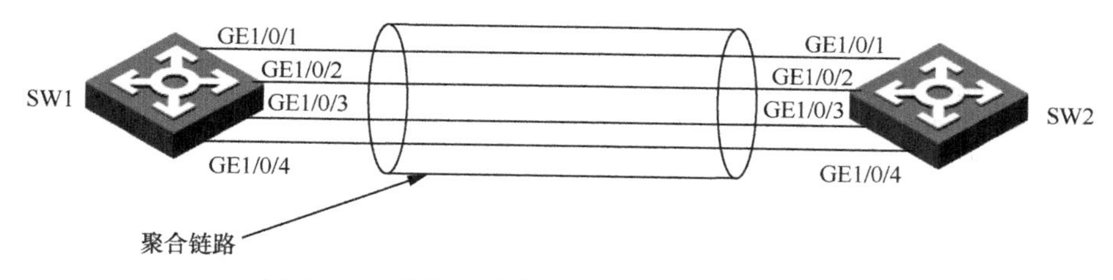

图 5-8 二层静态链路聚合配置示例的拓扑结构

1. 基本配置思路分析

本示例配置的是静态以太网聚合，参考端口选择的优先顺序依次是，端口优先级、双工模式和接口速率。聚合组中 4 个成员端口均为全双工的千兆以太网端口，在要求选择端口号最小的接口（即 GE1/0/1 接口）为参考端口的情况下，需要把该接口的端口优先级配置最高（数值最小）。现又要求以端口号由小到大的顺序选择“选中端口”，则需要为这 4 个由小到大顺序端口号的成员端口配置由小到大的端口优先级值。至于要求当“选中端口”数小于 2 个时，聚合接口关闭，但最多只能选择其中 3 个端口，因此，只须配置接口组内最小“选中端口”数为 2，最大“选中端口”数 3 即可。

通过以上分析可知，本示例需要先在 SW1 和 SW2 上分别创建一个二层静态聚合接口（聚合接口编号与对应的二层静态聚合组编号一致），然后进行如下配置。

① 分别把 GE1/0/1～GE1/0/4 接口加入前面创建的二层静态聚合组中。

② 把 GE1/0/1～GE1/0/4 接口的端口优先级值分别设为 100、200、300、400，使 GE1/0/1 接口的端口优先级最高，系统选择 GE1/0/1 作为参考端口，并且可按照端口号由小到大的顺序选择其他“选中端口”。

③ 配置二层静态聚合接口的最小“选中端口”数为 2，最大“选中端口”数为 3。

2. 具体配置步骤

本示例中，聚合链路两端所包括的成员接口编号一致，且因为配置是静态以太网链路聚合，所以两端交换机上的配置是完全一样的。在此仅以 SW1 上的配置为例进行介绍，具体配置如下。

```
<H3C>system-view
[H3C]sysname SW1
[SW1]interface bridge-aggregation 1  #---创建二层聚合接口，默认为二层静态聚合接口
[SW1-Bridge-Aggregation1]quit
[SW1]interface gigabitethernet1/0/1
[SW1-GigabitEthernet1/0/1]port link-aggregation group 1  #---将 GE1/0/1 接口加入以上二层静态聚合组中
[SW1-GigabitEthernet1/0/1]link-aggregation port-priority 100  #---设置 GE1/0/1 接口在二层静态聚合组中的端口优先级值为 100
[SW1-GigabitEthernet1/0/1]quit
[SW1]interface gigabitethernet1/0/2
[SW1-GigabitEthernet1/0/2]port link-aggregation group 1
```

```
[SW1-GigabitEthernet1/0/2]link-aggregation port-priority 200
[SW1-GigabitEthernet1/0/2]quit
[SW1]interface gigabitethernet1/0/3
[SW1-GigabitEthernet1/0/3]port link-aggregation group 1
[SW1-GigabitEthernet1/0/3]link-aggregation port-priority 300
[SW1-GigabitEthernet1/0/3]quit
[SW1]interface gigabitethernet1/0/4
[SW1-GigabitEthernet1/0/4]port link-aggregation group 1
[SW1-GigabitEthernet1/0/4]link-aggregation port-priority 400
[SW1-GigabitEthernet1/0/4]quit
[SW1]interface bridge-aggregation 1
[SW1-Bridge-Aggregation1]link-aggregation selected-port minimum 2 #---设置以上二层聚合接口中最小的"选中端口"数为2
[SW1-Bridge-Aggregation1]link-aggregation selected-port maximum 3 #---设置以上二层聚合接口中最大的"选中端口"数为3
[SW1-Bridge-Aggregation1]quit
```

3. 配置结果验证

① 在 SW1 和 SW2 上分别执行 **display link-aggregation verbose bridge-aggregation** 1 命令查看所创建的二层静态链路聚合配置；执行 **display interface bridge-aggregation** 1 **brief** 命令查看静态聚合接口状态。

初始配置下，SW1 上二层静态聚合组的成员端口状态如图 5-9 所示，是在 SW1 上执行以上两条命令的输出。从图 5-9 中可以看出，系统已按照端口号由小到大的顺序（也是按照端口优先级由高到低的顺序）选择了 GE1/0/1、GE1/0/2 和 GE1/0/3 这 3 个成员端口作为选中端口（状态为“S”），GE1/0/4 接口没有被选中（状态为“U”），符合要求。此时，对应的 1 号二层静态聚合接口状态为 up。

```
<SW1>display link-aggregation verbose bridge-aggregation 1
Loadsharing Type: Shar -- Loadsharing, NonS -- Non-Loadsharing
Port: A -- Auto
Port Status: S -- Selected, U -- Unselected, I -- Individual
Flags:  A -- LACP_Activity, B -- LACP_Timeout, C -- Aggregation,
        D -- Synchronization, E -- Collecting, F -- Distributing,
        G -- Defaulted, H -- Expired

Aggregate Interface: Bridge-Aggregation1
Aggregation Mode: Static
Loadsharing Type: Shar
  Port             Status  Priority Oper-Key
--------------------------------------------------------------------------------
  GE1/0/1          S       100       1
  GE1/0/2          S       200       1
  GE1/0/3          S       300       1
  GE1/0/4          U       400       1
<SW1>
```

图 5-9 初始配置下，SW1 上二层静态聚合组的成员端口状态

② 在 SW1 或 SW2 上关闭原来 3 个选中端口中的任意一个，例如关闭 SW1 上的 GE1/0/1 接口（此时按照本示例的参考端口选择规则，则 SW1 上的 GE1/0/2 接口将成为新的参考端口），然后在两个交换机上执行 **display link-aggregation verbose bridge-aggregation** 1 命令查看所创建的二层静态链路聚合配置。

关闭 GE1/0/1 接口后，SW1 上二层静态聚合组的成员端口状态如图 5-10 所示，是在 SW1 上执行以上命令的输出（**在 SW2 上的输出一样，当一端设备的某接口关闭后，链路另一端设备的对应接口也将同步失效，下同**）。从图 5-10 中可以看出，GE1/0/1 接口为

"U"（未被选中），因为其已关闭了，而原来没选中的 GE1/0/4 接口此时已被选中了，状态为"S"，因为配置的最大"选中端口"数为 3，且 GE1/0/4 接口符合成为"选中端口"的条件。

```
[SW1-GigabitEthernet1/0/1]display link-aggregation verbose bridge-a
ggregation 1
Loadsharing Type: Shar -- Loadsharing, NonS -- Non-Loadsharing
Port: A -- Auto
Port Status: S -- Selected, U -- Unselected, I -- Individual
Flags:  A -- LACP_Activity, B -- LACP_Timeout, C -- Aggregation,
        D -- Synchronization, E -- Collecting, F -- Distributing,
        G -- Defaulted, H -- Expired

Aggregate Interface: Bridge-Aggregation1
Aggregation Mode: Static
Loadsharing Type: Shar
  Port             Status  Priority Oper-Key
--------------------------------------------------------------------------
-------------
  GE1/0/1          U       100      1
  GE1/0/2          S       200      1
  GE1/0/3          S       300      1
  GE1/0/4          S       400      1
[SW1-GigabitEthernet1/0/1]
```

图 5-10　关闭 GE1/0/1 接口后，SW1 上二层静态聚合组的成员端口状态

③ 在保持 GE1/0/1 接口关闭状态的情况下，继续关闭 SW1 或 SW2 上的 GE1/0/2 和 GE1/0/3 接口，然后在两个交换机上执行 **display link-aggregation verbose bridge-aggregation** 1 和 **display interface bridge-aggregation** 1 **brief** 两条命令，查看所创建的二层静态链路聚合配置及聚合接口状态。

同时关闭 GE1/0/1、GE1/0/2 和 GE1/0/3 后，SW1 上二层静态聚合组成员端口和聚合口状态如图 5-11 所示，是在 SW1 上执行以上两条命令的输出。从图 5-11 中可以看出，尽管聚合组中的成员端口中还有 GE1/0/4 没有被关闭，但此时聚合组中所有成员端口状态均为"U"（未被选中）。这是因为该聚合组配置的最小选中端口数为 2，而当前选中端仅为 GE1/0/4 这一个接口，不符合建立聚合接口的条件，原来创建的二层静态聚合接口状态为 down。

```
[SW1]display link-aggregation verbose bridge-aggregation 1
Loadsharing Type: Shar -- Loadsharing, NonS -- Non-Loadsharing
Port: A -- Auto
Port Status: S -- Selected, U -- Unselected, I -- Individual
Flags:  A -- LACP_Activity, B -- LACP_Timeout, C -- Aggregation,
        D -- Synchronization, E -- Collecting, F -- Distributing,
        G -- Defaulted, H -- Expired

Aggregate Interface: Bridge-Aggregation1
Aggregation Mode: Static
Loadsharing Type: Shar
  Port             Status  Priority Oper-Key
--------------------------------------------------------------------------
---------
  GE1/0/1          U       100      1
  GE1/0/2          U       200      1
  GE1/0/3          U       300      1
  GE1/0/4          U       400      1
[SW1]display interface bridge-aggregation 1 brief
Brief information on interfaces in bridge mode:
Link: ADM - administratively down; Stby - standby
Speed: (a) - auto
Duplex: (a)/A - auto; H - half; F - full
Type: A - access; T - trunk; H - hybrid
Interface            Link Speed   Duplex Type PVID Description

BAGG1                DOWN auto    A      A    1
[SW1]
```

图 5-11　同时关闭 GE1/0/1、GE1/0/2 和 GE1/0/3 后，SW1 上二层静态聚合组成员端口和聚合口状态

④ 把原来关闭的 GE1/0/2 端口打开，然后再次在两个交换机上执行 **display interface bridge-aggregation** 1 **brief** 命令查看所创建的二层静态链路聚合配置。

恢复 GE1/0/2 接口 up 状态后，SW1 上二层静态聚合接口状态如图 5-12 所示，是在 SW1 上执行以上命令的输出，发现聚合接口又恢复为 up 状态了。因为此时有 GE1/0/2 和 GE1/0/4 这两个选中端口，符合聚合组中最少 2 个“选中端口”的要求。

通过以上配置验证，证明本示例前面的配置是正确且符合示例要求的。

```
[SW1-GigabitEthernet1/0/2]display interface bridge-aggregation 1 brief
Brief information on interfaces in bridge mode:
Link: ADM - administratively down; Stby - standby
Speed: (a) - auto
Duplex: (a)/A - auto; H - half; F - full
Type: A - access; T - trunk; H - hybrid
Interface            Link Speed   Duplex Type PVID Description

BAGG1                UP   2G(a)   F(a)   A    1
[SW1-GigabitEthernet1/0/2]
```

图 5-12 恢复 GE1/0/2 接口 up 状态后，SW1 上二层静态聚合接口状态

5.3.11 三层静态链路聚合配置示例

三层静态链路聚合配置示例的拓扑结构如图 5-13 所示，把图 5-13 中 SW1 和 SW2 交换机上的 5 个以太网接口均转换为三层配置，并把 GE1/0/2、GE1/0/3、GE1/0/4 和 GE1/0/5 这 4 个以太网接口分别加入三层静态以太网链路聚合组中，两台交换机的三层聚合接口 IP 地址分别为 192.168.2.1/24、192.168.2.2/24，并有如下要求。

① 选择端口号最小的以太网端口作为参考端口，并且按端口号由小到大的顺序选择“选中端口”。

② 当“选中端口”数小于 2 个时，聚合接口关闭，但最多只能选择其中 3 个端口作为“选中端口”。

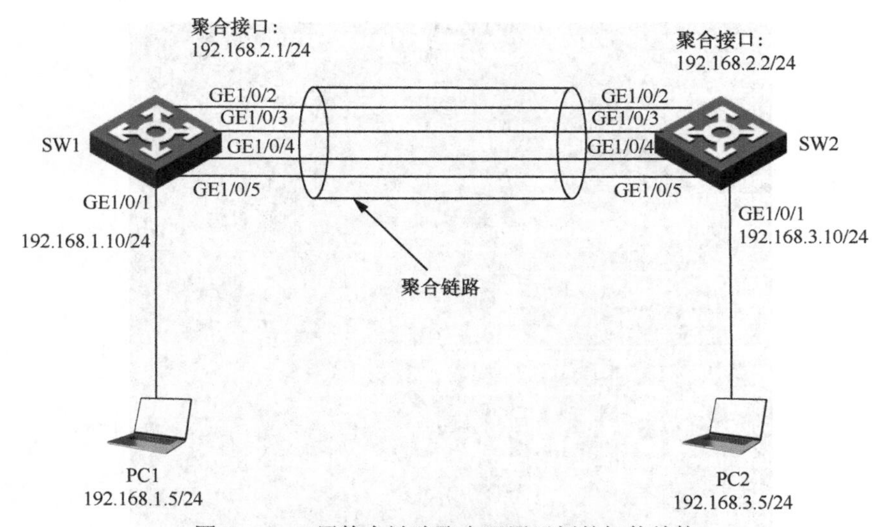

图 5-13 三层静态链路聚合配置示例的拓扑结构

1. 基本配置思路分析

本示例的配置思路与 5.3.10 节差不多，与其不同的是，此处创建的是三层静态以太网链路聚合，需首先把各成员端口转换为三层配置，然后为三层聚合接口配置 IP 地址。另外，为了验证三层聚合接口的三层属性，把两个交换机连接 PC 机的以太网接口也转换为三层模式，并配置 IP 地址，配置到达对端交换机连接的 PC 机所在网段的路由（本示例采用静态路由），在两个 PC 上配置 IP 地址网关。

本示例的基本配置思路如下。

① 在 SW1 和 SW2 上分别创建一个三层静态聚合接口（聚合接口编号与对应的三层静态聚合组编号一致），并进行如下配置。

- 分别把 GE1/0/2～GE1/0/5 接口转换成三层模式，然后加入前面创建的三层静态聚合组中。
- GE1/0/2～GE1/0/5 接口的端口优先级值分别为 100、200、300、400，使 GE1/0/2 接口的端口优先级最高（需要说明的是，端口优先级值最小为 100），系统选择 GE1/0/2 作为参考端口，并且可以按照端口号由小到大的顺序选择其他“选中端口”。配置三层静态聚合接口的最小“选中端口”数为 2，最大“选中端口”数为 3。

② 在 SW1 上配置到达 PC2 所在网段的静态路由，在 SW2 上配置到达 PC1 所在网段的静态路由。

③ 配置 PC1 和 PC2 的 IP 地址和网关（略）。

本示例中，聚合链路两端所包括的成员接口编号一致，而且配置是静态以太网链路聚合，因此，两端交换机上的配置是一样的，只是在 SW1 上创建的三层静态接口的编号 1，在 SW2 上创建的三层静态接口的编号为 2。在此仅以 SW1 上的配置为例进行介绍，具体配置如下。

```
<H3C>system-view
[H3C]sysname SW1
[SW1]interface route-aggregation 1   #---创建三层聚合接口，默认为三层静态聚合接口
[SW1-Route-Aggregation1]quit
[SW1]interface gigabitethernet1/0/2
[SW1-GigabitEthernet1/0/2]port link-mode route   #---把 GE1/0/2 接口转换成三层模式
[SW1-GigabitEthernet1/0/2]port link-aggregation group 1   #---把 GE1/0/2 接口加入创建的三层聚合组中
[SW1-GigabitEthernet1/0/2]link-aggregation port-priority 100   #---设置 GE1/0/2 接口的端口优先级值为 100
[SW1-GigabitEthernet1/0/2]quit
[SW1]interface gigabitethernet1/0/3
[SW1-GigabitEthernet1/0/3]port link-mode route
[SW1-GigabitEthernet1/0/3]port link-aggregation group 1
[SW1-GigabitEthernet1/0/3]link-aggregation port-priority 200
[SW1-GigabitEthernet1/0/3]quit
[SW1]interface gigabitethernet1/0/4
[SW1-GigabitEthernet1/0/4]port link-mode route
[SW1-GigabitEthernet1/0/4]port link-aggregation group 1
[SW1-GigabitEthernet1/0/4]link-aggregation port-priority 300
[SW1-GigabitEthernet1/0/4]quit
[SW1]interface gigabitethernet1/0/5
[SW1-GigabitEthernet1/0/5]port link-mode route
[SW1-GigabitEthernet1/0/5]port link-aggregation group 1
[SW1-GigabitEthernet1/0/5]link-aggregation port-priority 400
```

```
[SW1-GigabitEthernet1/0/5]quit
[SW1]interface route-aggregation 1
[SW1-Route-Aggregation1]link-aggregation selected-port minimum  2  #---设置以上三层聚合接口中最小的“选中端口”数为 2
[SW1-Route-Aggregation1]link-aggregation selected-port maximum  3  #---设置以上三层聚合接口中最大的“选中端口”数为 3
[SW1-Route-Aggregation1]quit
```

在 SW1 上配置到达 PC2 所在网段的静态路由，在 SW2 上配置到达 PC1 所在网段的静态路由，具体配置如下。

```
[SW1] ip static-route 192.168.3.0 24 192.168.2.2
[SW2] ip static-route 192.168.1.0 24 192.168.2.1
```

2. 配置结果验证

① 在 SW1 和 SW2 上分别执行 **display link-aggregation verbose route-aggregation** 命令查看所创建的二层静态链路聚合配置；执行 **display interface route-aggregation brief** 命令查看静态聚合接口状态。

初始配置下，SW1 上三层静态聚合组的成员端口和聚合接口状态如图 5-14 所示，是在 SW2 上执行以上两条命令的输出。从图 5-14 中可以看出，系统已按照端口号由小到大的顺序（也是按照端口优先级由高到低的顺序）选择了 GE1/0/2、GE1/0/3 和 GE1/0/4 这 3 个成员端口作为“选中端口”（状态为“S”），GE1/0/5 接口没有被选中（状态为“U”），符合要求。此时，对应的 2 号三层静态聚合接口状态为 up。

```
[SW2]display link-aggregation verbose route-aggregation
Loadsharing Type: Shar -- Loadsharing, NonS -- Non-Loadsharing
Port: A -- Auto
Port Status: S -- Selected, U -- Unselected, I -- Individual
Flags:  A -- LACP_Activity, B -- LACP_Timeout, C -- Aggregation,

        D -- Synchronization, E -- Collecting, F -- Distributing
,
        G -- Defaulted, H -- Expired

Aggregate Interface: Route-Aggregation2
Aggregation Mode: Static
Loadsharing Type: Shar
  Port             Status   Priority Oper-Key
--------------------------------------------------------------
---------------
  GE1/0/2          S        32768     1
  GE1/0/3          S        32768     1
  GE1/0/4          S        32768     1
  GE1/0/5          U        32768     1
[SW2]display interface  route-aggregation brief
Brief information on interfaces in route mode:
Link: ADM - administratively down; Stby - standby
Protocol: (s) - spoofing
Interface              Link Protocol Primary IP      Description

RAGG2                  UP   UP       192.168.2.2

[SW2]
```

图 5-14　初始配置下，SW1 上三层静态聚合组的成员端口和聚合接口状态

② 在 SW1 或 SW2 上关闭原来 3 个“选中端口”中的任意一个，如果关闭 SW2 上的 GE1/0/2 接口（此时按照本示例的参考端口选择规则，则 SW2 上的 GE1/0/3 接口将成为新的参考端口），然后在两个交换机上执行 **display link-aggregation verbose route-aggregation** 命令查看所创建的三层静态链路聚合配置。

关闭 GE1/0/2 接口后，SW2 上三层静态聚合组的成员端口状态如图 5-15 所示，是在 SW2 上执行以上命令的输出（**在 SW1 上的输出一样，当一端设备的某接口关闭后，链**

路另一端设备的对应接口也将同步失效，下同）。从图 5-15 中可以看出，GE1/0/2 接口为“U”（未被选中），因为其已关闭了，而原来没选中的 GE1/0/5 接口此时已被选中了，状态为“S”，因为配置的最大“选中端口”数为 3，且 GE1/0/5 接口符合成为“选中端口”的条件。

```
[SW2]display link-aggregation verbose route-aggregation
Loadsharing Type: Shar -- Loadsharing, NonS -- Non-Loadsharing
Port: A -- Auto
Port Status: S -- Selected, U -- Unselected, I -- Individual
Flags:  A -- LACP_Activity, B -- LACP_Timeout, C -- Aggregation,
        D -- Synchronization, E -- Collecting, F -- Distributing,
        G -- Defaulted, H -- Expired

Aggregate Interface: Route-Aggregation2
Aggregation Mode: Static
Loadsharing Type: Shar
  Port             Status  Priority Oper-Key
-----------------------------------------------------------------------
-----------
  GE1/0/2          U        32768    1
  GE1/0/3          S        32768    1
  GE1/0/4          S        32768    1
  GE1/0/5          S        32768    1
[SW2]
```

图 5-15　关闭 GE1/0/2 接口后，SW2 上三层静态聚合组的成员端口状态

③ 在保持 GE1/0/2 接口关闭状态的情况下，继续关闭 SW1 或 SW2 上的 GE1/0/3 和 GE1/0/4 接口，然后在两个交换机上执行 **display link-aggregation verbose route-aggregation** 和 **display interface route-aggregation brief** 两条命令，查看所创建的三层静态链路聚合配置及聚合接口状态。

同时关闭 GE1/0/2、GE1/0/3 和 GE1/0/4 后，SW2 上聚合组成员端口和聚合接口状态如图 5-16 所示，是在 SW2 上执行以上两条命令的输出，从图 5-16 中可以看出，尽管聚合组中的成员端口中还有 GE1/0/5 没有被关闭，但此时聚合组中所有成员端口状态均为“U”（未被选中）。这是因为该聚合组配置的最小选中端口数为 2，而当前选中端仅为 GE1/0/5 这一个接口，不符合建立聚合接口的条件，原来创建的三层静态聚合接口状态为 down。

```
[SW2]display link-aggregation verbose route-aggregation
Loadsharing Type: Shar -- Loadsharing, NonS -- Non-Loadsharing
Port: A -- Auto
Port Status: S -- Selected, U -- Unselected, I -- Individual
Flags:  A -- LACP_Activity, B -- LACP_Timeout, C -- Aggregation,

        D -- Synchronization, E -- Collecting, F -- Distributing
,
        G -- Defaulted, H -- Expired

Aggregate Interface: Route-Aggregation2
Aggregation Mode: Static
Loadsharing Type: Shar
  Port             Status  Priority Oper-Key
-----------------------------------------------------------------------
---------------
  GE1/0/2          U        32768    1
  GE1/0/3          U        32768    1
  GE1/0/4          U        32768    1
  GE1/0/5          U        32768    1
[SW2]display interface  route-aggregation brief
Brief information on interfaces in route mode:
Link: ADM - administratively down; Stby - standby
Protocol: (s) - spoofing
Interface            Link Protocol Primary IP      Description

RAGG2                DOWN DOWN     192.168.2.2

[SW2]
```

图 5-16　同时关闭 GE1/0/2、GE1/0/3 和 GE1/0/4 后，SW2 上聚合组成员端口和聚合接口状态

④ 把原来关闭的 GE1/0/4 端口打开，然后在两个交换机上执行 **display interface route-aggregation brief** 命令查看所创建的三层静态链路聚合配置。

恢复 GE1/0/4 接口 up 状态后，SW2 上三层静态聚合接口状态如图 5-17 所示，是在 SW2 上执行以上命令的输出，发现聚合接口又恢复为 up 状态了，因为此时有 GE1/0/4 和 GE1/0/5 这两个“选中端口”，符合聚合组中最少 2 个“选中端口”的要求。

```
[SW2]display interface route-aggregation brief
Brief information on interfaces in route mode:
Link: ADM - administratively down; Stby - standby
Protocol: (s) - spoofing
Interface            Link Protocol Primary IP      Description

RAGG2                UP   UP       192.168.2.2

[SW2]
```

图 5-17 恢复 GE1/0/4 接口 up 状态后，SW2 上三层静态聚合接口状态

⑤ 测试 PC1 与 PC2 之间是否可以三层互通。

PC1 成功 ping 通 PC2 的结果如图 5-18 所示，由此可以证明，所创建的三层聚合接口配置正确，且符合示例要求。

```
<H3C>ping 192.168.3.5
Ping 192.168.3.5 (192.168.3.5): 56 data bytes, press CTRL_C to b
reak
56 bytes from 192.168.3.5: icmp_seq=0 ttl=253 time=1.743 ms
56 bytes from 192.168.3.5: icmp_seq=1 ttl=253 time=1.064 ms
56 bytes from 192.168.3.5: icmp_seq=2 ttl=253 time=1.639 ms
56 bytes from 192.168.3.5: icmp_seq=3 ttl=253 time=2.717 ms
56 bytes from 192.168.3.5: icmp_seq=4 ttl=253 time=2.124 ms

--- Ping statistics for 192.168.3.5 ---
5 packet(s) transmitted, 5 packet(s) received, 0.0% packet loss
round-trip min/avg/max/std-dev = 1.064/1.857/2.717/0.548 ms
<H3C>%Oct 31 10:40:13:097 2023 H3C PING/6/PING_STATISTICS: Ping
statistics for 192.168.3.5: 5 packet(s) transmitted, 5 packet(s)
 received, 0.0% packet loss, round-trip min/avg/max/std-dev = 1.
064/1.857/2.717/0.548 ms.
```

图 5-18 PC1 成功 ping 通 PC2 的结果

5.3.12 二层动态链路聚合配置示例

本示例拓扑结构与 5.3.10 节中的图 5-8 一样，但本示例要求创建的是二层动态以太网链路聚合，把 SW1 和 SW2 上的 GE1/0/1、GE1/0/2、GE1/0/3 和 GE1/0/4 这 4 个千兆以太网接口加入动态二层以太网链路聚合组中，并且按端口号由小到大的顺序选择“选中端口”，最小“选中端口”数为 2，最大“选中端口”数为 3。

1. 基本配置思路分析

动态以太网链路聚合中，以太网接口加入聚合组时有以下两种方式。

① 手工动态聚合：两端设备成员端口手工加入动态聚合组。

② 半自动动态聚合：一端设备成员端口手工加入动态聚合组，另一端成员端口自动加入动态聚合组。

以上这两种动态聚合方式，对应着两种不同的动态聚合的配置方式。在手工动态聚合方式中，需要在聚合链路两端设备上分别把成员端口加入动态聚合组中，并为这些成

员端口配置用于“选中端口”选择的端口优先级。如果是半自动动态聚合方式，则只需在一端设备上配置各成员端口的端口优先级，选择本端的“选中端口”；另一端设备中与本端相连的端口将自动创建聚合组，加入该聚合组中，并选择与对端“选中端口”直连的端口为“选中端口”。

本示例采用半自动动态聚合方式，配置SW1作为设备ID小的一端（通过配置更高的LACP优先级实现）。在SW1上创建二层动态聚合接口，添加4个成员端口，并按照端口号由小到大的顺序分别为这4个成员端口配置由小到大的端口优先级值（其值越小，优先级越高），然后为二层动态聚合接口配置最小和最大“选中端口”数。在SW2上只须创建二层动态聚合接口，并添加对应的成员端口即可。

根据以上分析，可得出本示例如下的基本配置思路。

① 在SW1上配置系统LACP优先级为100，SW2保持默认，使SW1成为设备ID小的端口。

② SW1和SW2上分别创建一个二层聚合接口，并配置为动态聚合模式，然后分别把GE1/0/1、GE1/0/2、GE1/0/3和GE1/0/4这4个以太网接口加入其聚合组中。在SW1上按端口号由小到大的顺序分别为这4个成员端口配置100、200、300、400的端口优先级，使端口号最小的GE1/0/1接口作为参考端口。

③ 在SW1和SW2上配置二层聚合接口的最小“选中端口”数为2，最大“选中端口”数为3。

2. 具体配置步骤

① 在SW1上配置系统LACP优先级为100，SW2保持默认，使SW1成为设备ID小的一端口，具体配置如下。

```
<H3C>system-view
[H3C]sysname SW1
[H3C]lacp system-priority 100   #---设置 SW1 的 LACP 优先级值为 100，优先级高于采用默认 LACP 优先级值 32768 的 SW2，使 SW1 成为设备 ID 小的一端
```

② SW1和SW2上分别创建一个二层聚合接口，并配置为动态聚合模式，然后分别把GE1/0/1、GE1/0/2、GE1/0/3和GE1/0/4这4个以太网接口加入其聚合组中。在SW1上按照端口号由小到大的顺序分别为这4个成员端口配置100、200、300、400的端口优先级，使端口号最小的GE1/0/1接口作为参考端口。

• SW1上的配置

此处假设创建的二层动态以太网聚合接口编号为1，聚合链路两端设备上创建的聚合接口编号可以相同，也可以不同，具体配置如下。

```
[SW1]interface bridge-aggregation 1   #---创建二层以太网聚合接口 1
[SW1-Bridge-Aggregation1]link-aggregation mode dynamic   #---配置以上二层以太网聚合接口 1 为动态聚合接口
[SW1-Bridge-Aggregation1]quit
[SW1]interface gigabitethernet1/0/1
[SW1-GigabitEthernet1/0/1]port link-aggregation group 1   #---将 GE1/0/1 接口加入二层动态以太网聚合接口 1
[SW1-GigabitEthernet1/0/1]link-aggregation port-priority 100   #---设置 GE1/0/1 接口在聚合组中的端口优先级值为 100
[SW1-GigabitEthernet1/0/1]quit
[SW1]interface gigabitethernet1/0/2
[SW1-GigabitEthernet1/0/2]port link-aggregation group 1
[SW1-GigabitEthernet1/0/2]link-aggregation port-priority 200
[SW1-GigabitEthernet1/0/2]quit
```

```
[SW1]interface gigabitethernet1/0/3
[SW1-GigabitEthernet1/0/3]port link-aggregation group 1
[SW1-GigabitEthernet1/0/3]link-aggregation port-priority 300
[SW1-GigabitEthernet1/0/3]quit
[SW1]interface gigabitethernet1/0/4
[SW1-GigabitEthernet1/0/4]port link-aggregation group 1
[SW1-GigabitEthernet1/0/4]link-aggregation port-priority 400
[SW1-GigabitEthernet1/0/4]quit
```

- SW2 上的配置

此处假设创建的二层动态以太网聚合接口编号为 2，也可以与 SW1 上创建的聚合接口编号相同，具体配置如下。

```
<H3C>system-view
[H3C]sysname SW2
[SW2]interface bridge-aggregation 2
[SW2-Bridge-Aggregation2]link-aggregation mode dynamic
[SW2-Bridge-Aggregation2]quit
[SW2]interface gigabitethernet1/0/1
[SW2-GigabitEthernet1/0/1]port link-aggregation group 2
[SW2-GigabitEthernet1/0/1]quit
[SW2]interface gigabitethernet1/0/2
[SW2-GigabitEthernet1/0/2]port link-aggregation group 2
[SW2-GigabitEthernet1/0/2]quit
[SW2]interface gigabitethernet1/0/3
[SW2-GigabitEthernet1/0/3]port link-aggregation group 2
[SW2-GigabitEthernet1/0/3]quit
[SW2]interface gigabitethernet1/0/4
[SW2-GigabitEthernet1/0/4]port link-aggregation group 2
[SW2-GigabitEthernet1/0/4]quit
```

③ 在 SW1 和 SW2 上配置二层聚合接口的最小“选中端口”数为 2，最大“选中端口”数为 3。

- SW1 上的具体配置如下。

```
[SW1]interface bridge-aggregation 1
[SW1-Bridge-Aggregation1]link-aggregation selected-port minimum 2 #---设置二层动态聚合接口的最小选中端口数为 2
[SW1-Bridge-Aggregation1]link-aggregation selected-port maximum 3 #---设置二层动态聚合接口的最大选中端口数为 3
[SW1-Bridge-Aggregation1]quit
```

- SW2 上的具体配置如下。

```
[SW2]interface bridge-aggregation 2
[SW2-Bridge-Aggregation2]link-aggregation selected-port minimum 2
[SW2-Bridge-Aggregation2]link-aggregation selected-port maximum 3
[SW2-Bridge-Aggregation2]quit
```

3. 配置结果验证

① 在 SW1 和 SW2 上分别执行 **display link-aggregation verbose bridge-aggregation** 命令查看所创建的二层动态以太网链路聚合配置；执行 **display interface bridge-aggregation brief** 命令查看静态聚合接口状态。

初始配置下，SW1 上二层动态链路聚合各成员端口和聚合接口状态如图 5-19 所示，是在 SW1 上执行以上两条命令的输出。从图 5-19 中可以看出，SW1 已按照端口号由小到大的顺序（也是按照端口优先级由高到低的顺序）选择了 GE1/0/1、GE1/0/2 和 GE1/0/3

这 3 个成员端口作为“选中端口”（状态为“S”），GE1/0/4 接口没有被选中（状态为“U”），符合要求。此时，对应的 1 号二层动态聚合接口状态为 up。

```
[SW1]display link-aggregation verbose bridge-aggregation
Loadsharing Type: Shar -- Loadsharing, NonS -- Non-Loadsharing
Port: A -- Auto
Port Status: S -- Selected, U -- Unselected, I -- Individual
Flags:  A -- LACP_Activity, B -- LACP_Timeout, C -- Aggregation,
        D -- Synchronization, E -- Collecting, F -- Distributing,
        G -- Defaulted, H -- Expired

Aggregate Interface: Bridge-Aggregation1
Aggregation Mode: Dynamic
Loadsharing Type: Shar
System ID: 0x64, 8897-d11f-0100
Local:
  Port                Status  Priority Oper-Key  Flag
--------------------------------------------------------------------------------
  GE1/0/1             S       100      1         {ACDEF}
  GE1/0/2             S       200      1         {ACDEF}
  GE1/0/3             S       300      1         {ACDEF}
  GE1/0/4             U       400      1         {ACD}
Remote:
  Actor               Partner Priority Oper-Key  SystemID               Flag
--------------------------------------------------------------------------------
  GE1/0/1             2       32768    1         0x8000, 8897-d9e7-0200 {ACDEF}
  GE1/0/2             3       32768    1         0x8000, 8897-d9e7-0200 {ACDEF}
  GE1/0/3             4       32768    1         0x8000, 8897-d9e7-0200 {ACDEF}
  GE1/0/4             5       32768    1         0x8000, 8897-d9e7-0200 {ACD}
[SW1]display interface bridge-aggregation brief
Brief information on interfaces in bridge mode:
Link: ADM - administratively down; Stby - standby
Speed: (a) - auto
Duplex: (a)/A - auto; H - half; F - full
Type: A - access; T - trunk; H - hybrid
Interface            Link Speed   Duplex Type PVID Description
BAGG1                UP   3G(a)   F(a)   A    1

[SW1]
```

图 5-19　初始配置下，SW1 上二层动态链路聚合各成员端口和聚合接口状态

初始配置下，SW2 上二层动态链路聚合组的成员端口状态如图 5-20 所示，是在 SW2 上执行 **display link-aggregation verbose bridge-aggregation** 命令的输出。从图 5-20 中可以看出，尽管没有对聚合组中各成员端口的端口优先级进行配置（均采用默认的 32768），但 SW2 同步了 SW1 上“选中端口”的选择，GE1/0/1、GE1/0/2 和 GE1/0/3 这 3 个接口成为“选中端口”，而 GE1/0/4 没有成为“选中端口”。

```
<SW2>display link-aggregation verbose bridge-aggregation
Loadsharing Type: Shar -- Loadsharing, NonS -- Non-Loadsharing
Port: A -- Auto
Port Status: S -- Selected, U -- Unselected, I -- Individual
Flags:  A -- LACP_Activity, B -- LACP_Timeout, C -- Aggregation,
        D -- Synchronization, E -- Collecting, F -- Distributing,
        G -- Defaulted, H -- Expired

Aggregate Interface: Bridge-Aggregation2
Aggregation Mode: Dynamic
Loadsharing Type: Shar
System ID: 0x8000, 8897-d9e7-0200
Local:
  Port                Status  Priority Oper-Key  Flag
--------------------------------------------------------------------------------
  GE1/0/1             S       32768    1         {ACDEF}
  GE1/0/2             S       32768    1         {ACDEF}
  GE1/0/3             S       32768    1         {ACDEF}
  GE1/0/4             U       32768    1         {ACD}
Remote:
  Actor               Partner Priority Oper-Key  SystemID               Flag
--------------------------------------------------------------------------------
  GE1/0/1             2       100      1         0x64  , 8897-d11f-0100 {ACDEF}
  GE1/0/2             3       200      1         0x64  , 8897-d11f-0100 {ACDEF}
  GE1/0/3             4       300      1         0x64  , 8897-d11f-0100 {ACDEF}
  GE1/0/4             5       400      1         0x64  , 8897-d11f-0100 {ACD}
<SW2>
```

图 5-20　初始配置下，SW2 上二层动态链路聚合组的成员端口状态

② 在 SW1 或 SW2 上关闭原来 3 个“选中端口”中的任意一个，如果关闭 SW1 上的 GE1/0/1 接口（此时按照本示例的参考端口选择规则，则 SW1 上的 GE1/0/2 接口将成为新的参考端口），然后在两个交换机上执行 **display link-aggregation verbose bridge-aggregation** 命令查看所创建的二层静态链路聚合配置。

关闭 GE1/0/1 接口后，SW1 上二层动态聚合组的成员端口状态如图 5-21 所示，是在 SW1 上执行以上命令的输出。从图 5-21 中可以看出，GE1/0/1 接口为“U”（未被选中），因为其已关闭了，而原来没选中的 GE1/0/4 接口此时已被选中了，状态为“S”，因为配置的最大“选中端口”数为 3，且 GE1/0/4 接口符合成为“选中端口”的条件。此时在 SW2 上执行 **display link-aggregation verbose bridge-aggregation** 命令，一样可以看到原来选中的 GE1/0/1 接口不再被选中，而原来未被选中的 GE1/0/4 接口成为新的“选中端口”。

```
[SW1]display link-aggregation verbose bridge-aggregation
Loadsharing Type: Shar -- Loadsharing, NonS -- Non-Loadsharing
Port: A -- Auto
Port Status: S -- Selected, U -- Unselected, I -- Individual
Flags:  A -- LACP_Activity, B -- LACP_Timeout, C -- Aggregation,
        D -- Synchronization, E -- Collecting, F -- Distributing,
        G -- Defaulted, H -- Expired

Aggregate Interface: Bridge-Aggregation1
Aggregation Mode: Dynamic
Loadsharing Type: Shar
System ID: 0x64, 8897-d11f-0100
Local:
  Port                Status  Priority Oper-Key  Flag
--------------------------------------------------------------------------------
  GE1/0/1             U       100      1         {AC}
  GE1/0/2             S       200      1         {ACDEF}
  GE1/0/3             S       300      1         {ACDEF}
  GE1/0/4             S       400      1         {ACDEF}
Remote:
  Actor               Partner Priority Oper-Key  SystemID               Flag
--------------------------------------------------------------------------------
  GE1/0/1             2       32768    1         0x8000, 8897-d9e7-0200 {ACEF}
  GE1/0/2             3       32768    1         0x8000, 8897-d9e7-0200 {ACDEF}
  GE1/0/3             4       32768    1         0x8000, 8897-d9e7-0200 {ACDEF}
  GE1/0/4             5       32768    1         0x8000, 8897-d9e7-0200 {ACDEF}
[SW1]
```

图 5-21　关闭 GE1/0/1 接口后，SW1 上二层动态聚合组的成员端口状态

③ 在保持 GE1/0/1 接口关闭状态的情况下，继续关闭 SW1 或 SW2 上的 GE1/0/2 和 GE1/0/3 接口，然后在两个交换机上执行 **display link-aggregation verbose bridge-aggregation** 和 **display interface bridge-aggregation brief** 两条命令，查看所创建的二层静态链路聚合配置及聚合接口状态。

同时关闭 GE1/0/1、GE1/0/2 和 GE1/0/3 后，SW1 上二层动态聚合组成员端口和聚合接口状态如图 5-22 所示，是在 SW1 上执行以上两条命令的输出。从图 5-22 中可以看出，尽管聚合组中的成员端口中还有 GE1/0/4 没有被关闭，但此时聚合组中所有成员端口状态均为“U”（未被选中）。这是因为该聚合组配置的最小“选中端口”数为 2，而当前“选中端口”仅为 GE1/0/4 这一个接口，不符合建立聚合接口的条件，原来创建的二层静态聚合接口状态为 down。在 SW2 上执行以上两条命令的结果一样。

④ 把原来关闭的 GE1/0/2 端口打开，然后在两个交换机上执行 **display link-aggregation verbose bridge-aggregation** 和 **display interface bridge-aggregation brief** 两条命令，再次查看所创建的二层静态链路聚合配置及聚合接口状态。

恢复 GE1/0/2 接口后，SW2 上二层动态聚合组成员端口和聚合接口状态如图 5-23 所示，是在 SW1 上执行以上两条命令的输出，发现 GE1/0/2 和 GE1/0/4 两个接口被选中，符合聚合组中最少 2 个“选中端口”的要求，因此，所创建的二层动态聚合接口又恢复为 up 状态了。在 SW2 上执行以上两条命令的结果一样。

通过以上配置验证，证明本示例前面的配置是正确且符合示例要求的。

```
[SW1]display link-aggregation verbose bridge-aggregation
Loadsharing Type: Shar -- Loadsharing, NonS -- Non-Loadsharing
Port: A -- Auto
Port Status: S -- Selected, U -- Unselected, I -- Individual
Flags:  A -- LACP_Activity, B -- LACP_Timeout, C -- Aggregation,
        D -- Synchronization, E -- Collecting, F -- Distributing,
        G -- Defaulted, H -- Expired

Aggregate Interface: Bridge-Aggregation1
Aggregation Mode: Dynamic
Loadsharing Type: Shar
System ID: 0x64, 8897-d11f-0100
Local:
  Port                Status  Priority Oper-Key  Flag
--------------------------------------------------------------------------------
  GE1/0/1             U       100      1         {AC}
  GE1/0/2             U       200      1         {AC}
  GE1/0/3             U       300      1         {AC}
  GE1/0/4             U       400      1         {AC}
Remote:
  Actor               Partner Priority Oper-Key  SystemID               Flag
--------------------------------------------------------------------------------
  GE1/0/1             2       32768    1         0x8000, 8897-d9e7-0200 {ACEF}
  GE1/0/2             3       32768    1         0x8000, 8897-d9e7-0200 {ACEF}
  GE1/0/3             4       32768    1         0x8000, 8897-d9e7-0200 {ACEF}
  GE1/0/4             5       32768    1         0x8000, 8897-d9e7-0200 {AC}
[SW1]display interface bridge-aggregation brief
Brief information on interfaces in bridge mode:
Link: ADM - administratively down; Stby - standby
Speed: (a) - auto
Duplex: (a)/A - auto; H - half; F - full
Type: A - access; T - trunk; H - hybrid
Interface            Link Speed   Duplex Type PVID Description
BAGG1                DOWN auto    A      A    1

[SW1]
```

图 5-22　同时关闭 GE1/0/1、GE1/0/2 和 GE1/0/3 后，SW1 上二层动态聚合组成员端口和聚合接口状态

```
[SW1]display link-aggregation verbose bridge-aggregation
Loadsharing Type: Shar -- Loadsharing, NonS -- Non-Loadsharing
Port: A -- Auto
Port Status: S -- Selected, U -- Unselected, I -- Individual
Flags:  A -- LACP_Activity, B -- LACP_Timeout, C -- Aggregation,
        D -- Synchronization, E -- Collecting, F -- Distributing,
        G -- Defaulted, H -- Expired

Aggregate Interface: Bridge-Aggregation1
Aggregation Mode: Dynamic
Loadsharing Type: Shar
System ID: 0x64, 8897-d11f-0100
Local:
  Port                Status  Priority Oper-Key  Flag
--------------------------------------------------------------------------------
  GE1/0/1             U       100      1         {AC}
  GE1/0/2             S       200      1         {ACDEF}
  GE1/0/3             U       300      1         {AC}
  GE1/0/4             S       400      1         {ACDEF}
Remote:
  Actor               Partner Priority Oper-Key  SystemID               Flag
--------------------------------------------------------------------------------
  GE1/0/1             2       32768    1         0x8000, 8897-d9e7-0200 {ACEF}
  GE1/0/2             3       32768    1         0x8000, 8897-d9e7-0200 {ACDEF}
  GE1/0/3             4       32768    1         0x8000, 8897-d9e7-0200 {ACEF}
  GE1/0/4             5       32768    1         0x8000, 8897-d9e7-0200 {ACDEF}
[SW1]display interface bridge-aggregation brief
Brief information on interfaces in bridge mode:
Link: ADM - administratively down; Stby - standby
Speed: (a) - auto
Duplex: (a)/A - auto; H - half; F - full
Type: A - access; T - trunk; H - hybrid
Interface            Link Speed   Duplex Type PVID Description
BAGG1                UP   2G(a)   F(a)   A    1

[SW1]
```

图 5-23　恢复 GE1/0/2 接口后，SW2 上二层动态聚合组成员端口和聚合接口状态

5.3.13　配置简单跨设备链路聚合

简单跨设备链路聚合（Simple-Multichassis Link Aggregation，S-MLAG）功能可实现跨设备的以太网链路聚合，提供设备级冗余保护和流量负载分担。S-MLAG 示意如图 5-24 所示，SW2、SW3 和 SW4 为独立运行的设备，为了使这 3 台独立设备加入同一聚合组，与 SW1 直连的链路建立跨设备的链路聚合，就可使用 S-MLAG 功能，**但此时建立的以太网链路聚合只能是二层动态以太网链路聚合**。

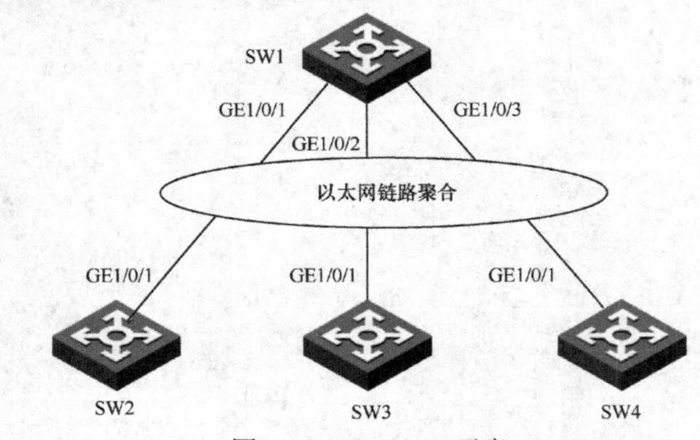

图 5-24　S-MLAG 示意

为了实现 S-MLAG 功能，需要将不同设备的聚合接口加入同一 S-MLAG 组，**同一设备上不同聚合接口不能加入同一 S-MLAG 组**。为了保证业务的正常运行，建议加入 S-MLAG 组的各个设备的业务配置保持一致。

为了保证 S-MLAG 正常工作，请不要在 IRF 设备上使用 S-MLAG。S-MLAG 组网环境下，建议在包括聚合成员端口的设备中，各成员端口实际速率和双工保持一致，否则，在聚合组中加入新成员端口时，可能导致参考端口改变，使其他成员端口变为非选中状态，影响流量转发。

另外，S-MLAG 组网环境下，请不要配置以下功能。

① LACP MAD 检测。

② 聚合流量重定向功能。

③ 聚合组中的最大/最小“选中端口”。

④ 半自动动态聚合。

⑤ 生成树功能。

S-MLAG 的配置步骤见表 5-14，在加入 S-MLAG 组的设备（例如图 5-24 中的 SW2、SW3 和 SW4）上，须保证聚合配置一致。

表 5-14　S-MLAG 的配置步骤

步骤	命令	说明
1	**system-view**	进入系统视图
2	**lacp system-mac** *mac-address* 例如，[Sysname] **lacp system-mac** 1-1-1	配置 LACP 的系统 MAC 地址，格式为 H-H-H，不支持组播 MAC 地址、全 0 的 MAC 地址和全 F 的 MAC 地址。开启 S-MLAG 功能的各设备上，LACP 的系统 MAC 地址需要配置一致。 默认情况下，LACP 的系统 MAC 地址为设备的桥 MAC 地址

续表

步骤	命令	说明
3	**lacp system-priority** *priority* 例如，[Sysname] **lacp system-priority** 64	配置 LACP 的系统优先级，取值为 0～65535。该数值越小，优先级越高。在开启 S-MLAG 功能的各设备上，LACP 的系统优先级需要配置一致。 默认情况下，LACP 的系统优先级为 32768
4	**lacp system-number** *number*	配置 LACP 的系统编号，取值为 1～3。在开启 S-MLAG 功能的各设备上，不同设备上配置的 LACP 系统编号不能相同。 默认情况下，未配置 LACP 的系统编号
5	**interface bridge-aggregation** *interface-number* 例如，[Sysname] **interface bridge-aggregation** 1	创建二层聚合接口，进入二层聚合接口视图
6	**link-aggregation mode dynamic** 例如，[Sysname-Bridge-Aggregation1] **link-aggregation mode dynamic**	配置聚合组工作在动态聚合模式下。 默认情况下，聚合组工作在静态聚合模式下
7	**port s-mlag group** *group-id* 例如，[Sysname-Bridge-Aggregation1] **port s-mlag group** 1	配置以上二层动态聚合接口加入指定的 S-MLAG 组，参数 *group-id* 用来指定 S-MLAG 组编号，取值为 1～1024。仅工作在动态聚合模式下的二层聚合接口可以加入 S-MLAG 组。需要说明的是，S-MLAG 功能的设备上所加入的 S-MLAG 组号必须一致。 默认情况下，聚合接口未加入 S-MLAG 组

5.3.14　S-MLAG 配置示例

本示例拓扑结构参见 5.3.13 节的图 5-24，SW1 通过二层以太网接口 GigabitEthernet1/0/1～GigabitEthernet1/0/3 分别与 SW2、SW3、SW4 的二层以太网接口 GigabitEthernet1/0/1 相互连接。现要求 SW1 和 SW2、SW3、SW4 之间配置设备的链路聚合，保证正常工作时链路进行负载分担，且任何一台设备故障对业务均没有影响，提高系统的可靠性。

1. 基本配置思路分析

本示例是跨设备的以太网链路聚合，只能是二层动态以太网链路聚合，涉及两大部分的配置任务（HCL 模拟器不支持 S-MLAG 功能）。

① 在同时连接多个独立设备的单一设备（SW1）上配置二层动态以太网链路聚合，此时建议不要配置最小、最大“选中端口”数，也建议各成员端口的端口优先级均保持默认配置，否则，很可能导致所连接的某对端设备不能加入聚合组中。

② 在各独立设备（包括 SW2、SW3 和 SW4）上配置二层动态以太网链路聚合和 S-MLAG 功能，并把二层动态聚合接口加入指定的 S-MLAG 组中，聚合组只包括一个连接 SW1 的成员接口。

根据以上分析可以得出本示例的基本配置思路如下。

① 在 SW1 上配置二层动态以太网链路聚合。

② 在 SW2、SW3 和 SW4 上分别创建二层动态聚合接口，并配置 S-MLAG 功能。

2. 具体配置步骤

① 在 SW1 上配置二层动态以太网链路聚合。

把 GE1/0/1、GE1/0/2 和 GE1/0/3 接口加入所创建的二层动态聚合组中，其他的接口均保持默认配置，具体配置如下。

```
<H3C> system-view
[H3C] sysname SW1
[SW1] interface bridge-aggregation 1
[SW1-Bridge-Aggregation1] link-aggregation mode dynamic
[SW1-Bridge-Aggregation1] quit
[SW1] interface gigabitethernet 1/0/1
[SW1-GigabitEthernet1/0/1] port link-aggregation group 1
[SW1-GigabitEthernet1/0/1] quit
[SW1] interface gigabitethernet 1/0/2
[SW1-GigabitEthernet1/0/2] port link-aggregation group 1
[SW1-GigabitEthernet1/0/2] quit
[SW1] interface gigabitethernet 1/0/3
[SW1-GigabitEthernet1/0/3] port link-aggregation group 1
[SW1-GigabitEthernet1/0/3] quit
```

② 在 SW2、SW3 和 SW4 上分别创建二层动态聚合接口（接口编号可以相同，也可以不同），并配置 S-MLAG 功能。

SW2、SW3 和 SW4 上的系统 MAC 地址、LACP 系统优先级、所加入的 S-MLAG 组编号必须一致，但它们的 LACP 系统编号必须不同。因为这 3 台交换机上的配置基本一样，只是 LACP 的系统编号不同而已，在此仅以 SW2 上的配置进行介绍。

SW2、SW3 和 SW4 的 LACP 的系统编号分别为 1、2、3，系统 MAC 地址均为 1-1-1，LACP 的系统优先级保持默认的 32768，所加入的 S-MLAG 组编号均为 10，具体配置如下。

```
<H3C> system-view
[H3C] sysname SW2
[SW2] lacp system-mac 1-1-1    #---配置 SW2 的 LACP 系统 MAC 地址为 1-1-1
[SW2] lacp system-number 1    #---配置 SW2 的 LACP 系统编号为 1
[SW2] interface bridge-aggregation 2    #---创建二层聚合接口 2
[SW2-Bridge-Aggregation2] link-aggregation mode dynamic    #---指定以上二层聚合接口为二层动态聚合接口
[SW2-Bridge-Aggregation2] port s-mlag group 10    #---把以上二层动态聚合接口加入编号为 10 的 S-MLAG 组中
[SW2] interface gigabitethernet 1/0/1
[SW2-GigabitEthernet1/0/1] port link-aggregation group 2 #---将 GE1/0/2 加入二层动态聚合组 2 中
[SW2-GigabitEthernet1/0/1] quit
```

3. 配置结果验证

完成上述配置后，在 SW1 上执行 **display link-aggregation verbose** 命令，查看到如下所示的二层动态链路聚合组信息。

```
[SW1] display link-aggregation verbose
Loadsharing Type: Shar -- Loadsharing, NonS -- Non-Loadsharing
Port Status: S -- Selected, U -- Unselected, I -- Individual
Port: A -- Auto port, M -- Management port, R -- Reference port
Flags: A -- LACP_Activity, B -- LACP_Timeout, C -- Aggregation,
    D -- Synchronization, E -- Collecting, F -- Distributing,
    G -- Defaulted, H -- Expired

Aggregate Interface: Bridge-Aggregation10
Creation Mode: Manual
```

```
Aggregation Mode: Dynamic
Loadsharing Type: Shar
Management VLANs: None
System ID: 0x8000, 40fa-264f-0100
Local:
 Port         Status  Priority Index  Oper-Key         Flag
 GE1/0/1(R)     S      32768   1       1              {ACDEF}
 GE1/0/2        S      32768   2       1              {ACDEF}
 GE1/0/3        S      32768   3       1              {ACDEF}
Remote:
 Actor         Priority Index   Oper-Key SystemID          Flag
 GE1/0/1          32768  16385  50100  0x7b  , 0001-0001-0001 {ACDEF}
 GE1/0/2          32768  32769  50100  0x7b  , 0001-0001-0001 {ACDEF}
 GE1/0/3          32768  49153  50100  0x7b  , 0001-0001-0001 {ACDEF}
```

从输出信息可以看出，SW1 上的 GigabitEthernet1/0/1～GigabitEthernet1/0/3 接口均处于“S”（选中）状态，此时 SW1 将 SW2、SW3、SW4 形成一台逻辑设备，从而实现跨设备的以太网链路聚合。

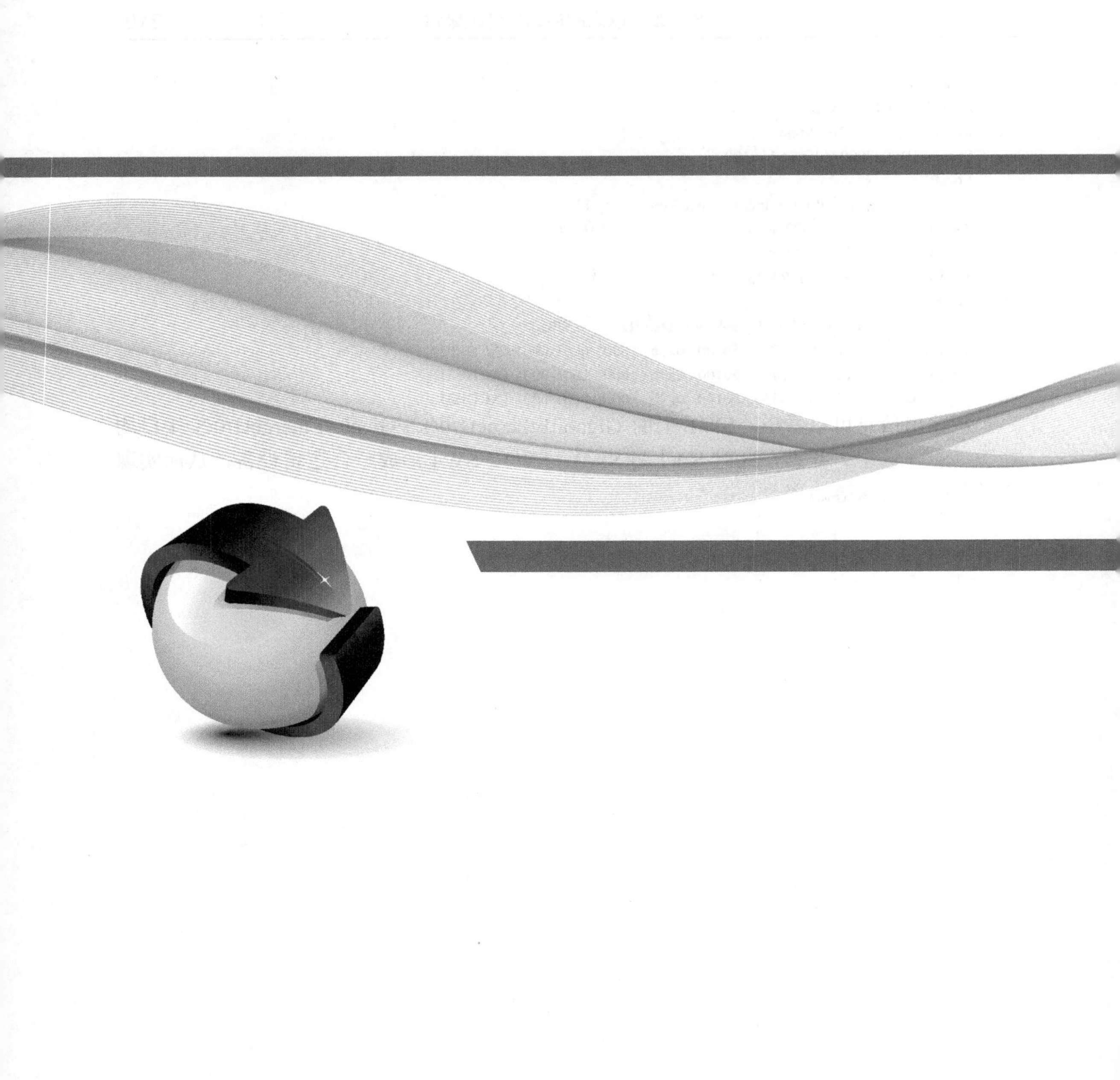

第 6 章 LLDP 和 ARP

本章主要内容

链路层发现协议（Link Layer Discovery Protocol，LLDP）是一种标准的链路层发现方式。通过它可以查看网络的二层拓扑结构，查看本地设备连接的对端设备的接口、设备型号（可以不是 H3C 设备）、管理地址、链路状态等信息。这在设备比较分散的场景的网络设备管理和故障排除中非常有用。

ARP（地址解析协议）是 IPv4 网络中三层通信中必须依靠的一种三层协议，可以把目标主机的 IP 地址解析成对应的 MAC 地址，以便在发送给目标主机的数据包中进行帧封装。因为在发送端，从网络层下发的数据包，必须经过数据链路层的帧封装，而帧封装中必须指定目标 MAC 地址，而我们一般只知道目标主机的 IP 地址，却很少知道其 MAC 地址，这时就要靠 ARP 来获取了。免费 ARP 和代理 ARP 都是标准 ARP 的拓展应用。

6.1 LLDP 基础

随着网络技术和应用的不断发展，网络设备的品牌和种类日渐增多，不同品牌的网络设备均有自己的私域协议。为了使不同品牌的设备能够在网络中相互发现并交互各自的系统及配置信息，需要有一个标准的信息交流平台。LLDP 就是在这样的背景下产生的。

LLDP 在 IEEE 802.1AB 标准中定义，提供了一种标准的链路层发现方式，可以将本设备的信息（包括主要能力、管理地址、设备标识、接口标识等）组织成不同的 TLV，封装在链路层发现协议数据单元（Link Layer Discovery Protocol Data Unit，LLDPDU）中，发布给与自己**直连**的邻居设备，邻居设备在收到这些信息后再将其以标准管理信息库（Management Information Base，MIB）的形式保存起来，以供网络管理系统（Network Management System，NMS）查询、判断链路的通信状况。

【说明】 LLDP 虽然是一种基于数据链路层的二层协议，但是可以同时在二/三层以太网接口上配置。这是因为网络层是工作在数据链路层之上的。LLDP 发现的是与邻居设备连接的二层链路信息，可以在各类支持 LLDP 的设备上进行配置。

6.1.1 LLDP 代理和桥模式

LLDP 可以将本地设备的链路信息组织起来并发布给自己的远端设备，同时将收到的远端设备链路信息以标准 MIB 的形式保存起来。这样一来，通过 LLDP 获取的设备二层链路信息能够快速得到相连设备的二层拓扑状态。例如本端设备接口所连接的对端设备类型、连接的对端设备接口、对端设备的桥 MAC 地址和管理 IP 地址等，极大地方便了用户随时查询远端设备及本端设备的连接情况，并在检测设备间有配置冲突时查询网络连接失败的原因。

LLDP 通过 LLDP 代理与设备上物理拓扑 MIB、实体 MIB、接口 MIB，以及其他类型 MIB 的交互来更新自己的 LLDP 本地系统 MIB。LLDP 代理是 LLDP 实体上运行的一个进程。LLDP 定义了以下 3 种代理类型，一个接口下，可以运行多个 LLDP 代理，但不同类型的接口支持的代理类型有所不同。

① 最近桥（Nearest Bridge）代理：最近桥即本地设备直连的设备，所有启用了 LLDP 的设备均支持该类代理，包括双端口 MAC 中继（Two-Port MAC Relay，TPMR）桥。最近桥代理产生的 LLDP 报文用于发现直连设备，被限制在直连的邻居设备之间传播，不能被任何其他设备转发。**二/三层以太网接口视图或管理以太网接口，或 IRF 物理端口均支持最近桥代理，二/三层聚合接口不支持最近桥代理。**

【说明】 TPMR 是一种只有两个可供外部访问的端口的网桥。TPMR 对于所有基于帧的介质无关协议都是透明的，但以 TPMR 为目标的协议、以保留 MAC 地址为目标地址但在 TPMR 上定义为不予转发的协议除外。TPMR 仅支持 LLDP 最近桥代理，其他类型代理的 LLDP 报文只进行透传。

② 最近非 TPMR 桥（Nearest non-TPMR Bridge）代理：所有启用了 LLDP 的非 TPMR

桥均支持该类代理。最近非 TPMR 代理产生的 LLDP 报文在两个非 TPMR 设备之间传播，中间可以间隔 TPMR 桥，但不能有其他设备，TPMR 桥对最近非 TPMR 代理产生的 LLDP 报文透明传输。**二/三层以太网接口视图，或管理以太网接口和二/三层聚合接口均支持最近非 TPMR 代理，IRF 物理端口不支持最近非 TPMR 代理。**

③ 最近客户桥（Nearest Customer Bridge）代理：最近客户桥是指相邻的两个工作在客户桥（Customer Bridge，CB）模式的非 TPMR 设备，最近客户桥代理产生的 LLDP 报文被限制在两个相邻客户桥之间传播。**二/三层以太网接口视图，或管理以太网接口和二/三层聚合接口均支持最近客户桥代理，IRF 物理端口不支持最近客户桥代理。**

各种 LDDP 代理可以建立的邻居关系示意如图 6-1 所示。

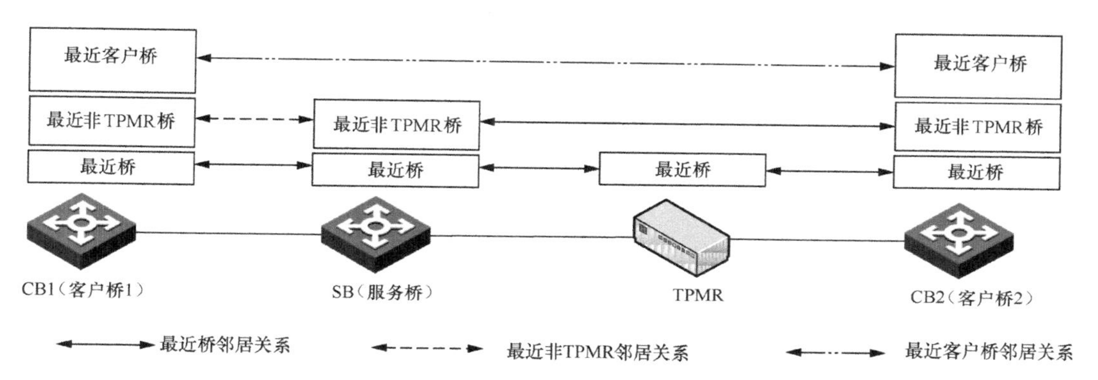

图 6-1　各种 LDDP 代理可以建立的邻居关系示意

【说明】 LLDP 有“客户桥”（CB）和“服务桥”（Service Bridge，SB）两种桥模式。其中，客户桥模式是用户端设备上配置的 LLDP 工作模式，支持最近桥代理、最近非 TPMR 桥代理和最近客户桥代理。设备对报文目标 MAC 地址为这些代理的 MAC 地址（将在下节介绍）的 LLDP 报文进行处理；目标 MAC 地址为其他 MAC 地址的 LLDP 报文将在 VLAN 内透传（不处理）。

服务桥模式是服务商端设备上配置的 LLDP 工作模式。工作在 SB 模式的设备可支持最近桥代理和最近非 TPMR 桥代理（无最近客户桥代理）。设备对报文目标 MAC 地址为这些代理的 MAC 地址的 LLDP 报文进行处理，目标 MAC 地址为其他 MAC 地址的 LLDP 报文将在 VLAN 内透传。

6.1.2　LLDP 报文格式

封装了 LLDP 数据单元（LLDP Data Unit，LLDPDU）的以太网报文称为 LLDP 报文。LLDP 报文有 Ethernet II 和子网访问协议（Subnetwork Access Protocol，SNAP）两种封装格式。LLDP 报文格式如图 6-2 所示。

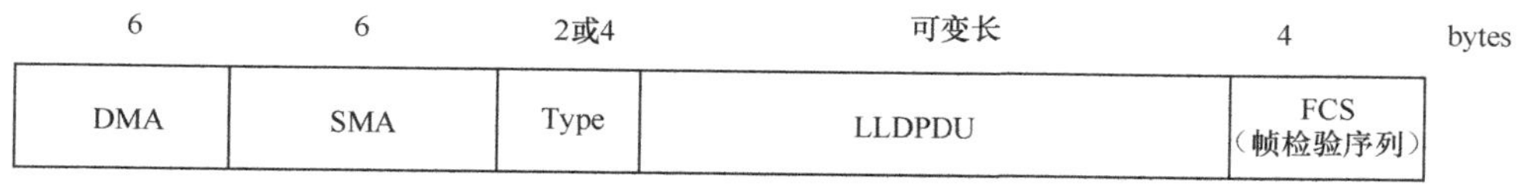

图 6-2　LLDP 报文格式

① 目标 MAC 地址（Destination MAC Address，DMA）：6 个字节。为区分同一接口下不同类型代理发送及接收的 LLDP 报文，LLDP 规定了不同的组播 MAC 地址作为不同类型代理的 LLDP 报文的目标 MAC 地址。

- 最近桥代理类型的 LLDP 报文使用组播 MAC 地址 0x0180-c200-000e。这种 LLDP 报文只能通过物理链路传输，不能通过任何类型的设备转发。也就是说，任何类型的网桥都不能转发目标的帧为该地址的帧。最近桥代理发送的 LLDP 报文示例如图 6-3 所示，目标 MAC 地址为 0x0180-c200-000e，默认采用 Ethernet II 封装格式。

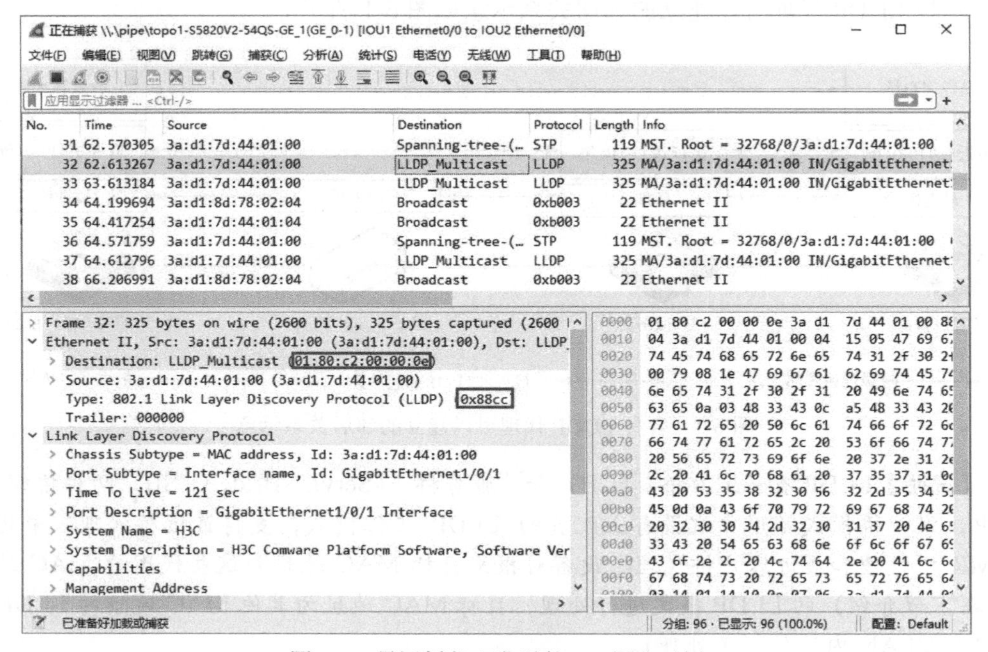

图 6-3 最近桥代理发送的 DP 报文示例

- 最近客户桥代理类型的 LLDP 报文使用组播 MAC 地址 0x0180-c200-0000。这种 LLDP 报文限制在相邻客户桥设备间传播，服务桥透传该报文，其传输范围与用户到用户的 MACSec（IEEE802.1AE 协议定义的 MAC 安全机制）连接范围相同。最近客户桥代理发送的 LLDP 报文示例如图 6-4 所示，目标 MAC 地址为 0x0180-c200-0000，默认采用 Ethernet II 封装格式。
- 最近非 TPMR 桥代理类型的 LLDP 报文使用组播 MAC 地址 0x0180-c200-0003。这种 LLDP 报文不能通过除了 TRMR（Two-port MAC relay）网桥类型的设备进行转发。

② 源 MAC 地址（Source MAC Address，SMA）：6 个字节，为发送 LLDP 报文的端口的 MAC 地址。

③ Type：报文类型，代表 LLDP。**Ethernet II 格式封装的 LLDP 报文中该字段为 2 个字节，值为 0x88CC；SNAP 格式封装的 LLDP 报文中该字段为 4 个字节，值为 0xAAAA-0300-0000-88CC**。

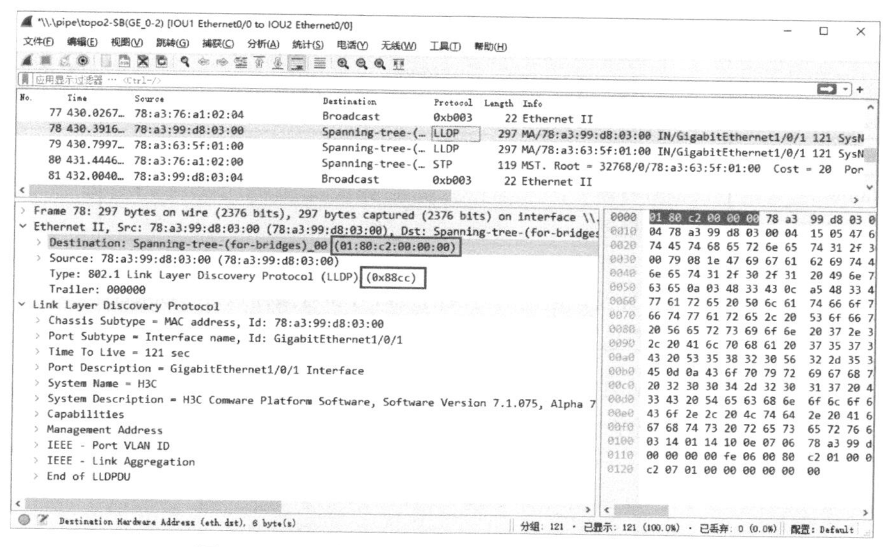

图 6-4 最近客户桥代理发送的 LLDP 报文示例

④ Data：数据部分，为 LLDPDU，Ethernet II 格式封装的 LLDP 报文中该字段为 46～1500 个字节，SNAP 格式封装的 LLDP 报文中该字段长度范围不固定。

⑤ 帧检验序列（Frame Check Sequence，FCS）：用来对报文进行校验。

6.1.3 LLDP TLV

LLDPDU 是封装在 LLDP 报文数据部分的数据单元。在组成 LLDPDU 之前，设备先将本地信息封装成 TLV 格式，再把若干个 TLV 组合成一个 LLDPDU，封装在 LLDP 报文的数据部分进行传送。

LLDPDU 中的每个 TLV 都代表一类信息。LLDP 可以封装的 TLV 有多种，具体包括 LLDP 基本 TLV、802.1 组织定义的 LLDP TLV、802.3 组织定义的 LLDP TLV 和链路层发现协议媒体终端发现（Link Layer Discovery Protocol Media Endpoint Discovery，LLDP-MED）TLV。

LLDP 基本 TLV 是网络设备管理基础的一组 TLV，802.1 组织定义的 LLDP TLV、802.3 组织定义的 LLDP TLV 和 LLDP-MED TLV 则是由标准组织或其他机构定义的 TLV，用于增强对网络设备的管理，可根据实际需要选择是否在 LLDPDU 中发送。

1．LLDP 基本 TLV

LLDP 基本 TLV 见表 6-1，其中，有几种 TLV 对于实现 LLDP 功能来说是必选的，必须在 LLDPDU 中发布。

表 6-1 LLDP 基本 TLV

TLV 名称	说明	是否必须发布
Chassis ID	发送设备的桥 MAC 地址	是
Port ID	标识 LLDPDU 发送端的端口。如果 LLDPDU 中携带了 LLDP-MED TLV，则其内容为端口的 MAC 地址，否则其内容为端口的名称	是
Time To Live	本设备信息在邻居设备上的存活时间	是

续表

TLV 名称	说明	是否必须发布
End of LLDPDU	LLDPDU 的结束标识，是 LLDPDU 的最后一个 TLV	是
Port Description	端口的描述	否
System Name	设备的名称	否
System Description	系统的描述	否
System Capabilities	系统的主要能力及已开启的功能项	否
Management Address	管理地址及该地址所对应的接口号和对象标识符（Object Identifier，OID）	否

LLDPDU 中的基本 TLV 示例如图 6-5 所示，LLDP 报文中 LLDPDU 中包含的基本 TLV（部分 TLV 的名称不完全一致，End of LLDPDU TLV 在最后，图 6-5 中未显示）。

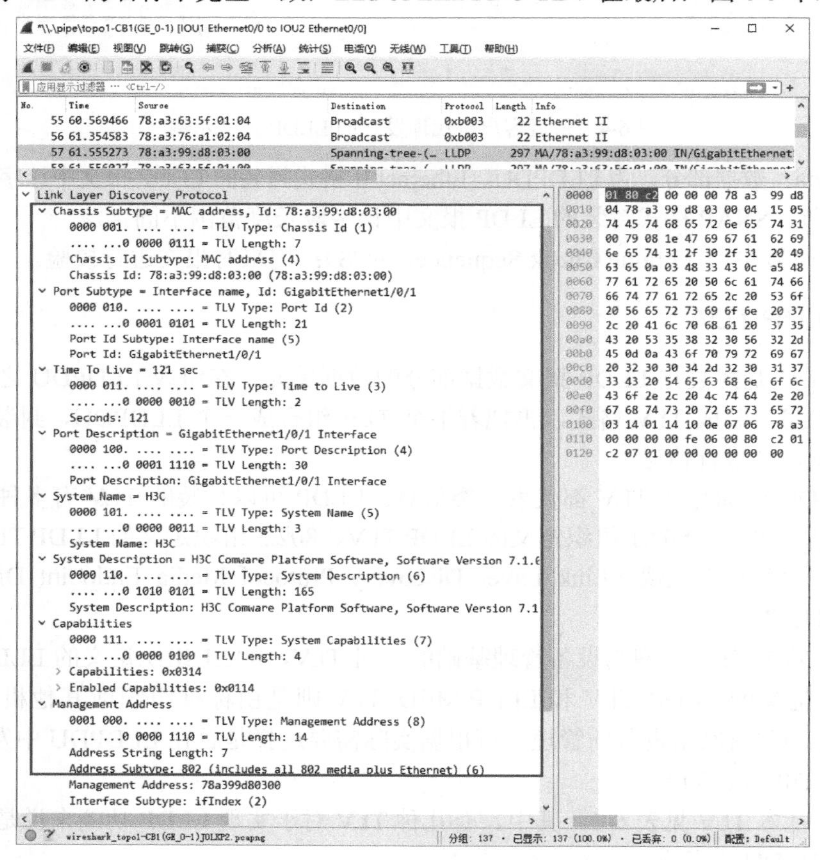

图 6-5 LLDPDU 中的基本 TLV 示例

2. 802.1 组织定义的 LLDP TLV

IEEE 802.1 组织定义的 LLDP TLV 见表 6-2。目前，H3C 设备不支持发送 Protocol Identity TLV 和 VID Usage Digest TLV，但可以接收这两种类型的 TLV。三层以太网接口仅支持 Link Aggregation TLV。

LLDP TLV 中的 IEEE 802.1 组织定义 LLDP TLV 示例如图 6-6 所示，这是默认情况下，携带 Port VLAN ID TLV 和 Link Aggregation TLV 这两个 IEEE 802.1 组织定义 LLDP

TLV 的示例。

表 6-2　IEEE 802.1 组织定义的 LLDP TLV

TLV 名称	说明
Port VLAN ID(PVID)	端口 VLAN ID，即 PVID
Port and protocol VLAN ID(PPVID)	端口协议 VLAN ID
VLAN Name	端口所属 VLAN 的名称
Protocol Identity	端口所支持的协议类型
DCBX	（暂不支持）数据中心桥能力交换协议（Data Center Bridging Exchange Protocol）
EVB 模块	（暂不支持）边缘虚拟桥接（Edge Virtual Bridging）模块
Link Aggregation	端口是否支持链路聚合及是否已开启链路聚合
Management VID	管理 VID
VID Usage Digest	包含 VLAN ID 使用摘要的数据
ETS Configuration	增强传输选择（Enhanced Transmission Selection）配置
ETS Recommendation	增强传输选择推荐
PFC	基于优先级的流量控制（Priority-based Flow Control）
APP	应用协议（Application Protocol）
QCN	（暂不支持）量化拥塞通知（Quantized Congestion Notification）

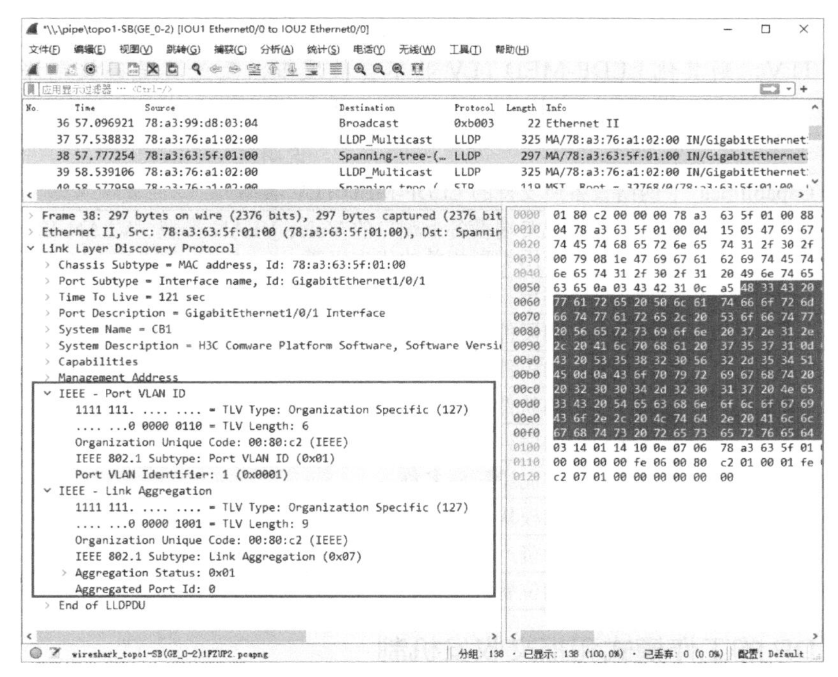

图 6-6　LLDP TLV 中的 IEEE 802.1 组织定义 LLDP TLV 示例

3. 802.3 组织定义的 LLDP TLV

IEEE 802.3 组织定义的 LLDP TLV 见表 6-3。其中，Power Stateful Control TLV 是在 IEEE P802.3at D1.0 版本中被定义的，之后的版本不再支持该 TLV。H3C 设备只有在收到 Power Stateful Control TLV 后才会发送该类型的 TLV。

表 6-3 IEEE 802.3 组织定义的 LLDP TLV

TLV 名称	说明
MAC/PHY Configuration/Status	端口支持的速率和双工状态、是否支持端口速率自动协商、是否已开启自动协商功能，以及当前的速率和双工状态
Link Aggregation	端口是否支持链路聚合及是否已开启链路聚合
Power Via MDI	端口的供电能力，包括以太网供电（Power over Ethernet，PoE）的类型[包括供电设备（Power Sourcing Equipment，PSE）和受电设备（Powered Device，PD）两种]、PoE 端口的远程供电模式、是否支持 PSE 供电、是否已开启 PSE 供电、供电方式是否可控、供电类型、功率来源、功率优先级、PD 请求功率值、PSE 分配功率值
Maximum Frame Size	端口支持的最大帧长度
Power Stateful Control	端口的电源状态控制，包括 PSE/PD 所采用的电源类型、供电或受电的优先级，以及供电或受电的功率
Energy-Efficient Ethernet	节能以太网

4. LLDP-MED TLV

LLDP-MED TLV 为在 IP 网络上传送互联网电话（Voice over IP，VoIP）提供了许多高级的应用，包括基本配置、网络策略配置、地址信息，以及目录管理等。LLDP-MED TLV 见表 6-4。

【注意】如果禁止发布 802.3 的组织定义的 MAC/PHY Configuration/Status TLV，则 LLDP-MED TLV 将不会被发布，无论其是否被允许发布；如果禁止发布 LLDP-MED Capabilities TLV，则其他 LLDP-MED TLV 将不会被发布，无论其是否被允许发布。

表 6-4 LLDP-MED TLV

TLV 名称	说明
LLDP-MED Capabilities	网络设备所支持的 LLDP-MED TLV 类型
Network Policy	网络设备或终端设备上端口的 Voice VLAN 类型、VLAN ID，以及二/三层与具体应用类型相关的优先级等
Extended Power-via-MDI	网络或终端设备的扩展供电能力，对 Power Via MDI TLV 进行了扩展
Hardware Revision	终端设备的硬件版本
Firmware Revision	终端设备的固件版本
Software Revision	终端设备的软件版本
Serial Number	终端设备的序列号
Manufacturer Name	终端设备的制造厂商名称
Model Name	终端设备的模块名称
Asset ID	终端设备的资产标识符，以便目录管理和资产跟踪
Location Identification	网络设备的位置标识信息，以供终端设备在基于位置的应用中使用

6.1.4 LLDP 的工作模式和报文收发机制

LLDP 有以下 4 种工作模式，决定了接口是否允许接收或者发送 LLDP 报文。

① TxRx：既发送也接收 LLDP 报文。

② Tx：只发送（不接收）LLDP 报文。

③ Rx：只接收（不发送）LLDP 报文。

④ Disable：既不发送，也不接收 LLDP 报文。

1. LLDP 报文的发送机制

在指定类型 LLDP 代理下，当端口工作在 TxRx 或 Tx 模式时，设备会周期性地向邻居设备发送 LLDP 报文。如果本地配置发生变化，则立即发送 LLDP 报文，但为了防止本地信息的频繁变化引起 LLDP 报文的大量发送，可以使用令牌桶机制对 LLDP 报文发送作限速处理，具体配置方法将在 6.2.6 节介绍。

当设备的工作模式由 Disable/Rx 切换为 TxRx/Tx，或者发现了新的邻居设备（即收到一个新的 LLDP 报文，且本地尚未保存发送该报文设备的信息）时，该设备将自动启用快速发送机制，即将 LLDP 报文的发送周期设置为快速发送周期，在连续发送指定数量的 LLDP 报文后，再恢复为正常的发送周期。有关快速发送 LLDP 报文的周期和个数的配置方法将在 6.2.6 节介绍。

2. LLDP 报文的接收机制

当端口工作在 TxRx 或 Rx 模式时，设备会对收到的 LLDP 报文及其携带的 TLV 进行有效性检查，通过检查后再将邻居信息保存到本地，并根据 Time To Live TLV 中生存时间（Time To Live，TTL）的值来设置邻居信息在本地设备上的老化时间，如果发现该值为零，则立刻老化该邻居信息。

6.2 LLDP 基本功能配置

LLDP 支持在多种接口下配置，包括二/三层以太网接口、二/三层聚合接口、管理以太网接口和 IRF 物理端口。LLDP 所涉及的配置任务较多，其基本功能主要包括以下配置任务，只有开启 LLDP 功能是必选的配置任务。

① 开启 LLDP 功能。

②（可选）配置 LLDP 桥模式和工作模式。

③（可选）配置允许发布的 TLV 类型。

④（可选）配置 LLDP 报文的封装格式。

⑤（可选）配置管理地址及其封装格式。

⑥（可选）配置 LLDP 相关参数及其他功能。

6.2.1 开启 LLDP 功能

这是 LLDP 唯一必选的配置任务，多数情况下，只要开启了 LLDP 功能，就可以满足基本的应用需求。但只有当全局和接口上都开启了 LLDP 功能后该功能才会生效。开启 LLDP 功能的配置步骤见表 6-5。

表 6-5　开启 LLDP 功能的配置步骤

步骤	命令	说明
1	**system-view**	进入系统视图
2	**lldp global enable** 例如，[Sysname] **lldp global enable**	全局开启 LLDP 功能。 采用空配置启动时，使用软件功能默认值，LLDP 功能在全局处于关闭状态。采用默认配置启动时，使用软件功能出厂值，LLDP 功能在全局处于开启状态

续表

步骤	命令	说明
3	**interface** *interface-type interface-number* 例如，[Sysname] **interface** ten-gigabitethernet 1/0/1	进入二/三层以太网接口视图、管理以太网接口视图、二/三层聚合接口视图或IRF 物理端口视图
4	**lldp enable** 例如，[Sysname-Ten-GigabitEthernet1/0/1] **lldp enable**	在接口上开启 LLDP 功能。 默认情况下，LLDP 功能在接口上处于开启状态

6.2.2 配置 LLDP 桥模式和工作模式

LLDP 桥模式有客户桥（CB）模式和服务桥（SB）模式两种，可在系统视图下执行 **lldp mode service-bridge** 命令配置设备的 LLDP 桥模式为服务桥模式，可用 **undo lldp mode** 命令恢复为默认的客户桥模式。

LLDP 有 6.1.4 节介绍的 TxRx、Tx、Rx 和 Disable 共 4 种工作模式，可根据实际需要在对应接口视图下进行配置，但不同类型的接口 LLDP 工作模式的配置方法有所不同，主要是因为不同类型的接口所支持的 LLDP 代理类型有所不同，具体说明如下。

① 在二/三层以太网接口视图或管理以太网接口视图下执行 **lldp** [**agent** { **nearest-customer** | **nearest-nontpmr** }] **admin-status** { **disable** | **rx** | **tx** | **txrx** }命令配置最近桥代理、最近客户桥代理或最近非 TPMR 代理的工作模式。

② 在二/三层聚合接口视图下执行 **lldp agent** { **nearest-customer** | **nearest-nontpmr** } **admin-status** { **disable** | **rx** | **tx** | **txrx** }命令配置最近客户桥代理或最近非 TPMR 代理的工作模式。

③ 在 IRF 物理端口视图下执行 **lldp admin-status** { **disable** | **rx** | **tx** | **txrx** }命令配置最近桥代理的工作模式。

以上命令中的参数和选项说明如下。

① **agent**：配置指定类型 LLDP 代理的工作模式。在二/三层以太网接口和管理以太网接口视图下，如果不指定[**agent** { **nearest-customer** | **nearest-nontpmr** }]可选项，则表示配置的是最近桥代理的工作模式。**二/三层聚合接口仅支持最近客户桥代理和最近非 TPMR 代理的工作模式配置，不支持最近桥代理的工作模式配置；IRF 物理端口仅支持最近桥代理的工作模式配置**。

② **nearest-customer**：二选一选项，表示配置最近客户桥代理的工作模式。

③ **nearest-nontpmr**：二选一选项，表示配置最近非 TPMR 桥代理的工作模式。

④ **disable**：多选一选项，表示工作模式为 Disable，即接口不发送，也不接收 LLDP 报文。

⑤ **rx**：多选一选项，表示工作模式为 Rx，即接口只接收、不发送 LLDP 报文。

⑥ **tx**：多选一选项，表示工作模式为 Tx，即接口只发送、不接收 LLDP 报文。

⑦ **txrx**：多选一选项，表示工作模式为 TxRx，即接口既发送，也接收 LLDP 报文。

默认情况下，最近桥代理类型的 LLDP 工作模式为 TxRx，最近客户桥代理和最近非 TPMR 桥代理类型的 LLDP 工作模式为 Disable。

6.2.3 配置允许发布的 TLV 类型

TLV 是组成 LLDPDU 的单元，每个 TLV 都代表一个信息。因为不同类型接口支持的 LLDP 代理类型，及各类型接口所支持的 TLV 类型有所不同，不同类型接口上允许发布 TLV 类型的配置命令也有所不同，具体描述如下。

① 在二层以太网接口视图下执行以下命令。

- **lldp tlv-enable** { **basic-tlv** { **all** | **port-description** | **system-capability** | **system-description** | **system-name** | **management-address-tlv** [**ipv6**] [*ip-address* | **interface loopback** *interface-number*] } | **dot1-tlv** { **all** | **port-vlan-id** | **link-aggregation** | **dcbx** | **protocol-vlan-id** [*vlan-id*] | **vlan-name** [*vlan-id*] | **management-vid** [*mvlan-id*] } | **dot3-tlv** { **all** | **link-aggregation** | **mac-physic** | **max-frame-size** | **power** } | **med-tlv** { **all** | **capability** | **inventory** | **network-policy** [*vlan-id*] | **power-over-ethernet** | **location-id** { **civic-address** *device-type country-code* { ca-*type ca-value* }&<1-10> | **elin-address** *tel-number* } } }：配置最近桥代理允许发布的基本 LLDP TLV、802.1 组织定义的 LLDP TLV、802.3 组织定义的 LLDP TLV 和 LLDP-MED TLV。
- **lldp agent nearest-nontpmr tlv-enable** { **basic-tlv** { **all** | **port-description** | **system-capability** | **system-description** | **system-name** | **management-address-tlv** [**ipv6**] [*ip-address*] } | **dot1-tlv** { **all** | **evb** | **port-vlan-id** | **link-aggregation** } | **dot3-tlv** { **all** | **link-aggregation** } }：配置最近非 TPMR 桥代理允许发布的基本 LLDP TLV 和 802.1 组织定义的 LLDP TLV。
- **lldp agent nearest-customer tlv-enable** { **basic-tlv** { **all** | **port-description** | **system-capability** | **system-description** | **system-name** | **management-address-tlv** [**ipv6**] [*ip-address*] } | **dot1-tlv** { **all** | **port-vlan-id** | **link-aggregation** } | **dot3-tlv** { **all** | **link-aggregation** } }：配置最近桥客户桥代理允许发布的基本 LLDP TLV 和 802.1 组织定义的 LLDP TLV。

② 在三层以太网接口视图下执行以下命令。

- **lldp tlv-enable** { **basic-tlv** { **all** | **port-description** | **system-capability** | **system-description** | **system-name** | **management-address-tlv** [**ipv6**] [*ip-address* | **interface loopback** *interface-number*] } | **dot1-tlv** { **all** | **link-aggregation** } | **dot3-tlv** { **all** | **link-aggregation** | **mac-physic** | **max-frame-size** | **power** } | **med-tlv** { **all** | **capability** | **inventory** | **power-over-ethernet** | **location-id** { **civic-address** *device-type country-code* { ca-*type ca-value* }&<1-10> | **elin-address** *tel-number* } } }：配置最近桥代理允许发布的基本 LLDP TLV、802.1 组织定义的 LLDP TLV、802.3 组织定义的 LLDP TLV 和 LLDP-MED TLV。
- **lldp agent** { **nearest-nontpmr** | **nearest-customer** } **tlv-enable** { **basic-tlv** { **all** | **port-description** | **system-capability** | **system-description** | **system-name** | **management-address-tlv** [**ipv6**] [*ip-address*] } | **dot1-tlv** { **all** | **link-aggregation** } | **dot3-tlv** { **all** | **link-aggregation** } }：配置最近非 TPMR 桥代理和最近客户桥代理允许发布的基本 LLDP TLV、802.1 组织定义的 LLDP TLV 和 802.3 组织定义的 LLDP TLV。

③ 在管理以太网接口视图下执行以下命令。

- **lldp tlv-enable** { **basic-tlv** { **all** | **port-description** | **system-capability** | **system-description** | **system-name** | **management-address-tlv** [**ipv6**] [*ip-address*] } | **dot1-tlv** { **all** | **link-aggregation** } | **dot3-tlv** { **all** | **link-aggregation** | **mac-physic** | **max-frame-size** | **power** } | **med-tlv** { **all** | **capability** | **inventory** | **power-over-ethernet** | **location-id** { **civic-address** *device-type country-code* { *ca-type ca-value* }&<1-10> | **elin-address** *tel-number* } } }：配置最近桥代理允许发布的基本 LLDP TLV、802.1 组织定义的 LLDP TLV、802.3 组织定义的 LLDP TLV 和 LLDP-MED TLV。
- **lldp agent** { **nearest-nontpmr** | **nearest-customer** } **tlv-enable** { **basic-tlv** { **all** | **port-description** | **system-capability** | **system-description** | **system-name** | **management-address-tlv** [**ipv6**] [*ip-address*] } | **dot1-tlv** { **all** | **link-aggregation** } | **dot3-tlv** { **all** | **link-aggregation** } }：配置最近非 TPMR 桥代理和最近客户桥代理允许发布的基本 LLDP TLV、802.1 组织定义的 LLDP TLV 和 802.3 组织定义的 LLDP TLV。

④ 在二层聚合接口视图下执行以下命令。

- **lldp agent nearest-nontpmr tlv-enable** { **basic-tlv** { **all** | **management-address-tlv** [**ipv6**] [*ip-address*] | **port-description** | **system-capability** | **system-description** | **system-name** } | **dot1-tlv** { **all** | **evb** | **port-vlan-id** } }：配置最近非 TPMR 桥代理允许发布的基本 LLDP TLV 和 802.1 组织定义的 LLDP TLV。
- **lldp agent nearest-customer tlv-enable** { **basic-tlv** { **all** | **management-address-tlv** [**ipv6**] [*ip-address*] | **port-description** | **system-capability** | **system-description** | **system-name** } | **dot1-tlv** { **all** | **port-vlan-id** } }：配置最近客户桥代理允许发布的基本 LLDP TLV 和 802.1 组织定义的 LLDP TLV。
- **lldp tlv-enable dot1-tlv** { **protocol-vlan-id** [*vlan-id*] | **vlan-name** [*vlan-id*] | **management-vid** [*mvlan-id*] }：配置最近桥代理支持的 802.1 组织定义的 LLDP TLV。

⑤ 在三层聚合接口视图下执行 **lldp agent** { **nearest-customer** | **nearest-nontpmr** } **tlv-enable basic-tlv** { **all** | **management-address-tlv** [**ipv6**] [*ip-address*] | **port-description** | **system-capability** | **system-description** | **system-name** }命令，配置最近客户桥代理和最近非 TPMR 桥代理允许发布的基本 LLDP TLV。

⑥ 在 IRF 物理端口视图下执行 **lldp tlv-enable basic-tlv** { **port-description** | **system-capability** | **system-description** | **system-name** }命令，配置最近桥代理允许发布的基本 LLDP TLV。

以上各命令的参数和选项说明如下。

- **agent**：配置指定类型 LLDP 代理允许发布的 TLV 类型。在二/三层以太网接口视图/管理以太网接口视图下，没有指定本关键字时表示配置最近桥代理允许发布的 TLV 类型。
- **nearest-customer**：表示配置最近客户桥代理允许发布的 TLV 类型。
- **nearest-nontpmr**：表示配置最近非 TPMR 桥代理允许发布的 TLV 类型。
- **all**：指定允许发布指定类型的所有可选 TLV。
- **basic-tlv**：表示基本 LLDP TLV。

- **management-address-tlv** [**ipv6**] [*ip-address* | **interface loopback** *interface-number*]：表示配置 Management Address TLV（属于基本 TLV 类型）。其中，可选项 **ipv6** 表示 LLDP 报文中所要发布的管理地址为 IPv6 地址。二选一可选参数 *ip-address* 表示在 LLDP 报文中发布的管理地址为指定的 IP 地址，二选一可选参数 **interface loopback** *interface-number* 表示在 LLDP 报文中发布的管理地址为指定的 LoopBack 接口的 IP 地址。各可选项和参数的默认值的具体说明如下。
  - 在二层以太网接口和二层聚合接口视图下，如果没有指定 *ip-address* 可选参数，或指定的 LoopBack 接口不存在，或 LoopBack 接口没有配置 IPv4/IPv6 地址（**仅适用于二层以太网接口**），则发布的管理地址为当前接口允许通过且处于 Up 状态的最小 VLAN 的 VLAN 接口的 IPv4/IPv6 地址。如果指定了可选项 **ipv6**，则发布的管理地址为 IPv6 地址，否则，发布的管理地址为对应 VLAN 接口的 IP 地址（包括 IPv4 地址和 IPv6 地址）。如果当前接口允许通过的所有 VLAN 所对应的 VLAN 接口上都未配置 IPv4/IPv6 地址，或均处于 Down 状态，则发布固定 MAC 地址 000f-e207-f2e0。
  - 在三层以太网接口和三层聚合接口视图下，如果没有指定 *ip-address* 可选参数，或指定的 LoopBack 接口不存在，或 LoopBack 接口没有配置 IPv4/IPv6 地址（**仅适用于三层以太网接口**），则发布的管理地址为当前发送 LLDP 报文接口的 IPv4/IPv6 地址。如果指定了可选项 **ipv6**，则发布的管理地址为 IPv6 地址，否则，发布的管理地址为对应接口的 IP 地址（包括 IPv4 地址和 IPv6 地址）。如果当前接口未配置 IPv4/IPv6 地址，则发布固定 MAC 地址 000f-e207-f2e0。
- **port-description**：表示 Port Description TLV。
- **system-capability**：表示 System Capabilities TLV。
- **system-description**：表示 System Description TLV。
- **system-name**：表示 System Name TLV。
- **dot1-tlv**：表示 IEEE 802.1 组织定义的 LLDP TLV。
- **dcbx**：表示 Data Center Bridging Exchange Protocol TLV。
- **evb**：表示边缘虚拟桥接（Edge Virtual Bridging，EVB）模块 TLV。
- **port-vlan-id**：表示 Port VLAN ID TLV。
- **protocol-vlan-id** [*vlan-id*]：表示 Port And Protocol VLAN ID TLV，*vlan-id* 为所要发布 VLAN 的 VLAN ID。其取值为 1～4094，默认值为该端口所属 VLAN 中最小的 VLAN ID。
- **vlan-name** [*vlan-id*]：表示 VLAN Name TLV，*vlan-id* 为所要发布 VLAN 的 VLAN ID。其取值为 1～4094，默认值为该端口所属 VLAN 中最小的 VLAN ID，如果没有指定本参数，且端口未加入任何 VLAN，则所要发布的 VLAN 为该端口 PVID。
- **management-vid** [*mvlan-id*]：表示 Management VLAN ID TLV。*mvlan-id* 指定要发布管理 VLAN 的 VLAN ID。其取值为 1～4094。如果没有指定该参数，则表示发布值为 0，表示当前 LLDP agent 未配置管理 VLAN。

- **link-aggregation**：表示 Link Aggregation TLV。
- **dot3-tlv**：表示 IEEE 802.3 组织定义的 LLDP TLV。
- **mac-physic**：表示 MAC/PHY Configuration/Status TLV。
- **max-frame-size**：表示 Maximum Frame Size TLV。
- **power**：表示 Power Via MDI TLV 和 Power Stateful Control TLV。
- **med-tlv**：表示 LLDP-MED TLV。
- **capability**：表示 LLDP-MED Capabilities TLV。
- **inventory**：表示 Hardware Revision TLV、Firmware Revision TLV、Software Revision TLV、Serial Number TLV、Manufacturer Name TLV、Model Name TLV 和 Asset ID TLV。
- **location-id**：表示 Location Identification TLV。
- **civic-address**：表示 Location Identification TLV 封装网络设备的普通地址信息。
- *device-type*：表示设备类型，取值为 0～2。其中，0 表示设备类型为 DHCP server，1 表示设备类型为 Network device，2 表示设备类型为 LLDP-MED Endpoint。
- *country-code*：表示国家/地区编码，取值范围请参考 ISO 3166。
- { *ca-type ca-value* }<1-10>：地址信息。*ca-type* 表示地址信息类型，取值为 0～255；*ca-value* 表示地址信息，为 1～250 个字符的字符串。<1-10>表示前面的参数最多可以输入 10 次。
- **elin-address**：Location Identification TLV 封装紧急电话号码。
- *tel-number*：表示紧急电话号码，为 10～25 个字符的字符串，只能包含数字。
- **network-policy** [*vlan-id*]：表示 Network Policy TLV，*vlan-id* 为要发布的 Voice VLAN ID，取值为 1～4094。
- **power-over-ethernet**：表示 Extended Power-via-MDI TLV。

默认情况下，不同型号设备中各类型接口所支持的 LLDP TLV 类型有所不同，具体参见对应产品手册。

6.2.4　配置管理地址及其封装格式

管理地址是供 NMS 标识网络设备并进行管理的地址。管理地址被封装在 LLDP 报文的 Management Address TLV 中向外发布，封装格式可以是数字或字符串。如果邻居将管理地址以字符串格式封装在 TLV 中，用户也要在本地设备上将封装格式改为字符串，以保证与邻居设备的正常通信。

可以在全局或接口上配置允许在 LLDP 报文中发布管理地址，并配置所发布的管理地址：全局的配置对所有接口都有效，而接口上的配置只对当前接口有效。管理地址及其封装格式的配置步骤见表 6-6。接口上的配置优先级高于全局配置。

表 6-6　管理地址及其封装格式的配置步骤

步骤	命令	说明
1	**system-view**	进入系统视图
2	**lldp** [**agent** { **nearest-customer** | **nearest-nontpmr** }] **global tlv-enable basic-tlv**	在系统视图下配置全局允许在 LLDP 报文中发布管理地址，并配置所发布的管理地址

续表

步骤	命令	说明
2	**management-address-tlv** [**ipv6**] { *ip-address* | **interface loopback** *interface-number* | **interface m-gigabitethernet** *interface-number* | **interface vlan-interface** *interface-number* } 例如，[Sysname] **lldp agent nearest-customer global tlv-enable basic-tlv management-address-tlv** 192.168.1.1	• **agent**：可选项，配置指定类型 LLDP 代理允许发布的 TLV 类型中携带的管理地址。没有指定该可选项时，表示配置最近桥代理允许发布的 TLV 类型中携带的管理地址。 • **nearest-customer**：二选一选项，表示最近客户桥代理。 • **nearest-nontpmr**：二选一选项，表示最近非 TPMR 桥代理。 • **ipv6**：可选项，表示配置在 LLDP 报文中发布 IPv6 格式的管理地址，当未指定本可选项时，表示配置在 LLDP 报文中发布 IPv4 格式的管理地址。 • *ip-address*：多选一参数，指定在 LLDP 报文中发布的 IPv4 或 IPv6 管理地址。 • **interface loopback** *interface-number*：多选一参数，表示在 LLDP 报文中发布的管理地址为指定的 LoopBack 接口的 IP 地址。*interface-number* 表示 LoopBack 接口的编号，取值为 0～127。 • **interface m-gigabitethernet** *interface-number*：多选一参数，表示在 LLDP 报文中发布的管理地址为指定的 M-GigabitEthernet 接口的 IP 地址。 • **interface vlan-interface** *interface-number*：多选一参数，表示在 LLDP 报文中发布的管理地址为指定的 VLAN 接口的 IP 地址。 默认情况下，全局不允许在 LLDP 报文中发布管理地址 TLV
3	**interface** *interface-type interface-number* 例如，[Sysname] **interface** gigabitethernet 1/0/1	进入二/三层以太网接口视图、管理以太网接口视图，或二/三层聚合接口视图
4	① 在二层以太网接口视图/管理以太网接口视图下： • **lldp tlv-enable basic-tlv management-address-tlv** [**ipv6**] [*ip-address* | **interface loopback** *interface-number*] • **lldp agent** { **nearest-customer** | **nearest-nontpmr** } **tlv-enable basic-tlv management-address-tlv** [**ipv6**] [*ip-address*] ② 在三层以太网接口视图下： **lldp** [**agent** { **nearest-customer** | **nearest-nontpmr** }] **tlv-enable basic-tlv management-address-tlv** [**ipv6**] [*ip-address*] | **interface loopback** *interface-number*]	在接口视图下配置允许在 LLDP 报文中发布管理地址，并配置所发布的管理地址。命令中的参数和选项说明参见 6.2.3 节。

续表

步骤	命令	说明
4	③ 在二/三层聚合接口视图下： **lldp agent { nearest-customer | nearest-nontpmr } tlv-enable basic-tlv management-address-tlv [ipv6] [** *ip- address* **]** 例如，[Sysname-GigabitEthernet1/0/1] **lldp tlv-enable basic-tlv management-address-tlv** 192.168.1.1	默认情况下，最近桥代理和最近客户桥代理类型的 LLDP 允许在 LLDP 报文中发布管理地址，最近非 TPMR 桥代理类型 LLDP 不允许在 LLDP 报文中发布管理地址
5	① 在二/三层以太网接口视图或管理以太网接口视图下： **lldp [agent { nearest-customer | nearest-nontpmr }] management-address-format string** ② 在二/三层聚合接口视图下： **lldp agent { nearest-customer | nearest-nontpmr } management-address-format string** 例如，[Sysname-GigabitEthernet1/0/1] **lldp agent nearest-customer management-address-format string**	配置管理地址在 TLV 中的封装格式为字符串格式，**仅针对 IPv4 管理地址，IPv6 管理地址仅支持数字格式的封装格式。** • **agent**：配置指定 LLDP 代理类型管理地址在 TLV 中的封装格式。在以太网接口视图或/管理以太网接口视图下，未指定时表示配置最近桥代理的管理地址在 TLV 中的封装格式。 • **nearest-customer**：二选一选项，表示最近客户桥代理。 • **nearest-nontpmr**：二选一选项，表示最近非 TPMR 桥代理。 默认情况下，管理地址在 TLV 中的封装格式为数字格式

6.2.5 配置 LLDP 报文的封装格式

LLDP 报文的封装格式有 Ethernet II 和 SNAP 两种，建议全网配置相同的格式。

① 当采用 Ethernet II 封装格式时，开启了 LLDP 功能的接口所发送的 LLDP 报文将以 Ethernet II 格式封装。

② 当采用 SNAP 封装格式时，开启了 LLDP 功能的接口所发送的 LLDP 报文将以 SNAP 格式封装。

可以在具体的接口视图下执行以下命令配置 LLDP 报文的封装格式为 SNAP 格式，默认情况下，LLDP 报文的封装格式为 Ethernet II 格式。同样因为不同类型接口支持的 LLDP 代理类型有所不同，所以配置命令也有所不同，具体说明如下。

① 二/三层以太网接口视图或管理以太网接口：**lldp [agent { nearest-customer | nearest-nontpmr }] encapsulation snap**。

② 二/三层聚合接口：**lldp agent { nearest-customer | nearest-nontpmr } encapsulation snap**。

③ IRF 物理端口：**lldp encapsulation snap**。

以上命令中的选项和参数说明如下。

① **agent**：配置指定类型 LLDP 代理发送的 LLDP 报文的封装格式。在以太网接口视图或管理以太网接口视图下，不指定本关键字时，表示配置最近桥代理发送的 LLDP 报文的封装格式。

② **nearest-customer**：二选一选项，表示配置最近客户桥代理发送的 LLDP 报文封装格式。

③ **nearest-nontpmr**：二选一选项，表示配置最近非 TPMR 桥代理发送的 LLDP 报文封装格式。

6.2.6 配置 LLDP 相关参数及其他功能

LLDP 参数主要包括接口初始化的延迟时间、TTL 乘数、LLDP 报文的发送间隔、LLDP 报文发包限速的令牌桶大小、快速发送 LLDP 报文的个数、快速发送 LLDP 报文的间隔和 LLDP 报文接收超时时间。其他功能主要包括轮询功能和关闭 LLDP 的 PVID 不一致检查功能。LLDP 相关参数及其他功能的配置步骤见表 6-7，各配置任务没有严格的配置次序之分。

表 6-7　LLDP 相关参数及其他功能的配置步骤

步骤	命令	说明
1	**system-view**	进入系统视图
2	**lldp timer reinit-delay** *delay* 例如，[Sysname] **lldp timer reinit-delay** 4	配置接口初始化的延迟时间，取值为 1～10，单位为秒。 当接口上 LLDP 的工作模式发生变化时，接口将对协议状态机进行初始化操作，通过配置接口初始化的延迟时间，可以避免由于工作模式频繁改变而导致接口不断地进行初始化。 默认情况下，接口初始化的延迟时间为 2 秒
3	**lldp hold-multiplier** *value* 例如，[Sysname] **lldp hold-multiplier** 6	配置 TTL 乘数，取值为 2～10。 LLDP 报文所携的“Time To Live TLV 中 TTL”字段的值用来设置邻居信息在本地设备上的老化时间。由于 TTL=Min［65535，（TTL 乘数×LLDP 报文的发送间隔+1）］，即取 65535 与（TTL 乘数×LLDP 报文的发送间隔+1）中的最小值，因此，通过调整 TTL 乘数可以控制本设备信息在邻居设备上的老化时间。 默认情况下，TTL 乘数为 4
4	**lldp timer tx-interval** *interval* 例如，[Sysname] **lldp timer tx-interval** 20	配置 LLDP 报文的发送时间间隔，取值为 1～32768，单位为秒。 默认情况下，LLDP 报文的发送时间间隔为 30 秒
5	**lldp max-credit** *credit-value* 例如，[Sysname] **lldp max-credit** 10	配置 LLDP 报文发包限速的令牌桶大小，取值为 1～1000。 默认情况下，发包限速令牌桶大小为 5
6	**lldp fast-count** *count* 例如，[Sysname] **lldp fast-count** 5	配置快速发送 LLDP 报文的个数，取值为 1～8。 默认情况下，快速发送 LLDP 报文的个数为 4 个
7	**lldp timer fast-interval** *interval* 例如，[Sysname] **lldp timer fast-interval** 2	配置快速发送 LLDP 报文的时间间隔，取值为 1～3600，单位为秒。 默认情况下，快速发送 LLDP 报文的发送时间间隔为 1 秒
8	**lldp timer rx-timeout** *timeout* 例如，[Sysname] **lldp timer rx-timeout** 30	配置 LLDP 报文接收超时时间，取值为 30～32768，单位为秒。配置的 LLDP 报文接收超时时间要大于邻居设备 LLDP 报文的发送间隔，避免误配置导致检测到 LLDP 邻居不存在。 配置本命令后，当出现以下情况时，设备将重新启动 LLDP 报文接收超时定时器

续表

步骤	命令	说明
8	**lldp timer rx-timeout** *timeout* 例如，[Sysname] **lldp timer rx-timeout** 30	• 设备上 LLDP 功能处于开启状态时，接口状态从 down 变为 up。 • 设备上接口物理层处于 up 状态时，LLDP 功能状态从关闭变为开启。 • 设备上 LLDP 功能处于开启状态且接口物理层处于 up 状态时，接口 LLDP 最近桥代理的工作模式从 Disable 变为 Rx，或 TxRx。 在经过超时时间后，如果接口仍未收到 LLDP 报文，则认为该接口不存在 LLDP 邻居，并上报该事件。 **本命令仅能在直连设备间检测是否存在 LLDP 邻居。** 默认情况下，未配置 LLDP 报文接收超时时间，不上报无 LLDP 邻居事件
9	**lldp ignore-pvid-inconsistency** 例如，[Sysname] **lldp ignore-pvid-inconsistency**	关闭 LLDP 的 PVID 不一致检查功能。 一般组网情况下，要求链路两端的 PVID 保持一致。设备会对收到的 LLDP 报文中的 PVID TLV 进行检查，如果发现报文中的 PVID 与本端 PVID 不一致，则认为网络中可能存在错误配置，LLDP 会打印日志信息，提示用户。但在一些特殊情况下，可以允许链路两端的 PVID 配置不一致。例如，为了简化接入设备的配置，各接入设备的上行口采用相同的 PVID，而对端汇聚设备的各接口采用不同的 PVID，从而使各接入设备的流量进入不同 VLAN。此时，可以关闭 LLDP 的 PVID 不一致性检查功能。 默认情况下，LLDP 的 PVID 不一致检查功能处于开启状态
10	**interface** *interface-type interface-number*	进入二/三层以太网接口视图、管理以太网接口视图、二/三层聚合接口视图，或 IRF 物理端口视图
11	① 在二/三层以太网接口视图或管理以太网接口视图下： **lldp** [**agent** { **nearest-customer** | **nearest-nontpmr** }] **check-change-interval** *interval* ② 在二/三层聚合接口视图下： **lldp agent** { **nearest-customer** | **nearest-nontpmr** } **check-change-interval** *interval* ③ 在 IRF 物理端口视图下： **lldp check-change-interval** *interval* 例如，[Sysname-GigabitEthernet1/0/1] **lldp agent nearest-customer check-change-interval** 30	开启轮询功能并配置轮询间隔。 • **agent**：配置指定类型 LLDP 代理的轮询功能。在以太网接口视图或管理以太网接口视图下，不指定该关键字时表示配置最近桥代理的轮询功能。 • **nearest-customer**：二选一选项，表示最近客户桥代理。 • **nearest-nontpmr**：二选一选项，表示最近非 TPMR 桥代理。 • *interval*：指定轮询间隔，取值为 1～30，单位为秒。 默认情况下，轮询功能处于关闭状态

完成上述配置后，可在任意视图下执行以下 **display** 命令查看配置后 LLDP 的运行情况及报文统计信息，通过查看显示信息验证配置的效果，在用户视图下执行以下 **reset** 命令清除 LLDP 报文统计信息。

① **display lldp local-information** [**global** | **interface** *interface-type interface-*

number]：查看全局或指定接口的 LLDP 本地信息。

② **display lldp neighbor-information** [[[**interface** *interface-type interface-number*] [**agent** { **nearest-bridge** | **nearest-customer** | **nearest-nontpmr** }] [**verbose**]] | **list** [**system-name** *system-name*]]：查看指定邻居设备发来的 LLDP 信息。

③ **display lldp statistics** [**global** | [**interface** *interface-type interface-number*] [**agent** { **nearest-bridge** | **nearest-customer** | **nearest-nontpmr** }]]：查看全局或指定接口的 LLDP 的统计信息。

④ **display lldp status** [**interface** *interface-type interface-number*] [**agent** { **nearest-bridge** | **nearest-customer** | **nearest-nontpmr** }]：查看所有或指定接口的 LLDP 的状态信息。

⑤ **display lldp tlv-config** [**interface** *interface-type interface-number*] [**agent** { **nearest-bridge** | **nearest-customer** | **nearest-nontpmr** }]：查看所有或指定接口上可发送的可选 TLV 信息。

⑥ **reset lldp statistics** [**interface** *interface-type interface number*] [**agent** { **nearest-bridge** | **nearest-customer** | **nearest-nontpmr** }]：清除所有或指定接口上的 LLDP 统计信息。

6.3　地址解析协议

地址解析协议（Address Resolution Protocol，ARP）是将网络层的 IPv4 地址解析为数据链路层 MAC 地址的三层协议。在 IPv4 网络中，主机或网络设备发送的 IPv4 数据包时必须在数据链路层封装成帧，因此，还需要知道接收方的 MAC 地址。这时就需要依靠 ARP 通过接收方的 IPv4 地址解析出对应的 MAC 地址。

【说明】ARP 是专用于 IPv4 网络中的地址解析协议，因此，本章后面所涉及的 IP 地址，均为 IPv4 地址，对应的 IP 网段也即 IPv4 网段。

6.3.1　ARP 报文格式

ARP 进行地址解析的过程也是设备间 ARP 报文交互的过程。ARP 报文分为 ARP 请求报文和 ARP 应答报文两种。它们有统一的格式。ARP 报文格式如图 6-7 所示。

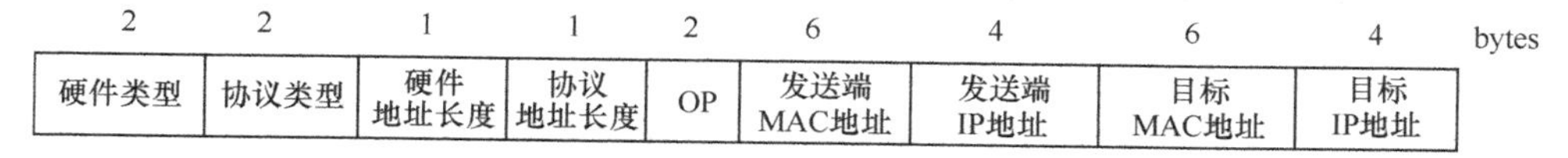

图 6-7　ARP 报文格式

① 硬件类型：表示硬件地址的类型，以太网 MAC 地址该字段值为 1。

② 协议类型：表示要映射的协议地址类型。IP 地址该字段值为 0x0800。

③“硬件地址长度”和“协议地址长度”分别指出硬件地址和协议地址的长度，以字节为单位。对于 IP 以太网，它们的值分别为 6 和 4。

④ 操作代码（Opcode，OP）：也代表 ARP 报文类型，1 表示 ARP 请求报文，2 表

示的是 ARP 应答报文。

⑤ 发送端 MAC 地址（Sender MAC address）：发送方设备的 MAC 地址。

⑥ 发送端 IP 地址（Sender IP address）：发送方设备的 IP 地址。

⑦ 目标 MAC 地址（Target MAC address）：接收方设备的 MAC 地址。

⑧ 目标 IP 地址（Target IP address）：接收方设备的 IP 地址。

ARP 请求报文以广播方式发送，到达数据链路层进行帧封装后，帧头中的“目标 MAC 地址”字段为全 f（代表 4 个二进制的 1）的广播 MAC 地址，在 ARP 报文中的“目标 MAC 地址”字段为全 0 的未知 MAC 地址。需要说明的是，ARP 应答报文以单播方式发送，帧头中的“目标 MAC 地址”及 ARP 报文中的“目标 MAC 地址”两字段均为具体的接收方设备的 MAC 地址。

6.3.2 同一 IP 网段的 ARP 中的地址解析原理

因为 ARP 请求报文是采用广播方式发送的，所以 ARP 仅可获取与源主机或设备在同一 IP 网段的主机或设备的 MAC 地址。但源主机与目标主机可能不在同一 IP 网段，因此，ARP 中的地址解析过程要区分这两种情形。本节先介绍同一 IP 网段的 ARP 中的地址解析原理。

当源主机与目标主机在同一 IP 网段时，首先，源主机发送的 ARP 请求报文，目标主机可以直接收到，然后向源主机发送 ARP 应答报文，源主机从 ARP 应答报文可以直接获知目标主机的 MAC 地址，最后对要向目标主机发送的 IP 数据包进行帧封装后，再发送给目标主机。

同一 IP 网段 ARP 中的地址解析示例如图 6-8 所示，假设 HostA 和 HostB 在同一个 IP 网段，现 HostA 要向 HostB 发送 IP 数据包，具体的 ARP 中的地址解析过程如下。

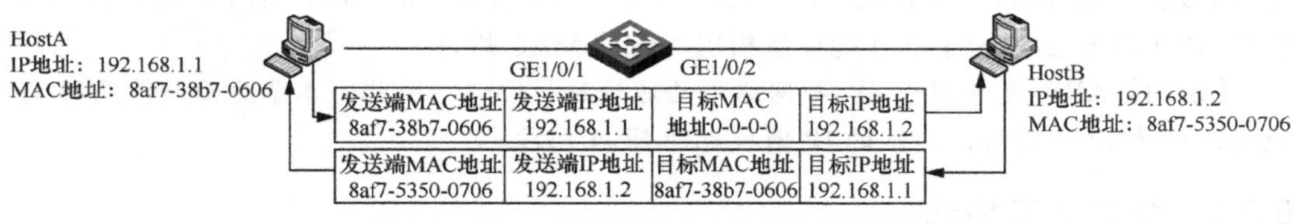

图 6-8 同一 IP 网段 ARP 中的地址解析示例

① 当 HostA 要向 HostB 发送 IP 数据包时，首先查看自己的 ARP 表，确定其中是否包含有 HostB 的 IP 地址对应的 ARP 表项。如果找到了该表项，则获取对应的 MAC 地址，然后要对向 HostB 发送的 IP 数据包进行帧封装后进行发送。

② 如果 HostA 在 ARP 表中找不到 HostB IP 地址对应的 MAC 地址，则先缓存要发送给 HostB 的 IP 数据包，然后以广播方式发送一个 ARP 请求报文。ARP 请求报文中的“发送端 IP 地址”和“发送端 MAC 地址”两字段的值分别为 HostA 的 IP 地址（192.168.1.1）和 MAC 地址（8af7-38b7-0606）。“目标 IP 地址”字段值为 HostB 的 IP 地址（192.168.1.2），“目标 MAC 地址”字段值为全 0 的 MAC 地址（帧头中的“目标 MAC 地址”字段值为全 f 的广播 MAC 地址）。HostA 以广播方式发送的解析 HostB MAC 地址的 ARP 请求报文如图 6-9 所示。

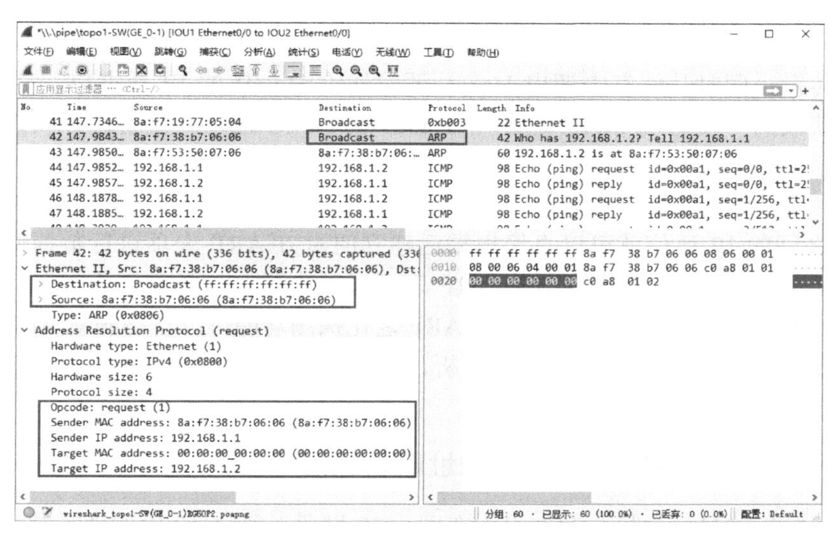

图 6-9　HostA 以广播方式发送的解析 HostB MAC 地址的 ARP 请求报文

由于 ARP 请求报文是以广播方式发送的，所以该 IP 网段上的所有主机都可以接收到该 ARP 请求报文，但只有被请求的主机（即 HostB）会对该请求进行处理。

③ HostB 在收到 HostA 发来的 ARP 请求报文后，首先，比较自己的 IP 地址与 ARP 请求报文中的目标 IP 地址，二者相同时，根据 ARP 请求报文中的“发送端 IP 地址”和“发送端 MAC 地址”两字段的值建立 HostA 的 ARP 表项。然后，以单播方式向 HostA 发送 ARP 应答报文。其中，“发送端 IP 地址”和“发送端 MAC 地址”两字段的值分别为 HostB 的 IP 地址（192.168.1.2）和 MAC 地址（8af7-5350-0706），“目标 IP 地址”字段的值为 HostA 的 IP 地址（192.168.1.1），“目标 MAC 地址”字段值为全 HostA 的 MAC 地址（8af7-38b7-0606），HostB 以单播方式向 HostA 发送的 ARP 应答报文如图 6-10 所示。

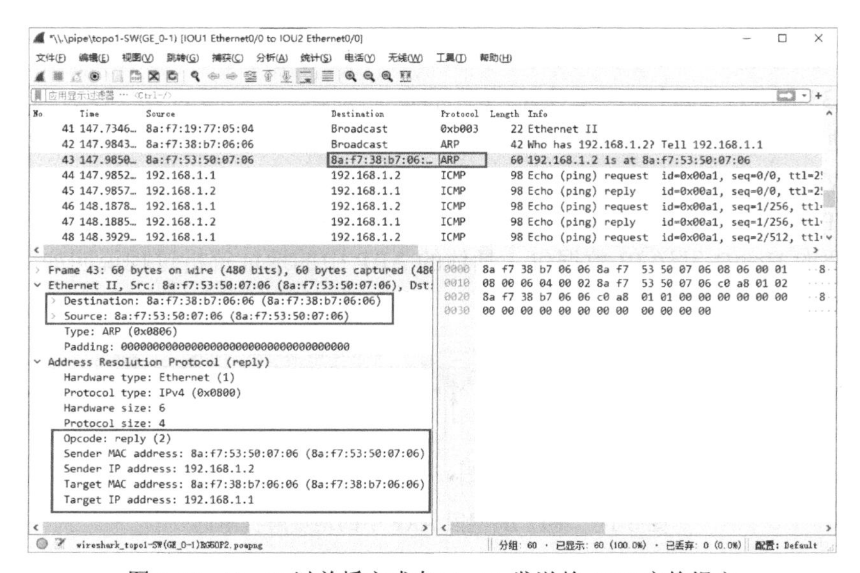

图 6-10　HostB 以单播方式向 HostA 发送的 ARP 应答报文

④ HostA 收到 HostB 发来的 ARP 应答报文后，建立 HostB 的 ARP 表项，用于后续报文的转发，同时从缓存中调出 HostA 要发送给 HostB 的 IP 数据包，并将从 ARP 应答报文获取的“发送端 MAC 地址”（HostB 的 MAC 地址）重新进行帧封装后发送给 HostB。

至此，HostA 与 HostB 之间通过 ARP 的地址解析过程可以正式通信了，后续 HostA 与 HostB 之间的 IP 通信就可以直接根据已建立的对方 ARP 表项进行数据帧封装和转发了。但通过学习 ARP 报文建立的 ARP 表项是动态的，也是有老化时间的。过了老化时间后，该动态 ARP 表项将被删除。ARP 老化探测功能可以自动刷新 ARP 表项，而不用每次通信时都重新进行 ARP 地址解析，有关 ARP 老化探测功能的具体说明参见本章 6.3.5 节。

6.3.3　不同 IP 网段的 ARP 中的地址解析原理

如果要解析的目标主机与源主机不在同一 IP 网段，则 ARP 中的地址解析过程与前面介绍的同一 IP 网段的地址解析过程有所不同，此时要分两大步进行。

① 源主机向其默认网关（源主机和目标主机均必须配置好默认网关）发送 ARP 请求报文，得到网关的 MAC 地址，然后，以该 MAC 地址对要向目标主机发送的 IP 数据包进行帧封装，把 IP 数据包发给源主机的默认网关。

② 如果网关上不存在目标主机的 ARP 表项，则网关再向其连接的其他网段发送请求解析目标主机 MAC 地址的 ARP 请求报文，得到目标主机的 ARP 应答报文后，再以其中的“发送端 MAC 地址”字段值（目标主机的 MAC 地址）对来自源主机发送到目标主机的 IP 数据包重新进行帧封装，再发给目标主机。

如果源主机与目标主机之间隔离多个 IP 网段，需要经过多级网关才能到达目标主机，则后续的网关会进行同样的 ARP 解析过程，直到接收到目标主机的 ARP 应答报文。

不同 IP 网段 ARP 中的地址解析示例如图 6-11 所示，HostA（IP 地址为 192.168.1.10/24，MAC 地址为 8e31-b4a3-0206）和 HostB（IP 地址为 192.168.2.10/24，MAC 地址为 8e31-cb33-0306）通过三层交换机的不同接口连接，在不同的 IP 网段，各自配置好网关 IP 地址：HostA 的网关 IP 地址为 Interface-vlan10 的 IP 地址 192.168.1.1/24（Interface-vlan10 的 MAC 地址为 8e31-8385-0102）；HostB 的网关 IP 地址为 Interface-vlan20 的 IP 地址 192.168.2.1/24（Interface-vlan20 的 MAC 地址同为 8e31-8385-0102）。现 HostA 要向 HostB 发送 IP 数据包，具体的 ARP 中的地址解析过程说明如下。

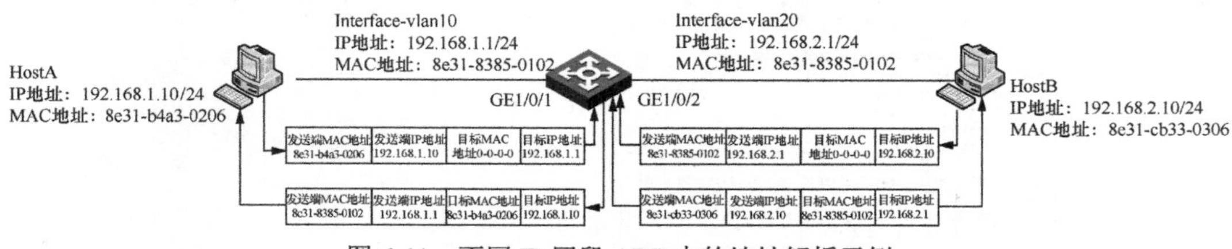

图 6-11　不同 IP 网段 ARP 中的地址解析示例

① 当 HostA 要向 HostB 发送 IP 数据包时，发现目标主机 HostB 的 IP 地址与自己

的IP地址不在同一IP网段，于是查找配置的默认网关IP地址。找到该IP地址后，在本地查找网关的ARP表项，如果有，则使用该ARP表项中的MAC地址对要向HostB发送的IP数据包进行帧封装，然后发送给网关（三层交换机的Interface-vlan10）。

② 如果HostA在本地没有默认网关的ARP表项，则先缓存要发送给HostB的IP数据包，然后以广播方式发送一个解析网关MAC地址的ARP请求报文。ARP请求报文中的“发送端IP地址”和“发送端MAC地址”两字段的值分别为HostA的IP地址（192.168.1.10）和MAC地址（8e31-b4a3-0206），“目标IP地址”字段值为网关的IP地址（192.168.1.1），“目标MAC地址”字段值为全0的MAC地址。HostA以广播方式发送的解析网关MAC地址的ARP请求报文如图6-12所示。

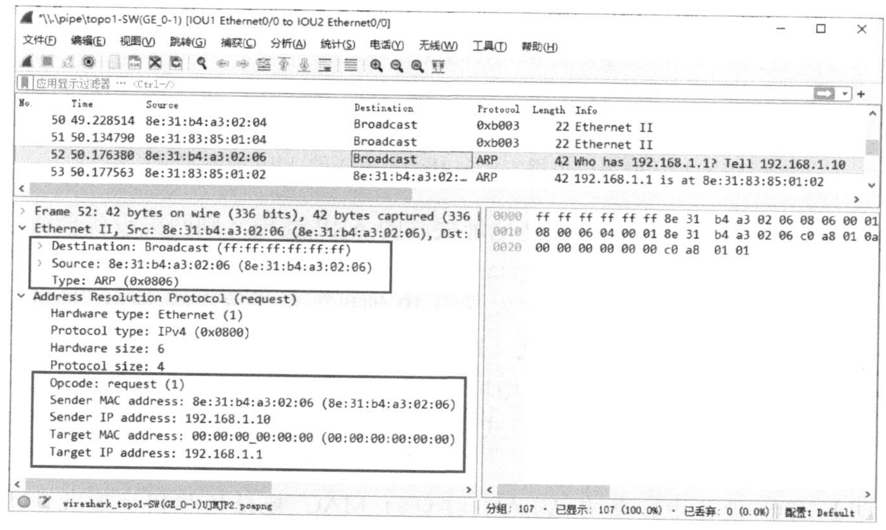

图6-12 HostA以广播方式发送的解析网关MAC地址的ARP请求报文

③ 网关（三层交换机Interface-vlan10）在收到HostA发送的ARP请求报文后，首先比较自己的IP地址与ARP请求报文中的目标IP地址，二者相同时，接收该ARP报文，并根据ARP请求报文中的“发送端IP地址”和“发送端MAC地址”两字段的值，建立HostA的ARP表项。然后，以单播方式向HostA发送ARP应答报文。ARP应答报文中的“发送端IP地址”和“发送端MAC地址”两字段的值分别为网关的IP地址（192.168.1.1）和MAC地址（8e31-8385-0102），“目标IP地址”字段的值为HostA的IP地址（192.168.1.10），“目标MAC地址”字段值为全HostA的MAC地址（8e31-b4a3-0206）。网关以单播方式向HostA发送的ARP应答报文如图6-13所示。

④ HostA收到网关（三层交换机Interface-vlan10）发来的ARP应答报文后，建立网关的ARP表项，用于后续报文的转发，同时以其中的“发送端MAC地址”（网关的MAC地址）对缓存中要向HostB发送的IP数据包进行帧封装后发送出去。

⑤ HostA发给HostB的IP数据包到达网关设备后，根据IP数据包中的目标IP地址（HostB的IP地址192.168.2.10）查找路由表项（本示例中到达HostB的路由为直连路由），找到对应的出接口（Interface-vlan20）后，再查找与该目标IP地址关联的ARP表项，以获取对应的MAC地址重新进行帧封装。

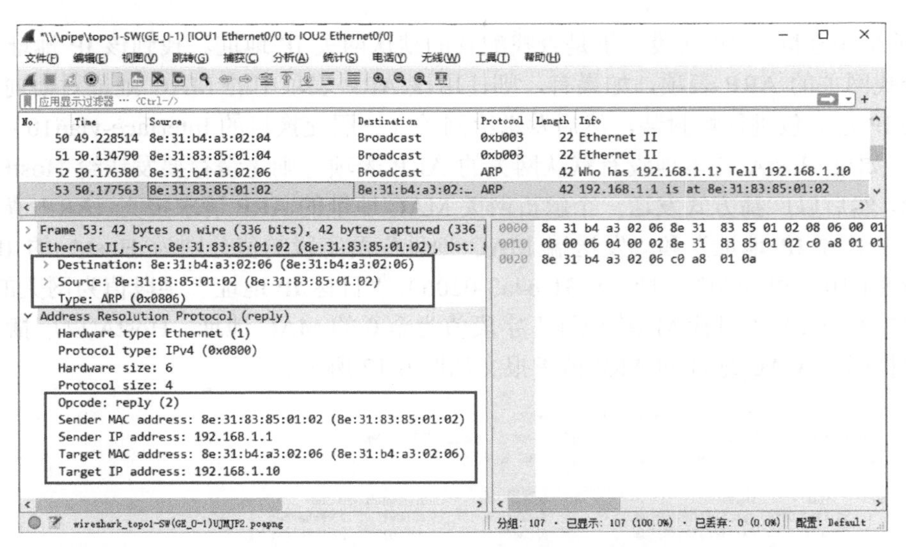

图 6-13 网关以单播方式向 HostA 发送的 ARP 应答报文

如果在本地查找不到与 HostB IP 地址关联的 ARP 表项，则网关设备会通过到达目标主机 HostB 的路由出接口 Interface-vlan20，以广播方式发送解析 HostB MAC 地址的 ARP 请求报文。ARP 请求报文中的“发送端 IP 地址”和“发送端 MAC 地址”两字段的值分别为 Interface-vlan20 的 IP 地址（192.168.2.1）和 MAC 地址（8e31-8385-0102），“目标 IP 地址”字段值为 HostB 的 IP 地址（192.168.2.10），“目标 MAC 地址”字段值为全 0 的 MAC 地址。网关设备以广播方式发送的解析 HostB MAC 地址的 ARP 请求报文如图 6-14 所示。

【说明】H3C 设备中，所有 VLAN 接口的 MAC 地址均相同，因此，本示例中 Interface-vlan10 和 Interface-vlan20 的 MAC 地址均为 8e31-8385-0102，可通过 **display interface** 命令查看。

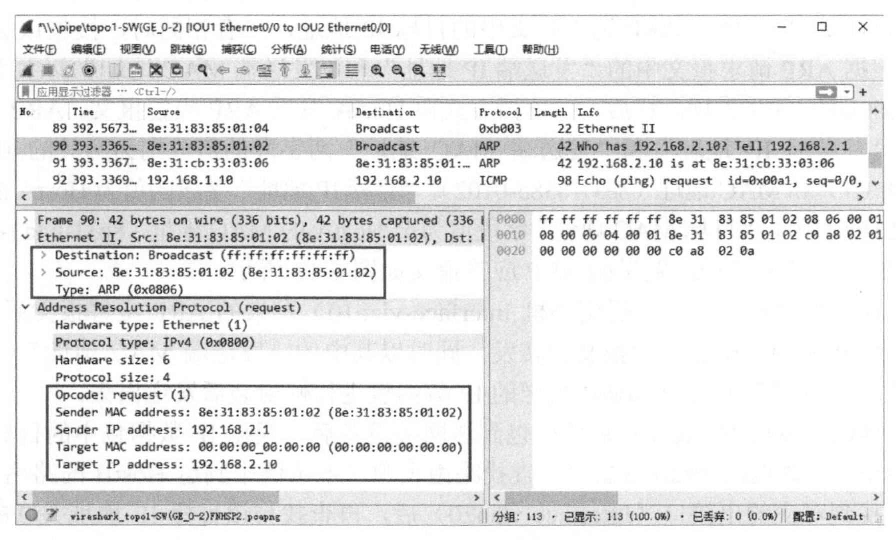

图 6-14 网关设备以广播方式发送的解析 HostB MAC 地址的 ARP 请求报文

⑥ HostB 在收到网关设备发来的 ARP 请求报文后，首先，比较自己的 IP 地址与 ARP 请求报文中的目标 IP 地址，二者相同时，接收该 ARP 报文，并根据 ARP 请求报文中的“发送端 IP 地址”和“发送端 MAC 地址”两字段的值建立网关（Interface-vlan20）的 ARP 表项。然后，以单播方式向网关 Interface-vlan20 发送 ARP 应答报文。其中，“发送端 IP 地址”和“发送端 MAC 地址”两字段的值分别为 HostB 的 IP 地址（192.168.2.10）和 MAC 地址（8e31-cb33-0306），“目标 IP 地址”字段的值为网关 Interface-vlan20 的 IP 地址（192.168.2.1），“目标 MAC 地址”字段值为全 HostA 的 MAC 地址（8e31-8385-0102）。HostB 向网关发送的 ARP 应答报文如图 6-15 所示。

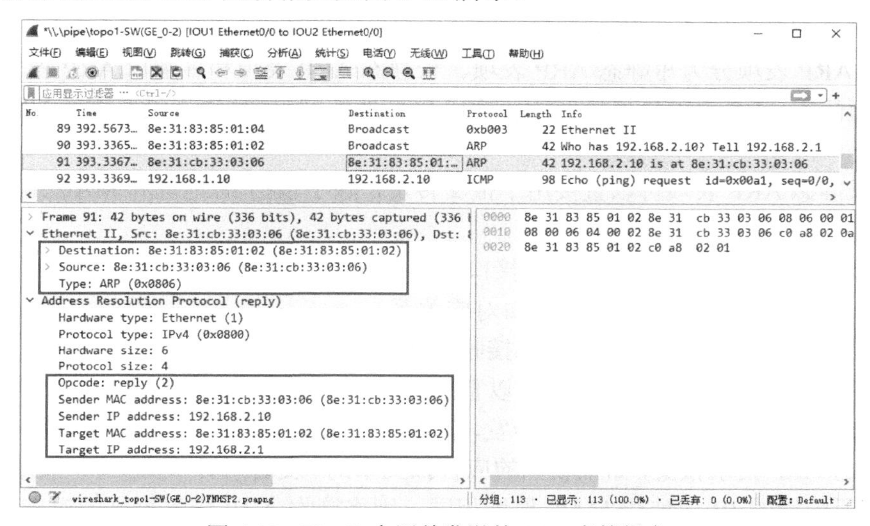

图 6-15 HostB 向网关发送的 ARP 应答报文

⑦ 网关设备在收到来自目标主机 HostB 的 ARP 应答报文后，建立 HostB 的 ARP 表项，用于后续报文的转发，同时从缓存中调出 HostA 发送给 HostB 的 IP 数据包，并以从 ARP 应答报文获取的“发送端 MAC 地址”（HostB 的 MAC 地址）重新进行帧封装后发送给 HostB。

至此，不在同一 IP 网段的 HostA 与 HostB 通过 ARP 解析功能实现了三层互通，后续 IP 数据包的转发可直接利用首次地址解析过程中建立的 ARP 表项中的对应 MAC 地址进行帧封装。但需要注意的是，任何设备只会在本地建立与自己在同一 IP 网段的设备的 ARP 表项，不在同一 IP 网段的设备上不会相互建立 ARP 表项。例如在本示例中，HostA 与 HostB 不在同一 IP 网段，因此，HostA 上不会建立 HostB 的 ARP 表项，HostB 上也不会建立 HostA 的 ARP 表项。这是因为报文中的 MAC 地址仅当该报文在同一 IP 网段内传输时才保持不变，跨网段传输时，需要经过重封装，源 MAC 地址和目标 MAC 地址都将发生改变。因此，MAC 地址学习也仅可在同一 IP 网段的设备间进行。

6.3.4 ARP 表项类型

设备接收到 ARP 报文（包括请求报文和应答报文）后，会根据报文中的“发送端 IP 地址”和“发送端 MAC 地址”两字段的值在自己的 ARP 表中添加对应 IP 地址和 MAC

地址映射关系的 ARP 表项，以用于后续到同一目标地报文的转发。

常见的 ARP 表项分为静态 ARP 表项和动态 ARP 表项两种。

其中，动态 ARP 表项由 ARP 通过 ARP 报文自动生成和维护，可以被老化，可以被新的 ARP 报文更新，可以被静态 ARP 表项覆盖。当到达老化时间或者接口状态 Down 时，系统会删除相应的动态 ARP 表项。

静态 ARP 表项通过手工配置和维护，不会被老化，不会被动态 ARP 表项覆盖。之所以静态 ARP 表项可以增加通信的安全性，是因为静态 ARP 表项可以限制和指定 IP 地址的设备通信时，只使用指定的 MAC 地址，此时，攻击报文无法修改此表项的 IP 地址和 MAC 地址的映射关系，从而保护了本设备和指定设备之间的正常通信。

静态 ARP 表项分为短静态 ARP 表项、长静态 ARP 表项和多端口 ARP 表项。

① 短静态 ARP 表项只包括 IP 地址和 MAC 地址，特别适用于没有进行 VLAN 划分的网络。

② 长静态 ARP 表项可以直接用于报文转发，除了包括 IP 地址和 MAC 地址，还需要包括以下两种表项内容之一。

- 该 ARP 表项所在 VLAN 和出接口。
- 该 ARP 表项的入接口和出接口对应关系。

ARP 是三层协议，因此，发送和接收 ARP 报文的接口必须是三层。如果出接口是三层以太网接口，短静态 ARP 表项可以直接用于报文转发。如果出接口是 VLAN 接口，短静态 ARP 表项不能直接用于报文转发，需要对表项进行解析。当要发送 IP 数据包时，设备先发送 ARP 请求报文，如果收到的应答报文中的“发送端 IP 地址”和“发送端 MAC 地址”与所配置的 IP 地址和 MAC 地址相同，则将接收 ARP 应答报文的**对应二层物理或聚合接口**加入该静态 ARP 表项中，此时，该短静态 ARP 表项由未解析状态变为解析状态，之后就可以用于报文转发。

③ 多端口 ARP 表项包括 IP 地址、MAC 地址、VLAN 信息。当多端口 ARP 表项中的 MAC 地址、VLAN 信息与多端口单播 MAC 或组播 MAC 地址表项中的 MAC 地址、VLAN 信息相同时，则该多端口 ARP 表项可用来指导 IP 转发，**可以实现 IP 报文的多端口单播或组播转发**。

一般情况下，ARP 会动态执行 IP 地址到以太网 MAC 地址的解析，不需要管理员的干预。但当希望设备和指定用户只能使用某个固定的 IP 地址和 MAC 地址通信时，可以配置短静态 ARP 表项，当进一步希望限定这个用户只在某 VLAN 内的某个特定接口上连接时，就可以配置长静态 ARP 表项。

6.3.5 创建静态 ARP 表项

静态 ARP 表项在设备正常工作期间一直有效。可以配置短静态 ARP 表项、长静态 ARP 表项和多端口 ARP 表项。

【注意】删除静态 ARP 表项时，使用 **undo arp** *ip-address* [*vpn-instance-name*]命令，不用指定表示静态 ARP 表项的 **static** 关键字。

1. 短静态 ARP 表项

短静态 ARP 表项主要只指定 IP 地址与 MAC 地址的映射关系，是在系统视图下通

过 **arp static** *ip-address mac-address* [**vpn-instance** *vpn-instance-name*] [**description** text]命令进行创建的。

① *ip-address*：ARP 表项的 IP 地址。

② *mac-address*：ARP 表项的 MAC 地址，格式为 H-H-H，H 代表十六进制数。

③ **vpn-instance** *vpn-instance-name*：可选参数，指定静态 ARP 表项所属的 VPN 实例。参数 *vpn-instance-name* 表示 MPLS L3VPN 的 VPN 实例名称，为 1～31 个字符的字符串，**区分大小写**。该 VPN 实例必须已经存在。如果不指定本参数，则表示静态 ARP 表项将应用于公网中。

④ **description** *text*：可选参数，配置静态 ARP 表项的描述信息，为 1～255 个字符的字符串，**区分大小写**。

对于已经解析的短静态 ARP 表项，会由于外部事件，例如解析到的出接口状态为 Down，或短 ARP 表项中 *ip-address* 参数所对应的 VLAN 接口，或 VLAN 被删除等原因，恢复到未解析状态。

2. 长静态 ARP 表项

长静态 ARP 表项除了指定映射的 IP 地址和 MAC 地址，还可指定关联的 VLAN ID 和出接口，是在系统视图下通过 **arp static** *ip-address mac-address vlan-id interface-type interface-number* [**vpn-instance** *vpn-instance-name*] [**description** *text*]命令进行创建的。与短静态 ARP 表项相比，仅多了以下两个参数的配置。

① *vlan-id*：指定静态 ARP 表项所属的 VLAN，取值为 1～4094。

② *interface-type interface-number*：指定出接口的类型和编号，可以是二/三层以太网接口或二/三层以太网聚合接口。**如果是二层以太网接口或二层以太网聚合接口，则必须为这些接口所加入的 VLAN 创建 VLAN 接口，并为之配置 IP 地址**。**这是因为 ARP 是三层协议，发送和接收 ARP 报文必须是三层接口**。

根据设备的当前状态，长静态 ARP 表项可能处于有效或无效两种状态。处于无效状态的原因可能是该 ARP 表项中的 IP 地址与本地设备某 IP 地址冲突，或设备上没有与该 ARP 表项中的 IP 地址在同一 IP 网段的接口地址等原因。处于无效状态的长静态 ARP 表项不能指导报文转发。当长静态 ARP 表项所对应的 VLAN 或 VLAN 接口被删除时，该 ARP 表项也会被删除。

3. 多端口 ARP 表项

多端口 ARP 表项是由多端口单播或组播 MAC 地址表项指定 VLAN 和出接口，由多端口 ARP 表项指定所映射的**单一 IP 地址**，即用户需要先配置多端口单播 MAC 地址表项，或组播 MAC 地址表项来指定所有的出接口。这两种 MAC 地址表项需要和多端口 ARP 表项有相同的 MAC 地址，且保证多端口 ARP 表项中的 IP 地址与指定 VLAN 的 VLAN 接口的 IP 地址属于同一 IP 网段。

多端口 ARP 表项的创建步骤见表 6-8。

【说明】为使手工添加的多端口 ARP 表项生效，首先，必须在系统视图下通过 **service-loopback group** *group-id* **type multiport** 命令创建 Multiport 类型业务环回组，然后，在单播或组播 MAC 地址表项中对应的接口视图下，通过 **port service-loopback group** *group-id* 命令将该接口加入该业务环回组。在将接口加入业务环回组时，该接口上已存在的所有配置都将被清除。

业务环回组包括一个或多个以太网端口，用于将设备发送出去的特定报文环回到设备上，实现报文的二次转发。业务环回组的成员端口之间可以实现业务流量的负载分担。

表 6-8 多端口 ARP 表项的创建步骤

步骤	命令	说明
1	**system-view**	进入系统视图
2	**mac-address multiport** *mac-address* **interface** *interface-list* **vlan** *vlan-id* 例如，[Sysname] **mac-address multiport** 000f-e201-0101 **interface** gigabitethernet 1/0/1 **to** gigabitethernet 1/0/3 **vlan** 2	（二选一）创建多端口单播 MAC 地址表项。 • **multiport**：创建多端口单播 MAC 地址表项。当报文的目标 MAC 地址与 *mac-address* 参数指定的单播 MAC 地址表项匹配时，将该报文**从指定的多个端口复制转发出去**。 • *mac-address*：单播 MAC 地址，格式为 H-H-H，**不能是组播 MAC 地址、全 0 的 MAC 地址和全 F 的 MAC 地址**。在配置时，用户可以省去 MAC 地址中每段开头的“0”，例如输入“f-e2-1”，即表示输入的 MAC 地址为“000f-00e2-0001”。 • **interface** *interface-list*：指定出接口列表，表示方式为 *interface-list* = { *interface-type interface-number1* [**to** *interface*-type *interface-number2*] }<1-4>。**目前，仅支持二层以太网接口和二层聚合接口**。<1-4>表示前面的参数最多可以输入 4 次。 • **vlan** *vlan-id*：指定由参数 **interface** *interface-list* 的出接口所属的 VLAN，取值为 1～4094。**该 VLAN 必须已经创建，但如果指定的出接口不属于该 VLAN，系统将提示出错**。 默认情况下，没有配置任何 MAC 地址表项
	mac-address multicast *mac-address* **interface** *interface-list* **vlan** *vlan-id* 例如，[Sysname-GigabitEthernet1/0/1] **mac-address multicast** 0100-5e00-0003 **vlan** 2	（二选一）创建多端口组播 MAC 地址表项。参数 *mac-address*：组播 MAC 地址，格式为 H-H-H，**必须是尚未使用的组播 MAC 地址**（即最高字节的最低比特位为 1 的 MAC 地址）。其他参数与 **mac-address multiport** 命令中的对应参数相同，参见即可。 默认情况下，没有配置任何 MAC 地址表项
3	**arp multiport** *ip-address mac-address vlan-id* [**vpn-instance** *vpn-instance-name*] [**description** *text*] 例如，[Sysname] **arp multiport** 202.38.10.2 000f-e201-0101 2	手工添加多端口 ARP 表项，其中的 *ip-address* 参数用来指定多端 ARP 表项中绑定的 IP 地址，*mac-address*、*vlan-id* 参数值要与第 2 步创建的多端口单播 MAC 地址表项或组播 MAC 地址表项中的 *mac-address*、*vlan-id* 参数取值一致。 默认情况下，不存在多端口 ARP 表项

【注意】多端口 ARP 表项可以覆盖其他动态、短静态和长静态 ARP 表项；短静态或长静态 ARP 表项也可以覆盖多端口 ARP 表项。

6.3.6 配置动态 ARP 表项

动态 ARP 表项是通过设备学习所接收的 ARP 报文（包括请求报文和应答报文）中

的发送端IP地址和发送端MAC地址、VLAN ID，以及报文进入端口（报文转发出接口）等参数后自动生成的。**动态ARP表项可以被老化，可以被新的ARP报文更新，还可以被静态ARP表项覆盖。**

动态ARP表项相关功能的配置步骤见表6-9。

表6-9 动态ARP表项相关功能的配置步骤

<table>
<tr><th>步骤</th><th>命令</th><th colspan="2">说明</th></tr>
<tr><td>1</td><td>system-view</td><td colspan="2">进入系统视图</td></tr>
<tr><td>2</td><td>集中式设备——IRF模式或分布式设备——独立运行模式：
arp max-learning-number max-number slot slot-number
分布式设备——IRF模式：
arp max-learning-number max-number chassis chassis-number slot slot-number
例如，[Sysname] arp max-learning-number 64 slot 1</td><td colspan="2">配置允许设备学习的动态ARP表项的最大数目。
• max-number：指定设备允许学习的动态ARP表项的最大数目，不同型号设备的取值范围有所不同。
• chassis chassis-number：表示分布式设备在IRF中的成员编号。
• slot slot-number：表示集中式设备在IRF中的成员编号或分布式设备单板所在的槽位号。
默认情况下，不同型号设备允许学习的动态ARP表项的最大个数有所不同</td></tr>
<tr><td>3</td><td>① interface interface-type interface-number
② arp max-learning-num max-number [alarm alarm-threshold]
例如，[Sysname] interface vlan-interface 2
[Sysname-Vlan-interface2] arp max-learning-num 10</td><td colspan="2">配置接口允许学习的动态ARP表项的最大数目。
• max-number：接口允许学习的动态ARP表项的最大数目，不同型号设备的取值范围有所不同。其值为0时，表示禁止接口学习动态ARP表项。
• alarm alarm-threshold：可选参数，设置允许学习的动态ARP表项数量的告警阈值，取值为1～100，单位为百分比。当接口学到的动态ARP表项数到达（max-number×alarm−threshold/100）时，设备会生成日志信息。如果没有指定本参数，则设备不会生成日志信息。
默认情况下，不同型号设备接口允许学习的动态ARP表项的最大个数有所不同</td></tr>
<tr><td>4</td><td>arp timer aging { aging-minutes | second aging-seconds }
例如，[Sysname] arp timer aging second 200</td><td>在系统视图下配置动态ARP表项的老化时间。
默认情况下，动态ARP表项的老化时间为20分钟</td><td rowspan="2">• aging-minutes：二选一参数，以分钟为单位表示的动态ARP表项的老化时间，取值为1～1440。
• second aging-seconds：二选一参数，以秒为单位表示的动态ARP表项的老化时间，取值为5～86400</td></tr>
<tr><td>5</td><td>① interface interface-type interface-number
② arp timer aging { aging-minutes | second aging-seconds }
例如，[Sysname] interface vlan-interface 2
[Sysname-Vlan-interface2] arp timer aging second 200</td><td>在三层接口视图下配置动态ARP表项的老化时间。
默认情况下，动态ARP表项的老化时间以系统视图下配置的老化时间为准</td></tr>
<tr><td>6</td><td>arp timer aging probe-count count
例如，[Sysname] arp timer aging probe-count 5</td><td>在系统视图下配置动态ARP表项的老化探测次数。
默认情况下，动态ARP表项老化探测次数为3</td><td>参数count设置动态ARP表项老化探测次数，取值为0～10。如果配置为0，则不进行动态ARP表项老化探测</td></tr>
</table>

续表

<table>
<tr><th>步骤</th><th>命令</th><th colspan="2">说明</th></tr>
<tr><td>7</td><td>① interface interface-type interface-number
② arp timer aging probe-count count
例如，[Sysname] interface vlan-interface 2
[Sysname-Vlan-interface2] arp timer aging probe-count 5</td><td colspan="2">在三层接口视图下配置动态 ARP 表项的老化探测次数。
默认情况下，动态 ARP 表项老化探测次数以系统视图下配置的探测次数为准</td></tr>
<tr><td>8</td><td>arp timer aging probe-interval interval
例如，[Sysname] arp timer aging probe-interval 10</td><td>在系统视图下配置动态 ARP 表项的老化探测时间间隔。
默认情况下，动态 ARP 表项老化探测时间间隔为 5 秒</td><td rowspan="2">参数 interval 用来设置动态 ARP 表项老化探测时间间隔，取值为 1～60，单位为秒</td></tr>
<tr><td>9</td><td>① interface interface-type interface-number
② arp timer aging probe-interval interval
例如，[Sysname] interface vlan-interface 2
[Sysname-Vlan-interface2] arp timer aging probe-interval 10</td><td>在三层接口视图下配置动态 ARP 表项的老化探测时间间隔。
默认情况下，动态 ARP 表项老化探测次数以系统视图下配置的探测次数为准</td></tr>
<tr><td>10</td><td>arp check enable
例如，[Sysname] arp check enable</td><td colspan="2">开启动态 ARP 表项的检查功能。默认情况下，动态 ARP 表项的检查功能处于开启状态</td></tr>
</table>

（1）配置设备学习动态 ARP 表项的最大数目

为了避免 ARP 表项占用设备过多的内存资源，可以设置允许设备学习的动态 ARP 表项的最大数目。当设备学习的动态 ARP 表项的数目达到设置的值时，该设备上将不再学习动态 ARP 表项。

（2）配置接口学习动态 ARP 表项的最大数目

为了避免部分接口（**可以是二/三层以太网接口、三层以太网子接口、二/三层聚合接口、三层聚合子接口和 VLAN 接口**）学习的动态 ARP 表项占用过多的设备内存资源，可以设置允许接口学习的动态 ARP 表项的最大数目。当接口学习的动态 ARP 表项的数目达到所设置的值时，该接口将不再学习动态 ARP 表项。设备各接口学习的动态 ARP 表项之和不会超过该设备允许学习的动态 ARP 表项的最大数目。

【注意】如果二层接口及其所属的 VLAN 接口都配置了允许学习的动态 ARP 表项的最大数目，则只有二层接口及 VLAN 接口上的动态 ARP 表项数目都没有超过各自配置的最大值时，才会继续学习 ARP 表项。

（3）配置动态 ARP 表项的老化时间

动态 ARP 表项并非永久有效，每个表项都有一个生存周期，到达生存周期仍得不到刷新的表项将从 ARP 表中删除，这个生存周期被称为老化时间。**如果在到达老化时间前记录被刷新，则重新计算老化时间。**

在系统视图和三层接口（**可以是三层以太网接口、三层以太网子接口、三层聚合接**

口、三层聚合子接口和VLAN接口）视图下，都可以配置动态ARP表项的老化时间，接口视图下的配置优先级高于系统视图下的配置。

（4）配置动态ARP表项的老化探测次数

动态ARP表项在老化前，设备会向该表项中的IP地址发送ARP请求报文进行老化探测，如果设备收到ARP应答报文，则表明该IP地址仍有效，刷新该动态ARP表项的老化时间，如果尝试了所设置的最大探测次数后，仍没有收到ARP应答报文，则删除该动态ARP表项。

动态ARP表项老化刷新机制保证了合法的动态ARP表项不会被老化，以避免经常重新发起ARP解析过程。

在系统视图和三层接口（**可以是三层以太网接口、三层以太网子接口、三层聚合接口、三层聚合子接口和VLAN接口**）视图下，都可以配置动态ARP表项老化探测次数，接口视图下的配置优先级高于系统视图下的配置。

（5）配置动态ARP表项的老化探测时间间隔

动态ARP表项老化前，设备会按照配置的老化探测时间间隔向该表项中的IP地址发送ARP请求报文进行老化探测。

① 如果在老化探测时间间隔内，设备收到ARP应答报文后，则动态ARP表项的老化时间会刷新。

② 如果在老化探测时间间隔内，设备没有收到ARP应答报文，则探测次数加1，开始下一次探测。

③ 如果到达最大探测次数后，设备仍没有收到ARP应答报文，则该动态ARP表项会被删除。

在系统视图和三层接口（**可以是三层以太网接口、三层以太网子接口、三层聚合接口、三层聚合子接口和VLAN接口**）视图下，都可以配置动态ARP表项老化探测时间间隔，接口视图下配置优先级高于系统视图下的配置。

配置的动态ARP表项的老化时间需要大于配置的动态ARP表项的老化探测次数乘以老化探测时间间隔。否则，ARP表项老化探测功能可能无法按照配置的探测时间间隔进行探测。如果网络负载较大，则请配置较大的老化探测时间间隔。

【注意】*在动态ARP表项老化探测过程中，老化时间超时的动态ARP表项不会被马上删除。这是因为在整个动态ARP表项老化探测过程结束前收到ARP应答报文后，动态ARP表项的老化时间还可以被刷新。*

（6）开启动态ARP表项的检查功能

动态ARP表项检查功能可以控制是否允许基于“发送端MAC地址”字段为组播MAC地址的ARP报文建立动态ARP表项。

① 开启ARP表项的检查功能后，设备上不允许建立动态ARP表项，也不能手工添加MAC地址为组播MAC的静态ARP表项。

② 关闭ARP表项的检查功能后，设备允许建立基于“发送端MAC地址”字段为组播MAC地址的动态ARP表项，也可以手工添加MAC地址为组播MAC的静态ARP表项。

ARP表项（包括静态ARP表项和动态ARP表项）配置好后，可在任意视图下执行

以下 **display** 命令查看相关配置，验证配置效果，在用户视图下执行以下 **reset** 命令清除 ARP 表项。

- **display arp** [[**all** | **dynamic** | **multiport** | **static**] [**slot** *slot-number*] | **vlan** *vlan-id* | **interface** *interface-type interface-number*] [**count** | **verbose**]：查看所有或指定类型的 ARP 表项。
- **display arp entry-limit**：查看设备支持 ARP 表项的最大数目。
- **display arp** *ip-address* [**slot** *slot-number*] [**verbose**]：查看指定 IP 地址对应的 ARP 表项。
- **display arp timer aging**：查看动态 ARP 表项的老化时间。
- **display arp usage**：查看 ARP 表项的使用率。
- **display arp user-ip-conflict record** [**slot** *slot-number*]：查看 ARP 记录的终端用户间 IP 地址冲突表项信息。
- **display arp user-move record** [**slot** *slot-number*]：查看 ARP 记录的终端用户迁移表项信息。
- **reset arp** { **all** | **dynamic** | **interface** *interface-type interface-number* | **multiport** | **slot** *slot-number* | **static** }：清除所有的 ARP 表项或指定的 ARP 表项。

6.3.7 短静态 ARP 表项配置示例

短静态 ARP 表项配置示例的拓扑结构如图 6-16 所示，汇聚层交换机 SW2 通过 GE1/0/2 接口连接用户终端主机，通过 GE1/0/1 接口连接核心层交换机 SW1。SW1 GE1/0/1 接口的 IP 地址为 10.1.1.1/24，MAC 地址为 7e6c-05d7-0100。网络管理员需要通过一种方法来防止恶意用户对 SW2 进行 ARP 攻击，增加 SW2 和 SW1 通信的安全性。

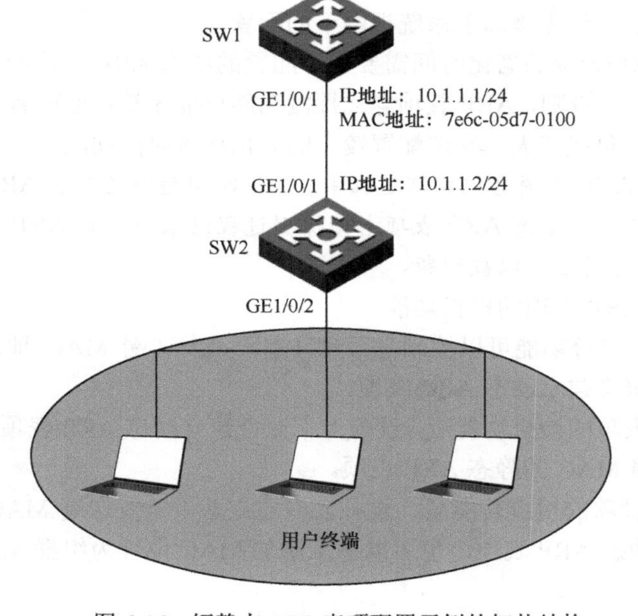

图 6-16 短静态 ARP 表项配置示例的拓扑结构

1. 基本配置思路分析

本示例中，SW2 是用户终端主机的网关，要保护的是担当网关的汇聚层交换机 SW2 与核心交换机 SW1 之间的转发路径，此时可在 SW2 上配置与 SW1 连接的 GE1/0/1 接口的静态 ARP 表项。因为 SW1 GE1/0/1 接口的 IP 地址和 MAC 地址都是固定的，且网络中没有划分 VLAN，所以可采用在 SW2 上配置短静态 ARP 表项的方法，绑定 SW1 的 GE1/0/1 接口的 IP 地址与 MAC 地址，防止恶意用户对 SW2 上 SW1 ARP 表项攻击。这是因为静态 ARP 表项不会老化，也不会被动态 ARP 表项覆盖。

2. 具体配置步骤

① 配置 SW1、SW2 GE1/0/1 接口的 IP 地址。

交换机上的以太网端口默认都是二层桥接模式，需要转换为三层路由模式后才能配置 IP 地址。

- SW1 上的具体配置如下。

```
<H3C> system-view
[H3C] sysname SW1
[SW1] interface gigabitethernet 1/0/1
[SW1-GigabitEthernet1/0/1] port link-mode route #---转换为三层路由模式
[SW1-GigabitEthernet1/0/1] ip address 10.1.1.2 24
[SW1-GigabitEthernet1/0/1] quit
```

- SW2 上的具体配置如下。

```
<H3C> system-view
[H3C] sysname SW2
[SW2] interface gigabitethernet 1/0/1
[SW2-GigabitEthernet1/0/1] port link-mode route
[SW2-GigabitEthernet1/0/1] ip address 10.1.1.2 24
[SW2-GigabitEthernet1/0/1] quit
```

② 在 SW2 上配置绑定 SW1 GE1/0/1 接口 IP 地址和 MAC 地址的短静态 ARP 表项，具体配置如下。

```
[SW2] arp static 10.1.1.1 7e6c-05d7-0100
```

3. 配置结果验证

上述配置完成后，在 SW2 任意视图下执行 **display arp static** 命令，即可见到所配置的短静态 ARP 表项，在 SW2 上执行 **display arp static** 命令的输出如图 6-17 所示。从图 6-17 中可以看出，该静态 ARP 表项中只绑定了 SW1 GE1/0/1 接口的 IP 地址和 MAC 地址，属于短静态 ARP 表项类型，其中的 S 表示该 ARP 表项为静态 ARP 表项。

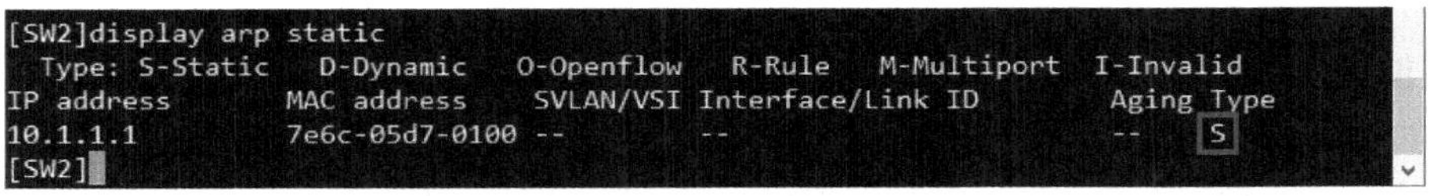

```
[SW2]display arp static
  Type: S-Static   D-Dynamic   O-Openflow   R-Rule   M-Multiport  I-Invalid
IP address       MAC address     SVLAN/VSI Interface/Link ID        Aging Type
10.1.1.1         7e6c-05d7-0100 --         --                       --    S
[SW2]
```

图 6-17　在 SW2 上执行 **display arp static** 命令的输出

通过以上配置，就使从用户终端到达 SW1 所连接的外部网络的 IP 数据包，均可以正确地通过 SW2 的 GE1/0/1 接口转发，不会被非法 ARP 报文修改从 SW2 到达 SW1 的正确转发路径。

6.3.8 长静态 ARP 表项配置示例

长静态 ARP 表项配置示例的拓扑结构如图 6-18 所示，汇聚层交换机 SW2 通过 GigabitEthernet1/0/1 接口连接用户终端主机，通过 GigabitEthernet1/0/2 接口连接核心层交换机 SW1，接口 GigabitEthernet1/0/1 属于 VLAN10。SW1 GE1/0/1 接口的 IP 地址为 10.1.1.1/24，MAC 地址为 7e6c-05d7-0100。网络管理员需要通过某种方法来防止恶意用户对 SW2 进行 ARP 攻击，增加 SW2 和 SW1 通信的安全性。

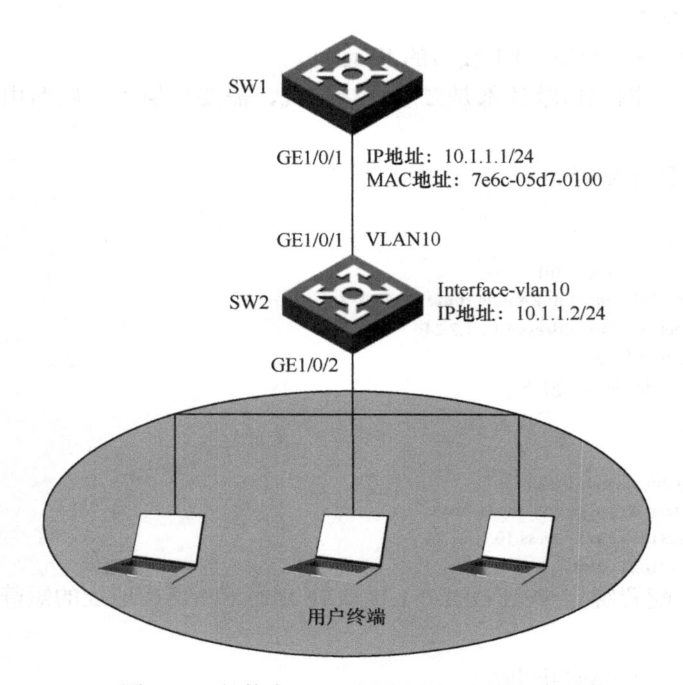

图 6-18 长静态 ARP 表项配置示例的拓扑结构

1. 基本配置思路分析

本示例与上节介绍的短静态 ARP 表项配置示例差不多，二者不同的只是，汇聚层交换机 SW2 是通过位于 VLAN10 中的二层接口 GE1/0/1 与核心层交换机的三层接口 GE1/ 0/1 连接。此时，先要配置 SW2 的 GE1/0/1 接口以不带 VLAN 标签方式发送 VLAN10 报文。这是因为对端 SW1 的 GE1/0/1 接口是三层模式，不能识别 VLAN 标签。

在长静态 ARP 表项中，出接口可以是二/三层以太网接口，或二/三层以太网聚合接口，但如果是二层以太网接口或二层以太网聚合接口，则必须为这些接口所加入的 VLAN 创建对应的 VLAN 接口，并为之配置 IP 地址。本示例中，SW2 连接 SW1 的 GE1/0/1 是加入了 VLAN10 的二层接口，因此，还需要在 SW2 上创建 VLAN10 接口并为之配置 IP 地址。所配置的长静态 ARP 表项除了要绑定 SW1 上 GE1/0/1 接口的 IP 地址和 MAC 地址，还需要绑定 SW2 上出接口 GE1/0/1，以及该接口所加入的 VLAN10，以防止恶意用户发送 ARP 攻击报文，修改此表项的 IP 地址、MAC 地址、VLAN 和出接口之间的映射关系。

2. 具体配置步骤

① 在SW1上配置GE1/0/1接口的IP地址，在SW2上配置GE1/0/1接口以不带标签的方式加入VLAN10，创建VLAN10接口并配置其IP地址。

SW2 GE1/0/1接口可以配置为Access类型，也可以配置为Hybrid类型，并指定VLAN10报文以不带标签的方式通过。在此以Access类型为例进行介绍。

- SW1上的具体配置如下。

```
<H3C> system-view
[H3C] sysname SW1
[SW1] interface gigabitethernet 1/0/1
[SW1-GigabitEthernet1/0/1] port link-mode route #---转换为三层路由模式
[SW1-GigabitEthernet1/0/1] ip address 10.1.1.2 24
[SW1-GigabitEthernet1/0/1] quit
```

- SW2上的具体配置如下。

```
<H3C> system-view
[H3C] sysname SW2
[SW2]vlan 10
[SW2-Vlan-10] quit
[SW2] interface vlan-interface 10
[SW2-Vlan-interface10] ip address 10.1.1.2 24
[SW2-Vlan-interface10] quit
[SW2] interface gigabitethernet 1/0/1
[SW2-GigabitEthernet1/0/1] port access vlan 10
[SW2-GigabitEthernet1/0/1] quit
```

② 在SW2上配置绑定SW1 GE1/0/1接口IP地址和MAC地址，以及SW2 GE1/0/1接口和所加入的VLAN10的长静态ARP表项。

长静态ARP表项中的IP地址、MAC地址为SW1的GE1/0/1接口IP地址（192.168.1.1）和MAC地址（7e6c-05d7-0100），出接口为SW2上VLAN10接口，VLAN为SW2上连接SW1的物理接口（即GigabitEthernet1/0/1接口）所加入的VLAN10，具体配置如下。

```
[SW2] arp static 10.1.1.1 7e6c-05d7-0100 10 gigabitethernet 1/0/1
```

3. 配置结果验证

上述配置完成后，在SW2任意视图下执行**display arp static**命令，即可见到所配置的长静态ARP表项，在SW2上执行**display arp static**命令的输出如图6-19所示。从图6-19中可以看出，该静态ARP表项中同时绑定了SW1 GE1/0/1接口的IP地址和MAC地址，以及SW2上的GE1/0/1接口（ARP表项的出接口）和其所属的VLAN10，属于长静态ARP表项类型，其中的S表示该ARP表项为静态ARP表项。

```
[SW2]display arp static
  Type: S-Static   D-Dynamic   O-Openflow   R-Rule   M-Multiport  I-Invalid
IP address      MAC address    SVLAN/VSI Interface/Link ID        Aging Type
10.1.1.1        7e6c-05d7-0100 10        GE1/0/1                  --    S
[SW2]
```

图6-19 在SW2上执行**display arp static**命令的输出

通过以上配置，就使从位于VLAN10中的用户终端到达SW1所连接的外部网络的IP数据包，均可以正确地通过SW2的GE1/0/1接口转发，不会被非法ARP报文修改从

SW2 到达 SW1 的正确转发路径。

6.3.9 多端口 ARP 表项配置示例

多端口 ARP 表项配置示例的拓扑结构如图 6-20 所示，SW 交换机通过 3 个接口连接了一个包括 3 台服务器，共享 IP 地址 192.168.1.1/24，共享 MAC 地址 00e0-fc01-0000 的服务器集群，并且这些服务器均属于 VLAN10。现希望 SW 可以把目标 IP 为 192.168.1.1/24 的 IP 数据包同时发送到这 3 台服务器上。

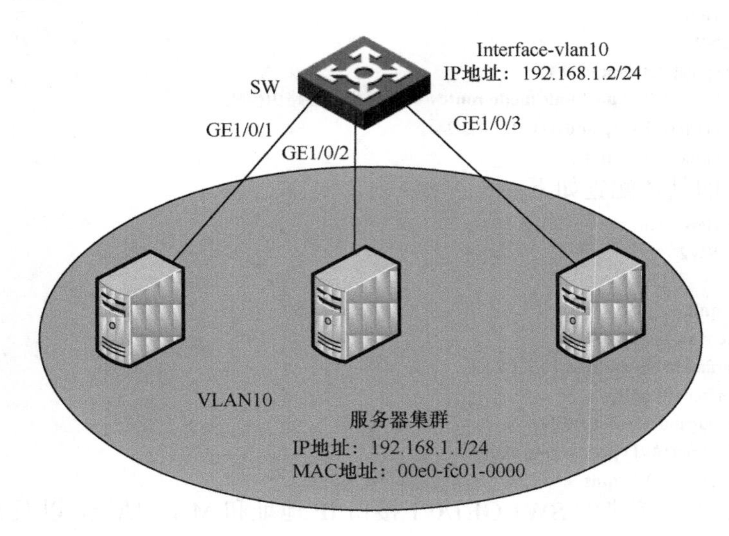

图 6-20　多端口 ARP 表项配置示例的拓扑结构

1．基本配置思路分析

本示例是要把到达某个 IP 地址的 IP 数据包同时转发到多个设备上，此时可以通过多端口 ARP 表项来实现，但要求这些目标设备配置相同的 IP 地址和 MAC 地址（也可以是组播 MAC 地址）。配置多端口 ARP 表项时，首先通过多端口单播 MAC 地址表项（或组播 MAC 地址表项）把一个 MAC 地址与多个出接口，以及这些接口所属的 VLAN 进行绑定，然后创建一个多端口 ARP 表项，把以上 MAC 地址与多服务器共享的 IP 地址进行绑定。同样因为 ARP 是三层协议，所以也必须为这些服务器加入的 VLAN10 创建对应的 VLAN 接口，并为该接口配置 IP 地址。

2．具体配置步骤

① 在 SW 上创建 VLAN10，把 GE1/0/1～GE1/0/3 这 3 个接口加入该 VLAN，创建该 VLAN 接口并为其配置 IP 地址。

SW 连接 3 台服务器 GE1/0/1～GE1/0/3 共 3 个接口，它们可以是 Access 类型，也可以是 Hybrid 类型。如果配置为 Hybrid 类型，则要确保通过这些接口发送 VLAN10 报文时是不带 VLAN 标签的。在此以 Access 类型为例进行配置介绍，具体配置如下。

```
<H3C> system-view
[H3C] sysname SW
```

```
[SW] vlan 10
[SW-vlan10] port gigabitethernet 1/0/1 to gigabitethernet 1/0/3
[SW-vlan10] quit
[SW] interface vlan-interface 10
[SW-vlan-interface10] ip address 192.168.1.2 24
[SW-vlan-interface10] quit
```

② 在 SW 上配置多端口单播 MAC 表项，MAC 地址为 00e0-fc01-0000，对应的出接口为 GE1/0/1、GE1/0/2 和 GE1/0/3，绑定 VLAN10；配置一条多端口 ARP 表项，IP 地址为 192.168.1.1，对应的 MAC 地址为 00e0-fc01-0000，具体配置如下。

```
[SW]mac-address multiport 00e0-fc01-0000 interface gigabitethernet 1/0/1 to gigabitethernet 1/0/3 vlan 10
[SW] arp multiport 192.168.1.1 00e0-fc01-0000 10
```

3. 配置结果验证

上述配置完成后，在 SW 任意视图下执行 **display arp mutiport** 命令，即可见到所配置的多端口 ARP 表项。在 SW 上执行 **display arp multiport** 命令的输出如图 6-21 所示。从图 6-21 中可以看出，该 ARP 表项中绑定了一个 IP 地址和一个单播 MAC 地址，以及出接口所属的 VLAN10，M 代表该 ARP 表项为多端口 ARP 表项。

```
[H3C]display arp multiport
  Type: S-Static    D-Dynamic    O-Openflow    R-Rule    M-Multiport   I-Invalid
IP address        MAC address     SVLAN/VSI Interface/Link ID          Aging Type
192.168.1.1       00e0-fc01-0000 10         --                          --    M
[H3C]
```

图 6-21　在 SW 上执行 **display arp multiport** 命令的输出

通过以上配置，在 SW 上目标 IP 地址为 192.168.1.1 的数据包会同时转发到 3 台服务器上。

6.4　免费 ARP

免费 ARP 报文是一种特殊的 ARP 请求报文，该报文中的“发送端 IP 地址”和“目标 IP 地址”两字段的值都是本机的 IP 地址。设备通过对外发送免费 ARP 报文来确定网络中是否有其他设备的 IP 地址与本设备的 IP 地址冲突，还可以在设备硬件地址发生改变时通知其他设备更新对应的 ARP 表项。

免费 ARP 报文示例如图 6-22 所示，其中的“发送端 IP 地址”和“目标 IP 地址”相同，均为 192.168.2.1，“目标 MAC 地址”全为 0，帧头中的“目标 MAC 地址”为全 f，表明免费 ARP 报文也是一种 ARP 请求报文，也是以广播方式发送。

发送免费 ARP 报文后，如果网络中有与报文中“目标 IP 地址”相同 IP 地址的设备，则会向发送设备发送对应的 ARP 应答报文。这样发送免费 ARP 报文的设备就知道网络中存在与它自己 IP 地址相冲突的设备。

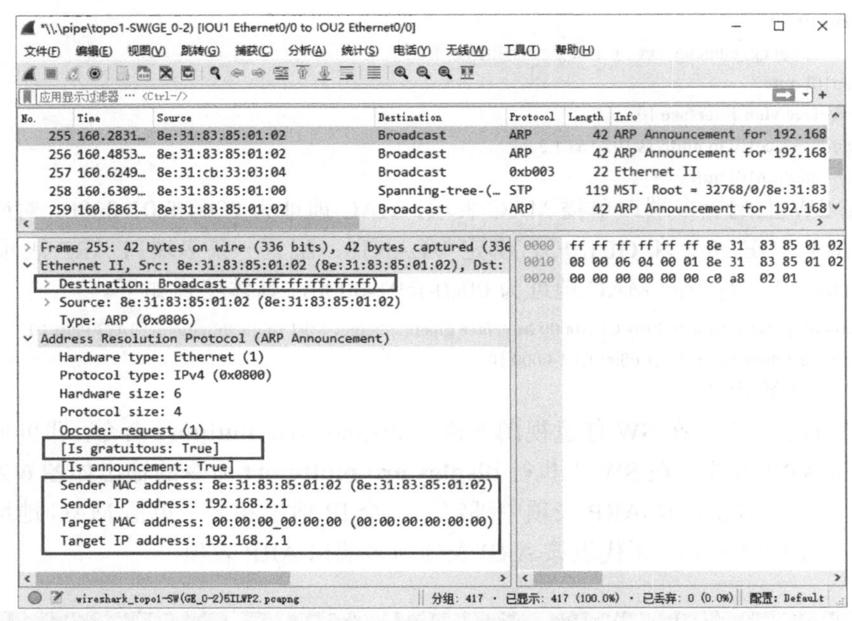

图 6-22　免费 ARP 报文示例

6.4.1　免费 ARP 简介

1. 免费 ARP 的主要作用

免费 ARP 主要有以下 3 个方面的作用。

① IP 地址冲突检测：当设备接口的协议状态变为 Up 时，设备主动对外发送免费 ARP 报文。正常情况下不会收到 ARP 应答，如果收到 ARP 应答，则表明本网络中存在与自身 IP 地址重复的地址。如果检测到 IP 地址冲突，则设备会周期性地广播发送免费 ARP 应答报文，直到冲突解除。

② 通告新的 MAC 地址：如果发送方更换了网卡，MAC 地址发生了变化，则会发送一个免费 ARP 报文，通告网络中其他设备更新对应的 ARP 表项。

③ 在 VRRP 备份组中通告主备变换：在 VRRP 组网环境中，如果发生主备变换，新的 Master 会广播发送一个免费 ARP 报文，通告网络中其他设备更新 VRRP 备份组对应的 ARP 表项，表明发生了 VRRP 主备变换。

2. 免费 ARP 报文学习功能

开启了免费 ARP 报文学习功能后，设备会根据收到的免费 ARP 报文中携带的“发送端 IP 地址”信息，判断 ARP 表中是否存在对应的 ARP 表项。

① 如果没有对应的 ARP 表项，则设备会根据该免费 ARP 报文中携带的“发送端 IP 地址”和“发送端 MAC 地址”信息新建 ARP 表项。

② 如果存在对应的 ARP 表项，则设备会根据该免费 ARP 报文中携带的“发送端 IP 地址”和“发送端 MAC 地址”信息更新对应的 ARP 表项。

关闭免费 ARP 报文学习功能后，设备不会根据收到的免费 ARP 报文中的“发送端 IP 地址”和“发送端 MAC 地址”信息来新建 ARP 表项，**但是会更新已存在的对应 ARP**

表项。如果用户不希望通过免费 ARP 报文来新建 ARP 表项，则可以关闭免费 ARP 报文学习功能，以节省 ARP 表项资源。

6.4.2 免费 ARP 报文定时发送功能

免费 ARP 报文定时发送功能可以及时通知下行设备更新 ARP 表项或者 MAC 地址表项，主要应用场景如下。

1. 防止仿冒网关的 ARP 攻击

如果攻击者仿冒网关发送免费 ARP 报文，就可以欺骗同网段内的其他主机，使被欺骗的主机访问网关的流量被重定向到一个错误的设备，导致其他主机用户无法正常访问网络。

为了降低这种仿冒网关的 ARP 攻击带来的影响，可以在网关的接口上开启定时发送免费 ARP 功能。开启该功能后，网关接口上将按照配置的时间间隔周期性地发送接口主 IP 地址和手工配置的从 IP 地址的免费 ARP 报文。这样每台主机都可以学习到正确的网关，从而正常访问网络。

2. 防止主机 ARP 表项老化

在实际环境中，当网络负载较大或接收端主机的 CPU 占用率较高时，可能存在 ARP 报文被丢弃或主机无法及时处理接收到的 ARP 报文等现象。这种情况下，接收端主机的动态 ARP 表项会因超时而老化，在其重新学习到发送设备的 ARP 表项之前，二者之间的流量就会发生中断。

为了解决上述问题，可以在网关的接口上开启定时发送免费 ARP 功能。启用该功能后，网关接口上将按照配置的时间间隔周期性地发送接口主 IP 地址和手工配置的从 IP 地址的免费 ARP 报文。这样，接收端主机可以及时更新 ARP 表项，防止出现流量中断。

3. 防止 VRRP 虚拟 IP 地址冲突

当网络中存在 VRRP 备份组时，需要由 VRRP 备份组的 Master 周期性地向网络内的主机发送免费 ARP 报文，使主机更新本地 ARP 表项，从而确保网络中不会存在 IP 地址与 VRRP 虚拟 IP 地址相同的设备。免费 ARP 报文中的发送端 MAC 地址为 VRRP 虚拟路由器对应的虚拟 MAC 地址。

4. 及时更新模糊的 Dot1q 或 QinQ 终结 VLAN 内设备的 MAC 地址表

三层以太网子接口上同时配置了模糊的 Dot1q 或 QinQ 终结多个 VLAN 和 VRRP 备份组时，为了避免发送过多的 VRRP 通告报文，需要关闭 VLAN 终结支持广播或组播功能，并配置 VRRP 控制 VLAN。此时，为了及时更新各个模糊的 Dot1q 或 QinQ 终结 VLAN 内设备的 MAC 地址表项，可以在三层以太网子接口上开启定时发送免费 ARP 功能。开启该功能后，三层以太网子接口将按照配置的时间间隔周期性地发送 VRRP 虚拟 IP 地址、接口主 IP 地址和手工配置的从 IP 地址的免费 ARP 报文。这样配置后，当 VRRP 主备状态切换时，各个模糊的 Dot1q 或 QinQ 终结 VLAN 内设备上可以及时更新为正确的 MAC 地址表项。

6.4.3 配置免费 ARP

免费 ARP 主要涉及以下配置任务，均为可选配置。免费 ARP 的配置方法见表 6-10，各功能的配置无先后次序之分。

表 6-10 免费 ARP 的配置方法

步骤	命令	说明
1	**system-view**	进入系统视图
2	**arp ip-conflict log prompt** 例如，[Sysname] **arp ip-conflict log prompt**	开启源 IP 地址冲突提示功能。 默认情况下，源 IP 地址冲突提示功能处于关闭状态
3	**gratuitous-arp-learning enable** 例如，[Sysname] **gratuitous-arp-learning enable**	开启免费 ARP 报文学习功能。 默认情况下，免费 ARP 报文的学习功能处于开启状态
4	① **interface** *interface-type interface-number* ② **arp send-gratuitous-arp** [**interval** *interval*] 例如，[Sysname] **interface vlan-interface** 2 [Sysname-Vlan-interface2] **arp send-gratuitous-arp interval** 300	在接口（**可以是三层以太网接口、三层以太网子接口、三层聚合接口、三层聚合子接口和 VLAN 接口**）上开启定时发送免费 ARP 功能，**相当于开启了设备的发送免费 ARP 报文的功能**。可选参数 **interval** *interval* 用来指定发送免费 ARP 报文的时间间隔，取值为 200～200000，单位为毫秒，默认值为 2000。 默认情况下，定时发送免费 ARP 功能处于关闭状态，**即不会发送免费 ARP 报文**
5	**gratuitous-arp mac-change retransmit** *times* **interval** *seconds* 例如，[Sysname] **gratuitous-arp mac-change retransmit** 3 **interval** 5	配置当接口 MAC 地址变化时，重新发送免费 ARP 报文的次数和时间间隔。 • *times*：重新发送免费 ARP 报文的次数，取值为 1～10。 • **interval** *seconds*：重新发送免费 ARP 报文的时间间隔，取值为 1～10，单位为秒。 默认情况下，当设备的接口 MAC 地址变化时，该接口只会发送一次免费 ARP 报文

（1）开启源 IP 地址冲突提示功能

设备接收到其他设备发送的 ARP 报文后，如果发现报文中的源 IP 地址和自己的 IP 地址相同，则该设备会根据当前源 IP 地址冲突提示功能的状态，进行如下处理。

① 如果源 IP 地址冲突提示功能处于关闭状态，则设备再发送一个免费 ARP 报文进一步确认是否存在 IP 地址冲突，仅当收到对应的 ARP 应答报文后，才提示存在 IP 地址冲突。

② 如果源 IP 地址冲突提示功能处于开启状态，则设备立刻提示存在 IP 地址冲突。

（2）开启免费 ARP 报文学习功能

（3）开启定时发送免费 ARP 功能

开启定时发送免费 ARP 功能后，只有当接口链路状态 Up 并且配置 IP 地址后，此功能才真正生效。如果修改了免费 ARP 报文的发送时间间隔，则在下一个发送时间间隔才能生效。但如果同时在很多接口下开启定时发送免费 ARP 功能，或者每个接口有大量的从 IP 地址，又或者是两种情况共存的同时，又配置很小的发送时间间隔，那么免费 ARP 报文的实际发送时间间隔可能会远远高于用户设定的时间间隔。

（4）配置当接口 MAC 地址变化时，重新发送免费 ARP 报文的次数和时间间隔

当设备的 MAC 地址发生变化后，设备会通过免费 ARP 报文将修改后的 MAC 地址通告给其他设备。由于目前免费 ARP 报文没有重传机制，其他设备可能无法收到免费的 ARP 报文。为了解决这个问题，用户可以配置当接口 MAC 地址变化时，该接口重新发送免费 ARP 报文的次数和时间间隔，保证其他设备可以收到该免费 ARP 报文。

6.5　代理 ARP

有时，同一 IP 网段的多个主机可能不在同一物理网络中，中间被其他子网分隔了，即不在同一广播域中。此时，如果一端主机发送 ARP 请求报文查询另一端主机 MAC 地址，就得不到任何 ARP 应答，因为目标主机与源主机不在同一广播域中，目标主机收不到源主机发送的 ARP 请求报文，自然就不会发送对应的 ARP 应答报文。

此时，如果在源主机连接的三层设备接口上启用了代理 ARP（Proxy ARP）功能，则该设备会代理目标主机进行 ARP 应答，ARP 应答报文中的“发送端 MAC 地址”是该三层设备接收 ARP 请求报文的接口的 MAC 地址，但“发送端 IP 地址”却是“假冒”目标主机的 IP 地址。这时，源主机在收到该 ARP 应答报文后会误认为报文中的“发送端 MAC 地址”（也是帧头中的“源 MAC 地址”）就是要查找的目标主机 MAC 地址，于是，源主机就会以该 MAC 地址对要发给目标主机的 IP 数据包进行帧封装，发送出去。

【注意】如果在主机上配置了默认网关，主机还是会向网关发送 ARP 请求报文，其中的“目标 IP 地址”是网关的 IP 地址，但主机仍只能得到网关的 MAC 地址，仍不能实现源主机与目标主机三层互通。因为网关在查询目标 IP 地址对应网段的路由表项时，会发现出接口就是接收源主机发送的 IP 数据包的入接口（因为目标主机与源主机在同一 IP 网段），存在路由环路，所以不会再像 6.3.3 节那样，发送 ARP 请求报文查询目标主机的 MAC 地址。因此，在应用代理 ARP 功能时，主机上建议不配置默认网关。

6.5.1　代理 ARP 工作原理

代理 ARP 应用示例如图 6-23 所示，HostA（IP 地址为 192.168.1.10/24，MAC 地址为 8af7-38b7-0606）和 HostB（IP 地址为 192.168.2.10/24，MAC 地址为 8af7-5350-0706）同在 192.168.0.0/16 网段中，但它们连接在不同 IP 网段的三层交换机接口之下，且没有配置默认网关。

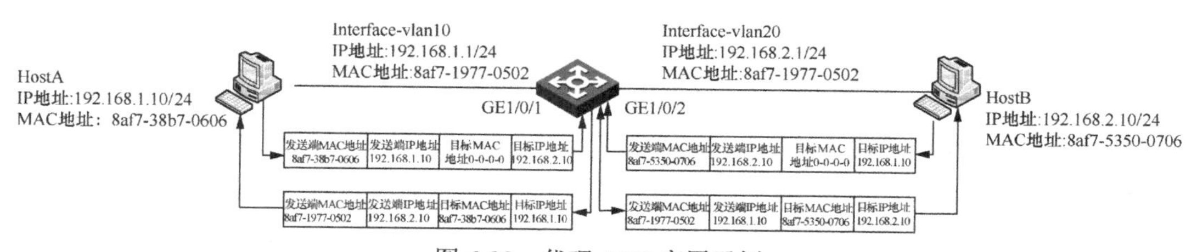

图 6-23　代理 ARP 应用示例

Interface-vlan10 是连接 HostA 侧的三层接口，IP 地址为 192.168.1.1/24，Interface-vlan20 是连接 HostB 侧的三层接口，IP 地址为 192.168.2.1/24，即 IP 地址在同一网段的 HostA 与 HostB 被中间的 192.168.1.1/24 和 192.168.2.1/24 两个子网分隔。Interface-vlan10 和 Interface-vlan20 的 MAC 地址均为 8af7-1977-0502，启用了代理 ARP 功能。现要通过代理 ARP 功能实现两主机之间的三层互通，下面以 HostA 要向 HostB 发送 IP 数据包

为例，介绍具体的代理 ARP 进行地址解析的流程。

① 因为 HostA 与 HostB 在同一 IP 网段，又没有配置默认网关，所以它们在准备向对方发送 IP 数据包，却发现在本地没有对方的 ARP 表项时都是直接以对方 IP 地址为“目标 IP 地址”发送 ARP 请求报文，查找对应 MAC 地址。

如果 HostA 要向 HosB 发送 IP 数据包，当本地没有 HostB 的 ARP 表项时，则会以 HostB 的 IP 地址作为目标 IP 地址以广播方式发送 ARP 请求报文，其中的“发送端 IP 地址”和“发送端 MAC 地址”分别是 HostA 的 IP 地址和 MAC 地址，“目标 IP 地址”为 HostB 的 IP 地址，“目标 MAC 地址”未知，显示为全 0（在帧头中的“目标 MAC 地址”为全 f 的广播 MAC 地址）。HostA 以广播方式发送的查找 HostB MAC 地址的 ARP 请求报文如图 6-24 所示。

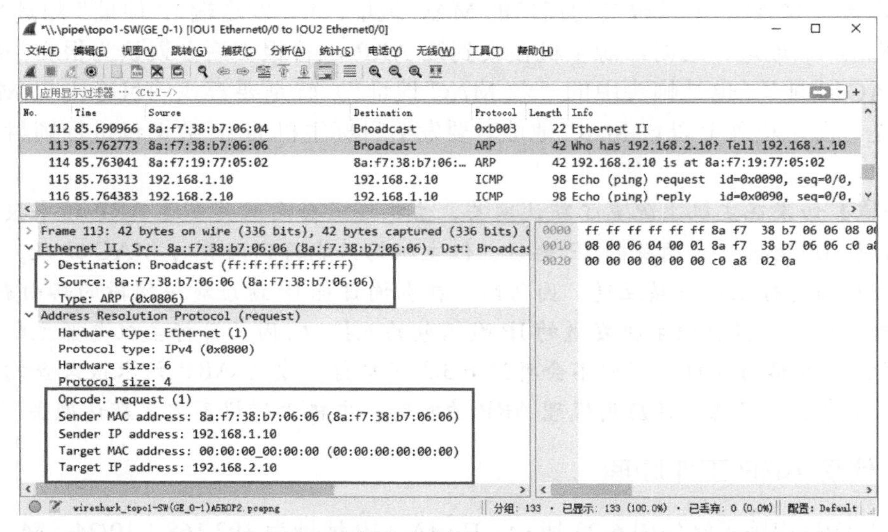

图 6-24 HostA 以广播方式发送的查找 HostB MAC 地址的 ARP 请求报文

② 因为三层交换机的 Interface-vlan10 的 IP 地址与 HostA 的 IP 地址不仅在同一网段中，还在同一个广播域中，所以该接口可以收到 HostA 发来的广播 ARP 请求报文，然后基于报文中的“发送端 IP 地址”和“发送端 MAC 地址”信息建立 HostA 的 ARP 表项。

由于 Interface-vlan10 启用了 ARP 代理功能，所以该接口在收到 ARP 请求报文后，会以自己的 MAC 地址（8af7-1977-0502）作为“发送端 MAC 地址”，目标主机 HostB 的 IP 地址作为“发送端 IP 地址”。“目标 IP 地址”和“目标 MAC 地址”分别为 HostA 的 IP 地址和 HostA 的 MAC 地址，采用单播方式向 HostA 发送 ARP 应答报文，三层交换机以单播方式向 HostA 发送的 ARP 应答报文如图 6-25 所示。

③ HostA 收到三层交换机发来的 ARP 应答报文后，发现其中的“发送端 IP 地址”为目标主机 HostB 的 IP 地址，自然就误认为对应的“发送端 MAC 地址”就是目标主机 HostB 的 MAC 地址了，于是先建立 HostB 的 ARP 表项（其实里面的 IP 地址与 MAC 地址的映射关系是假的），然后把要向 HostB 发送的数据包利用获得的假 HostB 的 MAC 地址（实际上三层交换机上 Interface-vlan10 的 MAC 地址）进行帧封装，最后发送出去。

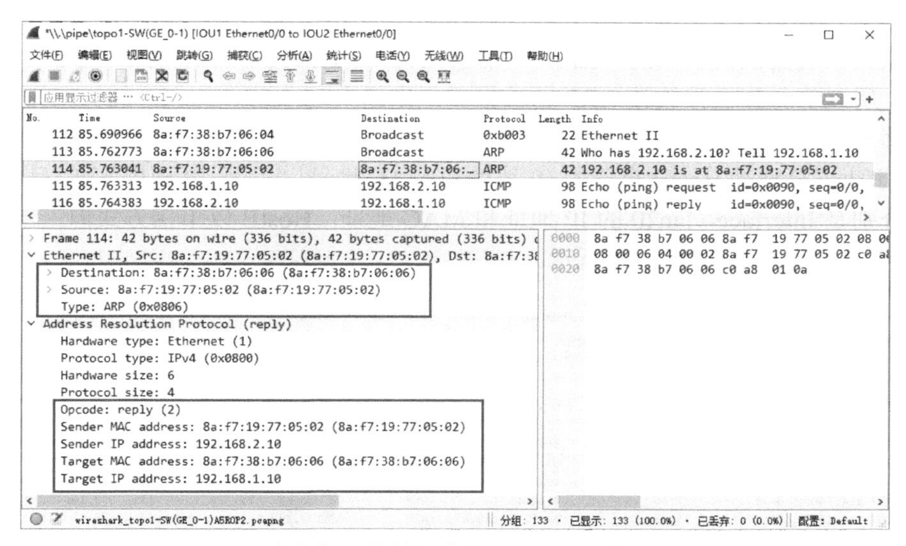

图 6-25　三层交换机以单播方式向 HostA 发送的 ARP 应答报文

④ 三层交换机在收到 HostA 发给 HostB 的 IP 数据包后，发现虽然数据包中的“目标 MAC 地址”是自己的，“目标 IP 地址”却不是自己的（是 HostB 的），但发现本地还没有与“目标 IP 地址”对应的 ARP 表项，无法进行帧封装。于是先把该 IP 数据包保存在缓存中，然后向其他网段以广播方式发送查找 HostB MAC 地址的 ARP 请求报文。在通过 Interface-vlan20 发送的 ARP 请求报文中的“发送端 IP 地址”和“发送端 MAC 地址”分别是该接口的 IP 地址和 MAC 地址，“目标 IP 地址”为 HostB 的 IP 地址，“目标 MAC 地址”全为 0（帧头中的“目标 MAC 地址”全为 f）。三层交换机以广播方式发送的查找 HostB MAC 地址 ARP 请求报文如图 6-26 所示。

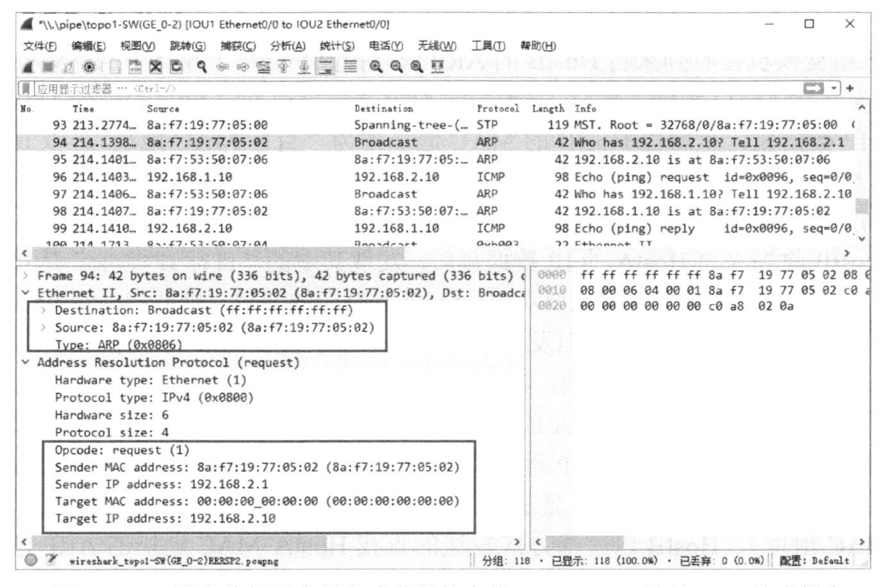

图 6-26　三层交换机以广播方式发送的查找 HostB MAC 地址 ARP 请求报文

⑤ 因为 HostB 的 IP 地址与 Interface-vlan20 的 IP 地址在同一网段中，所以 HostB 可以接收到三层交换机发来的广播 ARP 请求报文。由于报文中的“目标 IP 地址”是 HostB 自己的，所以 HostB 会接收该 ARP 请求报文，先建立 Interface-vlan20 的 ARP 表项，然后以单播方式向 Interface-vlan20 发送 ARP 应答报文。其中的“发送端 IP 地址”和“发送端 MAC 地址”分别是 HostB 自己的 IP 地址和 MAC 地址，“目标 IP 地址”和“目标 MAC 地址”分别是 Interface-vlan20 的 IP 地址和 MAC 地址。HostB 以单播方式向三层交换机发送的 ARP 应答报文如图 6-27 所示。

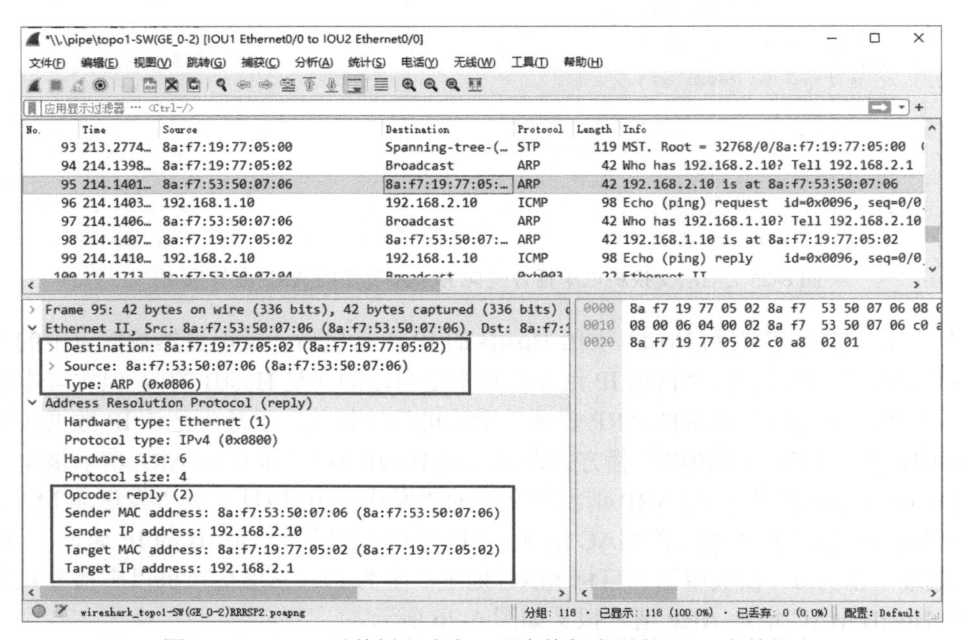

图 6-27　HostB 以单播方式向三层交换机发送的 ARP 应答报文

⑥ 三层交换机接收到来自 HostB 的 ARP 应答报文后，基于报文中的“发送端 IP 地址”和“发送端 MAC 地址”建立 HostB 的 ARP 表项，然后从缓存中调出 HostA 发给 HostB 的 IP 数据包，重新以 HostB 的 MAC 地址作为“目标 MAC 地址”，以 Interface-vlan20 的 MAC 地址作为“源 MAC 地址”（“源 IP 地址”和“目标 IP 地址”两字段的值不变）进行帧封装后通过 Interface-vlan20 发送给 HostB。

⑦ HostB 收到来自 HostA 的 IP 数据包后，发现其中的“目标 IP 地址”是自己的 IP 地址，于是接收该数据包。如果是要对 HostA 进行响应的通信，则要向“源 IP 地址”对应的源主机发送应答 IP 数据包，但发现本地没有基于所接收到的 IP 数据包中“源 IP 地址”（HostA IP 地址）的 ARP 表项，没有对应的 MAC 地址。于是 HostB 又会以广播方式发送 ARP 请求报文，查找 HostA 的 MAC 地址。其中的“发送端 IP 地址”和“发送端 MAC 地址”分别是 HostB 的 IP 地址和 MAC 地址，“目标 IP 地址”为 HostA 的 IP 地址，“目标 MAC 地址”未知，显示为全 0（在帧头中的“目标 MAC 地址”为全 f 的广播 MAC 地址）。HostB 以广播方式发送的查找 HostA MAC 地址的 ARP 请求报文如图 6-28 所示。

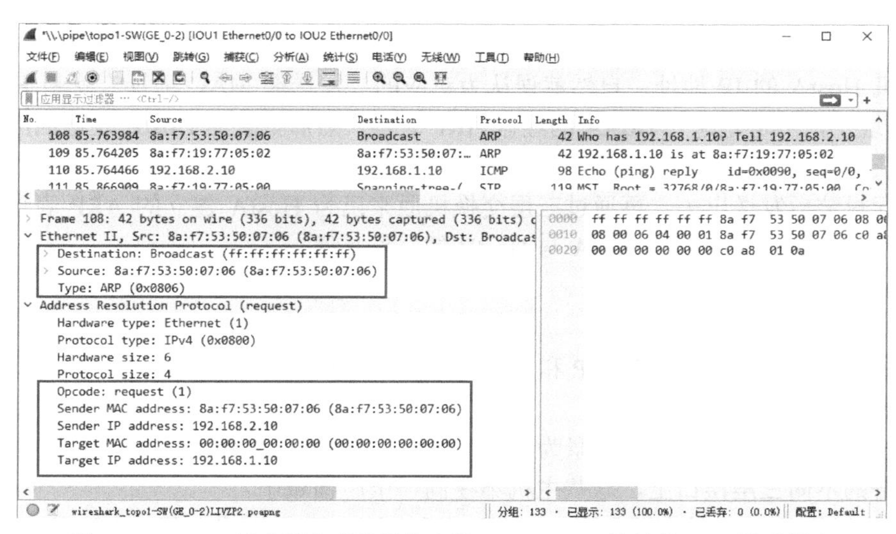

图 6-28　HostB 以广播方式发送的查找 HostA MAC 地址的 ARP 请求报文

【注意】ARP 表项只能在接收到 ARP 报文后，根据报文中的“发送端 IP 地址”和“发送端 MAC 地址”字段值建立，接收到其他类型的数据包不会建立 ARP 表项。因此，HostB 虽然接收了包含 HostA IP 地址的 IP 数据包，但却不会建立 HostA 的 ARP 表项。

⑧ 因为三层交换机的 Interface-vlan20 的 IP 地址与 HostB 的 IP 地址在同一网段中，在一个广播域中，所以三层交换机的 Interface-vlan20 可以收到 HostB 发来的广播 ARP 请求报文。由于 Interface-vlan20 启用了 ARP 代理功能，所以该接口在收到 ARP 请求报文后，会以自己的 MAC 地址作为“发送端 MAC 地址”，以原请求报文中的“目标 IP 地址”（HostA 的 IP 地址 192.168.1.10）作为“发送端 IP 地址”，“目标 IP 地址”为 HostB 的 IP 地址，“目标 MAC 地址”为 HostB 的 MAC 地址，采用单播方式向 HostB 发送 ARP 应答报文，三层交换机以单播方式向 HostB 发送的 ARP 应答报文如图 6-29 所示。

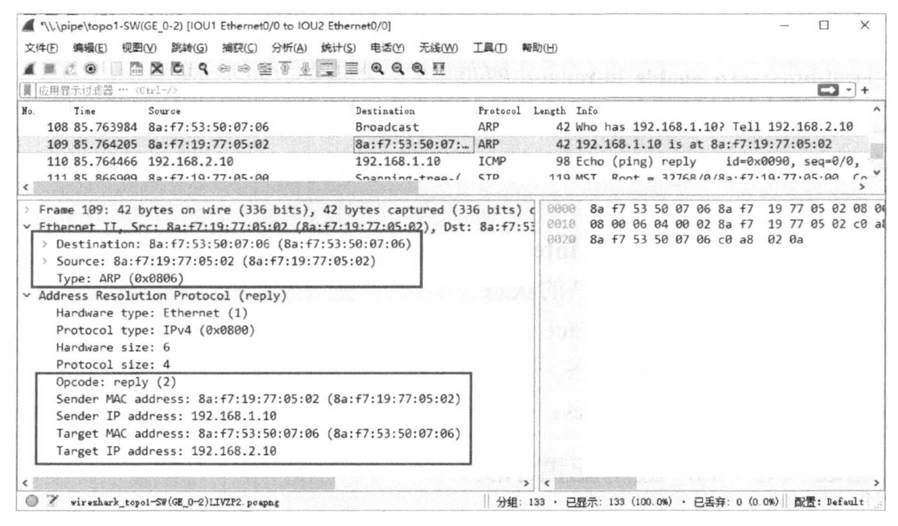

图 6-29　三层交换机以单播方式向 HostB 发送的 ARP 应答报文

⑨ HostB 收到三层交换机发来的 ARP 应答报文后，发现其中的“发送端 IP 地址”为源主机 HostA 的 IP 地址，自然就误认为对应的“发送端 MAC 地址”就是 HostA 的 MAC 地址了，于是先建立 HostA 的虚假 ARP 表项，然后把要向 HostA 发送的应答数据包利用获得的假 HostA 的 MAC 地址（实际上三层交换机上 Interface-vlan20 的 MAC 地址）进行封装后发送出去。再通过三层交换机原来已为 HostA 建立的 ARP 表项进行转发，最终到达 HostA，实现 HostA 与 HostB 的三层互通。

6.5.2 配置代理 ARP

代理 ARP 分为普通代理 ARP 和本地代理 ARP 两种，二者的应用场景有所区别，具体说明如下。

① 普通代理 ARP 的应用场景为：想要互通的主机的 **IP 地址在同一网段，但连接到同一设备的不同三层接口上**，这些主机不在同一个广播域中。

② 本地代理 ARP 的应用场景为：想要互通的主机**连接到设备的同一个三层接口上**，且这些主机不在同一个广播域中。代理 ARP 的配置方法见表 6-11。

表 6-11 代理 ARP 的配置方法

步骤	命令	说明
1	**system-view**	进入系统视图
2	**interface** *interface-type interface-number* 例如，[Sysname] **interface** vlan-interface 2	进入 VLAN 接口视图，或三层以太网接口视图，或三层以太网子接口视图，或三层聚合接口视图，或三层聚合子接口视图
3	**proxy-arp enable** 例如，[Sysname-Vlan-interface2] **proxy-arp enable**	（二选一）在接口上开启普通代理 ARP 功能。 默认情况下，普通代理 ARP 功能处于关闭状态
	local-proxy-arp enable [**ip-range** *start-ip-address* **to** *end-ip-address*] 例如，[Sysname-Vlan-interface2] **local-proxy-arp enable ip-range** 1.1.1.1 **to** 1.1.1.20	（二选一）在接口上开启本地代理 ARP 功能。可选参数 **ip-range** *start-ip-address* **to** *end-ip-address* 用来配置对指定 IP 地址范围进行本地代理 ARP。*start-ip-address* 表示起始 IP 地址，*end-ip-address* 表示结束 IP 地址。*start-ip-address* 必须小于等于 *end-ip-address*。 默认情况下，本地代理 ARP 功能处于关闭状态

完成上述配置后，可在任意视图下执行以下 **display** 命令查看配置后代理 ARP 的运行情况，验证配置效果。

- **display local-proxy-arp** [**interface** *interface-type interface-number*]：查看本地所有或指定接口的代理 ARP 的状态。
- **display proxy-arp** [**interface** *interface-type interface-number*]：查看所有或指定接口的普通代理 ARP 的状态。
- **display proxy-arp statistics**：查看代理 ARP 应答报文数的统计信息。

6.5.3 普通代理 ARP 应用配置示例

代理 ARP 配置示例的拓扑结构如图 6-30 所示，SW2 和 SW3 下面所连接的主机中，

HostA 与 HostB 同在 VLAN10 中，HostC 与 HostD 同在 VLAN20 中。HostA 的 IP 地址是 192.168.1.10/16，HostD 的 IP 地址是 192.168.2.20/16，同在 192.168.0.0/16 网段，但却被 Switch1 划分到两个不同的 VLAN 中。HostB 与 HostC 不在同一 IP 网段，但与它们配置的网关（分别是 Interface-vlan10 和 Interface-vlan20）可以直接通过路由实现三层互通。HostA 和 HostD 没有配置默认网关，现要求通过在 Switch1 上启用代理 ARP 功能，实现在不同 VLAN 中的 HostA 和 HostD 三层互通。

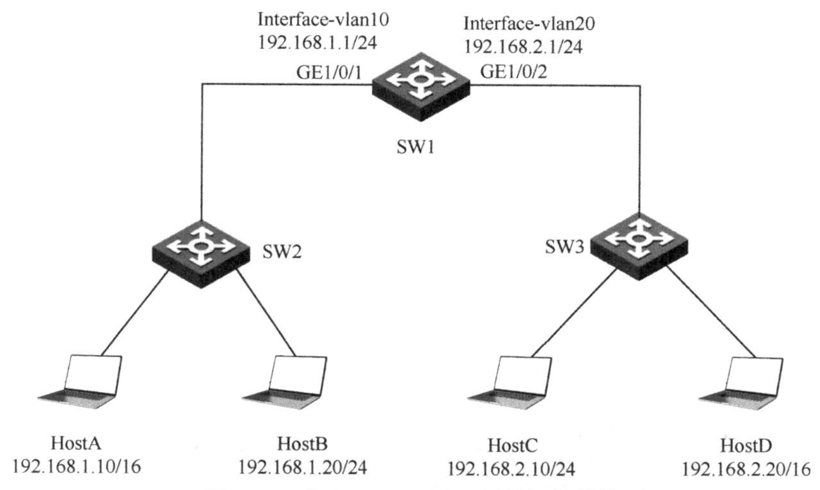

图 6-30 代理 ARP 配置示例的拓扑结构

1. 基本配置思路分析

本示例仅介绍在同一 IP 网段，却不在同一 VLAN 中的 HostA 和 HostD 之间通过代理 ARP 实现三层互通的配置方法。

2. 具体配置步骤

① 在 SW1 上创建 VLAN10 和 VLAN20，把 GE1/0/1 接口以不带标签的方式加入 VLAN10，GE1/0/2 接口以不带标签的方式加入 VLAN20。

因为 SW2 和 SW3 使用默认配置，所以要求 GE1/0/1 和 GE1/02 接口发送数据帧时要去掉 VLAN 标签。此时，可以把这两个接口配置为 Access 类型或 Hybrid 类型加入 VLAN10 或 VLAN20，如果采用 Hybrid 类型，则要配置这两个接口在 VLAN10 或 VLAN20 中的数据帧时不带标签发送。在此以最简单的 Access 类型为例进行介绍，具体配置如下。

```
<H3C> system-view
[H3C] sysname SW1
[SW1] vlan 10
[SW1-vlan10] quit
[SW1] vlan 20
[SW1-vlan20] quit
[SW1] interface gigabitethernet 1/0/1
[SW1-Gigabitethernet1/0/1] port access vlan 10
[SW1-Gigabitethernet1/0/1] quit
[SW1] interface gigabitethernet 1/0/2
```

```
[SW1-Gigabitethernet1/0/2] port access vlan 20
[SW1-Gigabitethernet1/0/2] quit
```

② 在 SW1 上创建 Interface-vlan10、Interface-vlan20，并为它们配置 IP 地址，启用普通代理 ARP 功能，具体配置如下。

```
[SW1] interface vlan-interface 10
[SW1-Vlan-interface10] ip address 192.168.1.1 255.255.255.0
[SW1-Vlan-interface10] proxy-arp enable   #---开启 Vlan-interface10 的普通代理 ARP 功能
[SW1-Vlan-interface10] quit
[SW1] interface vlan-interface 20
[SW1-Vlan-interface20] ip address 192.168.2.1 255.255.255.0
[SW1-Vlan-interface20] proxy-arp enable
```

3. 配置结果验证

以上配置完成后，可以在 SW1 上执行 **display proxy-arp** 命令，可以查看到已在 Interface-vlan10 和 Interface-vlan20 上启用了普通的 ARP 代理功能，在 SW1 上执行 **display proxy-arp** 命令的输出如图 6-31 所示。此时，HostB 与 HostC 之间可以直接通过路由三层互通，HostB 成功 ping 通 HostC 的结果如图 6-32 所示。HostA 和 HostD 通过代理 ARP 也可以三层互通，HostA 成功 ping 通 HostD 的结果如图 6-33 所示。

```
<H3C>display proxy-arp
Interface Vlan-interface10
 Proxy ARP status: enabled
Interface Vlan-interface20
 Proxy ARP status: enabled
```

图 6-31 在 SW1 上执行 **display proxy-arp** 命令的输出

```
<H3C>ping 192.168.2.10
Ping 192.168.2.10 (192.168.2.10): 56 data bytes, press CTRL_C to
56 bytes from 192.168.2.10: icmp_seq=0 ttl=254 time=1.401 ms
56 bytes from 192.168.2.10: icmp_seq=1 ttl=254 time=1.970 ms
56 bytes from 192.168.2.10: icmp_seq=2 ttl=254 time=1.071 ms
56 bytes from 192.168.2.10: icmp_seq=3 ttl=254 time=1.380 ms
56 bytes from 192.168.2.10: icmp_seq=4 ttl=254 time=1.712 ms

--- Ping statistics for 192.168.2.10 ---
5 packet(s) transmitted, 5 packet(s) received, 0.0% packet loss
round-trip min/avg/max/std-dev = 1.071/1.507/1.970/0.308 ms
<H3C>%Jun 26 15:34:33:335 2024 H3C PING/6/PING_STATISTICS: Ping
.168.2.10: 5 packet(s) transmitted, 5 packet(s) received, 0.0% p
trip min/avg/max/std-dev = 1.071/1.507/1.970/0.308 ms.
```

图 6-32 HostB 成功 ping 通 HostC 的结果

```
<H3C>ping 192.168.2.20
Ping 192.168.2.20 (192.168.2.20): 56 data bytes, press CTRL_C to break
56 bytes from 192.168.2.20: icmp_seq=0 ttl=254 time=4.000 ms
56 bytes from 192.168.2.20: icmp_seq=1 ttl=254 time=2.000 ms
56 bytes from 192.168.2.20: icmp_seq=2 ttl=254 time=3.000 ms
56 bytes from 192.168.2.20: icmp_seq=3 ttl=254 time=2.000 ms
56 bytes from 192.168.2.20: icmp_seq=4 ttl=254 time=2.000 ms

--- Ping statistics for 192.168.2.20 ---
5 packet(s) transmitted, 5 packet(s) received, 0.0% packet loss
round-trip min/avg/max/std-dev = 2.000/2.600/4.000/0.800 ms
<H3C>%Jun 26 15:35:58:618 2024 H3C PING/6/PING_STATISTICS: Ping statistics for 192
.168.2.20: 5 packet(s) transmitted, 5 packet(s) received, 0.0% packet loss, round-
trip min/avg/max/std-dev = 2.000/2.600/4.000/0.800 ms.
```

图 6-33 HostA 成功 ping 通 HostD 的结果

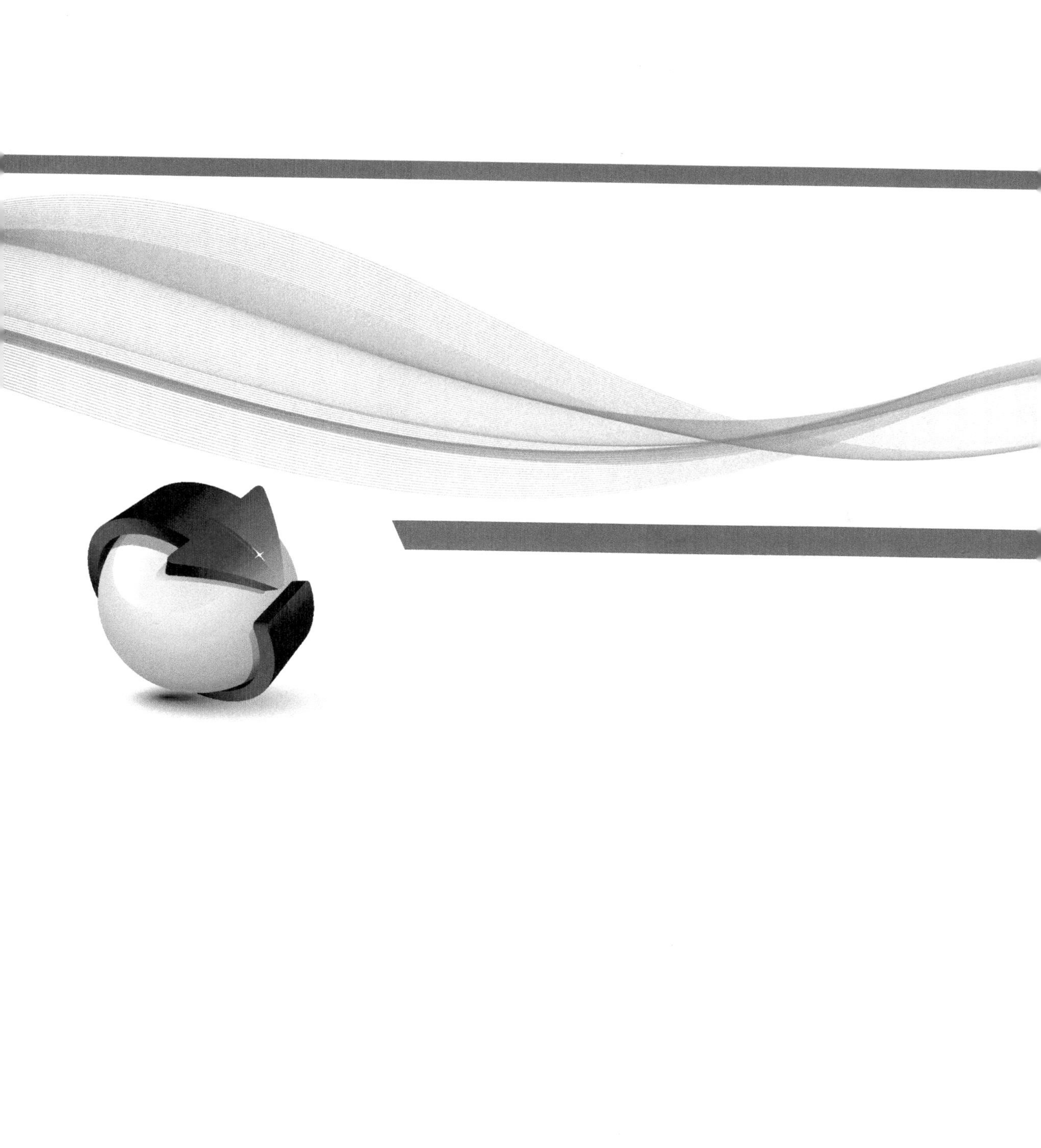

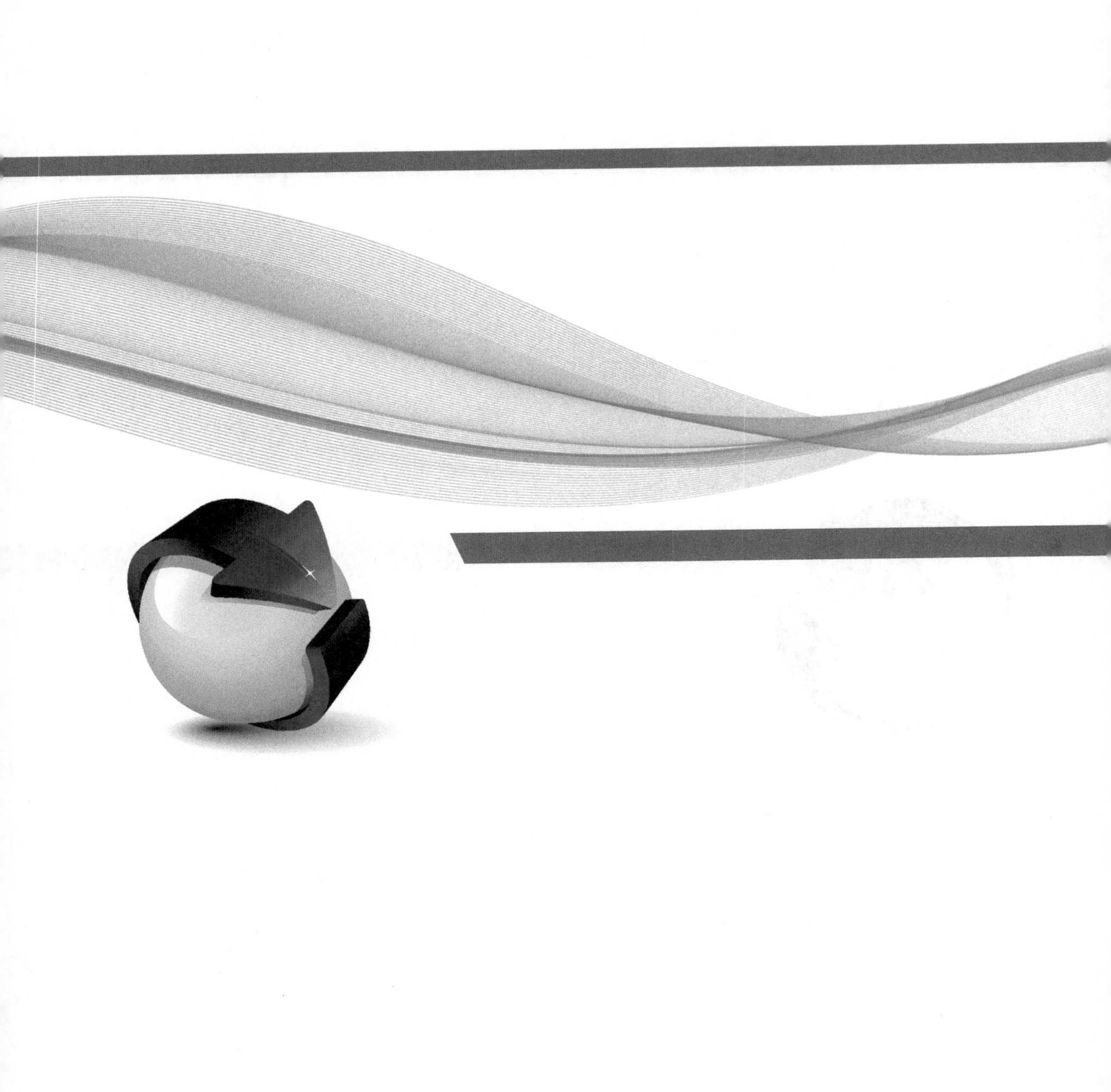

第 7 章 VLAN 和 QinQ

本章主要内容

虚拟局域网（Virtual Local Area Network，VLAN）主要用来在同一 IP 网段进行用户隔离，同时也方便同一 IP 网段用户的安全策略管理，是二层交换技术中的重点与难点。在二层交换中，理解 VLAN 标签的添加和剥离原理非常重要，这是配置端口加入 VLAN，正确规划用户数据传输路径，实现跨设备 VLAN 内用户通信的前提和基础。

QinQ 是一种带双层标签的 VLAN 技术，主要用于用户网络与运营商网络的二层互通。通过 QinQ 报文中携带的运营商网络外层 VLAN 标签，可以对接入同一运营商、VLAN 配置重叠的用户网络进行区分。

本章将具体介绍 VLAN 技术原理、VLAN 划分，基于 MVRP 的动态 VLAN，以及 QinQ 技术原理和配置方法。

7.1 VLAN 技术原理

VLAN 是一种可以把一个同一 IP 网段的物理局域网（Local Area Network，LAN）划分成多个逻辑局域网的技术，由 IEEE 802.1Q 规范定义。划分 VLAN 后，处于同一 VLAN 的主机间可以直接二层互通，而处于不同 VLAN 的主机间不能直接二层互通，从而增强了局域网的安全性。这样一来，广播报文被限制在同一个 VLAN 内，即每个 VLAN 是一个广播域，有效地限制了广播域的范围。

7.1.1 VLAN 帧格式

如果要使网络设备能够分辨不同 VLAN 中用户发送的报文，则需要在报文中添加标识 VLAN 的字段。IEEE 802.1Q 规定，在以太网帧的“源 MAC 地址”（SMAC）字段与“协议类型”（Type）字段之间插入一个 4 字节的“VLAN Tag”（VLAN 标签）字段来标识 VLAN 的相关信息。

目前，以太网支持 Ethernet II、802.3/802.2 LLC、802.3/802.2 SNAP 和 802.3 raw 多种封装格式，在此仅以最常用的 Ethernet II 封装格式为例介绍 VLAN 的帧格式。Ethernet II 封装格式 VLAN 帧格式如图 7-1 所示。

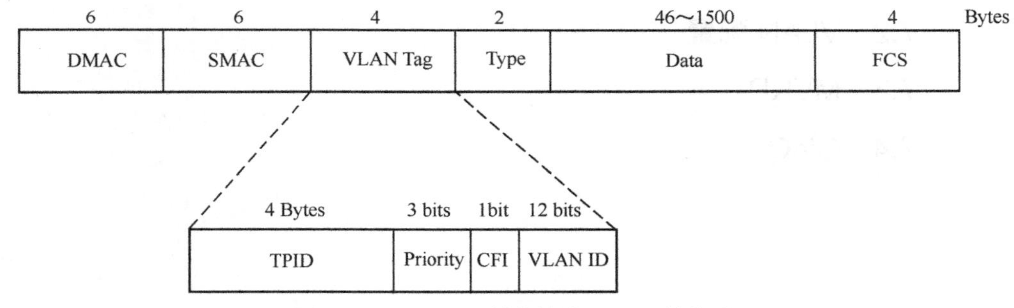

图 7-1 Ethernet II 封装格式 VLAN 帧格式

从图 7-1 中可以看出，“VLAN Tag”字段包含 4 个子字段，分别是标签协议标识符（Tag Protocol Identifier，TPID）、Priority、标准格式指示位（Canonical Format Indicator，CFI）和 VLAN ID，具体说明如下。

① TPID：4 个字节，取值为 0x8100 时表示帧中带有一个 IEEE 802Q 封装的“VLAN Tag”字段，但各设备厂商可以自定义该字段的值。当邻居设备将 TPID 值配置为非 0x8100 时，为了能够识别这样的 VLAN 帧，实现互通，必须在本设备上修改 TPID 值，确保和邻居设备的 TPID 值配置一致。不支持 IEEE 802.1Q 规范的设备（例如集线器、主机等）收到这样的帧，会将其丢弃。

② Priority：3 比特，表示 VLAN 帧的 802.1p 优先级，取值为 0～7。

③ CFI：1 比特，表示 MAC 地址是不是以标准格式进行封装的，用于区分以太网帧、分布式光纤数据接口（Fiber Distributed Data Interface，FDDI）帧和令牌环网帧，取

值为 0 表示 MAC 地址以标准格式进行封装（低位先传），取值为 1 表示以非标准格式封装（高位先传）。在以太网中，CFI 的值为 0，FDDI 和令牌环网中该值为 1。

④ VLAN ID：12 比特，表示该帧所属 VLAN 的编号。由于 0 和 4095 为协议保留取值，所以 VLAN ID 的取值为 1～4094。

网络设备根据帧中是否携带 VLAN 标签及携带的 VLAN 标签信息，对帧进行处理，利用 VLAN ID 来识别报文所属的 VLAN。对于携带有多层 VLAN 标签的帧，设备会根据其最外层 VLAN 标签进行处理，内层 VLAN 标签会被视为报文的数据部分。

7.1.2　交换端口类型

依据二层以太网端口对 VLAN 帧的接收或发送处理行为，把交换端口分为 Access、Trunk 和 Hybrid 3 种类型。这 3 种交换端口类型都涉及一个重要概念，即端口 VLAN ID（Port VLAN ID，PVID）。

交换机从对端设备收到的帧有可能是 Untagged（不带 VLAN 标签）的数据帧，但所有以太网帧在交换机内部都是以 Tagged（带 VLAN 标签）的形式来被处理和转发的，因此，交换机必须给端口收到的 Untagged 数据帧打上 VLAN 标签。为了达到此目的，必须为交换机端口配置默认的 VLAN ID，以便在该端口收到 Untagged 数据帧时，交换机将为数据帧加上默认 VLAN ID 对应的 VLAN 标签。这个默认 VLAN ID 就是 PVID，即在默认情况下端口所属的 VLAN。Access、Trunk 和 Hybrid 这 3 种类型交换端口都有 PVID 属性。

1. Access 端口

Access 端口一般用于与不能识别 VLAN 标签的用户终端（例如用户主机、服务器等）和网络设备（例如集线器等）相连，因为 Access 端口发送的数据帧总是不带 VLAN 标签。另外，Access 端口只能允许携带指定的一个 VLAN 的标签帧通过，即一个 Access 端口只能加入一个 VLAN。这个 VLAN ID 就是该 Access 端口的 PVID。Access 端口的 VLAN 帧接收和发送处理行为见表 7-1。

表 7-1　Access 端口的 VLAN 帧接收和发送处理行为

帧接收处理行为	帧发送处理行为
收到不带 VLAN 标签的帧时，**打上该端口所加入 VLAN 的 VLAN ID（即 PVID）标签**	当帧中的 VLAN 标签与该端口所加入的 VLAN 的 VLAN ID 相同时，剥离帧中的 VLAN 标签后发送，否则丢弃。**Access 端口发送的帧总是不带 VLAN 标签**
收到带 VLAN 标签的帧时，当帧中的 VLAN ID 与该端口所加入的 VLAN 的 VLAN ID 相同时，即与端口的 PVID 相同时，接收该帧，否则丢弃	

【说明】从通信原理来讲，Access 端口也可用于交换机之间的连接，实现两个不同 VLAN（但必须在同一 IP 网段）的直接二层互通，但只能实现最多两个 VLAN 之间的直接互访，且这两个 VLAN 必须位于不同的交换机上。

通过 Access 端口实现同一 IP 网段不同 VLAN 中主机二层互通的示例如图 7-2 所示，PC1 和 PC2 连接在不同的交换机上，分别位于 VLAN2 和 VLAN3 中，但在同一 IP 网段。通过把 2 台交换机之间的链路端口配置加入不同的 VLAN 中，也可实现这 2 台 PC 机二层互通。

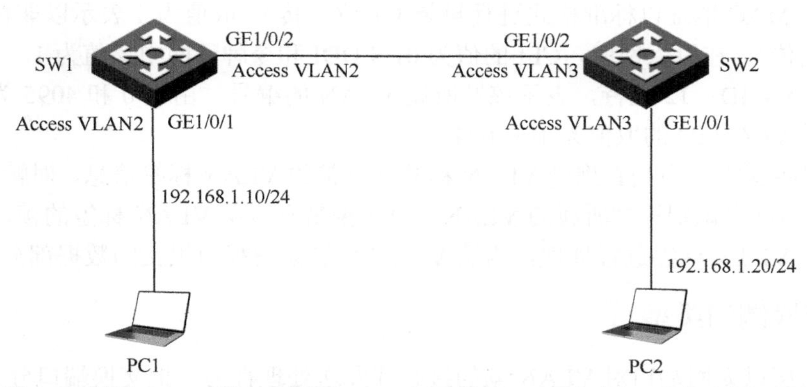

图 7-2 通过 Access 端口实现同一 IP 网段不同 VLAN 中主机二层互通的示例

2. Trunk 端口

Trunk 端口一般用于连接交换机、路由器、AP，以及可同时收发 Tagged 帧和 Untagged 帧的语音终端。Trunk 端口允许多个 VLAN 中的帧带 VLAN 标签通过，仅允许帧中的“VLAN ID”字段值与端口 PVID 相同的 VLAN 帧从该类端口上发出时剥离 VLAN 标签。Trunk 端口的 VLAN 帧接收和发送处理行为见表 7-2。

表 7-2 Trunk 端口的 VLAN 帧接收和发送处理行为

帧接收处理行为	帧发送处理行为
收到不带 VLAN 标签的帧：打上该端口 PVID 对应 VLAN ID 的 VLAN 标签	当帧中 VLAN 标签对应的 VLAN ID 与该端口的 PVID 相同，且是该端口允许通过的 VLAN ID 时，则剥离帧中的 VLAN 标签后再发送该帧
收到带 VLAN 标签的帧：允许时接收，否则丢弃。如果 Trunk 端口不允许 PVID 对应 VLAN 中的帧通过时，该 VLAN 中的帧也不能通过该端口，即使帧中 VLAN 标签与 PVID 一致	当帧中 VLAN 标签对应的 VLAN ID 与该端口的 PVID 不同，但是该端口允许通过的 VLAN ID 时，保留帧中原有 VLAN 标签发送该帧
	当帧中 VLAN 标签对应的 VLAN ID 不是该端口允许通过的 VLAN ID 时，不允许发送，直接丢弃

【说明】①在 Trunk 端口中，PVID 仅在接收到不带标签的帧，或者发送携带有与 PVID 相同的 VLAN 标签的帧时起作用，其他情况均不用考虑端口 PVID；②Trunk 端口默认情况下仅允许 VLAN1 的帧通过。因为默认 PVID 为 VLAN1，所以发送 VLAN1 中的帧时不带 VLAN 标签

Trunk 端口应用示例如图 7-3 所示，SW1 和 SW2 均连接了分别位于 VLAN2 和 VLAN3 的用户主机（所连接的交换机端口均为 Access 类型），在同一 VLAN 中的用户主机 IP 地址在同一 IP 网段，现要求实现相同 VLAN 中、连接在不同交换机上的主机能直接互通。

因为 SW1 和 SW2 之间的链路要同时允许多个 VLAN 的帧通过，所以链路两端的交换机 GE1/0/3 端口可以选择 Trunk 类型（不能选择 Access 类型），因此，要同时允许 VLAN2 和 VLAN3 中的帧通过。又因为要实现 SW1 和 SW2 上连接的相同 VLAN 中的用户互通，所以需要确保帧在 2 台交换机之间传输时，不改变原来携带的 VLAN 标签，因此，要求 SW1 和 SW2 的 GE1/0/3 端口的 PVID 值不能与 VLAN2、VLAN3 帧中的标签一样，否则，在发送时，会剥离其中的 VLAN 标签，到了对端端口又会重新打上新的 VLAN 标签。

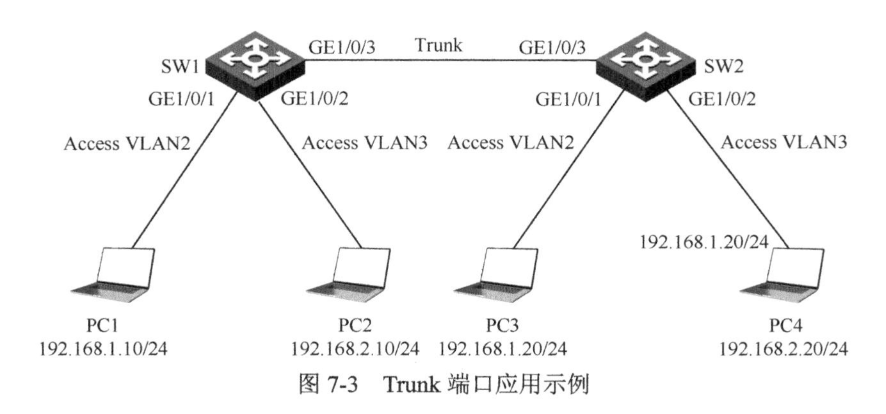

图 7-3　Trunk 端口应用示例

为了使 VLAN2 和 VLAN3 中的帧在 SW1 和 SW2 之间传输时，不改变其中的 VLAN 标签，把 SW1 和 SW2 的 GE1/0/3 端口的 PVID 设为与 VLAN2、VLAN3 不同的值，例如采用默认的 VLAN1，即 PVID=VLAN1。这样一来，在允许 VLAN2 和 VLAN3 中的帧通过的情形下，这两个端口发送这两个 VLAN 中的帧时，会保留原来携带的 VLAN 标签，且能被对端端口正确接收，最终到达对端目标主机。

3．Hybrid 端口

Hybrid 端口在发送数据帧时是否携带 VLAN 标签可以由用户指定，而且可以同时指定一个或多个 VLAN 中的数据帧带标签或不带标签通过。正因如此，Hybrid 端口既可以用于连接不能识别 VLAN 标签的用户终端（例如用户主机、服务器等）和网络设备（例如集线器等），也可以用于连接交换机、路由器、AP，以及可同时收发带有 VLAN 标签的帧和不带有 VLAN 标签的帧的语音终端。

Hybrid 端口的帧接收和发送处理行为见表 7-3。

表 7-3　Hybrid 端口的帧接收和发送处理行为

帧接收处理行为	帧发送处理行为
收到不带 VLAN 标签的帧时，打上该端口 PVID 对应 VLAN ID 的标签（**与 Access 和 Trunk 类型端口一样**），连接主机时一定要把端口的 PVID 值设为主机要加入的 VLAN	当帧中 VLAN 标签对应的 VLAN ID 是该端口允许通过的 VLAN ID 时，则发送该帧（**不管帧中的 VLAN ID 与该端口的 PVID 是否相同**），但可以通过命令配置发送时，确认是否携带原有的 VLAN 标签（**通常只有在与主机连接的链路不需要带 VLAN 标签**）
收到带 VLAN 标签的帧时，如果该端口允许 VLAN 标签对应的 VLAN ID 通过，则接收，否则，丢弃，**不用考虑端口 PVID，与 Trunk 类型端口一样**	当帧中 VLAN 标签对应的 VLAN ID 不是该端口允许通过的 VLAN ID 时，丢弃该帧
【说明】①在 Hybrid 类型端口中，PVID 仅当收到不带标签的帧时起作用，其他情况均不用考虑端口 PVID；②默认情况下，Hybird 端口仅允许 VLAN1 的帧通过，且发送 VLAN1 中的帧时是剥离标签发送的；③数据帧是否会剥离标签发送与 PVID 无关，必须手工指定	

Hybrid 端口的以上特性对多个 VLAN、同一 IP 网段用户共享访问相同 IP 网段、但不在同一 VLAN 中的服务器的需求非常适用。多 VLAN 用户通过 Hybrid 端口共享访问服务器的示例如图 7-4 所示，PC1、PC2 和 Server（服务器），都在同一 IP 网段，但分布

在不同 VLAN 中。现在希望位于 VLAN2 中的 PC1 和位于 VLAN3 中的 PC2 能共享访问位于 VLAN10 中的 Server。

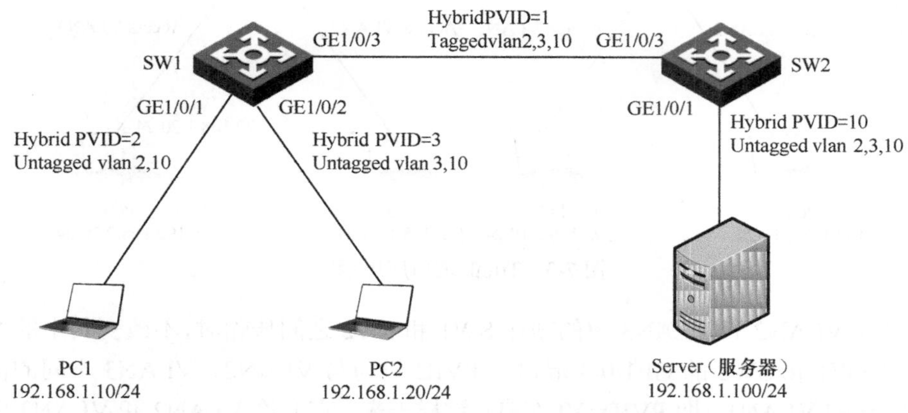

图 7-4 多 VLAN 用户通过 Hybrid 端口共享访问服务器的示例

在这种多 VLAN 共享访问服务器的应用中，连接用户主机和服务器的交换机端口均需要使用 Hybrid 类型，交换机之间相连的链路端口可以使用 Trunk 或 Hybrid 类型端口，只须确保 VLAN2、VLAN3、VLAN10 中的数据帧在链路上传输时，保持原来的 VLAN 标签通过即可。在此，SW1 和 SW2 之间连接的 GE1/0/3 端口以使用 Hybrid 类型端口为例进行介绍，具体配置参见图 7-4 中标注。现介绍 PC1 与 Server 互访过程中 VLAN 帧的转发行为。

① PC1 发送到达 Server 的数据帧，在到达 SW1 的 GE1/0/1 端口时，由于该 Hybrid 端口的 PVID=2，所以会在帧中打上 VLAN2 的标签。

② SW1 根据 MAC 地址表，确定数据帧需从 SW1 的 GE1/0/3 端口转发。由于该 Hybird 端口允许 VLAN2 中的数据帧以带标签方式发送，所以从 GE1/0/3 端口发送时会仍带上 VLAN2 的标签。

③ VLAN2 中的数据帧到达 SW2 的 GE1/0/3 端口后，由于该端口也是允许 VLAN2 中的数据帧通过，所以可以根据 SW2 上的 MAC 地址表，确定数据帧要从 SW2 的 GE1/0/1 端口转发到 Server。

④ 由于 SW2 的 GE1/0/1 端口配置的是允许 VLAN2 中的数据帧以不带标签的方式发送，所以会剥离帧中的 VLAN2 标签，发送到 Server。

以上是 PC1 发送数据到 Server 的过程，与 Server 发送数据到 PC1 的过程类似，具体说明如下。

① Server 发送到达 PC1 的数据帧到了 SW2 的 GE1/0/1 端口时，由于该 Hybrid 端口的 PVID=10，所以会在帧中打上 VLAN10 的标签。

② SW2 根据 MAC 地址表，确定数据帧需从 SW2 的 GE1/0/3 端口转发。由于该 Hybird 端口允许 VLAN10 中的数据帧以带标签的方式发送，所以从 GE1/0/3 端口发送时，仍会带上 VLAN10 的标签。

③ VLAN10 中的数据帧到了 SW1 的 GE1/0/3 端口后，由于该端口也是允许 VLAN10

中的数据帧通过，所以可以根据SW1上的MAC地址表，确定数据帧要从SW1的GE1/0/1端口转发到PC1。

④ 由于SW1的GE0/0/1端口配置的是VLAN10中的数据帧以不带标签的方式发送，所以会剥离帧中的VLAN10标签，发送到PC1。

通过以上分析验证了位于VLAN2中的PC1与位于VLAN10中的Server之间可以成功进行互访，位于VLAN3中的PC2也可以成功与位于VLAN10中的Server互访。具体流程类似，大家可以自己分析一下。这样就实现了不同VLAN中的用户共享同一个服务器的目标。

7.1.3 VLAN划分方式

VLAN可以基于多种方式进行划分，例如基于端口划分VLAN，基于MAC地址划分VLAN，基于IP子网划分VLAN和基于网络协议划分VLAN。如果某个交换机端口下同时配置了这4种VLAN划分方式，则默认情况下，VLAN将按照基于MAC地址划分VLAN→基于IP子网划分VLAN→基于网络协议划分VLAN→基于端口划分VLAN的先后顺序进行匹配。

1. 基于端口划分VLAN

基于端口划分VLAN简称"端口VLAN"，是通过手工配置指定端口所允许加入或允许通过的VLAN，是一种最简单、最有效的静态VLAN划分方式。

采用基于端口划分VLAN后，连接在同一端口下的所有用户均将加入相同的VLAN。同一用户连接在不同端口时所加入的VLAN可能不同。

2. 基于MAC地址划分VLAN

基于MAC地址划分的VLAN简称"MAC VLAN"，是根据报文的源MAC地址进行VLAN划分，属于动态VLAN划分方式。设备维护的MAC VLAN表记录了MAC地址和VLAN的对应关系，同一用户无论连接在哪个交换机端口，所加入的VLAN都不会改变，方便用户移动接入。

MAC VLAN又分为静态MAC VLAN和动态MAC VLAN两种。其中，静态MAC VLAN又根据端口加入MAC VLAN的方式可分为手动配置端口加入静态MAC VLAN和动态触发端口加入静态MAC VLAN两种方式。

（1）手动配置端口加入静态MAC VLAN

手动配置端口加入静态MAC VLAN方式常用于VLAN中用户相对较少的网络环境。在该方式下，用户需要手动配置MAC VLAN表项，在端口上开启基于MAC地址的VLAN功能，**并将其手动加入对应的**MAC VLAN。当这些交换机端口收到不带VLAN标签的报文时，系统会根据报文中的源MAC地址配置匹配的静态MAC VLAN表项，具体匹配流程说明如下。

【注意】手动配置端口加入静态MAC VLAN方式仅在端口收到不带VLAN标签的报文时起作用。当端口收到带VLAN标签的报文时，如果VLAN标签对应的VLAN ID在该端口允许通过的VLAN ID列表里，则转发该报文；否则，丢弃该报文。

① 首先进行模糊匹配，即查询MAC VLAN表中"掩码"字段不是全f的表项，将报文中的"源MAC地址"和MAC VLAN表项中的"掩码"字段值进行逻辑"与"运

算，将结果与 MAC VLAN 表项中的 MAC 地址进行匹配，如果二者完全相同，则模糊匹配成功，给报文添加 MAC VLAN 表项中对应的 VLAN 标签并转发该报文。

② 如果模糊匹配失败，则进行精确匹配，即查询表中"掩码"字段值为全 f 的表项。如果报文中的"源 MAC 地址"与某 MAC VLAN 表项中的"MAC 地址"字段值完全相同，则精确匹配成功，给报文添加 MAC VLAN 表项中对应的 VLAN 标签并转发该报文。

③ 如果没有找到匹配的 MAC VLAN 表项，则继续按照其他原则（例如基于 IP 子网的 VLAN、基于协议的 VLAN、基于端口的 VLAN）确定报文所属的 VLAN，给报文添加对应的 VLAN 标签并转发该报文。

（2）动态触发端口加入静态 MAC VLAN

手动配置静态 MAC VLAN 时，如果不能确定从哪些端口收到指定 VLAN 的报文，就不能把相应端口加入 MAC VLAN。此时可以采用动态触发端口加入静态 MAC VLAN 的方式。在该方式下，也需要手动配置 MAC VLAN 表项，需要在端口上开启基于 MAC 的 VLAN 功能和 MAC VLAN 的动态触发功能，**但不需要手动把端口加入对应的 MAC VLAN 中**。

配置动态触发端口加入静态 MAC VLAN 后，端口在收到报文时，会进行如下判断。

① 首先，判断报文是否携带 VLAN 标签，如果带有 VLAN 标签，则直接获取报文中的源 MAC 地址；如果不带 VLAN 标签，则先按照基于 MAC 地址 VLAN→基于 IP 子网 VLAN→基于协议 VLAN→基于端口 VLAN 的优先次序为该报文添加对应的 VLAN 标签，再获取报文中的源 MAC 地址。然后，根据报文的源 MAC 地址和分配的 VLAN 标签，查询静态 MAC VLAN 表项。

② 如果报文源 MAC 地址与 MAC VLAN 表项中的某一 MAC 地址精确匹配，则检查报文的 VLAN 标签是否与对应表项中的 VLAN ID 一致，如果二者一致，则通过该报文动态触发端口加入相应 VLAN，同时转发该报文；否则，丢弃该报文。

③ 如果报文源 MAC 地址与 MAC VLAN 表项中的所有 MAC 地址都不匹配，当报文 VLAN 标签对应的 VLAN ID 为该端口的 PVID，则判断端口的 VLAN 许可列表中是否包括 PVID，如果包括 PVID，则转发该报文，否则，丢弃该报文。当报文 VLAN 标签对应的 VLAN ID 不是该端口的 PVID，则判断报文 VLAN 标签是否为 Private VLAN 网络中的 Primary VLAN ID，且 PVID 为对应的 Secondary VLAN ID，如果是，则转发该报文；否则，丢弃该报文。Primary VLAN 和 Secondary VLAN 是 Private VLAN 的 VLAN 类型，具体介绍请参见即将出版的配套图书《H3C 交换机学习指南（下册）》。

动态 MAC VLAN 是由接入认证过程来动态决定接入用户报文所属的 VLAN。该功能需要和接入认证功能（例如端口接入控制方式为基于 MAC 地址 IEEE 802.1x 认证）配合使用，以实现终端的安全、灵活接入。在设备上配置动态 MAC VLAN 功能以后，还需要在接入认证服务器上配置用户名和 VLAN 的绑定关系。

如果用户发起认证请求，则接入认证服务器先对用户名和密码进行验证，如果验证通过，则服务器下发 VLAN 信息。此时，设备根据请求报文的源 MAC 地址和下发的 VLAN 信息生成动态 MAC VLAN 表项（要求与已有的静态 MAC VLAN 表项不能冲突），并将 MAC VLAN 添加到端口允许通过的 VLAN 列表中。用户下线后，设备自动删除

MAC VLAN 表项，并将 MAC VLAN 从端口允许通过的 VLAN 列表中删除。

3. 基于 IP 子网划分 VLAN

基于 IP 子网划分 VLAN 简称“子网 VLAN”，是根据报文中源 IP 地址及子网掩码划分的 VLAN，也是一种动态 VLAN 划分方式。设备从端口收到不带 VAN 标签的报文后，会根据报文的源 IP 地址来确定报文所属的 VLAN，然后将报文自动划分到指定 VLAN 中传输。

基于 IP 子网划分 VLAN 主要用于将指定网段或 IP 地址的报文划分到指定的 VLAN 中传送。同一个用户，只要其配置的 IP 地址不变，就可以加入相同的 VLAN 中，无论该用户连接到哪个交换机端口，都可以方便用户移动接入。

4. 基于网络协议划分 VLAN

基于网络协议划分 VLAN 简称“协议 VLAN”，是根据端口接收到的报文所属的网络协议类型及封装格式来给报文进行 VLAN 划分。这也是一种动态 VLAN 划分方式。可用来划分 VLAN 的协议有 IP、IPX、Apple 计算机网络协议（Apple Talk，AT）等，封装格式有 Ethernet II、802.3 raw、802.2 LLC、802.2 SNAP 等。

基于协议划分 VLAN 主要应用于将网络中提供的服务类型与 VLAN 相关联，方便管理和维护。同一个用户，只要其运行的网络协议不变，就可以加入相同的 VLAN 中，无论该用户连接到哪个交换机端口上，都可以方便用户移动接入。

7.2 VLAN 配置

本节将介绍 VLAN 划分方式中的具体配置方法。需要注意的是，VLAN1 为系统默认 VLAN，用户不能手工创建和删除。动态学习到的 VLAN 及被其他应用锁定不让删除的 VLAN，都不能使用 **undo vlan** 命令直接删除，只有将相关配置删除之后，才能删除相应的 VLAN。

7.2.1 创建并配置 VLAN 基本属性

无论是哪种 VLAN 划分方式，都必须先创建对应的 VLAN，还可以为所创建的 VLAN 配置名称和描述信息。VLAN 创建及基本属性的配置步骤见表 7-4。

表 7-4 VLAN 创建及基本属性的配置步骤

步骤	命令	说明
1	**system-view**	进入系统视图
2	**vlan** { *vlan-id-list* | **all** } 例如，[sysname]**vlan** 2 4 **to** 10	创建 VLAN。 • *vlan-id-list*：二选一参数，指定要创建的 VLAN 的列表。表示方式为 *vlan-id-list* = { *vlan-id1* [**to** *vlan-id2*] }<1-32>，*vlan-id* 的取值为 1～4094，*vlan-id2* 的值要大于或等于 *vlan-id1* 的值，<1-32>表示前面的参数最多可以重复输入 32 次，每次以空格分隔。如果仅指定 *vlan- id1*，则表示创建单个 VLAN，然后进入对应的 VLAN 视图；如果同时指定 *vlan-id1*、*vlan-id2*，则表示批量创建多个 VLAN，然后仍处在系统视图中

续表

步骤	命令	说明
2	**vlan** { *vlan-id-list* | **all** } 例如，[sysname]**vlan** 2 4 **to** 10	• **all**：二选一选项，批量创建除了保留 VLAN 的其他所有 VLAN，当设备允许创建的最大 VLAN 数小于 4094 时，不支持该参数。 默认情况下，系统中只有一个默认的 VLAN1，不能删除。可用 **undo vlan** { *vlan-id1* [**to** *vlan-id2*] | **all** }命令删除指定或所有（除了 VLAN1）的 VLAN，但动态学习到的 VLAN 及被其他应用锁定不让删除的 VLAN，都不能使用该命令直接删除。只有将相关配置删除之后，才能删除相应的 VLAN
3	**vlan** *vlan-id* 例如，[sysname] **vlan** 10	（可选）创建指定 VLAN，或进入指定的 VLAN 视图，取值为 1～4094。 默认情况下，系统只有一个默认的 VLAN1
4	**name** *string* 例如，[sysname-vlan10] **name** produ	（可选）指定当前 VLAN 的名称，为 1～32 个字符的描述信息，**区分大小写**。当 VLAN 数量很多的时候，使用名称可以更明确的定位 VLAN。 默认情况下，VLAN 的名称为“VLAN *vlan-id*”，其中，*vlan-id* 为该 VLAN 的 4 位数编号，如果该 VLAN 的编号不足 4 位，则会在编号前增加 0，补齐 4 位。例如 VLAN100 的名称为“VLAN0100”
5	**description** *string* 例如，[sysname-vlan10] **description** produ-vlan	（可选）为 VLAN 指定一个描述字符串，为 1～255 个字符的字符串，**区分大小写**。用户可以根据功能或者用户连接情况，为 VLAN 配置特定的描述信息，以便记忆和管理 VLAN。 默认情况下，VLAN 的描述信息与默认的 VLAN 名称相同，也为“VLAN *vlan-id*”

7.2.2 基于端口的 VLAN 配置

基于端口的 VLAN 划分方式是目前 VLAN 应用中最常用的划分方式，基于端口的 VLAN 配置步骤见表 7-5。它是把二层以太网接口静态分配到对应的 VLAN 中，实现二层端口与 VLAN 的静态绑定。对于同一个端口来说，如果不改变配置，则无论连接的是哪一个设备，这些设备都将被划分或者加入相同的 VLAN 中，进入该端口的不带标签的帧都将打上相同的 VLAN 标签，即该端口的 PVID。

表 7-5 基于端口的 VLAN 配置步骤

步骤	命令	说明
1	**system-view**	进入系统视图
2	**interface** *interface-type interface-number* 例如，[sysname] **interface** GigabitEthernet 1/0/1	进入二层以太网接口视图或二层聚合接口视图
	interface bridge-aggregation *interface-number* 例如，[Sysname] **interface bridge-aggregation** 1	

续表

<table>
<tr><th>步骤</th><th>命令</th><th colspan="2">说明</th></tr>
<tr><td>3</td><td>port link-type { access | trunk | hybrid }
例如，[sysname-GigabitEthernet1/0/1] port link-type access</td><td colspan="2">（可选）配置端口的链路类型为 Access、Trunk 或 Hybrid。Trunk 端口和 Hybrid 端口之间不能相互直接切换，只能先设为 Access 端口，再配置为其他类型端口。
默认情况下，端口的链路类型为 Access</td></tr>
<tr><td rowspan="4">4</td><td>port access vlan vlan-id
例如，[sysname-GigabitEthernet1/0/1] port access vlan 10</td><td rowspan="2">（三选一）配置基于 Access 端口的 VLAN</td><td>（二选一）将当前 Access 类型以太网接口或二层聚合接口加入指定的 VLAN（此 VLAN 必须已创建）中，参数 vlan-id 的取值为 2～4094（不能通过本命令将 Access 端口加入 VLAN1）。
默认情况下，所有 Access 端口均属于且只属于 VLAN1</td></tr>
<tr><td>① quit
② vlan vlan-id
例如，[sysname] vlan 10
③ port interface-list
例如，[sysname-vlan10] port GigabitEthernet 1/0/2 to GigabitEthernet 1/0/4</td><td>（二选一）将指定的 Access 以太网接口（必须事先已确认这些接口为 Access 类型）加入当前 VLAN（此 VLAN 必须已创建，且不能是 VLAN1）中。参数 vlan-id 用来指定要加入的 VLAN 的 VLAN ID，取值为 2～4094，参数 interface- list 用来指定需要添加到当前 VLAN 中的以太网接口列表（可以一次性把多个端口加入同一个 VLAN 中），表示方式为{ interface-type interface-number [to interface-type interface-number] }<1-10>。<1- 10>表示前面的参数最多可以输入 10 次，每次之间用空格分隔，to 前后的接口必须是同一种类型。
默认情况下，所有端口都以 Access 加入 VLAN1</td></tr>
<tr><td>port trunk permit vlan { vlan-id-list | all }
例如，[sysname-GigabitEthernet1/0/1] port trunk permit vlan 2 to 10</td><td rowspan="2">（三选一）配置基于 Trunk 端口的 VLAN</td><td>允许指定的 VLAN 通过当前 Trunk 端口。在 Trunk 端口发送出去的帧中，只有默认 VLAN 的帧不带 VLAN 标签，其他 VLAN 的帧均会保留原来的 VLAN 标签。
• vlan-id-list：指定 Trunk 端口允许通过的 VLAN 范围（配置本命令时，指定的 VLAN 在本地设备可以不存在，但要使该端口接受这些 VLAN 中的报文，必须在配置后，这些 VLAN 在本地设备上创建），表示方式为 vlan-id-list = { vlan-id1 [to vlan-id2] }<1-10>，vlan-id 取值为 1～4094，vlan-id2 的值要大于或等于 vlan-id1 的值，<1-10>表示前面的参数最多可以重复输入 10 次。
• all：表示允许所有 VLAN 通过该 Trunk 端口。
如果多次使用本命令，那么 Trunk 端口上允许通过的 VLAN 是这些 vlan-id-list 的集合。
默认情况下，所有 Trunk 端口只允许 VLAN1 通过</td></tr>
<tr><td>port trunk pvid vlan vlan-id
例如，[sysname-GigabitEthernet1/0/1]port trunk pvid vlan 10</td><td>（可选）设置以上 Trunk 端口的 PVID，参数 vlan-id 用来指定接口的默认 VLAN ID，取值为 1～4094，可以是本地设备不存在的 VLAN。
默认情况下，Trunk 端口的 PVID 为 VLAN1</td></tr>
</table>

续表

步骤	命令	说明	
4	**port hybrid vlan** *vlan-id-list* { **tagged** | **untagged** } 例如，[sysname-GigabitEthernet 1/0/1] **port hybrid vlan** 2 **to** 100 **tagged**	（三选一）配置基于 Hybrid 端口的 VLAN	允许指定的 VLAN 通过当前 Hybrid 端口。 • *vlan-id-list*：指定 Hybrid 类型端口加入的 VLAN 列表，即 Hybrid 端口允许通过的 VLAN 范围，与 **port trunk permit vlan** { *vlan-id-list* | **all** }命令中的 *vlan-id-list* 参数说明相同，**但这些 VLAN 必须是本地设备上当前已创建的 VLAN，否则，该命令执行失败**。 • **tagged**：二选一选项，该端口在转发指定的 VLAN 帧时将携带 VLAN 标签。 • **untagged**：二选一选项，该端口在转发指定的 VLAN 帧时将剥离 VLAN 标签。 如果多次使用本命令，那么 Hybrid 端口上允许通过的 VLAN 是这些 *vlan-id-list* 的集合。 默认情况下，Hybrid 端口只允许该端口在链路类型为 Access 时的所属 VLAN 的报文以 Untagged 方式通过
5	**port hybrid pvid vlan** *vlan-id* 例如，**port hybrid pvid vlan** 10		配置 Hybrid 端口的 PVID。参数 *vlan-id* 用来指定接口默认的 VLAN ID，取值为 1～4094。 默认情况下，Hybrid 端口的 PVID 为该端口在链路类型为 Access 时的所属 VLAN

基于端口的 VLAN 配置好后，可执行以下 **display** 命令查看配置，验证配置结果。

- **display vlan** [*vlan-id1* [**to** *vlan-id2*] | **all**]：查看所有已创建的 VLAN 相关信息。
- **display vlan brief**：查看设备上所有已创建 VLAN 的概要信息。
- **display port** { **hybrid** | **trunk** }：查看设备上存在的 Hybrid 端口或 Trunk 端口。

【注意】在进行基于端口的 VLAN 配置中，需要注意以下事项。

• 在 VLAN 报文传输路径上的各设备必须均已存在该报文外层 VLAN 标签对应的 VLAN，否则，对应设备将无法转发该 VLAN 报文。

• 当执行 **undo vlan** 命令删除的 VLAN 是某个端口的 PVID 时，对于 Access 端口，其端口的 PVID 会恢复到 VLAN1，对于 Trunk 端口或 Hybrid 端口，其端口的 PVID 配置不会改变，即这两类端口可以使用已经不存在的 VLAN 作为端口 PVID。

• 建议保证端口的 PVID 为端口允许通过的 VLAN。如果端口不允许某 VLAN 通过，但是端口的 PVID 为该 VLAN，则端口会丢弃收到的该 VLAN 的报文或者不带 VLAN 标签的报文。

对于 Hybrid 端口和 Trunk 端口，通常将本端设备端口的 PVID 和相连的对端设备端口的 PVID 保持一致，**但不是必须一致**。链路两端 PVID 不一致的 VLAN 通信示例如图 7-5 所示，通过图 7-5 中所示的配置可以使其位于同一网段，分别位于 VLAN10 和 VLAN20 中的 PC1 和 PC2 互通。此处 SW1 的 GE1/0/2 接口和对端 SW2 的 GE1/0/1 接口均为 Trunk 类型，但它们的 PVID 分别设成了 VLAN10 和 VLAN20，二者是不同的。但必须确保通信路径上各设备已存在所收到的报文对应的 VLAN，例如 SW1 上必须存在 VLAN10（不需要存在 VLAN20），因为 SW1 接收不到 VLAN20 的报文，SW2、SW3 必须存在 VLAN20（不需要存在 VLAN10，因为它们接收不到 VLAN10 的报文）。

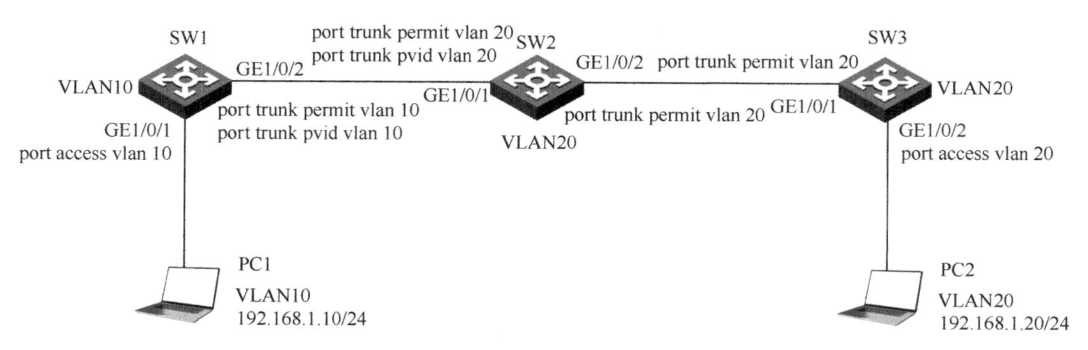

图 7-5　链路两端 PVID 不一致的 VLAN 通信示例

7.2.3　基于端口的 VLAN 配置示例

基于端口的 VLAN 配置示例的拓扑结构如图 7-6 所示，一公司的两个部门中的用户主机 IP 地址均在同一网段。为了减少广播报文的影响，把两个部门中的用户主机划分到不同的 VLAN 中。其中，HostA 和 HostC 属于部门 A，通过不同的交换机接入公司网络，划分到 VLAN100 中；HostB 和 HostD 属于部门 B，也通过不同的交换机接入公司网络，划分到 VLAN200 中。现要求公司网络中同一部门中的用户之间可以直接二层互通，不同部门中的用户不能直接二层互通。

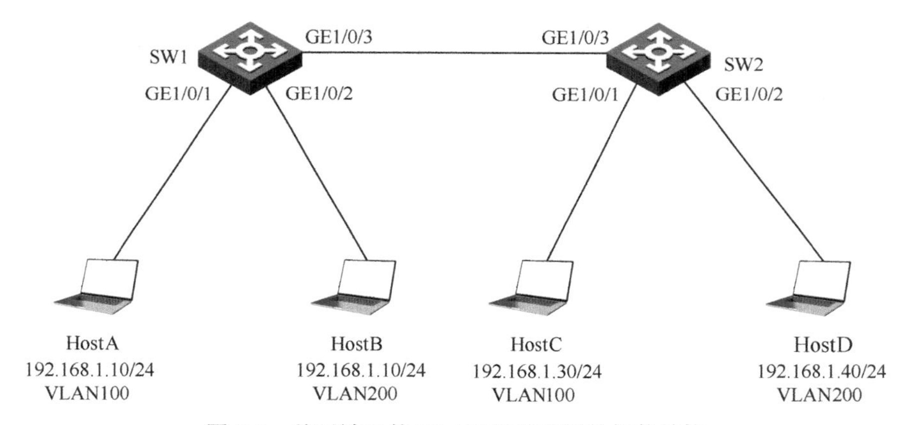

图 7-6　基于端口的 VLAN 配置示例的拓扑结构

1. 基本配置思路分析

二层以太网端口有 Access、Trunk 和 Hybrid 共 3 种类型。其中，Access 端口通常仅应用于不支持 VLAN 特性的连接用户终端设备和网络设备，例如用户主机、服务器、Hub 等。Trunk 端口通常用于网络设备之间的连接，例如交换机之间、交换机与路由器之间，交换机与 AP 之间等。Hybrid 端口同时具备 Access 端口和 Trunk 端口的特性，既可用于连接不支持 VLAN 特性的用户终端设备，也可以连接支持 VLAN 特性的交换机、路由器、AP 等。

本示例中，VLAN100 和 VLAN200 中的用户主机分别连接在不同的交换机上，即要实现多个 VLAN 中用户间跨设备进行二层通信。基于前面的分析可得出，本示例有以下

4 种可行的配置方案。

方案 1：Host 主机与交换机之间的连接采用 Access 端口，交换机之间的连接采用 Trunk 端口。这是最常用的方案。

方案 2：Host 主机与交换机之间的连接采用 Access 端口，交换机之间的连接采用 Hybrid 端口。

方案 3：Host 主机与交换机之间的连接采用 Hybrid 端口，交换机之间的连接采用 Trunk 端口。

方案 4：Host 主机与交换机之间，以及交换机之间的连接均采用 Hybrid 端口。

【注意】Access 端口和 Hybrid 端口所加入的 VLAN 必须是本地设备已存在的 VLAN，否则，加入无效。虽然 Trunk 端口所加入的 VLAN 可以是本地设备不存在的，但要使 VLAN 报文在网络中正确传输，必须确保该报文中外层 VLAN 标签对应的 VLAN 在传输路径中各设备上均已存在（可以是手动创建，也可以是动态注册）。Trunk 端口和 Hybrid 端口的 PVID 所对应的 VLAN 可以是本地设备不存在的，通常链路两端的 PVID 配置一致，但也可以不一致，具体要根据实际配置需求而定。

2. 具体配置步骤

下面针对前面分析的 4 种可行配置文案依次介绍其具体的配置方法。

① 方案 1：Host 主机与交换机之间的连接采用 Access 端口，交换机之间的连接采用 Trunk 端口。这是最常用的方案。

本方案中，需要先在 SW1 和 SW2 上同时创建 VLAN100 和 VLAN200，然后把 SW1 和 SW2 交换机连接各用户主机的 GE1/0/1、GE1/0/2 端口配置为 Access（默认为 Access，其他不需要配置），加入对应的 VLAN 中；把 SW1 与 SW2 之间连接的 GE1/0/3 端口配置为 Trunk，同时允许 VLAN100 和 VLAN200 通过，PVID 保持默认的 VLAN1 即可。

之所以不修改 Trunk 端口 GE1/0/3 的 PVID，是因为其目标是使 VLAN100 和 VLAN200 中的用户数据帧在 SW1 和 SW2 之间传输时，保持原来的 VLAN 标签不变，这样对端交换机收到数据帧后可以按照原来的 VLAN 标签，正确地把数据帧传输到目标端。

因为本示例中 SW1 和 SW2 的配置相同，所以在此仅以 SW1 上的配置为例进行介绍，具体配置如下。

```
<H3C> system-view
[H3C] sysname SW1
[SW1] vlan 100    #--- 创建 VLAN100
[SW1-vlan100] port gigabitethernet 1/0/1    #--- 将 GE1/0/1 接口以 Access 端口加入 VLAN100
[SW1-vlan100] quit
[SW1] vlan 200
[SW1-vlan200] port gigabitethernet 1/0/2
[SW1-vlan200] quit
```

GE1/0/1 和 GE10/2 接口基于 Access 端口的 VLAN 划分还可以采用以下配置（也要先创建 VLAN100 和 VLAN200），具体配置如下。

```
[SW1] interface gigabitethernet 1/0/1
[SW1-GigabitEthernet1/0/1] port access vlan 100   #---把 GE1/0/1 接口以 Access 端口加入 VLAN100 中
[SW1-GigabitEthernet1/0/1]quit
[SW1] interface gigabitethernet 1/0/2
[SW1-GigabitEthernet1/0/2] port access vlan 200
[SW1-GigabitEthernet1/0/2]quit
```

SW1 和 SW2 之间的 Trunk 端口 VLAN 的具体配置如下。

```
[SW1] interface gigabitethernet 1/0/3
[SW1-GigabitEthernet1/0/3] port link-type trunk #---将 GE1/0/3 接口配置为 Trunk 端口
[SW1-GigabitEthernet1/0/3] port trunk permit vlan 100 200 #--- 允许 VLAN100 和 VLAN200 的帧发送
[SW1-GigabitEthernet1/0/3]quit
```

以上配置完成后，在 SW1、SW2 可执行 **display vlan** 命令，查看交换机上的 VLAN 信息。在 SW1 上执行 **display vlan** 命令的输出如图 7-7 所示，从图 7-7 中可以看出，SW1 上除了默认存在的 VLAN1，还创建了 VLAN100 和 VLAN200 这两个 VLAN。

```
[SW1]display vlan
 Total VLANs: 3
 The VLANs include:
 1(default), 100, 200
[SW1]
```

图 7-7　在 SW1 上执行 **display vlan** 命令的输出

配置好各用户主机的 IP 地址，没有划分 VLAN 时，因为 4 个用户主机的 IP 地址在网一 IP 网段，且中间没有隔离三层设备，所以均可直接二层互通。划分 VLAN 后，即仅在同一 VLAN 中的用户可以直接二层互通。此时可在各用户主机上执行 ping 进行测试。

在 Host A 上分别 ping HostB、HostC 和 HostD 的结果如图 7-8 所示。HostA 可以成功 ping 通与其同位于 VLAN100 的 HostC，尽管这 4 个用户主机的 IP 地址均在同一网段，但却 ping 不通位于 VLAN200 的 HostB 和 HostD。同理，HostB 可以成功 ping 通与其同位于 VLAN200 的 HostD，但却 ping 不通位于 VLAN100 的 HostA 和 HostC。

```
<H3C>ping 192.168.1.30
Ping 192.168.1.30 (192.168.1.30): 56 data bytes, press CTRL_C to break
Request time out
Request time out
Request time out
Request time out
Request time out

--- Ping statistics for 192.168.1.30 ---
5 packet(s) transmitted, 0 packet(s) received, 100.0% packet loss
<H3C>%Nov 29 14:57:43:928 2023 H3C PING/6/PING_STATISTICS: Ping statistic
s for 192.168.1.30: 5 packet(s) transmitted, 0 packet(s) received, 100.0%
 packet loss.

<H3C>ping 192.168.1.30
Ping 192.168.1.30 (192.168.1.30): 56 data bytes, press CTRL_C to break
56 bytes from 192.168.1.30: icmp_seq=0 ttl=255 time=2.532 ms
56 bytes from 192.168.1.30: icmp_seq=1 ttl=255 time=1.077 ms
56 bytes from 192.168.1.30: icmp_seq=2 ttl=255 time=1.067 ms
56 bytes from 192.168.1.30: icmp_seq=3 ttl=255 time=3.346 ms
56 bytes from 192.168.1.30: icmp_seq=4 ttl=255 time=2.073 ms

--- Ping statistics for 192.168.1.30 ---
5 packet(s) transmitted, 5 packet(s) received, 0.0% packet loss
round-trip min/avg/max/std-dev = 1.067/2.019/3.346/0.874 ms
<H3C>%Nov 29 14:59:01:174 2023 H3C PING/6/PING_STATISTICS: Ping statistic
s for 192.168.1.30: 5 packet(s) transmitted, 5 packet(s) received, 0.0% p
acket loss, round-trip min/avg/max/std-dev = 1.067/2.019/3.346/0.874 ms.

<H3C>ping 192.168.1.20
Ping 192.168.1.20 (192.168.1.20): 56 data bytes, press CTRL_C to break
Request time out
Request time out
Request time out
Request time out
Request time out

--- Ping statistics for 192.168.1.20 ---
5 packet(s) transmitted, 0 packet(s) received, 100.0% packet loss
```

图 7-8　在 Host A 上分别 ping HostB、HostC 和 HostD 的结果

② 方案 2：Host 主机与交换机之间的连接采用 Access 端口，交换机之间的连接采用 Hybrid 端口。

本方案中，交换机上连接各用户主机的端口配置与方案 1 相同，参见即可（也要先创建 VLAN100 和 VLAN200）。二者不同的是，SW1 与 SW2 之间连接的 GE1/0/3 接口要配置为 Hybrid。此时也需要确保 VLAN100、VLAN200 中的用户发送的数据帧在经过 2 台交换机之间连接的链路时，保持原来的 VLAN 标签不变，即要使 VLAN100、VLAN200 中的数据帧带 VLAN 标签发送，端口的 PVID 保持默认即可。

因为 SW1 和 SW2 上的配置相同，所以在此仅以 SW1 上的 GE1/0/3 接口的配置为例进行介绍，具体配置如下。

```
[SW1] interface gigabitethernet 1/0/3
[SW1-GigabitEthernet1/0/3] port link-type hybrid
[SW1-GigabitEthernet1/0/3] port hybrid vlan 100 200 tagged #---配置 GE1/0/3 接口以带 VLAN 标签的方式发送数据帧
[SW1-GigabitEthernet1/0/3] quit
```

以上配置完成后，同样可以实现同在 VLAN100 中的用户主机 HostA 和 HostC 能直接互通，同在 VLAN200 中的用户主机 HostB 和 HostD 能直接互通。但不同 VLAN 中的用户主机不能互通。

③ 方案 3：Host 主机与交换机之间的连接采用 Hybrid 端口，交换机之间的连接采用 Trunk 端口。

本方案中，SW1 与 SW2 之间连接的 GE1/0/3 端口的配置与方案 1 相同，参见即可（也要先创建 VLAN100 和 VLAN200）。二者不同的是，2 台交换机连接各用户主机的 GE1/0/1 和 GE1/0/2 接口均采用 Hybrid 端口。此时要配置这两个 Hybrid 端口的接口允许对应 VLAN 的数据帧以不带 VLAN 标签的方式通过（因为主机不能识别带 VLAN 标签的数据帧），并且其 PVID 值为对应的 VLAN，使接口在收到不带 VLAN 标签的数据帧时可打上对应的 VLAN 标签。

因为 SW1 和 SW2 上的配置相同，所以在此仅以 SW1 上的配置为例进行介绍，具体配置如下。

```
[SW1] interface gigabitethernet 1/0/1
[SW1-GigabitEthernet1/0/1] port link-type hybrid
[SW1-GigabitEthernet1/0/1] port hybrid vlan 100 untagged  #---配置 GE1/0/1 接口以不带 VLAN 标签的方式发送数据帧
[SW1-GigabitEthernet1/0/1] port hybrid pvid vlan 100    #---配置 GE1/0/1 接口的 PVID 为 VLAN100
[SW1-GigabitEthernet1/0/1] quit
[SW1] interface gigabitethernet 1/0/2
[SW1-GigabitEthernet1/0/2] port link-type hybrid
[SW1-GigabitEthernet1/0/2] port hybrid vlan 200 untagged
[SW1-GigabitEthernet1/0/2] port hybrid pvid vlan 200
[SW1-GigabitEthernet1/0/2] quit
```

以上配置完成后，同样可以实现相同 VLAN 中的主机可以直接互通，不同 VLAN 中的主机不能直接互通。

④ 方案 4：Host 主机与交换机之间，以及交换机之间的连接均采用 Hybrid 端口。

本方案中，Host 主机与交换机连接的 GE1/0/1 和 GE1/0/2 接口的配置与方案 3 一样，SW1 与 SW2 之间连接的 GE1/0/3 接口的配置与方案 2 相同，参见即可。配置完成后，同样可以实现相同 VLAN 中的主机可以直接互通，不同 VLAN 中的主机不能直接互通。

7.2.4 基于 MAC 地址的 VLAN 配置

根据 7.1.3 节介绍，基于 MAC 的 VLAN 有手动配置静态 MAC VLAN、动态触发端口加入静态 MAC VLAN 和动态 MAC VLAN 3 种。

1. 手动配置静态 MAC VLAN

手动配置静态 MAC VLAN 功能要先手动创建单个或一类 MAC 地址与 MAC VLAN 的映射表项，然后在对应的 Hybrid 端口（**可以是二层聚合接口**）下配置允许 MAC VLAN 通过，并且启用 MAC VLAN 功能，手动配置静态 MAC VLAN 的步骤见表 7-6。

表 7-6 手动配置静态 MAC VLAN 的步骤

<table>
<tr><th>步骤</th><th>命令</th><th>说明</th></tr>
<tr><td>1</td><td>system-view</td><td>进入系统视图</td></tr>
<tr><td>2</td><td>mac-vlan mac-address mac-addr [mask mac-mask] vlan vlan-id [dot1q priority]
例如，[Sysname] mac-vlan mac-address 0-1-2 vlan 100 dot1q 7</td><td>配置 MAC 地址与 VLAN 的映射表项。
• mac-address mac-address：指定要与对应 VLAN 关联的 MAC 地址。
• mask mac-mask：可选参数，指定 MAC 地址掩码（十六进制格式），与参数 mac-address 一起共同指定一个 MAC 地址范围。对应的二进制值中高位的 1 必须连续。默认值为全 f，表示精确匹配。
• vlan vlan-id：指定与上述 MAC 地址关联的 VLAN（即 MAC VLAN），取值为 1～4094。该 VLAN 必须是静态 VLAN，即本地手工创建的 VLAN。
• dot1q priority：可选参数，指定以上 VLAN 帧的 802.1p 优先级，取值为 0～7，默认值为 0（其值越大，优先级越高）。
默认没有配置任何 MAC 地址与 VLAN 的映射表</td></tr>
<tr><td rowspan="2">3</td><td>interface interface-type interface-number
例如，[Sysname] interface gigabitethernet 1/0/1</td><td rowspan="2">进入二层以太网接口视图或二层聚合接口视图</td></tr>
<tr><td>interface bridge-aggregation interface-number
例如，[Sysname] interface bridge-aggregation 1</td></tr>
<tr><td>4</td><td>port link-type hybrid
例如，[Sysname-gigabitethernet1/0/1] port link-type hybrid</td><td>配置端口的链路类型为 Hybrid 端口</td></tr>
<tr><td>5</td><td>port hybrid vlan vlan-id-list { tagged | untagged }
例如，[Sysname-gigabitethernet1/0/1] port hybrid vlan 100 untagged</td><td>指定允许通过的 VLAN 列表，包括 MAC VLAN。选择 untagged 选项时，表示接口允许以不带标签方式发送指定的 VLAN 帧；选择 tagged 选项时，表示接口允许以带标签的方式发送指定的 VLAN 帧。
默认情况下，Hybrid 端口只允许该端口在链路类型为 Access 时所属 VLAN 的报文以 Untagged 方式通过</td></tr>
<tr><td>6</td><td>mac-vlan enable
例如，[Sysname-gigabitethernet1/0/1] mac-vlan enable</td><td>启用 MAC VLAN 功能。
默认情况下，MAC VLAN 功能处于关闭状态</td></tr>
<tr><td>7</td><td>vlan precedence mac-vlan
例如，[Sysname-GigabitEthernet1/0/1] vlan precedence mac-vlan</td><td>（可选）配置接口优先根据 MAC 地址来匹配 VLAN。
默认情况下，基于 MAC 的 VLAN 优先级高于基于 IP 子网的 VLAN</td></tr>
</table>

2. 动态触发端口加入静态 MAC VLAN

当端口接收报文的源 MAC 地址精确匹配了某 MAC VLAN 表项时，会动态触发端口加入该 MAC VLAN 表项中对应的 VLAN。此时，如果端口之前未配置允许该 VLAN 通过，则端口自动以 Untagged 方式加入该 VLAN；如果端口此前已配置允许该 VLAN 通过，则不改变原有配置。当端口对 MAC VLAN 中的报文进行转发时，根据 MAC VLAN 的优先级（MAC 地址对应 VLAN 的 802.1p 优先级）高低来决定报文传输的优先程度。

动态触发端口加入静态 MAC VLAN 的功能是，首先创建单个（**不是一类**）MAC 地址与 MAC VLAN 的静态映射关系，然后在对应的 Hybrid 端口（**不能是二层聚合接口**）下配置允许该 MAC VLAN 通过，并启用 MAC VLAN 功能和 MAC VLAN 动态触发功能。动态触发端口加入静态 MAC VLAN 的配置步骤见表 7-7。

表 7-7 动态触发端口加入静态 MAC VLAN 的配置步骤

步骤	命令	说明
1	**system-view**	进入系统视图
2	**mac-vlan mac-address** *mac-address* **vlan** *vlan-id* [**dot1q** *priority*] 例如，[Sysname] **mac-vlan mac-address** 0-1-2 **vlan** 100 **dot1q** 7	配置 MAC 地址与 VLAN 的映射表项。其他说明参见表 7-6 的第 2 步，**但此处没有 MAC 地址掩码（mask）配置，因此，只能配置单个 MAC 地址与 MAC VLAN 的映射关系**
3	**interface** *interface-type interface-number* 例如，[Sysname] **interface** gigabitethernet 1/0/1	进入二层以太网接口视图
4	**port link-type hybrid** 例如，[Sysname-gigabitethernet1/0/1] **port link-type hybrid**	配置端口的链路类型为 Hybrid 端口
5	**port hybrid vlan** *vlan-id-list* { **tagged** | **untagged** } 例如，[Sysname-gigabitethernet1/0/1] **port hybrid vlan** 100 **untagged**	指定允许通过的 VLAN 列表。其他说明参见表 7-6 中的第 5 步
6	**mac-vlan enable** 例如，[Sysname-gigabitethernet1/0/1] **mac-vlan enable**	启用 MAC VLAN 功能。 默认情况下，MAC VLAN 功能处于关闭状态
7	**mac-vlan trigger enable** 例如，[Sysname-gigabitethernet1/0/1] **mac-vlan trigger enable**	启用 MAC VLAN 的动态触发功能。启用后，只有接口接收的报文的源 MAC 地址精确匹配了 MAC VLAN 表项，才会动态触发该接口加入相应的 VLAN。 默认情况下，MAC VLAN 的动态触发功能处于关闭状态
8	**vlan precedence mac-vlan** 例如，[Sysname-GigabitEthernet1/0/1] **vlan precedence mac-vlan**	（可选）配置接口优先根据 MAC 地址来匹配 VLAN。其他说明参见表 7-6 中的第 7 步
9	**port pvid forbidden** 例如，[Sysname-GigabitEthernet1/0/1] **port pvid forbidden**	（可选）配置当报文源 MAC 地址与 MAC VLAN 表项的 MAC 地址未精确匹配时，禁止该报文在 PVID 内转发。 默认情况下，当报文源 MAC 地址与 MAC VLAN 表项的 MAC 地址未精确匹配时，允许该报文在 PVID 内转发

【注意】配置动态触发端口加入静态 MAC VLAN 时，需要注意以下事项。

- 在同一端口上同时进行手动配置静态MAC VLAN和配置动态触发端口加入静态MAC VLAN时，该端口选择使用动态触发方式加入静态MAC VLAN。
- 同时配置动态触发端口加入静态MAC VLAN和802.1x，或MAC地址认证功能，会影响802.1x，或MAC地址认证功能的正常工作。
- 同时配置动态触发端口加入静态MAC VLAN与禁止MAC地址学习功能，会使仅精确匹配了MAC VLAN表项的报文能够正常转发，未精确匹配的报文将被丢弃。
- 如果同时使用动态触发端口加入静态MAC VLAN和多生成树协议（Multiple Spanning Tree Protocol，MSTP），则端口在要加入的MAC VLAN对应的MSTP实例中，如果是阻塞状态，则会丢弃收到的报文，造成MAC地址不能传送，动态触发端口加入静态MAC VLAN失败。
- 如果同时使用动态触发端口加入静态MAC VLAN和每VLAN生成树(Per-VLAN Spanning Tree，PVST)，则在端口要加入的MAC VLAN不是端口允许通过的VLAN时，使端口处于阻塞状态，丢弃收到的报文，造成MAC地址不能传送，动态触发端口加入静态MAC VLAN失败。

【说明】比较表7-6和表7-7的配置步骤可以看出，两种静态MAC VLAN实现方式的配置步骤非常类似，二者的主要区别如下。

① 动态触发MAC VLAN方式仅在帧中源MAC地址与MAC-VLAN映射表项的MAC地址完全匹配时，才会应用MAC VLAN功能，为帧打上对应的VLAN标签，而手动静态配置MAC VLAN方式可以不精确匹配。

② 动态触发端口加入MAC VLAN功能只能在Hybrid类型的二层以太网接口下配置，而手动配置静态MAC VLAN功能还可以在二层聚合接口下配置。

③ 在动态触发端口加入静态MAC VLAN功能中，除了需要启用MAC VLAN功能，还需要启用MAC VLAN动态触发功能，而手动静态配置MAC VLAN仅需启用MAC VLAN功能。

3. 动态MAC VLAN

动态MAC VLAN不需要手动创建MAC地址与VLAN的静态映射关系，但需要在对应的Hybrid端口（**可以是二层聚合接口**）下配置允许MAC VLAN通过，启用MAC VLAN功能，并且在该端口下还必须同时配置802.1x认证，或MAC地址认证功能，在认证服务器上配置用户名和VLAN的绑定关系。动态MAC VLAN的配置步骤见表7-8。

表7-8 动态MAC VLAN的配置步骤

步骤	命令	说明
1	**system-view**	进入系统视图
2	**interface** *interface-type interface-number* 例如，[Sysname] **interface** gigabitethernet 1/0/1	进入二层以太网接口视图或二层聚合接口视图
	interface bridge-aggregation *interface-number* 例如，[Sysname] **interface bridge-aggregation** 1	

续表

步骤	命令	说明
3	**port link-type hybrid** 例如，[Sysname-gigabitethernet1/0/1] **port link-type hybrid**	配置端口的链路类型为 Hybrid 端口
4	**port hybrid vlan** *vlan-id-list* { **tagged** | **untagged** } 例如，[Sysname-gigabitethernet1/0/1] **port hybrid vlan** 100 **untagged**	指定允许通过的 VLAN 列表。其他说明参见表 7-6 中的第 5 步
5	**mac-vlan enable** 例如，[Sysname-gigabitethernet1/0/1] **mac-vlan enable**	启用 MAC VLAN 功能。 默认情况下，MAC VLAN 功能处于关闭状态
6	配置接入认证功能。请至少选择 802.1x 认证、MAC 地址认证中的一项进行配置，在接入认证服务器上配置用户名和 VLAN 的绑定关系	

配置好了基于 MAC 地址 VLAN 功能后，可在交换机上执行以下 **display** 命令查看配置，验证配置结果。

- **display mac-vlan** { **all** | **dynamic** | **mac-address** *mac-address* [**mask** *mac-mask*] | **static** | **vlan** vlan-*id* }:查看创建的所有或指定的静态、动态 MAC VLAN 表项。
- **display mac-vlan interface**：查看所有开启了 MAC VLAN 功能的接口。

7.2.5 手动配置静态 MAC VLAN 示例

手动配置静态 MAC VLAN 示例的拓扑结构如图 7-9 所示，SW2 和 SW3 的 GE1/0/2 接口分别连接到两个会议室，Lap1 和 Lap2 是其中的两台会议用笔记本计算机，MAC 地址分别为 ac5b-0489-0600、ac5a-c392-0700。使用时，Lap1 和 Lap2 要分别供两个部门的员工使用，两个部门之间使用 VLAN100 和 VLAN200 进行隔离。现要求这两台笔记本计算机无论在哪个会议室使用，均只能访问自己部门的服务器，即 Server1 或 Server2。

1. 基本配置思路

本示例中，用户主机的 MAC 地址和所要分配的 VLAN 都是确定的，因此，可采用静态 MAC VLAN 方式进行 VLAN 划分，配置静态 MAC 地址与 VLAN 映射的 MAC VLAN 表项，使 Lap1 和 Lap2 发送的帧在进入端口后分别打上 VLAN100、VLAN200 的标签。需要注意的是，Lap1、Lap2 可以在两个会议室之间移动使用，因此，SW2 和 SW3 的 GE1/0/2 和 GE1/0/3 端口需要同时允许 VLAN100 和 VLAN200 通过。

2. 具体配置步骤

① 在 SW2 和 SW3 上分别创建 VLAN100 和 VLAN200，以及 Lap1 MAC 地址 ac5b-0489-0600 与 VLAN100 的映射表项，Lap2 MAC 地址 ac5a-c392-0700 与 VLAN200 的映射表项。

本示例 SW2 和 SW3 上的配置相同，因此，在此仅以 SW2 上的配置为例进行介绍，具体配置如下。

```
<H3C> system-view
[H3C] sysname SW2
```

```
[SW2] vlan 100
[SW2-vlan100] quit
[SW2] vlan 200
[SW2-vlan200] quit
[SW2] mac-vlan mac-address ac5b-0489-0600 vlan 100   #---配置 MAC 地址 ac5b-0489-0600 与 VLAN100 之间的映射
[SW2] mac-vlan mac-address ac5a-c392-0700 vlan 200
```

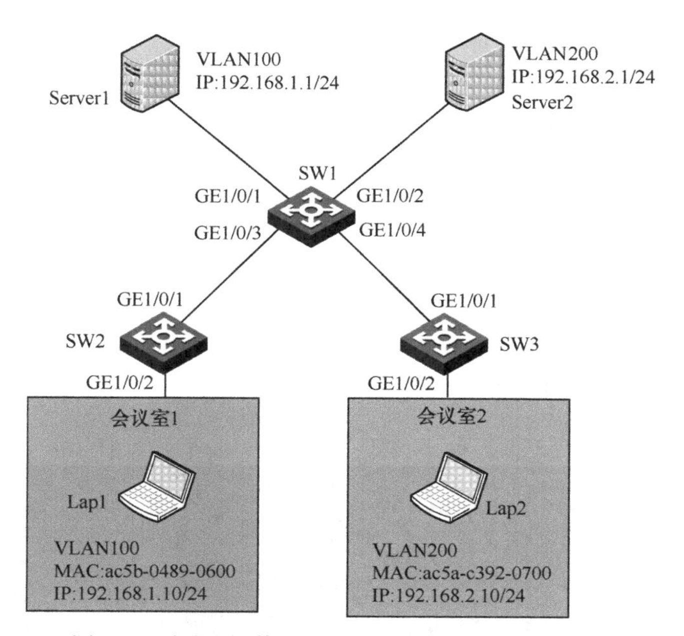

图 7-9　手动配置静态 MAC VLAN 示例的拓扑结构

② 在 SW2、SW3 上配置 GE1/0/1 端口为 Trunk，同时允许 VLAN100 和 VLAN200 以带标签的方式通过；配置 GE1/0/2 端口为 Hybrid，允许以不带标签的方式发送 VLAN100 和 VLAN200 中的数据帧，并且启用 MAC VLAN 功能。

本示例 SW2 和 SW3 上的配置相同，因此，在此仅以 SW2 上的配置为例进行介绍，具体配置如下。

```
[SW2] interface GigabitEthernet1/0/1
[SW2-GigabitEthernet1/0/1] port link-type trunk
[SW2-GigabitEthernet1/0/1] port trunk permit vlan 100 200
[SW2-GigabitEthernet1/0/1] quit
[SW2] interface GigabitEthernet1/0/2
[SW2-GigabitEthernet1/0/2] port link-type hybrid
[SW2-GigabitEthernet1/0/2] port hybrid vlan 100 200 untagged
[SW2-GigabitEthernet1/0/2] mac-vlan enable
[SW2-GigabitEthernet1/0/2] quit
```

③ 在 SW1 上配置 GE1/0/3 和 GE10/4 配置为 Trunk，同时允许 VLAN100 和 VLAN200 以带标签的方式通过；把 GE1/0/1 和 GE1/0/2 端口配置为 Access，分别加入 VLAN100 和 VLAN200 中，具体配置如下。

```
<SH3C> system-view
[H3C] sysname SW1
[SW1] vlan 100
```

```
[SW1-vlan100] port gigabitethernet 1/0/1
[SW1-vlan100] quit
[SW1] vlan 200
[SW1-vlan200] port gigabitethernet 1/0/2
[SW1-vlan200] quit
[SW1] interface GigabitEthernet1/0/3
[SW1-GigabitEthernet1/0/3] port link-type trunk
[SW1-GigabitEthernet1/0/3] port trunk permit vlan 100 200
[SW1-GigabitEthernet1/0/3] quit
[SW1] interface GigabitEthernet1/0/4
[SW1-GigabitEthernet1/0/4] port link-type trunk
[SW1-GigabitEthernet1/0/4] port trunk permit vlan 100 200
[SW1-GigabitEthernet1/0/4] quit
```

3. 配置结果验证

以上配置完成后，在 SW2 和 SW3 上执行 **display mac-vlan all** 命令可查看到 Lap1 与 VLAN100、Lap2 与 VLAN200 建立的静态 MAC VLAN 地址表项；执行 **display mac-vlan interface** 命令可查看已启用了 MAC VLAN 功能的接口。在 SW3 上执行 **display mac-vlan all** 命令的输出如图 7-10 所示，在 SW3 上执行以上两条命令的输出，可以看到配置是正确的。

```
[SW3]display mac-vlan all
The following MAC VLAN entries exist:
State: S - Static, D - Dynamic

MAC address       Mask              VLAN ID   Dot1q      State
ac5a-c392-0700    ffff-ffff-ffff    200       0          S
ac5b-0489-0600    ffff-ffff-ffff    100       0          S

Total MAC VLAN entries count: 2
[SW3]display mac-vlan interface
MAC VLAN is enabled on following ports:
GigabitEthernet1/0/2
[SW3]
```

图 7-10　在 SW3 上执行 **display mac-vlan all** 命令的输出

在 Lap1、Lap2 上对两台 Server（服务器）执行 ping 测试，发现无论 Lap1、Lap2 连接 SW1 还是 SW2，Lap1 均只能访问 Server1，不能访问 Server2；Lap2 均只能访问 Server2，不能访问 Server1。

7.2.6　基于 IP 子网的 VLAN 配置

基于 IP 子网的 VLAN 是根据帧源 IPv4 地址及子网掩码来进行划分的，专用于 IPv4 网络。**它主要用于将指定网段或 IPv4 地址发出的帧在指定的 VLAN 中传送，实际意义不大。基于 IP 子网 VLAN 的划分也仅适用于 Hybrid 端口，而且进入端口的帧必须是不带 VLAN 标签的。**当 Hybrid 端口接收到不带 VLAN 标签的帧后，会根据帧的源 IPv4 地址来确定帧所属的 VLAN，然后将帧自动指定到对应的 VLAN 中传输。当 Hybrid 端口收到带 VLAN 标签的帧时，会采用基于端口划分方式进行处理。

基于 IP 子网的 VLAN 首先要定义 IPv4 子网与 VLAN 之间的映射关系，然后在具体 Hybrid 端口接口下与这个映射关系进行绑定。基于 IP 子网的 VLAN 配置步骤见表 7-9。基本的配置思路如下。

① 在对应 VLAN 视图下定义与某一 IPv4 子网的映射关系。

② 把要启用基于 IPv4 子网 VLAN 划分的端口转换成 Hybrid，并指定允许或者不允许带 VLAN 标签方式发送的 VLAN 帧（是否允许带 VLAN 标签发送 VLAN 帧要根据具体需求而定）。

③ 在具体 Hybrid 接口视图下，把该端口与对应的基于 IPv4 子网 VLAN 进行绑定。

表 7-9　基于 IP 子网的 VLAN 配置步骤

步骤	命令	说明
1	**system-view**	进入系统视图
2	**vlan** *vlan-id* 例如，[sysname] **vlan** 10	进入 VLAN 视图
3	**ip-subnet-vlan** [*ip-subnet-index*] **ip** *ip-address* [*mask*] 例如，[Sysname-vlan10] **ip-subnet-vlan ip** 192.168.1.0 255.255.255.0	配置当前 VLAN 与指定 IPv4 子网建立映射关系。 • *ip-subnet-index*：可选参数，用于指定一个 IPv4 子网索引值，取值为 0～65535。子网索引可以由用户指定，也可以由系统根据 IPv4 子网或 IPv4 地址与 VLAN 关联的先后顺序自动编号产生。 • **ip** *ip-address* [*mask*]：指定作为子网 VLAN 划分依据的源 IPv4 地址（一个 IPv4 地址代表一个子网）或网络地址，*ip-address* 表示源 IPv4 地址或网络地址，采用点分十进制格式；*mask* 表示子网掩码，采用点分十进制格式，默认值为 255.255.255.0。 VLAN 关联的 IPv4 网段，或 IPv4 地址不能是组播网段或组播地址。如果定义好 VLAN 与指定 IPv4 子网关联后，则与该 IPv4 地址在同一网段的帧都会打上相同的 VLAN 标签。**一个 VLAN 只能映射一个 IPv4 子网**。 默认情况下，没有配置任何 IPv4 子网与 VLAN 关联
4	**quit**	退回系统视图
5	**interface** *interface-type interface-number* 例如，[Sysname] **interface** gigabitethernet 2/0/1	进入以太网接口视图或二层聚合接口视图
	interface bridge-aggregation *interface-number* 例如，[Sysname] **interface bridge-aggregation** 1	
6	**port link-type hybrid** 例如，[Sysname-Bridge-Aggregation1] **port link-type hybrid**	配置端口的链路类型为 Hybrid
7	**port hybrid vlan** *vlan-id-list* **untagged** 例如，[Sysname-Bridge-Aggregation1] **port hybrid vlan** 10 **untagged**	指定允许通过的 VLAN 列表，参数说明见表 7-6 第 5 步。但端口仅对接收的不带标签的帧启用基于 IP 协议 VLAN 划分功能

续表

步骤	命令	说明
8	**port hybrid ip-subnet-vlan vlan** *vlan-id* 例如，[Sysname-GigabitEthernet2/0/1] **port hybrid ip-subnet-vlan** vlan 10	配置以上 Hybrid 端口与子网 VLAN 关联。参数 *vlan-id* 用来指定已在前面第 2 步与某个 IPv4 子网建立了映射关系的 VLAN 的编号，取值为 1～4094。但端口在与基于 IPv4 子网的 VLAN 进行关联之前，必须已经允许该 VLAN 通过，否则，不允许进行关联。端口和基于 IPv4 子网的 VLAN 关联后，端口收到不带 VLAN 标签的帧后，会根据帧的源 IPv4 地址判断该地址是否属于某个子网的地址，如果属于该地址，则将关联的子网 VLAN 的标签添加到帧头中。 默认情况下，端口没有与任何 VLAN 关联

基于 IP 子网的 VLAN 配置好后，可在交换机上执行以下 **display** 命令查看配置，验证配置结果，具体说明如下。

- **display ip-subnet-vlan interface** { *interface-type interface-number1* [**to** *interface-type interface-number2*] | **all** }：查看接口关联的子网 VLAN 的信息。
- **display ip-subnet-vlan vlan** { *vlan-id1* [**to** *vlan-id2*] | **all** }：查看指定的或所有子网 VLAN 的信息。

7.2.7 基于 IP 子网 VLAN 配置示例

基于 IP 子网 VLAN 配置示例的拓扑结构如图 7-11 所示，办公区内的主机被配置到 192.168.5.0/24 和 10.200.50.0/24 子网中。现要求通过配置 IP 子网 VLAN 功能，使 SW1 交换机能够将从 GE1/0/3 端口收到的帧，根据源主机所属不同的网段，在不同的 VLAN 内分别传输，并到达指定的网关（R1 或 R2）。其中，192.168.5.0/24 网段的帧分发到 VLAN100 中传输，10.200.50.0/24 网段的帧分发到 VLAN200 中传输。

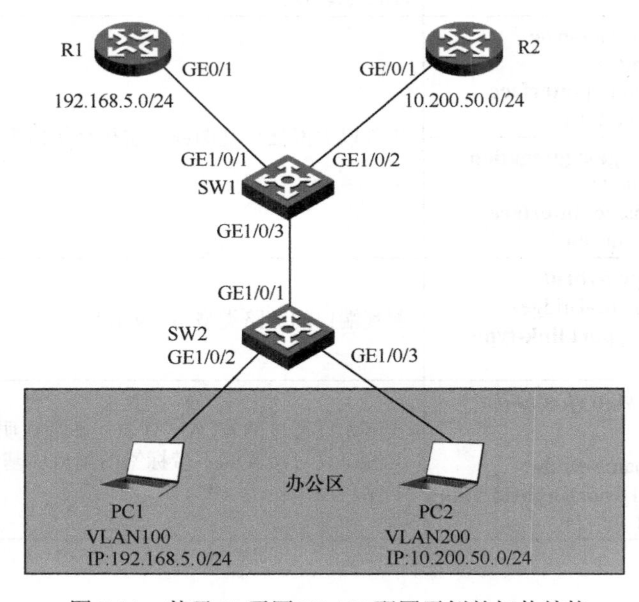

图 7-11　基于 IP 子网 VLAN 配置示例的拓扑结构

1. 具体配置步骤

① 在SW1上创建VLAN100、VLAN200，并且建立VLAN100与192.168.5.0/24子网的映射关系，VLAN200与10.200.50.0/24子网的映射关系，具体配置如下。

```
<H3C> system-view
[H3C] sysname SW1
[SW1] vlan 100
[SW1-vlan100] ip-subnet-vlan ip 192.168.5.0 255.255.255.0
[SW1-vlan100] quit
[SW1] vlan 200
[SW1-vlan200] ip-subnet-vlan ip 10.200.50.0 255.255.255.0
[SW1-vlan200] quit
```

② 在SW1上把连接两路由器的GE1/0/1和GE1/0/2端口配置成Access（也可以是Hybrid端口，并以不带标签的方式发送对应的VLAN帧）端口，分别加入VLAN100和VLAN200中；把GE1/0/3端口转换成Hybrid端口，同时配置VLAN100和VLAN200的帧以不带VLAN标签的方式发送（假设下面的接入层交换机全部采用默认配置），并配置其与VLAN100、VLAN200关联，具体配置如下。

```
[SW1] vlan 100
[SW1-vlan100] port GigabitEthernet 1/0/1
[SW1-vlan100] quit
[SW1] vlan 200
[SW1-vlan200] port GigabitEthernet 1/0/2
[SW1] interface GigabitEthernet 1/0/3
[SW1-GigabitEthernet1/0/3] port link-type hybrid
[SW1-GigabitEthernet1/0/3] port hybrid vlan 100 200 untagged
[SW1-GigabitEthernet1/0/3] port hybrid ip-subnet-vlan vlan 100
[SW1-GigabitEthernet1/0/4] port hybrid ip-subnet-vlan vlan 200
```

2. 配置结果验证

以上配置好后，可在SW1上执行 **display ip-subnet-vlan vlan all** 命令，查看所有子网VLAN信息，执行 **display ip-subnet-vlan interface all** 命令，查看所有接口关联的子网VLAN信息，在SW1上执行 **display ip-subnet-vlan vlan all**、**display ip-subnet-vlan interface all** 命令的输出如图7-12所示。从图7-12中可以看出，已配置了VLAN100、VLAN200两个子网VLAN，分别关联192.168.5.0/24和10.200.50.0/24子网，GE1/0/3接口上关联了这两个子网VLAN。

```
[SW1]display ip-subnet-vlan vlan all
 VLAN ID: 100
  Subnet index     IP address      Subnet mask
  0                192.168.5.0     255.255.255.0

 VLAN ID: 200
  Subnet index     IP address      Subnet mask
  0                10.200.50.0     255.255.255.0

[SW1]display ip-subnet-vlan interface all
 Interface: GigabitEthernet1/0/3
  VLAN ID   Subnet index    IP address       Subnet mask      Status
  100       0               192.168.5.0      255.255.255.0    Active
  200       0               10.200.50.0      255.255.255.0    Active

[SW1]
```

图7-12　在SW1上执行 **display ip-subnet-vlan vlan all**、**display ip-subnet-vlan interface all** 命令的输出

在配置好主机和路由器接口IP地址后，还可以通过抓包的方式验证由192.168.

5.0/24 网段主机发送的不带标签的帧到达 SW1 设备后，是否正确打上了 VLAN100 的标签，由 10.200.50.0/24 网段主机发送的不带标签的帧到达 SW1 设备后，是否正确打上了 VLAN200 的标签。

还可以验证 192.168.5.0/24 网段主机仅可以 ping 通 R1，不能 ping 通 R2，10.200.50.0/24 网段主机仅可以 ping 通 R2，不能 ping 通 R1。

7.2.8 基于协议的 VLAN 配置

基于协议的 VLAN（简称“协议 VLAN”）是根据端口接收到的帧所属的三层协议类型及帧封装格式来给帧标记不同的 VLAN 标签。用户最终加入的 VLAN 不是由所连接的交换机端口决定的，而是由用户自身发送的帧协议类型、封装格式，以及交换机端口上配置的帧协议类型与 VLAN ID 之间的映射关系共同决定的。

协议 VLAN 由协议模板定义。协议模板用来匹配报文所属协议类型的标准，由“协议类型 + 封装格式”组成。其中，协议类型包括 IPv4、IPv6、IPX、AT，帧封装格式包括 Ethernet II、IEEE 802.3 raw、IEE 802.2 LLC、IEEE 802.2 SNAP 等。一个协议 VLAN 下可以绑定多个协议模板，不同的协议模板用协议索引（*protocol-index*）来区分。因此，一个协议模板可以用“协议 *vlan-id* + *protocol-index*”来唯一标识。然后，通过命令行将“协议 *vlan-id* +*protocol-index*”和端口绑定。

基于协议的 VLAN 的划分也仅适用于 Hybrid 端口，而且进入端口的帧必须是不带 VLAN 标签的。当 Hybrid 端口收到不带 VLAN 标签的报文时，如果该报文携带的协议类型和封装格式与某协议模板相匹配，则为其添加该协议模板绑定的协议 VLAN ID 对应的 VLAN 标签，否则，为其添加 PVID 对应的 VLAN 标签。当 Hybrid 端口收到带 VLAN 标签的帧时，会采用基于端口划分的方式进行处理。

基于协议 VLAN 的配置思路很简单，主要是以下三步。基于协议 VLAN 的配置步骤见表 7-10。

① 在对应的 VLAN 视图下定义该 VLAN 所需使用的协议模板。

② 把要加入基于协议 VLAN 的接口（**可以是二层聚合接口**）转换成 Hybrid 端口，并指定允许或者不允许带 VLAN 标签方式发送的 VLAN 帧（是否允许带 VLAN 标签发送 VLAN 帧要根据具体需求而定）。

③ 在以上接口视图下绑定所需使用的协议模板，使该接口按绑定的协议模板把符合条件的用户加入协议模板所映射的 VLAN 中。

表 7-10 基于协议 VLAN 的配置步骤

步骤	命令	说明
1	**system-view**	进入系统视图
2	**vlan** *vlan-id* 例如，[sysname] **vlan** 10	进入 VLAN 视图。如果指定的 VLAN 不存在，则该命令先完成 VLAN 的创建，然后进入该 VLAN 的视图
3	**protocol-vlan** [*procotol-index*] { **at** | **IPv4** | **ipv6** | **ipx** { **ethernetii** | **llc** | **raw** | **snap** } | **mode** } **ethernetii etype**	配置协议模板。 • *protocol-index*：可选参数，指定所创建的协议模板的索引号，取值为 0～65535。如果不指定该参数，则系统会自动分配一个索引值

续表

步骤	命令	说明
3	*etype-id* | **llc** { **dsap** *dsap-id* [**ssap** *ssap-id*] | **ssap** *ssap-id* { | **snap etype** *etype-id* } } 例如，[Sysname-vlan10] **protocol-vlan IPv4**	• **at**：多选一选项，表示所创建的为基于 AT 协议的 VLAN。 • **IPv4**：多选一选项，表示所创建的为基于 IPv4 协议的 VLAN。 • **ipv6**：多选一选项，表示所创建的为基于 IPv6 协议的 VLAN。 • **ipx**：多选一选项，表示所创建的为基于 IPX 协议的 VLAN，可包括 **ethernetii**、**llc**、**raw** 和 **snap** 4 种封装类型。 • **mode**：多选一选项，表示自定义协议模板，可包括 **ethernetii**、**llc** 和 **snap** 3 种封装类型。 • **snap etype** *etype-id*：多选一参数，表示匹配 SNAP 封装格式的帧。其中，*etype-id* 表示入帧的上层协议类型，取值为 0x0600～0xFFFF（不包括代表 IPX 网络的 0x8137，因为该值代表 IPX 网络本身），当 *etype-id* 的值取 0x0800、0x809B 或 0x86DD 时，分别对应 IPv4、AT 和 IPv6。 • **ethernetii etype** *etype-id*：二选一参数，表示匹配 Ethernet II 封装格式的帧。*etype-id* 表示帧的上层协议类型值，取值为 0x0600～0xFFFF（不包括 0x0800、0x809B、0x8137 和 0x86DD，因为它们分别与 IPv4、AT、IPX 和 IPv6 协议模板相同）。 • **llc**：二选一参数，匹配 LLC 封装格式的帧。 • **dsap** *dsap-id*：二选一参数，目标服务接入点，取值为 0x00～0xFF。 • **ssap** *ssap-id*：源服务接入点，取值为 0x00～0xFF。 • 默认情况下，没有配置任何协议模板
4	**quit**	退出 VLAN 视图，返回系统视图
5	**interface** *interface-type interface-number* 例如，[sysname] **interface** gigabitethernet 1/0/1 **interface bridge-aggregation** *interface-number* 例如，[Sysname] **interface bridge-aggregation** 1	进入以太网接口视图或二层聚合接口视图
6	**port link-type hybrid** 例如，[Sysname-Bridge-Aggregation1] **port link-type hybrid**	配置以上接口的链路类型为 Hybrid 端口
7	**port hybrid vlan** *vlan-id-list* **untagged** 例如，[Sysname-Bridge-Aggregation1] **port hybrid vlan** 2 **untagged**	指定以上 Hybrid 端口允许通过的 VLAN 列表，参数说明参见表 7-6 第 5 步。但端口仅对接收的不带标签的帧启用基于协议 VLAN 划分功能

续表

步骤	命令	说明
8	**port hybrid protocol-vlan vlan** *vlan-id* { *protocol-index* [**to** *protocol-end*] | **all** } 例如，[Sysname-Bridge-Aggregation1] **port hybrid protocol-vlan vlan** 10 1	配置以上 Hybrid 端口与基于协议的 VLAN 绑定。 • **vlan** *vlan-id*：指定与协议模板绑定的 VLAN 的编号，取值为 1～4094。 • *protocol-index*：二选一参数，指定要与参数 *vlan-id* 对应的 VLAN 绑定的已创建的协议模板索引号初始值，取值为 0～15。 • **to** *protocol-end*：可选参数，指定要与参数 *vlan-id* 对应的 VLAN 绑定的已创建的协议索引号终止值，取值为 0～15，必须大于等于协议索引初始值。 • **all**：二选一选项，指定与本交换机上已创建的所有协议模板进行绑定。 默认情况下，Hybrid 端口没有与任何协议模板进行绑定

基于协议的 VLAN 配置好后，可在交换机上执行以下 **display** 命令查看配置，验证配置结果，具体说明如下。

- **display protocol-vlan interface** { *interface-type interface-number1* [**to** *interface-type interface-number2*] | **all** }：查看端口关联的协议 VLAN 的信息。
- **display protocol-vlan vlan** { *vlan-id1* [**to** *vlan-id2*] | **all** }：查看指定的或所有协议 VLAN 的信息。

7.2.9　基于协议 VLAN 的配置示例

协议 VLAN 配置示例的拓扑结构如图 7-13 所示，要求通过配置交换机的协议 VLAN 功能，使办公区和实验室中基于 IPv4 网络和基于 IPv6 网络的主机能分别与处在不同 VLAN 内的对应服务器进行通信，且两种网络协议的帧能够通过 VLAN 进行隔离。其中，IPv4 网络用户使用 VLAN100，IPv6 网络用户使用 VLAN200。

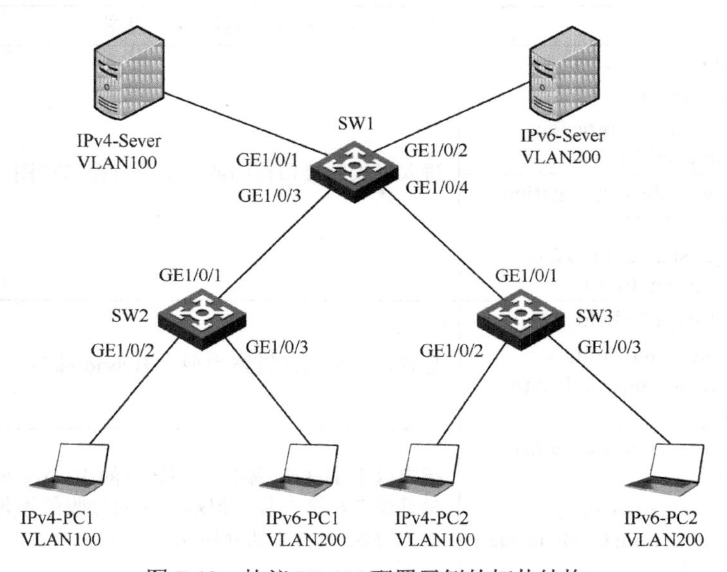

图 7-13　协议 VLAN 配置示例的拓扑结构

1．配置思路分析

本示例中主要是为了使进入核心层交换机 SW1 的 IPv4 帧打上与 IPv4 服务器所加入的 VLAN 相同的 VLAN 标签，进入的 IPv6 帧与 IPv6 服务器所加入的 VLAN 相同的 VLAN 标签，实现 IPv4 网络的通信与 IPv6 网络的通信隔离。这样进入同一个 Hybrid 端口的不同帧将打上不同的 VLAN 标签，然后与对应的 VLAN 其他主机进行通信。

本示例中，接入层交换机没有特殊要求，可以理解为在两个接入层交换机上不进行 VLAN 的划分。但基于协议 VLAN 有一个要求，即要求端口所接收的帧是不带 VLAN 标签的，因此，要求来自下面接入层的两个交换机的帧是不带 VLAN 标签的。又因为二层以太网端口类型默认就是发送帧不带标签的 Access 类型，所以下面两接入层的交换机上可直接采用默认配置即可，只需在核心层交换机 SW1 设备配置即可。

2．具体配置步骤

① 创建 VLAN100 和 VLAN200，在 VLAN100 下创建基于 IPv4 的协议模板，在 VLAN200 下创建基于 IPv6 的协议模板，具体配置如下。

```
<H3C> system-view
[H3C] sysname SW1
[SW1] vlan 100
[SW1-vlan100] protocol-vlan 1 IPv4    #---创建基于 IPv4 的协议模板
[SW1-vlan100] quit
[SW1] vlan 200
[SW1-vlan200] protocol-vlan 2 Ipv6    #---创建基于 IPv6 的协议模板
[SW1-vlan200] quit
```

② 把连接两服务器的 GE1/0/1 和 GE1/0/2 接口配置成 Access 类型（也可以是 Hybrid 类型，以不带标签发送对应的 VLAN 帧）端口，分别加入 VLAN100 和 VLAN200 中；把 GE1/0/3 和 GE1/0/4 接口转换成 Hybrid 端口，并且同时允许 VLAN100 和 VLAN200 的帧以不带 VLAN 标签的方式发送，同时绑定前面所创建基于 IPv4 和 IPv6 的两个协议模板，具体配置如下。

```
[SW1] vlan 100
[SW1-vlan100] port gigabitethernet 1/0/1   #---将端口 GigabitEthernet1/0/1 加入 VLAN100 中
[SW1-vlan100]quit
[SW1] vlan 200
[SW1-vlan100] port gigabitethernet 1/0/2   #---将端口 GigabitEthernet1/0/2 加入 VLAN200 中
[SW1- GigabitEthernet 1/0/12]quit
[SW1] interface GigabitEthernet 1/0/3
[SW1-GigabitEthernet1/0/3] port link-type hybrid
[SW1-GigabitEthernet1/0/3] port hybrid vlan 100 200 untagged
[SW1-GigabitEthernet1/0/3] port hybrid protocol-vlan vlan 100 1
[SW1-GigabitEthernet1/0/3] port hybrid protocol-vlan vlan 200 2
[SW1-GigabitEthernet1/0/3]quit
[SW1] interface GigabitEthernet 1/0/4
[SW1-GigabitEthernet1/0/4] port link-type hybrid
[SW1-GigabitEthernet1/0/4] port hybrid vlan 100 200 untagged
[SW1-GigabitEthernet1/0/4] port hybrid protocol-vlan vlan 100 1
[SW1-GigabitEthernet1/0/4] port hybrid protocol-vlan vlan 200 2
[SW1-GigabitEthernet1/0/4]quit
```

3．配置结果验证

以上配置完成后，可在 SW1 上执行 **display protocol-vlan vlan all** 命令，查看交换机

上配置的协议 VLAN 信息；执行 **display protocol-vlan interface all** 命令，查看交换机上所有接口关联的协议 VLAN 信息，在 SW1 上执行 **display protocol-vlan vlan all**、**display protocol-vlan interface all** 命令的输出如图 7-14 所示。从图 7-14 中可以看出，SW1 上创建了基于 IPv4 的协议 VLAN100，基于 IPv6 的协议 VLAN200，并且在 GE1/0/3 和 GE1/0/4 两个接口上均关联了这两个协议模板。

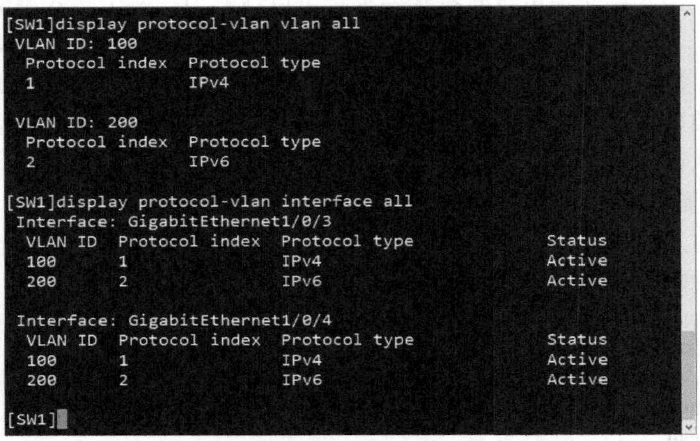

```
[SW1]display protocol-vlan vlan all
 VLAN ID: 100
  Protocol index   Protocol type
  1                IPv4

 VLAN ID: 200
  Protocol index   Protocol type
  2                IPv6

[SW1]display protocol-vlan interface all
 Interface: GigabitEthernet1/0/3
  VLAN ID   Protocol index   Protocol type            Status
  100       1                IPv4                     Active
  200       2                IPv6                     Active

 Interface: GigabitEthernet1/0/4
  VLAN ID   Protocol index   Protocol type            Status
  100       1                IPv4                     Active
  200       2                IPv6                     Active

[SW1]
```

图 7-14　在 SW1 上执行 **display protocol-vlan vlan all**、**display protocol-vlan interface all** 命令的输出

在配置好主机和路由器接口对应的 IPv4 或 IPv6 地址后，可以通过抓包的方式验证由 IPv4 主机发送的不带标签的帧，到达 SW1 设备后是否正确打上了 VLAN100 的标签、由 IPv6 主机发送的不带标签的帧，到达 SW1 设备后是否正确打上了 VLAN200 的标签。同时，还可以验证 VLAN100 内的主机与服务器之间能够互相 ping 通；VLAN200 内的主机和服务器之间能够互相 ping 通，但 VLAN100 内的主机/服务器与 VLAN200 内的主机/服务器之间 ping 不通。

7.2.10　VLAN 接口配置

不同 VLAN 间的主机不能直接通信，需要通过三层设备进行转发。VLAN 接口是一个虚拟的三层接口，可配置 IP 地址和路由，实现不同 VLAN 间的三层通信，此时需要把 VLAN 中的用户网关设置成对应 VLAN 接口的 IP 地址。

VLAN 接口的配置步骤见表 7-11。

表 7-11　VLAN 接口的配置步骤

步骤	命令	说明
1	**system-view**	进入系统视图
2	**interface vlan-interface** *vlan-id* 例如，[Sysname] **interface vlan-interface** 10	创建 VLAN 接口，并进入对应 VLAN 接口视图。参数 *vlan-interface-id* 用来指定要创建 VLAN 接口的 VLAN ID，取值为 1～4094。如果该 VLAN 接口已经存在，则直接进入该 VLAN 接口视图。 【注意】在创建 VLAN 接口之前，对应的 VLAN 必须已经存在，否则将不能创建指定的 VLAN 接口。 默认情况下，未创建 VLAN 接口

续表

步骤	命令	说明
3	**ip address** *ip-address* { *mask* | *mask-length* } [**sub**] 例如，[Sysname-Vlan-interface10] **ip address** 192.168.1.10 255.255.255.0	配置以上 VLAN 接口的 IPv4 地址。 • *ip-address*：指定 VLAN 接口 IPv4 地址。 • *mask*：二选一参数，指定 VLAN 接口的 IPv4 地址对应的子网掩码。 • *mask-length*：二选一参数，指定 VLAN 接口对应 IPv4 地址的子网掩码长度，即掩码中连续“1”的个数，取值为 0～32。 • **sub**：可选项，表示所配置的 IPv4 地址为接口的从 IPv4 地址。 一个接口可以配置多个 IPv4 地址，其中一个为主 IPv4 地址，其余为从 IPv4 地址，且新配置的主 IPv4 地址将覆盖原有的主 IPv4 地址。**同一接口的主、从 IP 地址可以在同一网段，**但不同接口之间、主接口及其子接口之间、同一主接口下不同子接口之间的 IPv4 地址不可以在同一网段，**即不同接口/子接口之间的 IPv4 地址不能在同一 IP 网段。** 默认情况下，没有为 VLAN 接口配置任何 IP 地址
4	**description** *text* 例如，[Sysname-Vlan-interface10] **description** Sales department vlan	（可选）为 VLAN 接口指定一个描述字符串，参数 *text* 的长度为 1～80 个字符，可以包含字母（区分大小写）、数字、特殊字符（包括~ ! @ # $ % ^ & * ( ) - _ + = { } [ ] | \ : ; " ' < > , . /）、空格以及符合 unicode 编码规范的其他文字和符号。 默认情况下，VLAN 接口的描述字符串为该 VLAN 接口的接口名，例如 Vlan-interface1 Interface
5	**mtu** *size* 例如，[Sysname-Vlan-interface10] **mtu** 1492	（可选）配置 VLAN 接口的 MTU 值。参数 *size* 用来指定 VLAN 接口允许通过的 MTU 值的大小，单位为字节，取值为 46～1500。 默认情况下，VLAN 接口的 MTU 值为 1500 字节
6	**default** 例如，[Sysname-Vlan-interface10] **default**	（可选）恢复 VLAN 接口的默认配置

VLAN 接口配置好后，可以在任意视图下执行 **display interface vlan-interface** [*interface-number*] [**brief** [**description** \| **down**]命令，查看所有或指定 VLAN 接口相关信息，在用户视图下执行 **reset counters interface vlan-interface** [*interface-number*]命令清除所有或指定 VLAN 接口的统计信息。

7.3 MVRP

多 VLAN 注册协议（Multiple VLAN Registration Protocol，MVRP）是多属性注册协议（Multiple Registration Protocol，MRP）的一种应用，专用于在设备间发布并学习 VLAN 配置信息。

7.3.1 MRP 实现机制

MRP 支持在多生成树协议（Multiple Spanning Tree Protocol，MSTP）的多生成树实

例（Multiple Spanning Tree Instance，MSTI）的基础上，协助同一局域网内各成员之间传递属性信息。在多个 MSTI 场景中，属性的注册和注销只会在各自的 MSTI 中进行。有关 MSTP 的具体内容在即将出版的《H3C 交换机学习指南（下册）》中介绍。

设备上每个参与 MRP 的端口都可以视为一个 MRP 应用实体。如果在端口上运行 MVRP，则该端口就可以视为一个 MVRP 应用实体。此时，设备会将本地的 VLAN 配置信息向其他设备发送，同时在接收来自其他设备的 VLAN 配置信息后动态更新本地的 VLAN 配置信息，最终可使二层交换网中所有设备的 VLAN 信息达成一致，极大地减少了网络管理员的 VLAN 配置工作。在网络拓扑发生变化后，MVRP 还能根据新的拓扑重新发布及学习 VLAN 配置信息，使 VLAN 配置信息与网络拓扑实时同步更新。

MVRP 实体通过发送声明类或回收声明类消息（以下简称"声明"和"回收声明"），来通知其他 MVRP 实体注册或注销对应的 VLAN 配置信息，并根据所接收到的来自其他 MVRP 实体的声明或回收声明来注册或注销对应的 VLAN 配置信息。MVRP 的具体 VLAN 注册和注销过程如下。

① 当端口收到一个 VLAN 的声明时，该端口将注册声明中的 VLAN（即该端口将加入该 VLAN 中）。

② 当端口收到一个 VLAN 的回收声明时，该端口将注销声明中的 VLAN（即该端口将退出该 VLAN）。

1. MRP 消息

MRP 消息主要包括 Join 消息、New 消息、Leave 消息和 LeaveAll 消息 4 类。其中，Join 消息和 New 消息属于声明，Leave 消息和 LeaveAll 消息属于回收声明。

（1）Join 消息

当一个 MRP 实体配置了某些属性，需要其他设备注册自己的属性信息时，会发送 Join 消息。**当一个 MRP 实体收到来自其他设备 MRP 实体（不包括本地设备的其他 MRP 实体）的 Join 消息时，会注册该 Join 消息中的属性**，并向本地设备的其他 MRP 实体传播该 Join 消息。其他实体收到传播的 Join 消息后，会再向其对端 MRP 实体发送 Join 消息（**不是直接转发来自本地设备其他 MRP 实体的 Join 消息**）。

Join 消息又分为 JoinEmpty 消息和 JoinIn 消息（需要说明的是，对于同一设备的实体间传播的 Join 消息不需要区分）。

① JoinEmpty 消息：用于声明 MVRP 实体的非注册（该实体还没有收到携带对应属性的 MRP 消息）属性。例如一个 MRP 实体加入了某静态 VLAN（本地手动创建的 VLAN 称为静态 VLAN，通过 MRP 消息学习并创建的 VLAN 称为动态 VLAN）。此时，如果该实体还没有通过 MRP 消息注册 VLAN，则该实体向对端设备发送的 Join 消息就是 JoinEmpty 消息。

JoinEmpty 消息发送示例如图 7-15 所示，SW1 上手动创建了 VLAN2，并且 Port1 端口没有收到携带有 VLAN2 的 MRP 消息（没有动态注册 VLAN2），则 Port1 端口向 SW2 的 Port2 端口发送的是 JoinEmpty 消息。SW2 从 Port2 端口收到来自 SW1 的 JoinEmpty 消息后，会在该端口上注册 VLAN2 配置信息（创建动态的 VLAN2），然后把 Join 消息传播到同位于 SW2 的 Port3 端口。又因为 Port3 端口此时**也没有收到来自其他设备**携带 VLAN2 的 MRP 消息（也没有动态注册 VLAN2），所以 SW2 也会通过 Port3 向 SW3 发送携带了 VLAN2 的 JoinEmpty 消息。SW3 收到 JoinEmpty 消息后也会动态注册 VLAN2 配置信息（创建动态的 VLAN2）。

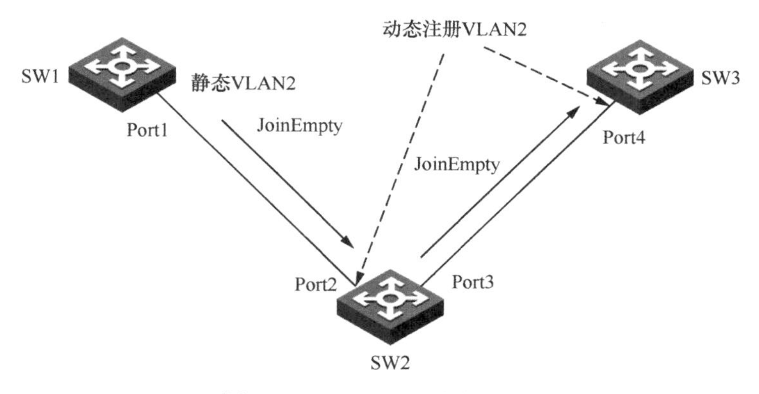

图 7-15 JoinEmpty 消息发送示例

② JoinIn 消息：用于声明 MRP 实体的注册属性。例如 MRP 实体加入了某静态 VLAN，并且通过**接收来自其他设备**的 MRP 消息注册了该 VLAN，或该实体通过本设备其他实体传播的 VLAN 的 Join 信息（可以是 JoinIn 或 JoinEmpty 消息）注册了 VLAN，这时该实体向其他设备实体发送的 Join 消息就是 JoinIn 消息。

JoinIn 消息发送示例如图 7-16 所示，SW2 的 Port2 和 SW3 的 Port4 因为收到了来自对端携带了 VLAN2 的 JoinEmpty 消息而在这两个端口上注册了动态 VLAN2，所以 SW2 的 Port2 端口向 SW1 的 Port1 端口发送的是 JoinIn 消息，使 SW1 的 Port1 端口注册 VLAN2；SW3 的 Port4 端口向 SW2 的 Port3 端口发送的也是 JoinIn 消息，使 SW2 的 Port3 端口注册 VLAN2。最终，会使 Port1～Port4 这 4 个端口全部动态注册 VLAN2。

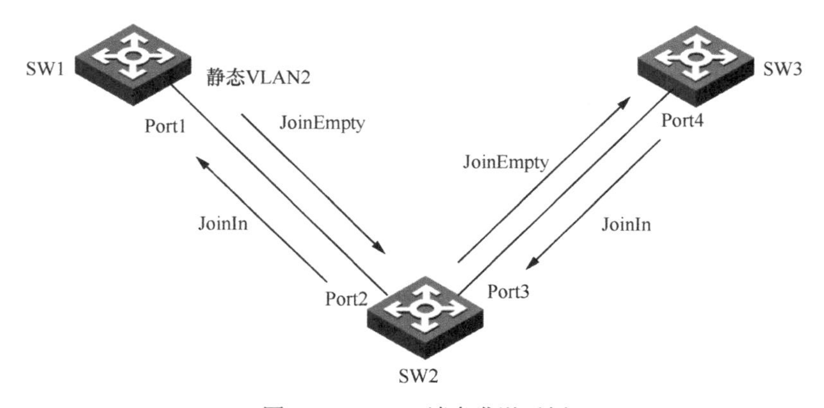

图 7-16 JoinIn 消息发送示例

（2）New 消息

New 消息的作用和 Join 消息比较类似，都是用于对属性的声明。二者不同的是，New 消息主要用于 MSTP 拓扑变化的情况。当 MSTP 拓扑变化时，MRP 实体需要向对端实体发送 New 消息声明拓扑变化；当一个 MRP 实体收到来自对端实体的 New 消息时，它会向除了发送该 New 消息的实体的其他实体发送 New 消息。

（3）Leave 消息

当一个 MRP 实体注销了某些属性，需要其他设备 MRP 实体进行同步注销时，就会向对端实体发送 Leave 消息。当一个 MRP 实体收到**来自其他设备** MRP 实体的 Leave 消息时，就会注销该 Leave 消息中的属性，并向本地设备的其他 MRP 实体传播 Leave 消息。本地设备上其他实体在收到来自同一设备上 MRP 实体传播的 Leave 消息后，会根据该 Leave 消息中的属性在本地设备上的状态，决定是否再向其连接的其他设备的 MRP 实体发送 Leave 消息。

① 如果 Leave 消息中的 VLAN 在本地设备上是动态创建的 VLAN，且本地设备上已无实体注册 VLAN，则删除本地设备上 VLAN（如果本地设备上仍有其他 MRP 实体注册了 VLAN，则不会删除 VLAN），并向其他设备的 MRP 实体发送 Leave 消息。

② 如果 Leave 消息中的 VLAN 在本地设备上是手动创建的静态 VLAN，则不向其他设备的 MRP 实体发送 Leave 消息。

Leave 消息发送示例如图 7-17 所示，假设原来在 SW1 上动态注册的 VLAN2 被删除了，则 SW1 会通过 Port1 端口向其连接的 SW2 发送希望同步注销 VLAN2 的 Leave 消息。SW2 的 Port2 端口在收到来自 SW1 的 Leave 消息后，在 Port2 端口上注销 VLAN2，同时把 Leave 消息传播到 SW2 的 Port3 端口。现假设 SW2 上的 VLAN2 也是动态创建的，且已无其他 MRP 实体（端口）注册了 VLAN2，于是删除 VLAN2，然后通过 Port3 端口向其连接的 SW3 发送希望同步注销 VLAN2 的 Leave 消息。SW3 的 Port4 端口收到来自 SW2 的 Leave 消息后在 Port4 端口上注销 VLAN2，但因为在 SW3 上手动创建了静态 VLAN2，所以不会删除 VLAN2，也不会再向其连接的其他设备发送希望同步注销 VLAN2 的 Leave 消息。

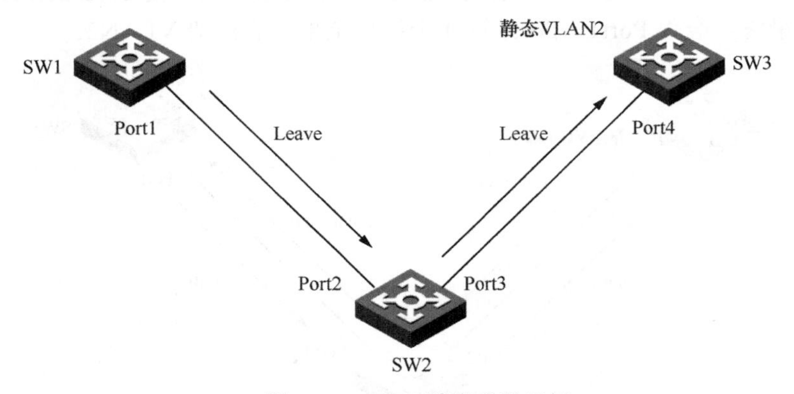

图 7-17 Leave 消息发送示例

（4）LeaveAll 消息

LeaveAll 消息用来注销所有属性。每个 MRP 实体启动后都会启动各自的 LeaveAll 定时器，当该定时器超时后将向其他设备的 MRP 实体发送 LeaveAll 消息，以使这些设备 MRP 实体注销本实体上所有的属性信息，以此来周期性地清除网络中的垃圾属性（例如某个属性已经被删除，但由于设备突然断电，并没有发送 Leave 消息来通知其他实体注销此属性）。

当一个 MRP 实体接收或发送 LeaveAll 消息时，都会启动 Leave 定时器，同时根据自身的属性状态决定是否发送 Join 消息，要求其他设备的 MRP 实体重新注册某属性。该实体在 Leave 定时器超时前，会重新注册收到的来自其他设备 MRP 实体的 Join 消息中的属性；在 Leave 定时器超时后，会注销所有**未重新注册**的属性信息，从而周期性地清除网络中的垃圾属性。

2. MRP 定时器

MRP 定义了 4 种定时器，用于控制各种 MVRP 消息的发送。

（1）Periodic 定时器

每个 MRP 实体启动时都会启动各自的 Periodic 定时器，来控制 MRP 消息的周期发送。该定时器超时前，实体会收集需要发送的 MRP 消息，超时后，将所有待发送的 MRP 消息封装成尽可能少的报文发送出去。如果关闭 Periodic 定时器，则 MRP 实体不再周期性地发送 MRP 消息，仅在 LeaveAll 定时器超时，或收到来自对端实体的 LeaveAll 消息时发送。

（2）Join 定时器

Join 定时器用来控制 Join 消息的发送。为了保证消息能够可靠地发送到对端实体，MRP 实体在发送 Join 消息时将启动 Join 定时器。如果在该定时器超时前收到了来自对端实体的 JoinIn 消息，且该 JoinIn 消息中的属性与发出的 Join 消息中的属性一致，则不再重发该 Join 消息，否则，在该定时器超时后，当 Periodic 定时器也超时，将**重发一次** Join 消息。

（3）Leave 定时器

Leave 定时器用来控制属性的注销。当 MRP 实体收到来自对端实体的 Leave 消息（或收发 LeaveAll 消息）时，将启动 Leave 定时器。如果在该定时器超时前收到 Join 消息，且 Join 消息中的属性与收到的 Leave 消息中的属性一致（或与收发的 LeaveAll 消息中的某些属性一致），则这些属性不会在本实体被注销，其他属性则会在该定时器超时后被注销。

（4）LeaveAll 定时器

每个 MRP 实体启动时，都会启动各自的 LeaveAll 定时器，当该定时器超时后，该实体就会向对端实体发送 LeaveAll 消息，随后再重新启动 LeaveAll 定时器，开始新一轮的循环，对端实体在收到 LeaveAll 消息后也重新启动 LeaveAll 定时器。

【说明】LeaveAll 定时器具有抑制机制，即当某个 MRP 实体的 LeaveAll 定时器超时后，会向对端实体发送 LeaveAll 消息，对端实体在收到该 LeaveAll 消息时，会重启本实体的 LeaveAll 定时器，从而有效抑制网络中的 LeaveAll 消息数。为了防止每次都是同一实体的 LeaveAll 定时器超时，每次 LeaveAll 定时器重启时，LeaveAll 定时器的值都将在一定范围内随机变动。

3. MVRP 注册模式

MVRP 有 3 种 VLAN 注册模式，不同注册模式对动态 VLAN 的处理方式有所不同。

（1）Normal 模式

该模式下的 MVRP 实体允许进行动态 VLAN 的注册或注销。

（2）Fixed 模式

该模式下的 MVRP 实体禁止进行动态 VLAN 注销，收到的 MVRP 报文会被丢弃（不传播）。**即在该模式下，MVRP 实体不会注销已经注册的动态 VLAN，也不会注册新的动态 VLAN。**

（3）Forbidden 模式

该模式下的 MVRP 实体禁止进行动态 VLAN 注册，收到的 MVRP 报文会被丢弃（不传播）。**即在该模式下，端口上除了 VLAN1 的所有已注册的动态 VLAN 将被删除。**

7.3.2 MVRP 配置

MVRP 用来在二层交换网络中进行动态 VLAN 注册和注销，可减轻管理员手动配置 VLAN 的工作量，**但只能在 Trunk 端口上生效**。MVRP 功能只能与 STP、RSTP 或 MSTP 配合使用，不能与其他二层网络拓扑协议（例如业务环回、PVST、RRPP 和 Smart Link）配合使用。**STP/RSTP/MSTP 阻塞端口不向对端设备 MVRP 实体发送 VLAN 注册声明，也不向本地设备其他 MVRP 实体传播 VLAN 注册声明，但可接收来自对端设备 MVRP 实体的 MVRP VLAN 声明，并注册对应的 VLAN。**

MVRP 可以在二层以太网接口和二层聚合接口上启用，但如果在二层聚合接口启用了 MVRP 功能，则会同时在二层聚合接口和其中所有选中成员端口上进行动态 VLAN 的注册或注销。如果二层以太网接口加入了聚合组，则加入聚合组之前和加入聚合组之后，在该接口上进行的 MVRP 相关配置都不会生效，直到该接口退出聚合组。

另外，建议不要同时启用远程端口镜像功能和 MVRP 功能，否则，MVRP 可能将远程镜像 VLAN 注册到错误的端口上，导致镜像目标端口会收到很多不必要的报文。

MVRP 主要包括以下几项配置任务，MVRP 的配置步骤见表 7-12。

表 7-12 MVRP 的配置步骤

步骤	命令	说明
1	**system-view**	进入系统视图
2	**mvrp global enable** 例如，[Sysname] **mvrp global enable**	全局启用 MVRP 功能。 默认情况下，全局的 MVRP 功能处于关闭状态
3	**mvrp gvrp-compliance enable** 例如，[Sysname] **mvrp gvrp-compliance enable**	（可选）配置 MVRP 兼容 GARP VLAN 注册协议（GARP VLAN Registration Protocol，GVRP）
	mvrp gvrp-compliance enable 例如，[Sysname] **mvrp gvrp-compliance enable**	【注意】在配置 MVRP 兼容 GVRP 后，MVRP 功能只能与 STP 或 RSTP 配合使用，而不能与 MSTP 配合使用，否则，可能会造成网络工作的不正常。在配置 MVRP 兼容 GVRP 后，建议关闭 Periodic 定时器，否则，当系统繁忙时，容易造成 VLAN 状态的频繁改变
	interface *interface-type interface-number* 例如，[Sysname] **interface** gigabitethernet 1/0/1	进入以太网接口视图或二层聚合接口视图
	interface bridge-aggregation *interface-number* 例如，[Sysname] **interface bridge-aggregation** 1	

续表

步骤	命令	说明
4	**port link-type trunk** 例如，[Sysname-GigabitEthernet1/0/1] **port link-type trunk**	配置端口的链路类型为 Trunk 类型。 默认情况下，端口的链路类型为 Access
5	**port trunk permit vlan** { *vlan-id-list* | **all** } 例如，[Sysname-GigabitEthernet1/0/1] **port trunk permit vlan** 2 4	配置允许指定的动态 VLAN 通过当前 Trunk 端口，需要保证所有注册的 VLAN 都能够从该端口通过。 默认情况下，Trunk 端口只允许 VLAN1 通过
6	**mvrp enable** 例如，[Sysname-GigabitEthernet1/0/1] **mvrp enable**	在端口上启用 MVRP 功能。 默认情况下，端口上的 MVRP 功能处于关闭状态
7	**mvrp registration** { **fixed** | **forbidden** | **normal** } 例如，[Sysname-GigabitEthernet1/0/1] **mvrp registration fixed**	配置接口的 MVRP 注册模式。 • **fixed**：多选一选项，表示 Fixed 注册模式。 • **forbidden**：多选一选项，表示 Forbidden 注册模式。 • **normal**：多选一选项，表示 Normal 注册模式。 默认情况下，接口的 MVRP 注册模式为 Normal 模式
8	**mrp timer leaveall** *timer-value* 例如，[Sysname-GigabitEthernet1/0/1] **mrp timer leaveall** 1500	（可选）配置 LeaveAll 定时器的值，单位为厘秒（100 厘秒＝1 秒），取值应大于所有端口上 Leave 定时器的值，小于等于 32760 厘秒，**且必须是 20 厘秒的倍数**。 为了防止每次都是同一实体的 LeaveAll 定时器先超时，每次重启时，LeaveAll 定时器的值都将在一定范围内随机变动。 默认情况下，LeaveAll 定时器的值为 1000 厘秒
9	**mrp timer join** *timer-value* 例如，[Sysname-GigabitEthernet1/0/1] **mrp timer join** 40	（可选）配置 Join 定时器的值，单位为厘秒，取值应大于等于 20 厘秒，小于 Leave 定时器值的一半，**且必须是 20 厘秒的倍数**。 默认情况下，Join 定时器的值为 20 厘秒
10	**mrp timer leave** *timer-value* 例如，[Sysname-GigabitEthernet1/0/1] **mrp timer leave** 100	（可选）配置 Leave 定时器的值，单位为厘秒，取值应大于 Join 定时器值的 2 倍、小于 LeaveAll 定时器的值，且**必须是 20 厘秒的倍数**。 默认情况下，Leave 定时器的值为 60 厘秒
11	**mrp timer periodic** *timer-value* 例如，[Sysname-GigabitEthernet1/0/1] **mrp timer periodic** 0	（可选）配置 Periodic 定时器的值，取值为 0 或 100，单位为厘秒。 值为 0 厘秒时，定时器关闭；值为 100 厘秒时，定时器开启，并以 100 厘秒为周期发送 MRP 报文。 默认情况下，Periodic 定时器的值为 100 厘秒

① 启用 MVRP 功能。

② 配置 MVRP 注册模式。

③（可选）配置 MRP 定时器。

④（可选）配置 MVRP 兼容 GVRP 功能。

【注意】配置 MRP 定时器时，需要注意以下事项。

- MRP 定时器的值建议全网一致，否则，会出现 VLAN 频繁注册或注销的情况。
- 设备的每个接口上都独立维护自己的 Periodic 定时器、Join 定时器和 LeaveAll 定时器，在每个接口的每个属性上分别维护一个 Leave 定时器。
- 当用户计划恢复各定时器的值为默认值时，建议按照 Join 定时器→Leave 定时器→LeaveAll 定时器的顺序依次恢复。
- Periodic 定时器的值可以在任何时刻恢复为默认值。

上述 MVRP 配置完成后，可在任意视图下执行以下 **display** 命令查看配置信息，验证配置结果，也可在用户视图下执行以下 **reset** 命令清除 MVRP 的统计信息。

- **display mvrp running-status** [**interface** *interface-list*]：查看 MVRP 运行状态信息。
- **display mvrp state interface** *interface-type interface-number* **vlan** *vlan-id*：查看指定端口在指定 VLAN 内的 MVRP 接口状态信息。
- **display mvrp statistics** [**interface** *interface-list*]：查看 MVRP 统计信息。
- **reset mvrp statistics** [**interface** *interface-list*]：清除接口上的 MVRP 报文统计信息。

7.3.3 MVRP 配置示例

MVRP 配置示例的拓扑结构如图 7-18 所示，SW1 上手动创建了 VLAN10，SW2 上手动创建了 VLAN20（其他设备没创建任何 VLAN），不同设备之间连接的各个端口均为 Trunk，且均允许所有 VLAN 通过。现在要实现以下目标。

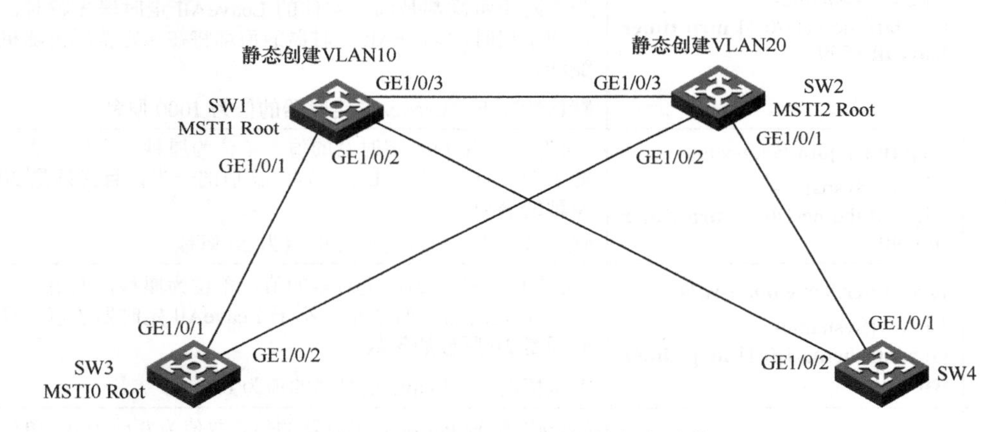

图 7-18 MVRP 配置示例的拓扑结构

- 通过配置 MSTP，使不同 VLAN 的报文按照不同的 MSTI 转发：VLAN10 的报文沿 MSTI1 转发，VLAN20 的报文沿 MSTI2 转发，其他 VLAN 的报文均沿 MSTI0 转发。
- 通过在各设备上启用 MVRP 功能，且各 Trunk 端口采用默认的 Normal MVRP 注册模式，以实现各设备间所有动态 VLAN 的注册和注销，从而保持各 MSTI 中 VLAN 配置一致。
- 在网络稳定后，修改 SW2 上与 SW1 相连的 GE1/0/3 接口的 MVRP 注册模式为 Fixed 模式，验证该接口原来注册的动态 VLAN 不会被注销。

本示例中配置的MVRP功能要与MSTP结合，因此，首先要根据要求配置好交换网络中的MSTP。另外，需要注意的是，MVRP只能在Tunrk端口上配置。

1．具体配置步骤

① 在SW1上创建VLAN10，在SW2上创建VLAN20，配置不同交换机之间连接端口为Trunk，并允许所有VLAN通过。

- SW1上的具体配置如下。

```
<H3C>system-view
[H3C]sysname SW1
[SW1]vlan 10
[SW1-VLAN-10]quit
[SW1]interface gigabitethernet1/0/1
[SW1-GigabitEthernet1/0/1]port link-type trunk
[SW1-GigabitEthernet1/0/1]port trunk permit vlan all
[SW1-GigabitEthernet1/0/1]quit
[SW1]interface gigabitethernet1/0/2
[SW1-GigabitEthernet1/0/2]port link-type trunk
[SW1-GigabitEthernet1/0/2]port trunk permit vlan all
[SW1-GigabitEthernet1/0/2]quit
[SW1]interface gigabitethernet1/0/3
[SW1-GigabitEthernet1/0/3]port link-type trunk
[SW1-GigabitEthernet1/0/3]port trunk permit vlan all
[SW1-GigabitEthernet1/0/3]quit
```

- SW2上的具体配置如下。

```
<H3C>system-view
[H3C]sysname SW2
[SW2]vlan 20
[SW2-VLAN-20]quit
[SW2]interface gigabitethernet1/0/1
[SW2-GigabitEthernet1/0/1]port link-type trunk
[SW2-GigabitEthernet1/0/1]port trunk permit vlan all
[SW2-GigabitEthernet1/0/1]quit
[SW2]interface gigabitethernet1/0/2
[SW2-GigabitEthernet1/0/2]port link-type trunk
[SW2-GigabitEthernet1/0/2]port trunk permit vlan all
[SW2-GigabitEthernet1/0/2]quit
[SW2]interface gigabitethernet1/0/3
[SW2-GigabitEthernet1/0/3]port link-type trunk
[SW2-GigabitEthernet1/0/3]port trunk permit vlan all
[SW2-GigabitEthernet1/0/3]quit
```

- SW3上的具体配置如下。

```
<H3C>system-view
[H3C]sysname SW3
[SW3]interface gigabitethernet1/0/1
[SW3-GigabitEthernet1/0/1]port link-type trunk
[SW3-GigabitEthernet1/0/1]port trunk permit vlan all
[SW3-GigabitEthernet1/0/1]quit
[SW3]interface gigabitethernet1/0/2
[SW3-GigabitEthernet1/0/2]port link-type trunk
[SW3-GigabitEthernet1/0/2]port trunk permit vlan all
[SW3-GigabitEthernet1/0/2]quit
```

- SW4 上的具体配置如下。

SW4 上的配置与 SW3 上的配置完全一样，参见即可。

② 在各交换机上配置 MSTP，包括配置相同的 MST 域的域名（假设为 test）、VLAN 映射关系（MSTI1 与 VLAN10 映射，MSTI2 与 VLAN20 映射）和修订级别（假设均为 0），并全局启用生成树协议。同时，配置 SW1 作为 MSTI1 的根桥，SW2 作为 MSTI2 的根桥，SW3 作为 MSTI0（除了 VLAN10 和 VLAN20 的其他所有 VLAN 均在 MSTI0 中）的根桥。

- SW1 上的具体配置如下。

```
[SW1] stp region-configuration
[SW1-mst-region] region-name test    #---配置 MST 域名为 test
[SW1-mst-region] instance 1 vlan 10    #---配置 MSTI1 与 VLAN10 映射
[SW1-mst-region] instance 2 vlan 20    #---配置 MSTI2 与 VLAN20 映射
[SW1-mst-region] revision-level 0    #---配置 MST 域修订级别为 0
[SW1-mst-region] active region-configuration    #---激活并保存以上 MST 域配置
[SW1-mst-region] quit
[SW1] stp instance 1 root primary    #---配置为 MSTI1 的根桥
[SW1] stp global enable    #---全局启用生成树协议
```

- SW2 上的具体配置如下。

```
[SW2] stp region-configuration
[SW2-mst-region] region-name test
[SW2-mst-region] instance 1 vlan 10
[SW2-mst-region] instance 2 vlan 20
[SW2-mst-region] revision-level 0
[SW2-mst-region] active region-configuration
[SW2-mst-region] quit
[SW2] stp instance 2 root primary
[SW2] stp global enable
```

- SW3 上的具体配置如下。

```
[SW3] stp region-configuration
[SW3-mst-region] region-name test
[SW3-mst-region] instance 1 vlan 10
[SW3-mst-region] instance 2 vlan 20
[SW3-mst-region] revision-level 0
[SW3-mst-region] active region-configuration
[SW3-mst-region] quit
[SW3] stp instance 0 root primary
[SW3] stp global enable
```

- SW4 上的具体配置如下。

```
[SW4] stp region-configuration
[SW4-mst-region] region-name test
[SW4-mst-region] instance 1 vlan 10
[SW4-mst-region] instance 2 vlan 20
[SW4-mst-region] revision-level 0
[SW4-mst-region] active region-configuration
[SW4-mst-region] quit
[SW4] stp global enable
```

③ 在各交换机上全局和各 Trunk 端口上启用 MVRP 功能，MVRP 注册模式均保持默认的 Normal 模式。各交换机上的配置方法完全一样，在此仅以 SW1 上的配置为例进行介绍，其他交换机上的配置参见即可，具体配置如下。

```
[SW1] mvrp global enable
[SW1] interface gigabitethernet 1/0/1
[SW1-GigabitEthernet1/0/1] mvrp enable
[SW1-GigabitEthernet1/0/1] quit
[SW1] interface gigabitethernet 1/0/2
[SW1-GigabitEthernet1/0/2] mvrp enable
[SW1-GigabitEthernet1/0/2] quit
[SW1] interface gigabitethernet 1/0/3
[SW1-GigabitEthernet1/0/3] mvrp enable
[SW1-GigabitEthernet1/0/3] quit
```

2. 配置结果验证

以上配置完成后，可进行以下配置结果验证。首先，根据生成树协议的破环原理，可得出各 MSTI 的拓扑结构，各 MST 实例的拓扑结构如图 7-19 所示（同一链路两端均为阻塞状态端口时，代表该链路已断开，对应的链路由和接口在图中不再标识）。然后，通过 **display** 命令查看，验证配置结果。

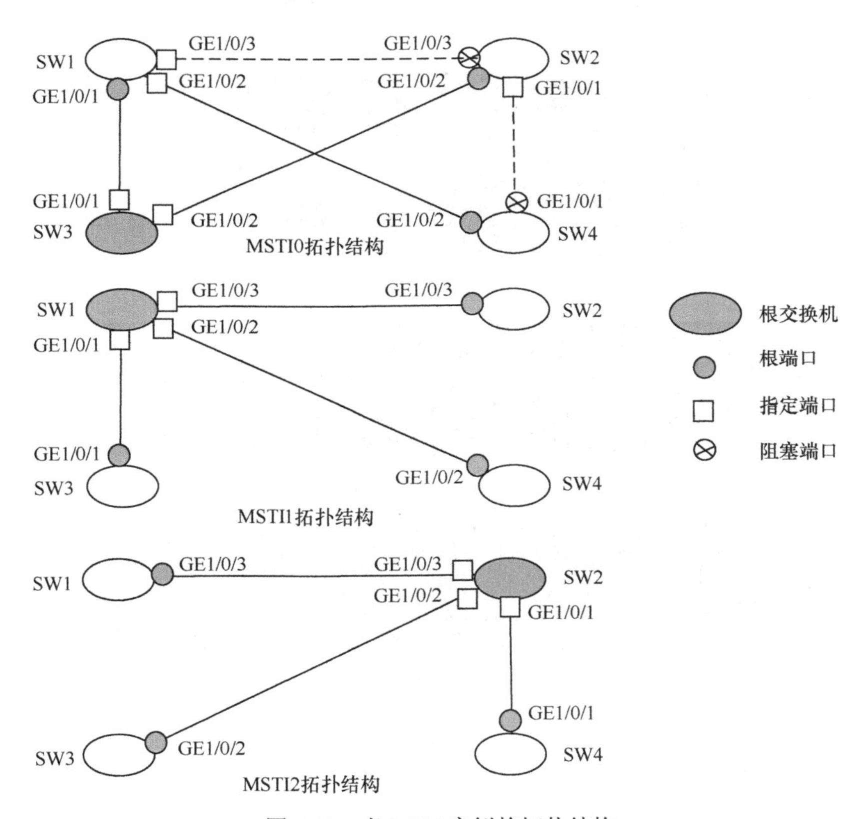

图 7-19 各 MST 实例的拓扑结构

从图 7-19 所示的各 MSTI 拓扑结构可以看出，在 MSTI0 中，SW2 的 GE1/0/3 接口、SW4 的 GE1/0/1 接口成为 Alternate（替换）端口，被阻塞。在 MSTI1 中，SW2 的 GE1/0/1、GE1/0/2 接口，SW3 的 GE1/0/2 接口，SW4 的 GE1/0/1 接口均为 Alternate 端口，被阻塞（图中不再标识）。在 MSTI2 中，SW1 的 GE1/0/1、GE1/0/2 接口，SW3 的 GE1/0/1 接口，SW4 的 GE1/0/2 接口也均为 Alternate 端口，被阻塞（图中不再标识）。

① 在各交换机上执行 **display stp brief** 命令，可以查看交换机上各接口在各个 MSTI 中的端口角色和端口状态。

在 SW1 上执行 **display stp brief** 命令的输出如图 7-20 所示，在 SW2 上执行 **display stp brief** 命令的输出如图 7-21 所示，在 SW3 上执行 **display stp brief** 命令的输出如图 7-22 所示，在 SW4 上执行 **display stp brief** 命令的输出如图 7-23 所示，然后根据不同接口在各 MSTI 中的端口角色和端口状态，同样可得出如图 7-19 所示的各个 MSTI 拓扑结构，验证了图 7-18 所示的 MSTI 拓扑结构分析是正确的。

```
<SW1>display stp brief
 MST ID   Port                          Role  STP State   Protection
 0        GigabitEthernet1/0/1          ROOT  FORWARDING  NONE
 0        GigabitEthernet1/0/2          DESI  FORWARDING  NONE
 0        GigabitEthernet1/0/3          DESI  FORWARDING  NONE
 1        GigabitEthernet1/0/1          DESI  FORWARDING  NONE
 1        GigabitEthernet1/0/2          DESI  FORWARDING  NONE
 1        GigabitEthernet1/0/3          DESI  FORWARDING  NONE
 2        GigabitEthernet1/0/3          ROOT  FORWARDING  NONE
<SW1>
```

图 7-20 在 SW1 上执行 **display stp brief** 命令的输出

```
<SW2>display stp brief
 MST ID   Port                          Role  STP State   Protection
 0        GigabitEthernet1/0/1          DESI  FORWARDING  NONE
 0        GigabitEthernet1/0/2          ROOT  FORWARDING  NONE
 0        GigabitEthernet1/0/3          ALTE  DISCARDING  NONE
 1        GigabitEthernet1/0/3          ROOT  FORWARDING  NONE
 2        GigabitEthernet1/0/1          DESI  FORWARDING  NONE
 2        GigabitEthernet1/0/2          DESI  FORWARDING  NONE
 2        GigabitEthernet1/0/3          DESI  FORWARDING  NONE
<SW2>
```

图 7-21 在 SW2 上执行 **display stp brief** 命令的输出

```
<SW3>display stp brief
 MST ID   Port                          Role  STP State   Protection
 0        GigabitEthernet1/0/1          DESI  FORWARDING  NONE
 0        GigabitEthernet1/0/2          DESI  FORWARDING  NONE
 1        GigabitEthernet1/0/1          ROOT  FORWARDING  NONE
 2        GigabitEthernet1/0/2          ROOT  FORWARDING  NONE
<SW3>
```

图 7-22 在 SW3 上执行 **display stp brief** 命令的输出

```
<SW4>display stp brief
 MST ID   Port                          Role  STP State   Protection
 0        GigabitEthernet1/0/1          ALTE  DISCARDING  NONE
 0        GigabitEthernet1/0/2          ROOT  FORWARDING  NONE
 1        GigabitEthernet1/0/2          ROOT  FORWARDING  NONE
 2        GigabitEthernet1/0/1          ROOT  FORWARDING  NONE
<SW4>
```

图 7-23 在 SW4 上执行 **display stp brief** 命令的输出

② 在各交换机上通过 **display mvrp running-status** 命令查看设备上 MVRP 的运行状态信息。SW1 上的 MVRP 运行状态信息如图 7-24 所示，SW2 上的 MVRP 运行状态信息如图 7-25 所示，SW3 上的 MVRP 运行状态信息如图 7-26 所示，SW4 上的 MVRP 运行状态信息如图 7-27 所示。需要注意的是，各图中不同接口的以下信息。

- Registered VLAN：端口动态注册的 VLAN。只有从对端设备 MVRP 实体接收到声明信息才会进行动态注册对应 VLAN，可以是本端设备已创建的静态 VLAN 或已存在的默认 VLAN1。
- Declared VLAN：端口声明的 VLAN，即通知对端端口学习的 VLAN，可以是本端创建的静态 VLAN（包括默认存在的 VLAN1），也可以是本端学习到的动态 VLAN。

```
<SWdisplay mvrp running-status
 -------[MVRP Global Info]-------
 Global Status      : Enabled
 Compliance-GVRP    : False

 ----[GigabitEthernet1/0/1]----
 Config Status                        : Enabled
 Running Status                       : Enabled
 Join Timer                           : 20 (centiseconds)
 Leave Timer                          : 60 (centiseconds)
 Periodic Timer                       : 100 (centiseconds)
 LeaveAll Timer                       : 1000 (centiseconds)
 Registration Type                    : Normal
 Registered VLANs :
  1(default)
 Declared VLANs :
  1(default), 10
 Propagated VLANs :
  1(default)

 ----[GigabitEthernet1/0/2]----
 Config Status                        : Enabled
 Running Status                       : Enabled
 Join Timer                           : 20 (centiseconds)
 Leave Timer                          : 60 (centiseconds)
 Periodic Timer                       : 100 (centiseconds)
 LeaveAll Timer                       : 1000 (centiseconds)
 Registration Type                    : Normal
 Registered VLANs :
  1(default)
 Declared VLANs :
  1(default), 10
 Propagated VLANs :
  1(default)

 ----[GigabitEthernet1/0/3]----
 Config Status                        : Enabled
 Running Status                       : Enabled
 Join Timer                           : 20 (centiseconds)
 Leave Timer                          : 60 (centiseconds)
 Periodic Timer                       : 100 (centiseconds)
 LeaveAll Timer                       : 1000 (centiseconds)
 Registration Type                    : Normal
 Registered VLANs :
  20
 Declared VLANs :
  1(default), 10
 Propagated VLANs :
  20
<SW1>
```

图 7-24　SW1 上的 MVRP 运行状态信息

```
<SW2>display mvrp running-status
 -------[MVRP Global Info]-------
 Global Status      : Enabled
 Compliance-GVRP    : False

 ----[GigabitEthernet1/0/1]----
 Config Status                        : Enabled
 Running Status                       : Enabled
 Join Timer                           : 20 (centiseconds)
 Leave Timer                          : 60 (centiseconds)
 Periodic Timer                       : 100 (centiseconds)
 LeaveAll Timer                       : 1000 (centiseconds)
 Registration Type                    : Normal
 Registered VLANs :
  None
 Declared VLANs :
  1(default), 20
 Propagated VLANs :
  None

 ----[GigabitEthernet1/0/2]----
 Config Status                        : Enabled
 Running Status                       : Enabled
 Join Timer                           : 20 (centiseconds)
 Leave Timer                          : 60 (centiseconds)
 Periodic Timer                       : 100 (centiseconds)
 LeaveAll Timer                       : 1000 (centiseconds)
 Registration Type                    : Normal
 Registered VLANs :
  1(default)
 Declared VLANs :
  1(default), 20
 Propagated VLANs :
  1(default)

 ----[GigabitEthernet1/0/3]----
 Config Status                        : Enabled
 Running Status                       : Enabled
 Join Timer                           : 20 (centiseconds)
 Leave Timer                          : 60 (centiseconds)
 Periodic Timer                       : 100 (centiseconds)
 LeaveAll Timer                       : 1000 (centiseconds)
 Registration Type                    : Normal
 Registered VLANs :
  1(default), 10
 Declared VLANs :
  20
 Propagated VLANs :
  10
<SW2>
```

图 7-25　SW2 上的 MVRP 运行状态信息

```
<SW3>display mvrp running-status
 -------[MVRP Global Info]-------
 Global Status      : Enabled
 Compliance-GVRP    : False

 ----[GigabitEthernet1/0/1]----
 Config Status                        : Enabled
 Running Status                       : Enabled
 Join Timer                           : 20 (centiseconds)
 Leave Timer                          : 60 (centiseconds)
 Periodic Timer                       : 100 (centiseconds)
 LeaveAll Timer                       : 1000 (centiseconds)
 Registration Type                    : Normal
 Registered VLANs :
  1(default), 10
 Declared VLANs :
  1(default)
 Propagated VLANs :
  1(default), 10

 ----[GigabitEthernet1/0/2]----
 Config Status                        : Enabled
 Running Status                       : Enabled
 Join Timer                           : 20 (centiseconds)
 Leave Timer                          : 60 (centiseconds)
 Periodic Timer                       : 100 (centiseconds)
 LeaveAll Timer                       : 1000 (centiseconds)
 Registration Type                    : Normal
 Registered VLANs :
  1(default), 20
 Declared VLANs :
  1(default)
 Propagated VLANs :
  1(default), 20
<SW3>
```

图 7-26　SW3 上的 MVRP 运行状态信息

```
<SW4>display mvrp running-status
 -------[MVRP Global Info]-------
 Global Status      : Enabled
 Compliance-GVRP    : False

 ----[GigabitEthernet1/0/1]----
 Config Status                        : Enabled
 Running Status                       : Enabled
 Join Timer                           : 20 (centiseconds)
 Leave Timer                          : 60 (centiseconds)
 Periodic Timer                       : 100 (centiseconds)
 LeaveAll Timer                       : 1000 (centiseconds)
 Registration Type                    : Normal
 Registered VLANs :
  1(default), 20
 Declared VLANs :
  None
 Propagated VLANs :
  20

 ----[GigabitEthernet1/0/2]----
 Config Status                        : Enabled
 Running Status                       : Enabled
 Join Timer                           : 20 (centiseconds)
 Leave Timer                          : 60 (centiseconds)
 Periodic Timer                       : 100 (centiseconds)
 LeaveAll Timer                       : 1000 (centiseconds)
 Registration Type                    : Normal
 Registered VLANs :
  1(default), 10
 Declared VLANs :
  1(default)
 Propagated VLANs :
  1(default), 10
<SW4>
```

图 7-27　SW4 上的 MVRP 运行状态信息

- Propagated VLAN：端口传播的 VLAN，即端口从对端设备 MVRP 实体学习并通知本设备其他端口向外声明的 VLAN。**只有在端口接收了对端设备发来的某 VLAN 声明，才会向本地设备其他端口上传播对应 VLAN 声明。**

【注意】MSTP 阻塞端口不向对端设备 MVRP 实体发送 VLAN 注册声明，也不向本地设备其他 MVRP 实体传播 VLAN 注册声明，但可接收来自对端设备 MVRP 实体的 VLAN 声明，注册对应的 VLAN。

下面按照不同 MSTI 依次分析以上各交换机接口的 MVRP 运行状态的正确性。

（1）MSTI0 的 MVRP 运行状态分析

在 MSTI0（本示例只涉及 1）中，各交换机上均默认存在 VLAN1，SW3 为根桥。SW1 的 GE1/0/1 及其对端 SW3 的 GE1/0/1 接口均为转发状态，因此，它们均会向对端设备发送 VLAN1 声明，同时在接收来自对端发来的 VLAN1 声明后会注册 VLAN1，并向本地设备其他接口传播 VLAN1 信息。

SW1 的 GE1/0/2 接口及其对端的 SW4 GE1/0/2 接口均为转发状态，因此，SW1、SW4 也会相互向对端的 GE1/0/2 接口发送 VLAN1 声明，同时在接收来自对端的 VLAN1 声明后注册 VLAN1，并向本地其他接口传播 VLAN1 信息。

SW1 的 GE1/0/3 接口为转发状态，但其对端的 SW2 的 GE1/0/3 接口为阻塞状态，因此，SW1 的 GE1/0/3 接口会向 SW2 的 GE1/0/3 接口发送 VLAN1 的声明，SW2 的 GE1/0/3 接口会接收来自 SW1 的 VLAN1 注册声明，但不会向 SW1 发送 VLAN1 的注册声明，也不会向本地设备其他接口传播 VLAN1。

SW2 的 GE1/0/1 接口为转发状态，但其对端的 SW4 的 GE1/0/1 接口为阻塞状态，因此，SW2 的 GE1/0/1 接口会向 SW4 GE1/0/1 接口发送 VLAN1 的声明，SW4 的 GE1/0/1 接口会接收来自 SW2 的 VLAN1 注册声明，但不会向 SW2 发送 VLAN1 的注册声明，也不会向本地设备其他接口传播 VLAN1。

SW2 的 GE1/0/2 接口及其对端的 SW3 GE1/0/2 接口均为转发状态，因此，SW2、SW3 也会相互向对端的 GE1/0/2 接口发送 VLAN1 声明，同时在接收来自对端的 VLAN1 声明后注册 VLAN1，并会向本地设备其他接口传播 VLAN1。

综上所述，在 MSTI0 中各交换机的不同接口 MVRP 的运行状态如下。

- SW1 的 GE1/0/1、GE1/0/2 接口会声明（Declared）、注册（Registered）和传播（Propagated）VLAN1；GE1/0/3 接口只会声明 VLAN1。
- SW2 的 GE1/0/1 接口只会声明 VLAN1，GE1/0/2 接口会声明、注册和传播 VLAN1，GE1/0/3 接口只会注册 VLAN1。
- SW3 的 GE1/0/1、GE1/0/2 接口均会声明、注册和传播 VLAN1。
- SW4 的 GE1/0/1 接口只会注册 VLAN1，GE1/0/2 接口会声明、注册和传播 VLAN1。

（2）MSTI1 中的 MVRP 运行状态分析

在 MSTI1 中，仅 SW1 手动创建了 VLAN10，SW1 为根桥。SW1 的 GE1/0/1、GE1/0/2 和 GE1/0/3 接口，以及其所连接的对端设备接口均为转发状态，因此，SW1 的这 3 个接口都会向其对端设备发送 VLAN10 声明，对端的 SW3 GE 1/0/1 接口、SW4 GE1/0/2 接口和 SW2 GE1/0/3 接口均会注册和传播 VLAN10。各设备的其他接口因为在 MSTI2 中链路两端均为 Alternate 端口，呈阻塞状态，所以均不发送 VLAN10 的声明，自然也不会在对端设备上注册、传播 VLAN10。

综上所述，在 MSTI1 中各交换机的不同接口 MVRP 运行状态如下。

- SW1 的 GE1/0/1、GE1/0/2 和 GE1/0/3 接口均会声明 VLAN10。

- SW2 的 GE1/0/3 接口会注册和传播 VLAN10。
- SW3 的 GE1/0/1 接口会注册和传播 VLAN10。
- SW4 的 GE1/0/2 接口会注册和传播 VLAN10。

(3) MSTI2 中的 MVRP 运行状态分析

在 MSTI2 中，仅 SW2 手动创建了 VLAN20，SW2 为根桥。SW2 的 GE1/0/1、GE1/0/2 和 GE1/0/3 接口，以及其连接的对端设备接口均为转发状态，因此，SW2 的这 3 个接口都会向其对端设备发送 VLAN20 的声明，对端的 SW4 的 GE1/0/1 接口、SW3 的 GE1/0/2 接口和 SW1 的 GE1/0/3 接口均会注册和传播 VLAN20。各设备的其他接口因为在 MSTI2 中链路两端均为 Alternate 端口，呈阻塞状态，因此，均不发送 VLAN20 的声明，自然也不会在对端设备上注册、传播 VLAN20。

综上所述，在 MSTI2 中各交换机的不同接口 MVRP 运行状态如下。

- SW1 的 GE1/0/3 接口会注册和传播 VLAN20。
- SW2 的 GE1/0/1、GE1/0/2 和 GE1/0/3 接口均会声明 VLAN20。
- SW3 的 GE1/0/2 接口会注册和传播 VLAN20。
- SW4 的 GE1/0/1 接口会注册和传播 VLAN20。

最后，可得出各交换机上不同接口在各 MSTI 中的总体 MVRP 运行状态，具体说明如下。

- SW1 的 GE1/0/1、GE1/0/2 接口均会声明 VLAN1 和 VLAN10，注册和传播 VLAN1；GE1/0/3 接口会声明 VLAN1 和 VLAN10，注册和传播 VLAN20。
- SW2 的 GE1/0/1 接口会声明 VLAN1 和 VLAN20，不注册和传播任何 VLAN；GE1/0/2 接口会声明 VLAN1 和 VLAN20，注册和传播 VLAN1。GE1/0/3 接口会声明 VLAN20，注册 VLAN1，传播 VLAN10。
- SW3 的 GE1/0/1 接口会声明 VLAN1，注册和传播 VLAN1 和 VLAN10。GE1/0/2 接口会声明 VLAN1，注册和传播 VLAN1 和 VLAN20。
- SW4 的 GE1/0/1 接口不声明任何 VLAN，注册 VLAN1、VLAN20，传播 VLAN20。GE1/0/2 接口会声明 VLAN1，注册和传播 VLAN1 和 VLAN10。

由此可知，上述分析结果与图 7-24～图 7-27 是一致的。

把 SW2 的 GE1/0/3 接口通过 **mvrp registration fixed** 命令配置为 Fixed 注册模式，在 SW1 系统视图下执行 **undo vlan** 10 命令，删除 VLAN10，可在 SW2 再次执行 **display mvrp running-status** 命令，查看 SW2 GE1/0/3 接口是否仍注册了 VLAN10。之所以正确情况下不会改变，是因为 Fixed 模式是禁止动态 VLAN 注销的。

7.4 QinQ

随着以太网技术在运营商网络中的大量部署，利用 802.1Q VLAN 对用户进行隔离和标识受到很大限制。因为 IEEE802.1Q 中定义的“VLAN Tag”字段只有 12 个比特，最多仅能表示 4096 个 VLAN，无法满足城域以太网中标识大量用户的需求，于是 QinQ 技术应运而生。

7.4.1 QinQ 简介

QinQ 是 802.1Q in 802.1Q 的简称，最初主要是为拓展 VLAN 的数量空间而产生的，是一项扩展 VLAN 空间的技术。它通过在原有的 802.1Q 报文的基础上增加一层 802.1Q 标签，使 VLAN 数量增加到 4094×4094 个。随着城域以太网的发展及运营商精细化运作的要求，QinQ 的双层标签又有了进一步的使用场景。其内/外层 VLAN 标签可以代表不同的信息，例如内层标签代表用户，外层标签代表业务。

QinQ 帧中可以携带两层 VLAN 标签穿越运营商的骨干网络（又称公网），从而使运营商能够利用一个 VLAN 为包含多个私网 VLAN 的用户网络提供公网报文传输服务。

当二层交换机端口上配置了 QinQ 功能后，**无论从该端口收到的报文是否带有 VLAN 标签，设备都会为该报文添加本端口 PVID 对应的 VLAN 标签**。如果收到的是带有 VLAN 标签的报文，则该报文就成为带两层标签的报文；如果收到的是不带 VLAN 标签的报文，则该报文就成为仅带有一层本端口 PVID 对应的标签的报文。

【说明】 QinQ 功能是以端口来划分用户或用户网络，但如果多个不同用户以不同的 VLAN 接入同一个端口，则无法区分用户。此时，如果需要为不同用户的 VLAN 的报文添加不同的外层 VLAN 标签，则可以通过 VLAN 映射或 QoS Nest 功能来实现。

- 为不同内层 VLAN 标签的报文添加不同的外层 VLAN 标签，建议使用 1:2 VLAN 映射功能。
- 对于带有两层 VLAN 标签的报文，如果需要修改内层或外层 VLAN ID，或同时修改内外层 VLAN ID，则可以通过 2:2 VLAN 映射功能实现。

如果运营商网络需要使用 VLAN ID 之外的匹配条件来更灵活地匹配用户网络报文，或在为报文添加外层 VLAN 标签时，需要同时配置其他 QoS Nest 流行为。但 QinQ 功能和 2:2 VLAN 映射功能互斥，即不允许在同一端口上先为报文添加外层 VLAN 标签，再修改该报文的内层、外层 VLAN 标签中的 VLAN ID。

有关 VLAN 映射功能和 QoS Nest 功能的配置方法参见配套图书《H3C 交换机学习指南（下册）》中的相关内容。

7.4.2 QinQ 报文格式及工作原理

QinQ 报文在运营商网络中传输时带有双层 VLAN 标签，内层 VLAN 标签为用户的私网 VLAN（即 Customer VLAN，简称 CVLAN）标签，设备依靠该 VLAN 标签在私网中传送报文；外层 VLAN 标签为运营商分配给用户的公网 VLAN（即 Service VLAN，简称 SVLAN）标签，设备依靠该 VLAN 标签在公网中传送 QinQ 报文。在公网的传输过程中，设备只根据外层公网 VLAN 标签转发报文，而内层私网 VLAN 标签将被当作报文的数据部分进行传输。

QinQ 典型应用示例如图 7-28 所示，用户网络 A 和 B 的私网 VLAN 分别为 VLAN1～10 和 VLAN1～20。运营商为用户网络 A 和 B 分配的公网 VLAN 分别为 VLAN3 和 VLAN4。

① 当用户网络 A 和 B 中的用户网络边缘（Customer Edge，CE）设备发送的带用户私网 VLAN 标签的报文进入运营商网络的提供商网络边缘（Provider Edge，PE）设备时，就会在报文原来的 VLAN 标签外面再分别封装一层 VLAN3 和 VLAN4 的公网 VLAN 标签。

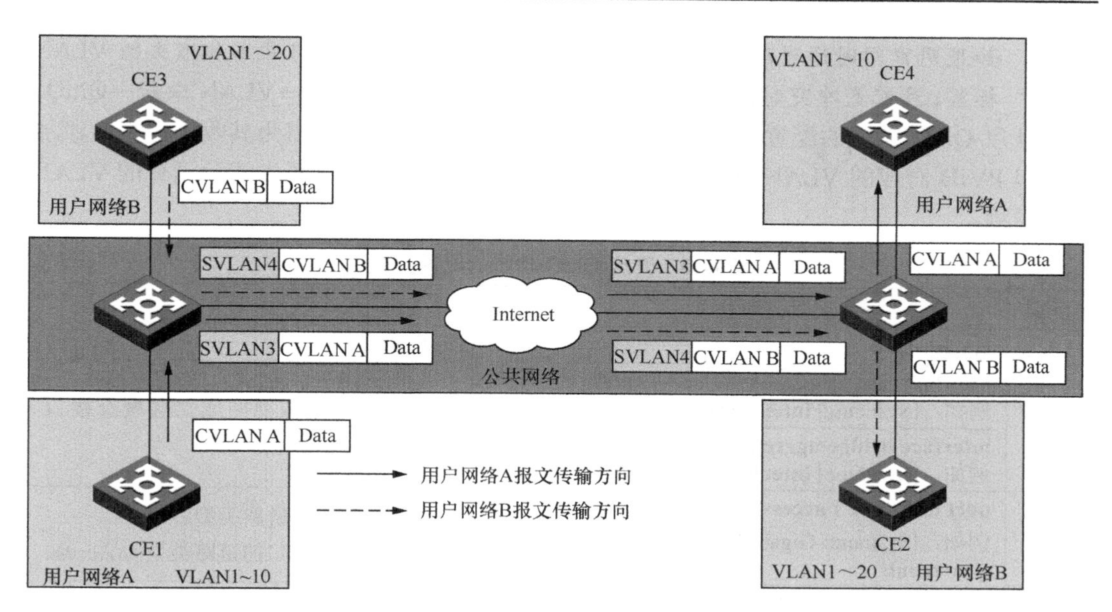

图 7-28 QinQ 典型应用示例

如图 7-28 中用户网络 A 和 B 的 CE 发送的 VLAN 报文中所给的 VLAN 标签分别是 CVLAN A 和 CVLAN B，在进入 PE 设备后，会在原来的 CVLAN A、CVLAN B 的前面分别再加一层公网 VLAN3、VLAN4 的标签（即 SVLAN3、SVLAN4）。此时，报文中会有两层 VLAN 标签，最外面的 SVLAN 标签可对来自不同用户网络的报文在运营商网络中传输时进行隔离，即使这些用户报文中封装的私网 VLAN 范围存在重叠（例如本示例中用户网络 A 和 B 中均使用了 VLAN1～10）。这是因为两个用户网络分配到的公网 VLAN 是不同的，而 VLAN 报文仅依据最外面 VLAN 标签进行网络传输。

② 当报文穿过运营商网络，到达运营商网络另一侧 PE 设备后，VLAN 报文会被剥离最外层的公网 SVLAN 标签，此时，原来的内层 CVLAN 标签就变成报文的最外层标签（因为此时报文中又还原为原来的一层标签），设备会按照报文中携带的这层 CVLAN 标签把报文传送给对应的用户网络 CE 设备。

7.4.3 QinQ 基本功能配置

QinQ 功能应在 PE 设备的用户网络侧接口上进行配置，主要有以下配置任务，本节仅介绍第 1 项配置任务。

① QinQ 基本功能配置。

②（可选）配置 VLAN 透传功能。

③（可选）配置 VLAN 标签的 TPID 值。

④（可选）配置外层 VLAN 标签的 802.1p 优先级。

【注意】 配置 QinQ 功能时需要注意以下事项。

- QinQ 为报文加上外层 VLAN 标签后，内层 VLAN 标签将被当作报文的数据部分进行传输，报文长度将增加 4 个字节。因此，建议用户适当增加 QinQ 报文传输路径上各接口的 MTU 值（至少为 1504 字节）。

- 如果用户同时通过配置 QinQ 和 VLAN 映射，或 QoS 策略来添加报文的 VLAN 标签，且配置冲突时，按如下优先顺序配置生效：QoS 策略→VLAN 映射→QinQ。

开启 QinQ 功能的配置步骤见表 7-13。配置后，交换机端口将为其收到的报文添加该端口 PVID 对应的 VLAN 标签，但开启或关闭 QinQ 功能之前，要先清除已有的 VLAN 映射表项。

表 7-13 开启 QinQ 功能的配置步骤

步骤	命令	说明
1	**system-view**	进入系统视图
2	**interface** *interface-type interface-number* 例如，[Sysname] **interface** gigabitethernet 2/0/1	进入以太网接口视图或二层聚合接口视图
	interface bridge-aggregation *interface-number* 例如，[Sysname] **interface bridge-aggregation** 1	
3	**port link-type** { **access** | **hybrid** | **trunk** } 例如，[Sysname-GigabitEthernet1/0/1] **port link-type trunk**	配置以上接口的链路类型。 默认情况下，端口的链路类型为 Access
4	配置端口允许 SVLAN 和 CVLAN 的报文通过。PE 上不需要创建 CVLAN，但需要创建 SVLAN，并且配置下行端口的 PVID=SVLAN。PE 下行端口可以是任意交换端口类型。 • Access 端口的 PVID 和 CVLAN 均为其所属 VLAN，且发送所属 VLAN 的报文时不带 VLAN 标签。**仅适用单 CVLAN 场景**。 • Trunk 端口要配置 PVID 为 SVLAN，并且允许 PVID 和 CVLAN 的报文通过。默认情况下，Trunk 端口只允许 VLAN1 的报文通过。 • Hybrid 端口要配置 PVID 为 SVLAN，并且允许 PVID 的报文不带 VLAN 标签通过，允许 CVLAN 的报文带 VLAN 标签通过。 默认情况下，Hybrid 端口只允许该端口在链路类型为 Access 时所属 VLAN 的报文以不带 VLAN 标签的方式通过	
5	**qinq enable** 例如，[Sysname-GigabitEthernet1/0/1] **qinq enable**	开启以上接口的 QinQ 功能。 默认情况下，接口的 QinQ 功能处于关闭状态

7.4.4 VLAN 透传功能配置

在交换机端口上开启了 QinQ 功能后，从该端口收到的报文都会被打上本端口 PVID 对应的 VLAN 标签，而如果需要使一些特殊 VLAN 的报文不再加上这层 VLAN 标签，就需要使用 VLAN 透传功能。VLAN 透传功能可使端口在收到带有指定 VLAN 标签的报文后，不为其添加外层 VLAN 标签，而直接在运营商网络中传输。例如当某 VLAN 为企业专线 VLAN 或网管 VLAN 时，就可以使用 VLAN 透传功能。

VLAN 透传功能的配置步骤见表 7-14。在配置 VLAN 透传功能时，需要注意以下事项。

- 同时配置了 QinQ 功能和 VLAN 透传功能的接口不支持三层转发。
- 建议在配置用户侧端口的 VLAN 透传功能前，配置该端口的链路为 Trunk/Hybrid（**不能是 Access**），并允许透传 VLAN 通过。
- 配置 VLAN 透传功能时，还需要在报文传输路径的所有端口上都配置允许透传 VLAN 通过。

- 配置了用户侧端口对指定 VLAN 的报文进行透传后，不要在该端口上对这些 VLAN 再进行修改报文 VLAN 标签的相关配置。
- 同一接口上同时配置 VLAN 透传和 VLAN 映射时，透传 VLAN 不能为 1:1 VLAN 映射、1:2 VLAN 映射和 *N*:1 VLAN 映射的原始 VLAN 和转换后 VLAN，也不能为 2:2 VLAN 映射的原始外层 VLAN 和转换后外层 VLAN。

表 7-14　VLAN 透传功能的配置步骤

步骤	命令	说明
1	**system-view**	进入系统视图
2	**interface** *interface-type interface-number* 例如，[Sysname] **interface** gigabitethernet 2/0/1	进入以太网接口视图或二层聚合接口视图
	interface bridge-aggregation *interface-number* 例如，[Sysname] **interface bridge-aggregation** 1	
3	**port link-type** { **hybrid** | **trunk** } 例如，[Sysname-GigabitEthernet1/0/1] **port link-type trunk**	配置以上接口的链路类型，只能在 Trunk 或 Hybrid 端口上配置 VLAN 透传功能。 默认情况下，端口的链路类型为 Access
4	配置端口允许透传 VLAN 的报文通过。 • 配置 Trunk 端口允许透传 VLAN 的报文通过。默认情况下，Trunk 端口只允许 VLAN1 的报文通过。 • 配置 Hybrid 端口允许透传 VLAN 的报文通过。默认情况下，Hybrid 端口只允许该端口在链路类型为 Access 时所属 VLAN 的报文以不带标签的方式通过	
5	**qinq transparent-vlan** *vlan-id-list* 例如，[Sysname-GigabitEthernet1/0/1] **qinq transparent-vlan** 10	配置端口的 VLAN 透传功能。参数 *vlan-id-list* 用来指定一个 VLAN 列表，表示一个或多个 VLAN，且这些 VLAN 必须是本地已创建好的。表示方式为 *vlan-id-list* = { *vlan-id1* [**to** *vlan-id2*] } &<1-10>。其中，*vlan-id1* 和 *vlan-id2* 为指定 VLAN 的编号，取值为 1～4094，*vlan-id2* 的值要大于或等于 *vlan-id1* 的值。&<1-10>表示前面的参数最多可以输入 10 次。 默认情况下，未配置 VLAN 透传功能

7.4.5　VLAN 标签的 TPID 值配置

标签协议标识符（Tag Protocol Identifier，TPID）值是设备对接收的报文判断报文中是否带有 IEEE 802Q VLAN 标签依据。默认情况下，所有 VLAN 标签中的 TPID 值为 0x8100，但该 TPID 值是可以修改的。这主要是为了实现不同厂商的设备兼容、互通，因为不同厂商设备为 QinQ 报文的外层 VLAN 标签配置了不同的 TPID 值。另外，对于 QinQ 报文中的双层 VLAN 标签中的 TPID 值也可能不一样。此时，如果不进行同步配置，则可能导致设备误判。

例如，在设备上配置用户 VLAN 标签（内层标签）和运营商 VLAN 标签（外层标签）的 TPID 值分别为 0x8200 和 0x9100，如果该设备收到的报文实际携带的内层、外层 VLAN 标签的 TPID 值分别为 0x8100 和 0x9100，由于该报文外层 VLAN 标签的 TPID 值与配置值相同，而内层 VLAN 标签的 TPID 值与配置值不同，所以该设备会认为报文只携带运营商

VLAN 标签，而没有携带用户 VLAN 标签；对于该设备收到的只带有一层 VLAN 标签的报文，如果该 VLAN 标签的 TPID 值不为 0x9100，则该设备会认为报文没有携带 VLAN 标签。

常用协议类型值见表 7-15，内层 VLAN 标签的 TPID 值应在 PE 设备的系统视图下通过 **qinq ethernet-type customer-tag** *hex-value* 命令进行配置。参数 *hex-value* 表示协议类型值，取值范围为十六进制数 1～ffff，但不允许配置表 7-15 中列举的常用协议类型值。默认情况下，内层 VLAN 标签的 TPID 值为十六进制数 8100。

表 7-15 常用协议类型值

协议类型	协议类型值
ARP	0x0806
PUP	0x0200
RARP	0x8035
IP	0x0800
IPv6	0x86dd
PPPoE	0x8863/0x8864
MPLS	0x8847/0x8848
IPX/SPX	0x8137
IS-IS	0x8000
LACP	0x8809
LLDP	0x88cc
802.1x	0x888e
802.1ag	0x8902
集群	0x88a7
设备保留	0xfffd/0xfffe/0xffff

外层 VLAN 标签的 TPID 值应在 PE 设备的运营商网络侧的接口视图下通过 **qinq ethernet-type service-tag** *hex-value* 命令进行配置。参数 *hex-value* 的取值范围及说明与修改内层 VLAN 标签的 TPID 值命令 **qinq ethernet-type customer-tag** *hex-value* 中的该参数一样，参见即可。

7.4.6 外层 VLAN 标签的 802.1p 优先级配置

端口为报文添加外层 VLAN 标签后，如果需要修改外层 VLAN 标签的 802.1p 优先级，则可以通过 QoS 策略实现以下两种功能中的一种。外层 VLAN 标签的 802.1p 优先级的配置步骤见表 7-16。

表 7-16 外层 VLAN 标签的 802.1p 优先级的配置步骤

步骤	命令	说明
1	**system-view**	进入系统视图
2	**traffic classifier** *classifier-name* [**operator** { **and** | **or** }] 例如，[Sysname] **traffic classifier** class1	定义类，并进入类视图。 • *classifier-name*：指定创建的类的名称，为 1～31 个字符的字符串，区分大小写。 • and：二选一选项，指定类下的规则之间是逻辑与的关系，即数据包必须匹配全部规则才属于该类。这是默认的规则关系

续表

<table>
<tr><th>步骤</th><th>命令</th><th colspan="2">说明</th></tr>
<tr><td>2</td><td>traffic classifier classifier-name [operator { and | or }]
例如，[Sysname] traffic classifier class1</td><td colspan="2">• or：二选一选项，指定类下的规则之间是逻辑或的关系，即数据包只要匹配其中任何一个规则就属于该类。
默认情况下，不存在类</td></tr>
<tr><td rowspan="2">3</td><td>if-match customer-vlan-id vlan-id-list
例如，[Sysname-classifier-class1] if-match customer-vlan-id 1 6 9</td><td rowspan="2">定义匹配报文的规则</td><td>（二选一）定义匹配内层 VLAN 标签的 VLAN ID 的规则。参数 vlan-id-list 为 VLAN 列表，表示方式为 vlan-id-list = { vlan-id | vlan-id1 to vlan-id2 }&<1-10>，vlan-id、vlan-id1、vlan-id2 取值为 1～4094，且 vlan-id1 的值必须小于 vlan-id2 的值；&<1-10>表示前面的参数最多可以重复输入 10 次，每次以空格分隔</td></tr>
<tr><td>if-match customer-dot1p dot1p-value&<1-8>
例如，[Sysname-classifier-class1] if-match customer-dot1p 3</td><td>（二选一）定义匹配内层 VLAN 标签的 802.1p 优先级的规则。参数 dot1p-value& <1-8>为 802.1p 优先级值的列表，802.1p 优先级的取值为 0～7，&<1-8>表示前面的参数最多可以重复输入 8 次，每次以空格分隔最多</td></tr>
<tr><td>4</td><td>quit</td><td colspan="2">返回系统视图</td></tr>
<tr><td>5</td><td>traffic behavior behavior-name
例如，[Sysname] traffic behavior behavior1</td><td colspan="2">定义流行为，并进入流行为视图。参数 behavior-name 用来指定流行为的名称，为 1～31 个字符的字符串，区分大小写。
默认情况下，不存在流行为</td></tr>
<tr><td rowspan="2">6</td><td>remark dot1p dot1p-value
例如，[Sysname-behavior-behavior1] remark dot1p 2</td><td rowspan="2">配置报文外层 VLAN 标签的 802.1p 优先级</td><td>（二选一）重标记外层 VLAN 标签的 802.1p 优先级，取值为 0～7。
默认情况下，未配置重新标记报文 802.1p 优先级</td></tr>
<tr><td>remark dot1p customer-dot1p-trust
例如，[Sysname-behavior-behavior1] remark dot1p customer-dot1p-trust</td><td>（二选一）将内层 VLAN 标签的 802.1p 优先级复制为外层 VLAN 标签的 802.1p 优先级。
默认情况下，未配置内外层标签 802.1p 优先级复制动作</td></tr>
<tr><td>7</td><td>quit</td><td colspan="2">退回系统视图</td></tr>
<tr><td>8</td><td>qos policy policy-name
例如，[Sysname] qos policy remark802</td><td colspan="2">创建 QoS 策略，并进入策略视图。参数 policy-name 用来指定创建的 QoS 策略的名称，为 1～31 个字符的字符串，区分大小写。
默认情况下，不存在 QoS 策略</td></tr>
<tr><td>9</td><td>classifier classifier-name behavior behavior-name
例如，[Sysname-qospolicy-remark802] classifier class1 behavior behavior1</td><td colspan="2">在策略中为类指定采用的流行为。
• classifier-name：指定 QoS 策略绑定的类的名称。
• behavior-name：指定 QoS 策略绑定的流行为的名称。
默认情况下，没有为类指定流行为</td></tr>
<tr><td>10</td><td>quit</td><td colspan="2">退回系统视图</td></tr>
<tr><td>11</td><td>interface interface-type interface-number
例如，[Sysname] interface ten-gigabitethernet 1/0/1</td><td colspan="2">进入二层以太网接口视图</td></tr>
</table>

续表

步骤	命令	说明
12	**qos trust dot1p** 例如，[Sysname-Ten-GigabitEthernet1/0/1] **qos trust dot1p**	配置端口信任报文中的 802.1p 优先级。重标记外层 VLAN 标签的 802.1p 优先级时必须配置；将内层 VLAN 标签的 802.1p 优先级复制为外层 VLAN 标签的 802.1p 优先级时可选
13	**qinq enable** 例如，[Sysname-Ten-GigabitEthernet1/0/1] **qinq enable**	开启端口的 QinQ 功能。 默认端口未开启 QinQ 功能
14	**qos apply policy** *policy-name* **inbound** 例如，[Sysname-Ten-GigabitEthernet1/0/1] **qos apply policy** remark802 **inbound**	在接口的入方向应用 QoS 策略

① 根据内层 VLAN 标签的 802.1p 优先级或内层 VLAN ID 来标记外层 VLAN 标签的 802.1p 优先级。

② 将内层 VLAN 标签的 802.1p 优先级复制为外层 VLAN 标签的 802.1p 优先级。

有关 QoS 策略和优先级信任模式的详细介绍请参见即将出版的配套图书《H3C 交换机学习指南（下册）》中的相关内容。

以上 QinQ 功能配置完成后，可在任意视图下执行 **display qinq [interface** *interface-type interface-number*]命令查看开启了 QinQ 功能的交换机端口。

7.4.7 QinQ 配置示例

QinQ 配置示例的拓扑结构如图 7-29 所示，公司 A 的两个分支机构 Site1 和 Site2 使用的业务 VLAN（CVLAN）为 VLAN10～100；公司 B 的两个分支机构 Site3 和 Site4 使用的业务 VLAN（CVLAN）为 VLAN20～200。PE1 和 PE2 为运营商骨干网络的边缘设备，骨干网设置的 TPID 值为 0x8200。现要求通过配置，利用运营商提供的 VLAN（SVLAN）300 使公司 A 的两个分支机构之间实现互通，利用运营商提供的 VLAN（SVLAN）400 使公司 B 的两个分支机构之间实现互通。

QinQ 的基本配置思路很清晰，即在运营商 PE 连接 CE 的交换机端口上配置 PVID 为对应公司的 SVLAN，且要使 PVID 对应的 VLAN 不带标签通过，允许各公司的 CVLAN 带标签通过，然后在该端口上启用 QinQ 功能。

1．具体配置步骤

① 在 PE1 和 PE2 上分别创建 VLAN300 和 VLAN400，启用 QinQ 功能，并把 GE1/0/2 端口配置为 Trunk，允许 VLAN10～100 和 VLAN300 通过，PVID 为 VLAN300；把 GE1/0/3 端口配置为 Trunk，允许 VLAN20～200 和 VLAN400 通过，PVID 为 VLAN400。

因为本示例中除了主机名配置，PE1 和 PE2 上的其他配置均相同，所以在此仅以 PE1 上的配置为例进行介绍，具体配置如下。

```
<H3C>system-view
[H3C]sysname PE1
[PE1]vlan 300
```

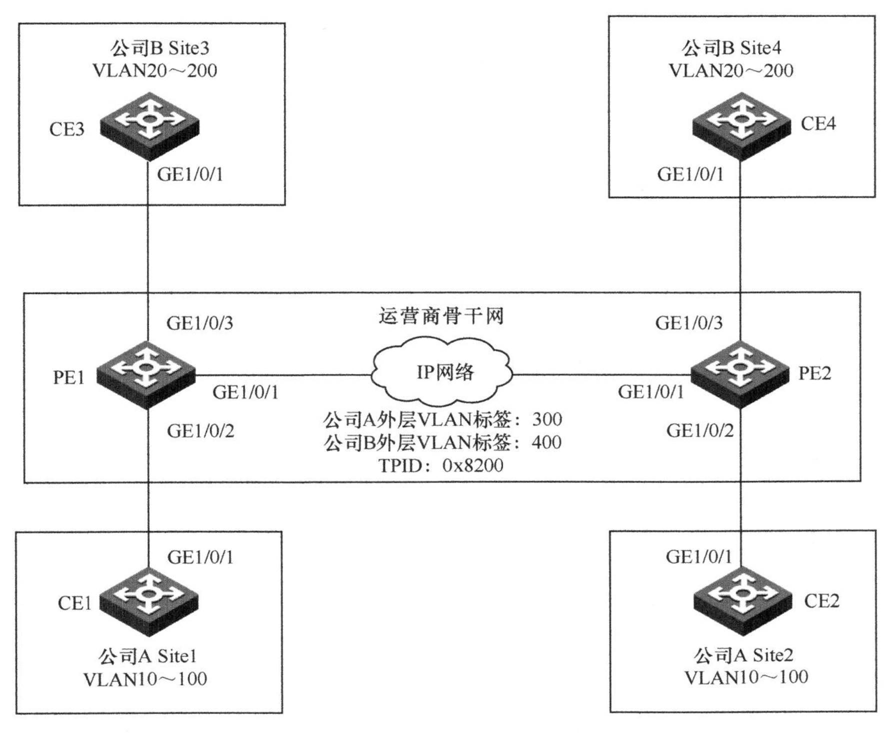

图 7-29　QinQ 配置示例的拓扑结构

```
[PE1-Vlan300] quit
[PE1] vlan 400
[PE1-Vlan40] quit
[PE1] interface gigabitethernet 1/0/2
[PE1-GigabitEthernet1/0/2] port link-type trunk
[PE1-GigabitEthernet1/0/2] port trunk permit vlan 10 to 100 300   #---允许公司 A 的 CVLAN 和 SVLAN 通过
[PE1-GigabitEthernet1/0/2] port trunk pvid vlan 300   #---配置公司 A 的 SVLAN 为 VLAN300
[PE1-GigabitEthernet1/0/2] qinq enable
[PE1-GigabitEthernet1/0/2] quit
[PE1] interface gigabitethernet 1/0/3
[PE1-GigabitEthernet1/0/3] port link-type trunk
[PE1-GigabitEthernet1/0/3] port trunk permit vlan 20 to 200 400   #---允许公司 B 的 CVLAN 和 SVLAN 通过
[PE1-GigabitEthernet1/0/3] port trunk pvid vlan 400   #---配置公司 A 的 SVLAN 为 VLAN300
[PE1-GigabitEthernet1/0/3] qinq enable
[PE1-GigabitEthernet1/0/3] quit
```

② 在 PE1 和 PE2 的 GE1/0/1 端口配置为 Trunk，允许 VLAN300 和 VLAN400 带标签通过（PVID 值均保持默认的 VLAN1），并修改其外层 VLAN TPID 为 0x8200。

因为本示例中 PE1 和 PE2 上的配置完全相同，所以在此仅以 PE1 上的配置为例进行介绍，具体配置如下。

```
[PE1] interface gigabitethernet 1/0/1
[PE1-GigabitEthernet1/0/1] port link-type trunk
[PE1-GigabitEthernet1/0/1] port trunk permit vlan 300 400   #---允许公司 A 和公司 B 的 SVLAN 通过
[PE1-GigabitEthernet1/0/1] qinq ethernet-type service-tag 8200   #---配置外层 VLAN 标签的 TPID 值为 0x8200
[PE1-GigabitEthernet1/0/1] quit
```

③ 在 CE1 和 CE2 上分别创建 VLAN10～100，并把 GE1/0/1 端口配置为 Trunk，允

许 VLAN10～100 带标签通过。在 CE3 和 CE4 上分别创建 VLAN20～200，并把 GE1/0/1 端口配置为 Trunk，允许 VLAN20～200 带标签通过。

因为本示例中，CE1 与 CE2 上的配置完全相同，CE3 和 CE4 上的配置完全相同，所以在此仅介绍 CE1 和 CE3 上的配置。

- CE1 上的具体配置如下。

```
<H3C>system-view
[H3C]sysname CE1
[CE1]vlan 10 to 100
[CE1] interface gigabitethernet 1/0/1
[CE1-GigabitEthernet1/0/1] port link-type trunk
[CE1-GigabitEthernet1/0/1] port trunk permit vlan 10 to 100
[CE1-GigabitEthernet1/0/1] quit
```

- CE3 上的具体配置如下。

```
<H3C>system-view
[H3C]sysname CE3
[CE3]vlan 20 to 200
[CE3] interface gigabitethernet 1/0/1
[CE3-GigabitEthernet1/0/1] port link-type trunk
[CE3-GigabitEthernet1/0/1] port trunk permit vlan 20 to 200
[CE3-GigabitEthernet1/0/1] quit
```

2. 配置结果验证

以上配置完成后，可进行以下配置结果验证。

① 在 PE1 和 PE2 上分别通过执行 **display qinq** 命令，查看启用了 QinQ 功能的接口。在 PE1 上执行 **display qinq** 命令的输出如图 7-30 所示，从图 7-30 中可以看出，GE1/0/2 和 GE1/0/3 接口已按要求启用了 QinQ 功能。

```
[PE1]display qinq
Interface
 GigabitEthernet1/0/2
 GigabitEthernet1/0/3
[PE1]
```

图 7-30 在 PE1 上执行 **display qinq** 命令的输出

② 配置服务商骨干网络中 PE1 到 PE2 之间路径上的设备端口都允许 VLAN100 和 VLAN200 的报文以带 VLAN 标签的方式通过，且路径中的三层端口的 MTU 值至少为 1504 字节。

此时，如果在 CE 上连接了用户主机，相同 VLAN 中的主机配置 IP 地址，并在 CE 连接主机的接口上配置以 Access 端口加入对应的 VLAN，即可实现不同站点相同 VLAN 主机的二层互通。通过抓包还可以发现，从 CE 上发送的数据帧带上的是一层用户主机所加入的 VLAN 标签，而再从 PE 上发出时，带上了两层 VLAN 标签，原来的用户主机加入的 VLAN 的标签作为内层 CVLAN 标签，外层标签是在 PE 上新添加的 SVLAN 标签。

7.4.8 VLAN 透传配置示例

VLAN 透传配置示例的拓扑结构如图 7-31 所示，某公司的两个分支机构通过运营商网络进行通信，该公司业务 VLAN 为 VLAN10～50 和 VLAN300。其中，VLAN300 为企业专线 VLAN。PE1 和 PE2 为运营商网络的边缘设备。要求通过配置，使公司中 VLAN10～50 中的用户使用运营商的 VLAN100 实现互通，VLAN300 不使用运营商提供的 VLAN 就能实现互通。

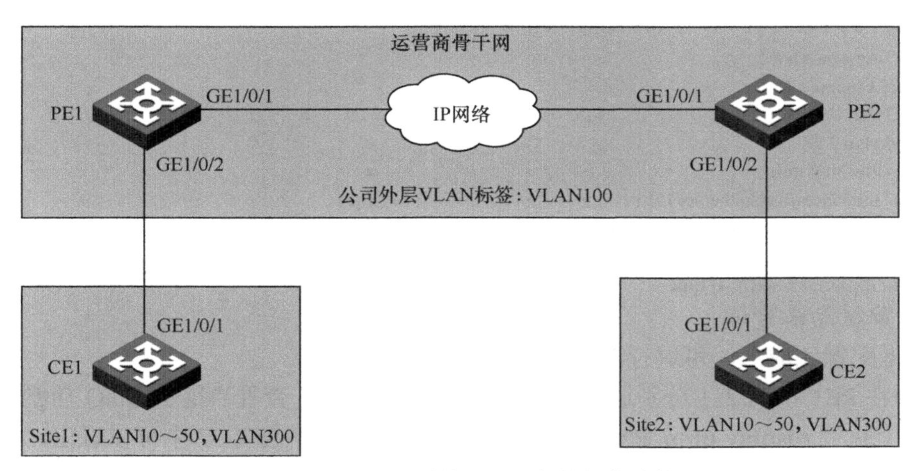

图 7-31 VLAN 透传配置示例的拓扑结构

本示例与 7.4.7 节的 QinQ 配置示例的思路差不多，二者不同的是，本示例在 PE 设备上把要透传的 CVLAN 排除在外，使 PE 接口收到这些要透传的 VLAN 的报文时仍保持原来一层 CVLAN 标签进行传输，不添加新的一层 SVLAN 标签。

本示例要把 PE 之间及 PE 与 CE 之间链路配置为 Trunk 或 Hybrid，建议链路两端的 PVID 配置一致，且链路两端端口的 PVID 可以不是本地设备创建的 VLAN。

1. 具体配置步骤

① 在 PE1 和 PE2 上分别创建 VLAN100，并把 GE1/0/2 端口上配置为 Trunk，允许 VLAN10～50、VLAN100 和 VLAN300 通过，PVID 为 VLAN100，同时启用 QinQ 功能，配置 VLAN300 的透传功能；在 GE1/0/1 端口配置为 Trunk，允许 VLAN100 和 VLAN300 通过。

因为本示例中，除了主机名，PE1 和 PE2 上的配置完全一样，在此仅以 PE1 上的配置为例进行介绍，具体配置如下。

```
<H3C>system-view
[H3C]sysname PE1
[PE1]vlan 100
[PE1-Vlan100] quit
[PE1] interface gigabitethernet 1/0/1
[PE1-GigabitEthernet1/0/1] port link-type trunk
[PE1-GigabitEthernet1/0/1] port trunk permit vlan 100 300
[PE1-GigabitEthernet1/0/1] quit
[PE1] interface gigabitethernet 1/0/2
[PE1-GigabitEthernet1/0/2] port link-type trunk
[PE1-GigabitEthernet1/0/2] port trunk permit vlan 10 to 50 100 300
[PE1-GigabitEthernet1/0/2] port trunk pvid vlan 100
[PE1-GigabitEthernet1/0/2] qinq enable
[PE1-GigabitEthernet1/0/2] qinq transparent-vlan 300
[PE1-GigabitEthernet1/0/2] quit
```

② 在 CE1 和 CE2 上分别创建 VLAN10～50、VLAN300，并把 GE1/0/1 端口配置为 Trunk，允许这些 VLAN 通过。

因为本示例中，除了主机名，CE1 和 CE2 上的配置完全一样，所以在此仅以 CE1 上的配置为例进行介绍，具体配置如下。

```
<H3C>system-view
[H3C]sysname CE1
[CE1]vlan 10 to 50
[CE1] vlan 300
[CE1-Vlan300] quit
[CE1] interface gigabitethernet 1/0/1
[CE1-GigabitEthernet1/0/1] port link-type trunk
[CE1-GigabitEthernet1/0/1] port trunk permit vlan 10 to 50 300
[CE1-GigabitEthernet1/0/1] quit
```

2. 配置结果验证

以上配置完成后，可进行以下配置结果验证。

① 在 PE1 和 PE2 上分别通过执行 **display qinq** 命令，查看启用了 QinQ 功能的接口。在 PE1 上执行 **display qinq** 命令的输出如图 7-32 所示，从图 7-32 中可以看出，GE1/0/2 接口已按要求启用了 QinQ 功能。

```
[PE1]display qinq
Interface
 GigabitEthernet1/0/2
[PE1]
```

图 7-32 在 PE1 上执行 **display qinq** 命令的输出

② 配置服务商骨干网络中 PE1 到 PE2 之间路径上的设备端口都允许 VLAN100 和 VLAN300 的报文以带 VLAN 标签的方式通过，且路径中的三层端口的 MTU 值至少为 1504 字节。

此时，如果在 CE 上连接了用户主机，相同 VLAN 中的主机配置 IP 地址，并在 CE 连接主机的接口上配置以 Access 端口加入对应的 VLAN，即可实现不同站点相同 VLAN 主机的二层互通。

通过抓包还可以发现，从 CE 上发送的 VLAN10～50、VLAN300 的数据帧带上的是一层用户主机所加入的 VLAN 的标签，而再从 PE 上发出时，原来 VLAN10～50 的数据帧中带上了两层 VLAN 标签，原来的用户主机所加入的 VLAN 的标签作为内层 CVLAN 标签，外层标签是在 PE 上新添加的 SVLAN 标签 VLAN100。从 CE 上发出的 VLAN300 的数据帧并没有在 PE 上添加新的 SVLAN100 标签，而是仍保留原来的一层 VLAN300 标签。这是因为该 VLAN 是允许透传的。